Die Zymasegärung,

Untersuchungen über den Inhalt der Hefezellen und die biologische Seite des Gärungsproblems.

Aus dem hygienischen Institut der Kgl. Universität München
und dem chem. Laboratorium der Kgl. landwirtsch. Hochschule zu Berlin

von

Eduard Buchner (Berlin)

Hans Buchner (München)

und

Martin Hahn (München).

München und **Berlin.**
Druck und Verlag von R. Oldenbourg.
1903.

Vorwort.

Die Anregung zu diesem Buche ist von Hans Buchner ausgegangen, nach dessen frühem Tode wir die Drucklegung in dem verabredeten Sinne bewerkstelligten. Es berichtet zusammenfassend über die Resultate von Experimentalforschungen, welche im hygienischen Institute zu München 1896 begonnen und seitdem teils dort, teils im chemischen Laboratorium der landwirtschaftlichen Hochschule zu Berlin weitergeführt wurden. Die ersten Mitteilungen darüber erfolgten in Fachzeitschriften, welche nicht jedermann zugänglich sind, und entbehren naturgemäfs der einheitlichen Gesichtspunkte, wie sie jetzt zur Geltung kommen können.

Das Ganze zerfällt in vier Teile. Wenn der Name von Hans Buchner nur in der Überschrift zum letzten derselben erscheint, so sind doch sein Ratschlag und seine Unterstützung auch für die übrigen von gröfster Bedeutung gewesen.

An der experimentellen Arbeit speziell über die Zymasegärung haben die damaligen Assistenten: Prof. Dr. R. Albert, E. Jüngermann, Dr. J. Meisenheimer und Dr. A. Spitta teilgenommen; ganz besonders aber hat sich Herr Dr. Rudolf Rapp darum verdient gemacht, welcher nicht nur den gröfsten Teil der Versuche durchführte, sondern aufserdem die Lesung der Korrekturen übernahm. Allen diesen Herren sei auch hier aufrichtiger Dank ausgesprochen.

Im Januar 1903.

Eduard Buchner. **Martin Hahn.**

Inhaltsverzeichnis.

I. Teil: Über die Zymasegärung.

Von Eduard Buchner.

II. Teil: Über die Hefe-Endotryptase.

III. Teil: Zur Kenntnis der reduzierenden Eigenschaften der Hefe.

Von Martin Hahn.

IV. Teil: Beziehungen des Sauerstoffs zur Gärtätigkeit der lebenden Hefezellen.

Von Hans Buchner und Rudolf Rapp.

I. TEIL.

ÜBER DIE ZYMASEGÄRUNG.

Von **E. Buchner.**

1. Abschnitt.

Geschichtliche Entwicklung unserer Kenntnisse über die alkoholische Gärung.[1]

Läfst man Fruchtsäfte oder Zuckerlösungen an der Luft stehen, so zeigen sich nach einigen Tagen die Vorgänge, welche unter dem Namen Gärungserscheinungen zusammengefafst werden. Es tritt eine Gasentwicklung auf, die klare Lösung trübt sich und es erscheint ein Niederschlag, den man als Hefe bezeichnet. Dabei verschwindet der süfse Geschmack, während die Flüssigkeit eine berauschende Wirkung annimmt. Diese Beobachtungen sind uralt; man hat sich der Vorgänge auch jedenfalls seit den ältesten Zeiten des Menschengeschlechtes zur Herstellung gegorener Getränke bedient. Aber erst seit Lavoisier (Ende des 18. Jahrhunderts) ist bekannt, dafs hierbei Zucker in Kohlensäure und Weingeist zerfällt. Die Rolle, welche die Hefe bei diesen Vorgängen spielt, blieb lange dunkel. Man glaubte, ihr Auftreten sei nebensächlicher Natur, und betrachtete sie als eine Art von minder-

[1]) Ausführliche Darstellungen der Geschichte der Gärungstheorien siehe bei: Adolf Mayer, Lehrbuch der Agrikulturchemie, 5. Aufl. III. Band, Gärungschemie, Heidelberg 1902; Franz Lafar, Technische Mykologie, I. Band, Jena 1897; Reynolds Green, the soluble ferments and fermentation, unter dem Titel: die Enzyme übersetzt von W. Windisch, Berlin 1901; Carl Oppenheimer, die Fermente, Leipzig 1900.

wertigem Ausscheidungsprodukt; der in den Sprachgebrauch übergegangene Ausdruck »die Hefe des Volkes« gleichbedeutend mit Auswurf des Volkes, weist noch auf jene Anschauung hin. In der Tat konnte auch, nachdem die analytischen Methoden ausgearbeitet waren, Gay-Lussac die Gewichtsverhältnisse zwischen vergorenem Zucker und gebildetem Kohlendioxyd und Alkohol ohne Berücksichtigung des Hefengewichtes durch die bekannte kurze Gärungsgleichung zum Ausdruck bringen, wonach ein Molekül Traubenzucker zerfällt in zwei Moleküle Kohlensäuregas und zwei Moleküle Alkohol, die heute noch Gültigkeit beanspruchen darf:

$$C_6H_{12}O_6 = 2CO_2 + 2C_2H_6O.$$

Angeregt durch die Appertsche Konservierungsmethode, nach welcher leicht zersetzliche Fruchtsäfte haltbar werden, wenn man sie in geeigneten Gefäfsen aufkocht und letztere noch während des Kochens luftdicht verschliefst, so dafs beim Abkühlen dann im Innern der Gefäfse ein luftverdünnter Raum entsteht, kam man auf die Vermutung, der Mangel an Luft in den Gefäfsen bedinge die Haltbarkeit. Auch die konservierende Wirkung des Schwefeldioxyds beim Ausschwefeln der Weinfässer liefs sich dahin deuten, dafs hier die Gärung durch Absorption des nötigen Sauerstoffes, welcher sich mit schwefliger Säure allmählich zu Schwefelsäure verbindet, verhindert werde.

Diese Anschauungen sollten sich nicht als richtig erweisen. Bereits im Jahre 1680 hatte Leeuwenhoek die Hefe mikroskopisch untersucht und ihre ziemlich regelmäfsig kuglige, elliptische oder eiförmige Gestalt festgestellt; er war aber nicht imstande, aus diesem wertvollen Fund brauchbare Schlüsse zu ziehen, betrachtete die Hefe vielmehr als einen gewöhnlichen eiweifsartigen Niederschlag und verglich sie mit den Stärkekörnern. Auch Erxleben's 1818 geäufserte Ansicht, dafs die Hefe ein lebender Organismus sei und die Gärung verursache, führte, da er sie nur nebensächlich aussprach und ihre Tragweite wohl selbst unterschätzte, nicht zu wesentlichem Fortschritt. Fast zwei Dezennien verflossen noch, bis sich die neue Erkenntnis Bahn brach, auf Grund der unabhängigen Arbeiten von drei

Forschern, von Cagniard de Latour in Paris (1835), Theodor Schwann in Berlin (1837) und Friedrich Kützing in Nordhausen (1837). Kommt dem Franzosen, der sich hauptsächlich auf mikroskopische Beobachtungen beschränkte, die Priorität in der Erkenntnis der Tatsache zu, so hat Schwann, aufserdem auch auf experimentellem Wege vorgehend, erst die strengen Beweise erbracht und Kützing seine Untersuchungen nicht nur auf die Hefe bezw. die alkoholische Gärung des Zuckers, sondern zugleich auf die Essigmutter, welche Alkohol in Essig überführt, ausgedehnt.

Schwann hatte die Art des Wachstums der Hefe beobachtet und konnte dadurch ihre Natur als lebende Pflanze aufser Zweifel stellen. Er zeigte, dafs auch dann das Appertsche Verfahren zum Ziele führt, wenn in den luftdicht geschlossenen Gefäfsen ein grofser Vorrat von Sauerstoff vorhanden ist. Die Haltbarkeit geht sogar nicht verloren, wenn nach Beendigung des Kochens ausgeglühte oder, wie Franz Schulze schon 1836 gefunden hatte, durch konzentrierte Schwefelsäure gewaschene Luft in die geschlossenen Gefäfse geleitet wird. Sauerstoffmangel war also keineswegs die Ursache der Haltbarkeit. Als nicht statthaft erwies sich dagegen, nach dem Auskochen gewöhnliche Luft eindringen zu lassen; die Flüssigkeiten verdarben dann regelmäfsig und zwar unter Entwicklung von Organismen. Es lag nun nahe, als Agens in nicht geglühter, nicht gewaschener Luft Organismenkeime anzunehmen und die Lebensvorgänge der Organismen als Ursache der Gärung aufzufassen. Schwann war ferner der Ansicht, dafs die Hefe den Zucker zu ihrer Ernährung verwende, während sie die unbrauchbaren Bestandteile in Form von Alkohol und Kohlensäure ausscheide.

Diese vitalistische Gärungstheorie fand scharfe Gegner. Im direkten Anschlufs an das Referat über eine naive, nur auf den mikroskopischen Befund gestützte vitalistische Mitteilung von Turpin erschien im Jahre 1839 in den sehr angesehenen Annalen der Pharmazie eine anonyme Abhandlung[1]), betitelt »Das enträtselte Geheimnis der geistigen Gärung«. Wie aus dem veröffentlichten Briefwechsel zwischen Liebig und Wöhler hervor-

[1]) Liebig's Annalen der Pharmacie 29, S. 100 (1839).

geht[1]), war Wöhler der Verfasser der Streitschrift, aber Liebig selbst hatte noch einige schlechte Späſse dazugemacht. »Ich bin im Begriffe«, so beginnt diese übermütige Satire, »eine neue Theorie der Weingärung zu entwickeln. Ich bin dieser bis jetzt so unbegreiflichen Zersetzung auf die einfachste Weise von der Welt auf die Spur gekommen und betrachte sie völlig als abgemacht. Auch diese Entdeckung beweist wieder, wie einfach die Mittel sind, deren sich die Natur bedient, um die wunderbarsten Erscheinungen hervorzubringen. Ich verdanke sie der Anwendung eines vortrefflichen Mikroskops, welches nach der Angabe des berühmten Ehrenberg von dem ausgezeichneten Künstler Pistorius ausgeführt worden ist. Mit Wasser zerteilte Bierhefe löst sich unter diesem Instrumente auf in unendlich kleine Kügelchen, welche kaum $\frac{1}{800}$ Linie im Durchmesser haben, und in feine Fäden, die unverkennbar eine Art Eiweiſs sind. Bringt man die Kügelchen in Zuckerwasser, so sieht man, daſs sie aus Eiern von Tieren bestehen. Sie schwellen an, platzen und es entwickeln sich daraus kleine Tiere, die sich mit einer unbegreiflichen Schnelligkeit auf die beispielloseste Weise vermehren. Die Form dieser Tiere ist abweichend von jeder der bis jetzt beschriebenen 600 Arten, sie besitzen die Gestalt einer Beindorfschen Destillierblase (ohne den Kühlapparat). Die Röhre des Helmes ist eine Art Saugrüssel, der inwendig mit feinen $\frac{1}{2000}$ Linie langen Borsten besetzt ist, Zähne und Augen sind nicht zu bemerken; man kann übrigens einen Magen, Darmkanal, den Anus (als rosenrot gefärbten Punkt), die Organe der Urinsekretion deutlich unterscheiden. Von dem Augenblicke an, wo sie dem Ei entsprungen sind, sieht man, daſs diese Tiere den Zucker aus der Auflösung verschlucken, sehr deutlich sieht man ihn in den Magen gelangen. Augenblicklich wird er verdaut und diese Verdauung ist sogleich und aufs bestimmteste an der erfolgenden Ausleerung von Exkrementen zu erkennen. Mit einem Worte, diese Infusorien fressen Zucker, entleeren aus dem

[1]) Aus Liebig's und Wöhler's Briefwechsel, herausgegeben von Hofmann und Emilie Wöhler, Braunschweig 1888, I. Bd. S. 123. Herr Jacob Volhard, gegenwärtig der älteste Liebigschüler, hatte die groſse Freundlichkeit, mich darauf aufmerksam zu machen.

Darmkanal Weingeist und aus den Harnorganen Kohlensäure .... Um nur eine Idee der Vergleichung der Verdauungskraft dieser Tiere zu geben, lege ich die Angabe von Thenard zu Grunde, wonach drei Teile Bierhefe (in trockenem Zustand) eine Zersetzung von 200 Teilen Zucker in Weingeist und Kohlensäure zu bewirken vermögen; die Exkremente dieser Tiere, welche in 18 Stunden entleert werden, wiegen also 66mal so viel als die Tiere selbst ....«. Und in solch humorvoller Weise geht es weiter. Die Abhandlung beweist klar und deutlich wie sehr sich die Chemiker jener Zeit sträubten, einen Zusammenhang zwischen Gärungserscheinungen und lebenden Organismen anzuerkennen. Und niemand wird sich darüber wundern: es waren daran insbesondere die aufserordentlichen Erfolge schuld, welche gerade damals die experimentelle Chemie errungen hatte, da es in mehreren Fällen gelungen war, scheinbar höchst komplizierte Prozesse auf die einfachen Wirkungen der chemischen Anziehungskräfte zurückzuführen und bis dahin nur auf physiologischem Wege erhaltene, in den Organismen gebildete Substanzen, wie den Harnstoff, synthetisch gleichsam im Reagensrohr darzustellen. Eben sei man erst dahin gelangt, einzusehen, dafs alle Lebensvorgänge in den Pflanzen wie in den Tieren als physikalische und chemische Prozesse aufgefafst werden müfsten und nun kämen unwissenschaftliche Leute und wollten aus einfachen chemischen Prozessen Lebensakte machen. Liebig versuchte eine Erklärung rein chemischer Natur zu geben. Danach sollte die mit der Oxydation der Hefe verbundene chemische Bewegung sich auf den Zucker übertragen und dessen Zerfall verursachen (*Zersetzungstheorie*). Die Anwesenheit der Hefe schien somit nötig und die Infektionswirkung einer gärenden Flüssigkeit war erklärt. Aber nach Liebig spielte die Hefe nur die Rolle einer in steter Zersetzung begriffenen organischen Substanz. Absterbende, in Fäulnis übergegangene Hefe bietet allerdings Berechtigung zu dieser Auffassung, nicht aber frische, lebenskräftige, über deren Natur als lebende Pflanze sich Liebig einseitigerweise hinwegsetzte. Eine ähnliche Ansicht hatte Berzelius schon 1828 geäufsert; danach sollte die Hefe lediglich durch ihre Gegenwart, als

»Kontaktsubstanz« ohne sich selbst zu verändern, auf katalytischem Wege den Zerfall des Zuckers bewirken (*Kontakttheorie*); Analogien schienen da mit manchen anorganischen Prozessen vorzuliegen, z. B. mit der Einwirkung von feinst verteiltem Platin (Platinmohr) auf Wasserstoffsuperoxyd, das bei Gegenwart jener Kontaktsubstanz in Wasser und Sauerstoff zerfällt. Eine zum Teil allerdings viel später vorgenommene experimentelle Prüfung der Zersetzungs- und der Kontakttheorie brachte keine Anhaltspunkte für ihre Richtigkeit. Es gelingt nicht, Zuckerlösung durch einen hindurchgeleiteten elektrischen Strom (Helmholtz, 1842) oder durch Zusatz von in Zersetzung begriffenem Wasserstoffsuperoxyd (Dumas, 1872) in Gärung zu bringen; ebensowenig zerfällt Saccharose in einer erwärmten Lösung von Ammoniumnitrit, das sich dabei in Stickstoff und Wasser spaltet (O. Loew).

Dagegen fielen eine Reihe von Versuchen der verschiedensten Forscher zu Gunsten der vitalistischen Theorie aus. Eilhard Mitscherlich[1]) zeigte, daſs sich die Gärung durch eine Papierscheidewand nicht fortpflanzt, da diese die Hefekügelchen zurückhält und Gärung nur direkt an der Oberfläche der letzteren stattfindet. Hermann Helmholtz[2]) bediente sich zu ähnlichen Versuchen einer tierischen Blase, und die Ergebnisse führten zu dem Satze: »Die weinige Gärung ist an den Zutritt eines festen Körpers gebunden, der durch die Blase zurückgehalten wird und unter welchem wir uns nur die Hefe denken können, deren vegetabilische Natur nicht mehr zu bezweifeln ist.«[3]) Dieselben Experimente, mit faulenden Flüssigkeiten angestellt, miſslangen jedoch, so daſs die Fäulnisprozesse proteinhaltiger Materie auf andere Ursache zurückgeführt wurden und unabhängig vom Leben zu bestehen schienen.

---

[1]) Liebig's Annalen der Chemie und Pharmacie 44, 201 (1842).

[2]) Journal f. prakt. Chemie 31, 435 (1844).

[3]) Ähnlich hat später Dumas (1872) bewiesen, daſs auch ein Collodiumhäutchen zur Trennung einer gärenden und einer noch nicht in Gärung befindlichen Zuckerlösung genügt, sowie daſs die Gärung in übereinandergeschichteten Flüssigkeiten von verschiedenem spezifischen Gewicht sich nicht von einer Schicht in die obere fortpflanzt.

H. Schröder konnte 1853 nachweisen, dafs gewöhnliche Luft die Infektionswirkung für ausgekochte Flüssigkeiten schon beim Filtrieren durch Baumwollwatte verliert; die Bakteriologie verdankt ihm den heute allgemein üblichen Watteverschlufs. Während der ersten gemeinschaftlich mit Th. von Dusch ausgeführten Untersuchung[1]) durch einige widersprechende Resultate besonders bezüglich der Fäulnisvorgänge und durch die merkwürdig analoge Wirkung eines Baumwollfilters bei übersättigten Lösungen noch zu mancherlei irrigen Ansichten verleitet, ist Schröder in der dritten Mitteilung[2]) zu klarer Erkenntnis gelangt: *Keime in der Luft sind die Ursache der Gärung und Fäulnis und werden durch Baumwolle mechanisch zurückgehalten.* Auch van den Broek in Utrecht[3]) entschied sich auf Grund vieler Versuche zu Gunsten der vitalistischen Anschauung bezüglich des Gärungsprozesses (bezüglich der Fäulnis war er irrtümlich zu entgegengesetzter Ansicht gekommen).

Aber gegenüber dem übermächtigen Einflufs von Liebig vermochten alle diese Forscher nicht durchzudringen. Es ist unzweifelhaft erst Pasteur's Verdienst, dem Satze: *keine Gärung ohne Organismen*, endgültig allgemeine Anerkennung verschafft zu haben. Durch, über ein Dezennium fortgesetzte, Versuche bewies er, dass ganz gegen Liebig's Theorie während der Gärung keine Fäulnis der Hefe eintritt; dafs die Gärung mit dem Leben der Hefe, aber nicht mit dem Absterben und der Zersetzung derselben zusammenhängt; dafs die Anwesenheit von zersetzlichen Eiweifskörpern in der Gärflüssigkeit unnötig ist, indem durch Aussaat einer winzigen Menge frischer Hefe eine künstliche Nährlösung zusammengesetzt nur aus Zucker, weinsaurem Ammoniak und einigen Mineralsalzen, in Gärung gerät. An Stelle der Baumwollstopfen, wie sie seit Schröder zum Schutz gegen Luftinfektion üblich waren, zeigte sich auch der Verschlufs durch ein mehrfach zickzackförmig gebogenes enges Glasrohr, welches die Ablagerung schwebender kleinster

---

[1]) Liebig's Annalen der Chemie und Pharmacie 89, 232 (1853)

[2]) Ebenda 117, 273 (1860).

[3]) Liebig's Annalen der Chemie und Pharmacie 115, 75 (1860).

Partikelchen an den Wänden begünstigt, zulässig. Durch Erhitzen sterilisierte Watte, welche hernach zum Filtrieren von Luft gedient hatte, wurde ferner in keimfrei gemachte Zuckerlösung eingetragen und siehe, es entwickelten sich die bekannten Gärungserreger. Den schlagendsten Beweis aber, dafs wirklich Mikroorganismen das rätselhafte Agens der Luft vorstellen, konnte Pasteur durch folgenden mustergültigen Versuch erbringen.

Die gewöhnliche Baumwollwatte wurde mit schwach nitrierter Schiefsbaumwolle vertauscht, die dasselbe mechanische Gefüge aufweist, aber im Gegensatz zu jener in Alkohol-Äther leicht löslich ist. Nachdem durch ein derartiges Filter Luft gesaugt worden war, wurde es aufgelöst und der Bodensatz mikroskopisch untersucht. Er bestand in der Tat aus denselben Organismen, wie sie in gärenden oder faulenden Flüssigkeiten anzutreffen sind. Jetzt waren die letzten Zweifler besiegt! *Das Agens in der Luft waren Organismenkeime. Niemand hatte Gärung ohne gleichzeitige Entwicklung von lebenden Organismen beobachtet; darüber war aller Streit zu Ende.* Die Gärung schien als physiologischer Akt untrennbar mit den Lebensprozessen der Hefe zusammenzuhängen.

Man bemühte sich nunmehr, das Phänomen biologisch zu verstehen; es tauchte die Frage auf, welchen Wert für die Hefezellen besitzen die Gärungsvorgänge? Von vornherein liegt am nächsten die Annahme, *dafs die Zuckergärung mit der Nahrungsaufnahme der Hefezelle zusammenfalle,* der Zucker demnach als Nahrungsmittel assimiliert werde, während Kohlendioxyd und Alkohol als unbrauchbare Stoffwechselprodukte zur Ausscheidung gelangen. Diese Hypothese wurde tatsächlich von Schwann aufgestellt und später von Adolf Mayer[1]) befürwortet, von Liebig aber heftig bekämpft, während sich Pasteur weder dafür noch auch ausdrücklich dagegen äufsert.[2]) Es ist wohl das Verdienst Carl Nägeli's, hierin den richtigen Anschauungen zum Siege verholfen zu haben.[3]) Die Gärungsvorgänge

[1]) Lehrbuch der Agrikulturchemie, 5. Aufl. Heidelberg 1902, III. Band. S. 66.

[2]) Vgl. Maercker, Handbuch der Spiritusfabrikation 1890, S. 435.

[3]) Theorie der Gärung, München 1879.

haben jedenfalls mit der Ernährung der Hefe direkt nichts zu tun. Dies erhellt bei Berücksichtigung der quantitativen Verhältnisse. Die Gay-Lussacsche Gärungsgleichung gibt ein ziemlich richtiges Bild des Zuckerzerfalles bei der Gärung, obgleich sie die Zunahme des Hefengewichtes gar nicht berücksichtigt. 100 Teile Traubenzucker werden von $1\frac{1}{2}$ Teilen Hefe (Trockengewicht) in 18 Stunden vergoren, wobei 95 Teile glatt in Alkohol und Kohlendioxyd gespalten werden, die zur Ernährung untauglich sind, 4 Teile in Glycerin und Bernsteinsäure übergehen und nur 1 Teil als Zunahme des Hefengewichtes wieder erscheint. Ist also die Gärung identisch mit dem Ernährungsvorgang der Hefe, so würde diese nur 1 Prozent ihrer Nahrungsaufnahme assimilieren und noch dazu von einem so leicht verdaulichen Stoff wie Zucker! Derartige Organismen wären zu bedauern! Nicht gärkräftige Mycelpilze, wie Penicillium glaucum und Aspergillus niger, vermögen, wie W. Pfeffer ermittelt hat, aus 100 Teilen Traubenzucker 33—43 g organisierte Substanz aufzubauen. Sind ferner Alkohol und Kohlendioxyd wirklich Ausscheidungsprodukte der Verdauung, so würde deren Menge etwa das Vierzig- bis Fünfzigfache des Gewichtes der Pflanzen selbst betragen. Hierzu kommt noch die viel bestätigte Tatsache des leichten Verlustes der Gärkraft, wonach Gärungserreger bei öfterem Umzüchten in gärungsunfähigen Lösungen die Gärwirkung einbüfsen, ohne jedoch das Wachstumsvermögen zu verlieren. Sie leben wie die Mehrzahl der niederen Organismen — Gärungserreger sind ja doch verhältnismäfsig nur wenige — in passenden Nährlösungen unter raschem Wachstum und üppiger Vermehrung; es wird aber selbst in Zuckerlösungen kein Alkohol gebildet und die erzielten chemischen Umsetzungen sind der Quantität nach nicht zu vergleichen mit den durch Gärungsvorgänge bewirkten. *Die Assimilationshypothese ist somit unhaltbar.*

Ein anderer interessanter Versuch, die Gärungsvorgänge biologisch verständlich zu machen, stammt von Pasteur. Es gibt eine eigentümliche Gruppe von Spaltpilzen, die sog. Anaërobien, welche nur in sauerstofffreien Räumen Gärwirkung auszuüben vermögen. Pasteur, welcher als erster derartige

Organismen beobachtete und das Aufhören der Gärungserscheinungen nach Zutritt von Luft wahrnahm, vermutete, dafs die Gärungserreger wie alle anderen Pflanzen zum Leben Luft bedürfen, bei Mangel an freiem Sauerstoff denselben aber dem Gärmaterial, dem Zuckermolekül, entreifsen, das so zum Zerfall kommt.

Die Gärungserreger seien ursprünglich aus rein aërobischen, gärungsuntüchtigen Mycelpilzen hervorgegangen und hätten die Gärwirkung als Anpassungsfunktion zum Ersatz des Atmungsprozesses erst erworben. Nach dieser *Sauerstoffentziehungshypothese* sind die Gärungserscheinungen also die *Folge des Lebens ohne freien Sauerstoff* und werden in Zusammenhang mit dem Atmungsprozesse gebracht, indem die Gärungsorganismen durch den Gärungsvorgang jenen Kraftvorrat gewinnen, der den übrigen Lebewesen durch den Atmungsprozefs zugeht. Allein die richtigen Beobachtungen, welche zu dieser Hypothese geführt haben, sind durchaus nicht allgemein gültig und bei den Anaërobien unterbricht Sauerstoffzufuhr nicht nur die Gärtätigkeit, sondern überhaupt alle Lebensfunktionen. Bei weitaus den meisten Mikroorganismen und gerade bei den wichtigsten Gärungserregern begünstigt im Gegenteil ausreichende Lüftung den raschen Verlauf einer Gärung; die Arbeiten von Schützenberger, Nägeli, A. Mayer und R. Pedersen über Hefegärung, von Eduard Buchner[1]) über Bakteriengärung haben dafür den Nachweis erbracht und vermehrtes Wachstum der Organismen infolge der Sauerstoffanwesenheit als die Ursache ergeben. An und für sich üben weder Sauerstoff- noch Wasserstoffzuleitung einen Einflufs auf den Gärungsvorgang aus, was aus den neuesten Versuchen von Hans Buchner und R. Rapp, welche den vierten Teil dieses Buches bilden, hervorgeht.

Aber die vitalistische Theorie war durch Pasteur's Eingreifen unbedingt Siegerin geblieben; niemand hatte Gärungsvorgänge ohne Anwesenheit von lebenden Organismen beobachtet. Auch Liebig mufste dies anerkennen und seine Vorstellungen über die Gärung 1870 entsprechend modifizieren. Denn eine lebende Zelle als solche kann sich nicht zersetzen; nur einzelne Stoffe könnten

[1]) Zeitschr. f. physiolog. Chemie 9, S. 380 (1885).

höchstens in Zersetzung begriffen sein und diesen Zerfall auf den Zucker fortpflanzen. Eine ähnliche Annahme hatte schon 1858 Moritz Traube ausgesprochen; *in den Hefezellen sollte sich neben allen anderen Stoffen auch ein chemischer Körper befinden, welcher die Gärung bewirkt (Enzymtheorie).*

Gewisse Analogien schienen dazu vorzuliegen. In keimender Gerste hatte Kirchhoff (Petersburg) und später Dubrunfaut die Anwesenheit einer Substanz vermutet, welche die Stärke in Zucker umzuwandeln vermag; Payen und Persoz gelang es 1833, diesen Stoff zu isolieren, indem sie ihn aus grünem Malz durch Wasser auszogen und dann durch Alkohol als weifses Pulver niederschlugen; sie nannten denselben *Diastase* Auch in Hefe war schon die Existenz eines derartigen löslichen Körpers durch Döbbereiner und durch Mitscherlich[1]) angenommen worden, welcher den Rohrzucker in Trauben- und Fruchtzucker zerlegen sollte; der Körper, von M. Berthelot 1860 aus wäfsriger Lösung durch Alkohol in festem Zustande tatsächlich abgeschieden, wird mit dem Namen Invertin oder zweckmäfsiger *Invertase* (Sucrase) bezeichnet. Aus vielen Bakterien sind ähnliche Stoffe, die man nach Kühne's Vorschlag als *Enzyme* oder weniger gut als lösliche, unorganisierte Fermente zusammenfafst[2]), isoliert worden; sie führen teils Stärke, Gummi, Cellulose in gärfähigen Zucker über, teils verwandeln sie Albumine und Leim in Peptone. Sollten Enzyme die Gärung verursachen, so müfsten, entsprechend den verschiedenen Gärungen, verschiedene existieren, ein Alkohol-, ein Milchsäure-, ein Buttersäuregärungsenzym. Von allen diesen war aber niemals auch nur ein einziges isoliert worden. Trotzdem blieb Traube unerschütterlich. Wenn niedere Organismen, so war seine Meinung,[3]) die Ursache der Gärung sind, darf eine gesunde Naturforschung

---

[1]) Liebig's Annalen der Pharmacie und Chemie **44**, 200 (1842).

[2]) Adolf Mayer, Lehrbuch der Agrikulturchemie, 5. Aufl., III, Gärungschemie S. 13, rät, das doppelsinnige Wort »Ferment« ganz fallen zu lassen, was sehr zweckmäfsig erscheint.

[3]) Berichte der deutschen chemischen Gesellschaft 28, Ref. 1092 (1895); Gesammelte Abhandlungen, Berlin 1899, S. 74.

daraus nur schliefsen, in diesen Lebewesen seien Stoffe, welche die Gärungserscheinungen bewirken. Die Stoffe müssen isoliert werden und wenn dies nicht gelingt, so liegt es daran, dafs die zur Abscheidung angewandten Mittel jene Stoffe verändern. Wenn wir einen Diabetiker alles Amylum in Zucker verwandeln sehen, so würde man eine Hypothese für lächerlich halten, die den Diabetiker schlechthin als das Ferment für diese Umsetzung hinstellte und dadurch die ganze Frage für erledigt erachtete. Auch andere Chemiker teilten Traube's Ansicht, so Berthelot[1]), Claude Bernard, Schönbein und Schaer (1869) und insbesondere Felix Hoppe-Seyler, der eine prinzipielle Unterscheidung zwischen Gärwirkung, verursacht durch die lebenden Hefezellen, und Enzymwirkung, bedingt durch lösliche Eiweifsstoffe, verwarf.

Die Pflanzenphysiologen verhielten sich jedoch ablehnend; Nägeli (1879)[2]) sowohl wie Sachs (1882), traten mit einer Reihe von Einwänden hervor. Es wurde auf den grofsen Unterschied zwischen den bekannten Enzymwirkungen und der Zuckerspaltung in chemischer Hinsicht hingewiesen; die ersteren verlaufen glatt und ohne Nebenprodukte und sind durch einfachste chemische Mittel ausführbare Hydrolysen; bei der Gärung treten regelmäfsig eine Anzahl von Nebenprodukten auf und der Prozefs ist ein chemisch komplizierter, kaum auf anderem Wege realisierbarer. Die gewöhnlichen Enzymwirkungen liefern Stoffe, die für die Ernährung der Organismen von gröfserer Bedeutung sind als die Ausgangsmaterialien, bei der Gärung verschwindet der wertvolle Zucker, während für die Ernährung untauglicher Alkohol und Kohlensäure resultieren.

Adolf Mayer[3]) versuchte die Frage experimentell zu lösen. »Keineswegs war es indessen möglich, durch irgend eine der Versuchsanstellungen alkoholische Gärung und Hefepilzvegetation auseinander zu reifsen.« Auch Pasteur selbst beschäftigte sich eingehend mit dem Suchen nach einem Enzym der alkoholischen

[1]) Chimie organique fondée sur la synthese 1860, II, 655.

[2]) Theorie der Gärung, München 1879, S. 12.

[3]) Lehrbuch der Agrikulturchemie, 4. Aufl. II, 3 Gärungschemie 1895, S. 65.

Gärung, einer sogen. »*Alkoholase.*« P. E. Roux[1]) berichtet darüber in einer Festrede zu Lille, am 5. November 1898[2]): »D'autres encore se mirent à la recherche de l'alcoolase. M. Denys Cochin fit au laboratoire de Pasteur des tentatives qui n'aboutirent pas. Pasteur lui-même entreprit des expériences sur le sujet, et je me souviens qu'à l'époque où j'entrai à son laboratoire il essayait d'extraire le ferment alcoolique soluble des cellules de levure en les broyant dans un mortier, en les congelant pour les faire éclater, ou encore en les mettant dans des solutions salines concentrées pour forcer le suc à sortir par osmose à travers l'enveloppe. Vains efforts. Pasteur ne trouva pas l'alcoolase, si bien que, s'il croyait son existence possible il ne pensait pas qu'elle fût une réalité.« Im Jahre 1878 haben C. Nägeli und O. Loew[3]) versucht, Enzyme aus den Hefezellen zu isolieren; die letzteren wurden mit Wasser und mit Glycerin ausgezogen, die Auszüge mit Alkohol gefällt. »Es konnten indes aufser der Eigenschaft, Rohrzucker zn invertieren, *keine anderen fermentativen Wirkungen* an dem erhaltenen Präparat wahrgenommen werden.«

Die Enzymtheorie war verlockend einfach und einleuchtend, aber jeder Versuch, ihre Richtigkeit experimentell zu beweisen, führte zu negativen Resultaten. Tatsächlich berechtigt schien nur die rein vitalistische Auffassung des Gärungsvorganges zu sein; und in dieser ist daher die heutige Generation der Naturforscher herangewachsen.

Nägeli[4]) versuchte nach seinen Mifserfolgen bezüglich des Extrahierens eines Gärungsenzyms aus den Hefezellen konsequenterweise eine physiologische Erklärung der ganzen Erscheinung zu geben, welche gerade das Scheitern aller Bemühungen um Isolierung eines solchen Stoffes verständlich machen sollte. »Gärung ist die Übertragung von Bewegungszuständen der Moleküle, Atomgruppen und Atome verschiedener, das lebende Plasma

[1]) Zweiter Direktor des Institut Pasteur in Paris.

[2]) Annales de la Brasserie et de la Distillerie, Paris, 1, S. 512 (1898).

[3]) Sitzungsberichte der bayer. Akademie der Wissenschaften, math.-phys. Klasse, 4. Mai 1878, S. 177.

[4]) Theorie der Gärung, München 1879, S. 26.

zusammensetzender Verbindungen (welche hierbei chemisch unverändert bleiben) auf das Gärmaterial, wodurch das Gleichgewicht in dessen Molekülen gestört und dieselben zum Zerfall gebracht werden«. Im Gegensatz zur älteren Liebig'schen Zersetzungshypothese wird also hier angenommen, dafs die Verbindungen des lebenden Protoplasmas, ohne selbst zu zerfallen oder chemische Umsetzung zu erleiden, blofs durch ihre molekularen Bewegungen auf das Gärmaterial einwirken; im Gegensatz zur Enzymtheorie kann die Gärwirkung nach Nägeli niemals vom lebenden Protoplasma getrennt werden, da sie eben nur vom lebenden Plasma ausgeht. Wenn diese Erklärung auch zunächst wenig Befriedigung gewährt, so kann sie doch zweifellos das Verdienst beanspruchen, dafs sie zu weiteren Versuchen Anregung gegeben hat. Im Verfolge dieser Anschauungen stellte sich nämlich die Frage ein: Kommen denn dem Plasma der Hefezellen überhaupt besondere Wirkungen zu? Welche chemischen Eigenschaften besitzt dasselbe?

Entdeckung der Zymase.

Die Hefezellen sind kleinen Bläschen zu vergleichen, erfüllt von einer halbflüssigen Masse, dem Protoplasma, das aus wechselnden Mengen gelöster und fester Eiweifsstoffe besteht. Um das Protoplasma schliefst sich lückenlos, wenigstens soweit der mikroskopische Befund darüber Aufschlufs gibt, ein derbes Häutchen, die Zellmembran, welche ähnlich der Cellulose, aufserordentlich widerstandsfähig ist. Nahrungsaufnahme und Abgabe von Ausscheidungsstoffen finden aber doch durch diese Membran hindurch auf diosmotischem Wege statt. Wir müssen deshalb die Existenz von kleinen Poren annehmen, welche die Membran durchbrechen. Bei nicht ganz jugendlichen Hefezellen ist ferner häufig ein Teil des Protoplasmas wandständig, als besonderer Belag auf der Innenseite der Zellmembran, als sog. Plasmaschlauch, angeordnet; auch dieser reguliert das Eintreten von Substanzen in die Hefezellen und den Austritt von Inhaltsstoffen.

Bei chemischer Untersuchung des Zellinhaltes bereitet aber offenbar die Membran und der Plasmaschlauch Hindernisse; gibt es doch hochmolekulare Eiweifskörper, welche selbst durch dichtes Pergamentpapier nicht diffundieren, gibt es doch sogar Enzyme, von welchen ein Gleiches berichtet wird, z. B. von gewissen Diastasen. Man hat nun versucht, Inhaltssubstanzen der Mikroorganismen durch wochenlanges Digerieren mit Wasser auszuziehen, wobei Invertase und allmählich auch Peptone in der Lösung erscheinen[1]); man hat ferner durch verdünntes Alkali in der Kälte oder Wärme Proteinsubstanzen extrahiert[2]); man hat endlich die Organismen, z. B. Tuberkelbacillen, mit heifsem, wäfsrigem Glycerin behandelt[3]). In allen diesen Fällen aber mufsten die zur Extraktion gelangenden Stoffe erst durch die Zellmembran diffundieren und es ist mehr als wahrscheinlich, dafs durch alle diese Verfahren nicht die ursprünglichen Inhaltsstoffe der Zellen, sondern nur durch die Einwirkung des Extraktionsmittels oder die lange Zeitdauer des Prozesses veränderte Abkömmlinge derselben erhalten wurden. Diese Übelstände zu vermeiden, war es zunächst nötig, die Zellmembran und den Plasmaschlauch aus dem Wege zu räumen, am besten durch Zerreifsen; dann mufste durch rasches Verfahren verhindert werden, dafs nicht schon während der Gewinnung eine Veränderung der Inhaltssubstanzen eintreten konnte; endlich durften nur rein mechanische Mittel, keine chemischen, zur Isolierung benutzt werden. Diese Gedanken bildeten sich im Gespräche mit meinem Bruder, dem Bakteriologen Hans Buchner in München, allmählich heraus.

Noch 1878 hatten Nägeli und Loew[4]) erklärt, »die Schwierigkeiten der Hefenanalysen, wenn es sich nicht um die Elemente sondern um die Verbindungen handelt, besteht darin, dafs die Zellen wegen ihrer Kleinheit auf keine Weise zer-

---

[1]) C. Nägeli und Loew, Sitzungsber. der Bayer. Akad. d. Wissensch., math.-physik. Klasse 1878, S. 162.

[2]) Nencki, Beiträge zur Biologie der Spaltpilze, Leipzig 1880, S. 45; Berichte d. d. chem. Ges. 17, 2605 (1884). — Hans Buchner, Berliner klin. Wochenschrift 1890, Nr. 30, Nr. 47.

[3]) Älteres Verfahren von R. Koch zur Herstellung von Tuberkulin, 1891, Deutsche medizin. Wochenschr. Nr. 3.

[4]) Sitzungsber. der bayer. Akad. d. Wissensch., mathem.-physik. Klasse 1878, S. 161.

rieben, zerrissen oder zum Platzen gebracht und dadurch Inhalt und Membran auf mechanische Weise getrennt werden können«. Es scheinen rein theoretische Erwägungen gewesen zu sein, welche zu dieser Meinung veranlafsten. Den Mikroskopikern ist doch wohlbekannt, wie leicht gröfsere Hefezellen bei Herstellung eines mikroskopischen Präparates zerdrückt werden; es genügt dazu oft schon unvorsichtiges Auflegen des Deckglases. Meine ersten Versuche, die Zellmembran der Hefe durch Gefrieren bei — 16° und rasches Wiederauftauen zum Platzen zu bringen, verliefen ergebnislos; die Membran ist für eine derartige Zerreifsung viel zu dehnbar. Ebenso wenig gelingt direktes Zerreiben von Hefe in einer Reibschale, da das Pistill infolge des elastischen Materiales keinen Angriffspunkt findet. Dagegen zeigte sich (1893), dafs auch die kleinsten Mikroorganismen, z. B. die kürzesten kokkenartigen Wuchsformen des Friedländer'schen Pneumobacillus, nach Zusatz von feinem Sand zerreibbar sind, was unter dem Mikroskop direkt kontrolliert werden kann[1]).

Wie sich später herausstellte,[2]) hat schon im Jahre 1846 Lüdersdorff in Berlin[3]) nasse Hefezellen auf einer mattgeschliffenen Glasplatte mit Hilfe eines gläsernen Läufers zerrieben. »Die Operation ist der Kleinheit der Hefekügelchen wegen ziemlich zeitraubend, weshalb man den Versuch dann auch höchstens mit 1 g Hefe anstellen darf«. Zum Zerreiben war einstündige Arbeit nötig[4]). Der Versuch wurde damals unternommen in der Absicht, zwischen Liebig's Zersetzungstheorie und der vitalistischen Anschauung über die Gärung zu entscheiden. »Betrachtet man die Hefe als einen organisierten Körper

---

[1]) Die Angabe von Robert Koch in seiner Mitteilung über ein neues Tuberkulin aus dem Jahre 1897, deutsche medizin. Wochenschr. 1897, Nr. 14: »Alles Zerreiben und Zerquetschen mit und ohne Zusätze von harten pulverförmigen Massen liefs die Tuberkelbacillen unverändert«, ist experimentell unrichtig. Bei Zusatz von Sand gelingt es ebensogut die feuchten, lebenden, wie die getrockneten Mikroorganismen zu zerreiben.

[2]) Die erste Notiz darüber verdanke ich Herrn Adolf von Baeyer.

[3]) Poggendorff's Annalen 67, 408 (1846).

[4]) C. Schmidt in Dorpat, welcher die Versuche von Lüdersdorff 1847 wiederholte, hat zum Zermalmen von 1 g Hefe gar 6 Stunden Zeit gebraucht (Liebig's Annalen der Chemie 61, S. 171).

und betrachtet man infolgedessen, wie man nicht anders kann, die Wirkung derselben auf den Zucker als einen von Organen ausgehenden Eingriff in die Zusammensetzung des letzteren, so mufs diese Wirkung aufhören, sobald die vorausgesetzten Organe unfähig gemacht werden, ihre Funktionen auszuüben, d. h. sobald sie zerstört werden. Dasselbe mufs der Fall sein, wenn die Wirkung vom Kontakt und zwar so unklar ein solcher Begriff auch ist, von einem lebendigen Kontakt ausgehen soll.« Betrachtet man dagegen die Hefe nur als einen organischen, in Zersetzung begriffenen Körper, so kann eine Zertrümmerung die Wirkung auf den Zucker nicht beeinträchtigen. Die zerriebene Hefe wurde daher mit Traubenzucker versetzt; sie entwickelte »auch nicht ein einziges Gasbläschen«. Die vitalistische Theorie schien also bestätigt zu sein. Viele Jahre später hat Marie v. Manasseïn in Julius Wiesner's Laboratorium[1]) die Versuche von Lüdersdorff nachgeprüft, mit der Abänderung, dafs nun lufttrockene Hefe »in einem Falle sechs, im andern fünfzehn Stunden von einem kräftigen Mann mit gepulvertem Bergkrystall in einem Glasmörser gerieben« wurde. Bei mikroskopischer Untersuchung zeigte sich, dafs die meisten Zellen gänzlich zerstört waren; mit Zuckerlösung trat lebhafte Gärung ein, es fand aber auch eine reichliche Sprossung von Hefezellen statt. Da es somit nicht gelungen war, alle Hefezellen zu zerreiben, wurde die ganze Versuchsanordnung verlassen.

Behufs Isolierung von Invertase hat dann Adolf Mayer Hefe unter Zusatz von Sand zerrieben[2]); des gleichen Verfahrens bedienten sich Amthor[3]), dann Emil Fischer und P. Lindner[4]), die mit Glaspulver, sowie M. Cremer[5]), der unter Zusatz von Bergkrystallpulver zerrieb; sämtliche Autoren haben diese Versuche aber nicht in der Absicht ausgeführt, die Gärkraft zerrie-

---

[1]) Julius Wiesner, Mikroskopische Untersuchungen, Stuttgart, Maier, 1872, S. 126

[2]) Lehre von den chemischen Fermenten, Heidelberg 1882, S. 14.

[3]) Zeitschr. f. angew. Chemie 1892, S. 319

[4]) Ber. d. d. chem. Ges. 27, S. 3479; 28, S. 3037.

[5]) Ztschr. f. Biologie 1894, S. 188.

bener Hefe zu prüfen; die Enzymtheorie schien endgültig begraben. Nichts änderte daran, dafs sich Frau v. Manasseïn 1872 auf Grund zahlreicher Experimentalstudien[1]) zu ihren Gunsten aussprach; lebende Hefezellen seien zur alkoholischen Gärung nicht notwendig. Die angewandten Methoden waren nämlich infolge der damals noch spärlichen Kenntnisse über die Bakterien so durchaus unsichere, dafs man diese Versuche nicht als Beweise für die Enzymtheorie hinnehmen konnte, noch weniger heute[2]).

Eine Wendung bereitete sich erst 1890 vor, als es P. Miquel in Paris gelang, nachzuweisen, dafs die sog. Harnstoffgärung, die Umwandlung des Harnstoffs in Ammoniumcarbonat, welche in ausgeschiedenem Harn allmählich eintritt, nicht direkt durch die Lebenstätigkeit der anwesenden Bakterien sondern durch Vermittelung eines davon abtrennbaren Enzymes bewirkt werde, wie es Musculus schon 1874 hypothetisch vermutet hatte. Diese Substanz, *Urase* genannt, ist sehr zersetzlich, kann aber durch Alkohol ausgefällt werden und hydrolisiert den Harnstoff in steriler Lösung. Allerdings zeigt sich in chemischer Hinsicht ein grofser Unterschied zwischen der alkoholischen Gärung des Zuckers und der Harnstoffgärung, welche nur in Anlagerung von einem Molekül Wasser besteht, einem Vorgang, der schon beim Erhitzen mit Wasser auf 120° von selbst eintritt.

Auch eine Bemerkung von Oskar Loew[3]) aus dem Jahre 1886 kann man in dem Sinne deuten, dafs er im Gegensatz zu Nägeli die Enzymtheorie noch immer für möglicherweise richtig hielt; er sagt: Was nun die Ausführung der Gärtätigkeit betrifft, so möchte ich meine eigene Ansicht dahin präzisieren, dafs es am wahrscheinlichsten ist, dafs in einer gärtüchtigen Pilzzelle zwei Arten von Protoplasma existieren; die eine Plasmaabteilung

---

[1]) Mikroskopische Untersuchungen, herausgegeben von Wiesner, Stuttgart, J. Maier 1872, S. 128 — Dieselben Anschauungen äufserte 1874 Schuhmacher, Sitzgber. der Wien. Akad. 70, I. Abt.

[2]) E. Buchner und R. Rapp, Berichte der deutschen chemischen Gesellschaft 31, 212 (1898).

[3]) Journ. f. prakt. Chem. 33, S. 351; vgl. Bacteriol. Centralbl. 7, S. 436 (1901).

besorgt die gewöhnlichen Vorgänge, wie Zellwandbildung, Wachstum, Teilung, während die andere lediglich die Gärwirkung ausübt; Loew setzte diesen »Zymoplasten« in Analogie mit dem Chlorophyllkorn der grünen Blattzellen.

1894 hat Emil Fischer aus verschiedenen niederen Pilzen neue Enzyme isoliert; in untergäriger Bierhefe wurde die *Maltase*[1]) aufgefunden, welche Malzzucker in zwei Moleküle Traubenzucker spaltet, in anderen Hefen die *Lactase*[2]), welche Milchzucker zu Hexosen hydrolysiert, endlich gemeinsam mit P. Lindner *in Monilia candida ein Stoff*[3]), *der ähnlich wie Invertase den Rohrzucker zerlegt.* Alle diese Substanzen sind aber aus den frischen Zellen erst dann zu extrahieren, wenn deren Membran durch Zerreiben mit Glaspulver zerrissen wird; im Gegensatz zur Invertase werden also diese Enzyme von den lebenden Hefezellen vollständig zurückgehalten, was ihren Nachweis bisher verhindert hatte. Noch eine weitere Entdeckung von Emil Fischer war einem Umschwung der Meinungen günstig. Vom Trauben-, vom Fruchtzucker und von vielen anderen Kohlenhydraten sind auf synthetischem Wege optische Antipoden erhalten worden, welche sich von den natürlichen Stoffen nur durch die räumliche Anordnung der Atome innerhalb des Moleküls unterscheiden. Den meisten chemischen Eingriffen, z. B. Phenylhydrazin gegenüber, verhalten sie sich völlig gleich, nicht aber der Gärwirkung gegenüber; nur die eine Reihe wird vergoren. E. Fischer zeigte, dafs auch die Enzyme in der Regel von zwei optisch entgegengesetzten Hexobiosen (oder Disacchariden) nur die eine Form hydrolytisch zu spalten vermögen; er äufsert darüber[4]): »Noch wichtiger scheint mir der Nachweis zu sein, dafs der früher vielfach angenommene Unterschied zwischen der chemischen Tätigkeit der lebenden Zellen und der Wirkung der chemischen Agentien in Bezug auf molekulare Asymmetrie tatsächlich nicht besteht. Dadurch wird insbesondere die von Berzelius, Liebig und anderen so

[1]) Ber. d. d. chemischen Gesellschaft 27 S. 3480 (1894).

[2]) Ebenda 27, S. 3481.

[3]) Ber. d. d. chem. Ges. 28 (1895), S. 3037.

[4]) Ber. d. d. chem. Ges. 27 (1894), 2993.

häufig betonte Analogie der lebenden und leblosen Fermente in einem nicht unwesentlichen Punkte wieder hergestellt.«

Im Jahre 1896 hat H. Will in München[1]) beobachtet, dafs neun Jahre bei niederer Temperatur trocken gelagerte Hefe, obwohl fast alle Zellen abgestorben waren, nach Zusatz von Zuckerlösung noch lebhafte Gärwirkung ausübte; auf Grund dieser Versuche wird die Enzymtheorie ausführlich diskutiert, eine bestimmte Ansicht vorläufig aber allerdings nicht ausgesprochen. Franz Lafar gibt kurz vor Entdeckung der Zymase folgende Prognose für die Enzymtheorie[2]): Vorläufig haben wir die Enzyme »nur als Gegenstand einer Gärungstheorie zu betrachten, deren Aufstellung schon in das Jahr 1858 zurückreicht, welche aber gerade in den letzten Jahren wieder mehr in den Vordergrund getreten ist und in der Zukunft — so wie die bisher ermittelten Tatsachen jetzt schon ermessen lassen — an Wichtigkeit noch gewinnen wird«.

Die Annahme würde aber nicht der historischen Wahrheit entsprechen, dafs meine eigenen Versuche, begonnen 1893 in München[3]), durch jene Arbeiten und Äufserungen direkt angeregt wurden, denn die letzteren sind meist jüngeren Datums. Sie zeigen aber, dafs derartige Auffassungen damals in der Luft lagen und die Zeit reif war für einen neuen Fortschritt auf dem Gebiete der Gärungschemie.

Mischt man frische, aber trocken abgeprefste Hefe mit Quarzsand und Kieselgur und bearbeitet das staubtrockene Pulver kräftig in der Reibschale, so nimmt es bald (innerhalb zwei bis drei Minuten) eine feuchte, teigige Beschaffenheit an; gleichzeitig

---

[1]) Zeitschr. f. d. gesammte Brauwesen 19 (1896), 20.

[2]) Technische Mykologie, Jena 1897, S. 21.

[3]) Die Methode der Zerreibung von Mikroorganismen nach Zusatz von Sand ist 1893 zum Patent angemeldet worden, wurde in Berlin ausgelegt, die Patentfähigkeit aber schliefslich verneint. Doch sind hierdurch weitere Kreise auf die Möglichkeit aufmerksam gemacht worden, die für manche Zwecke schädliche Zellmembran durch Zertrümmern der Zellen auszuschalten. Bemerkt sei, dafs Robert Koch's neueres Verfahren zur Herstellung von Tuberkulin, wonach die Tuberkelbacillen zu feinem Staub zerrieben und sodann mit Wasser extrahiert werden, erst am 1. April 1897 (deutsche medizin. Wochenschr. 1897, Nr. 14) veröffentlicht wurde (vgl. H. Buchner, Berl. klin. Wochenschr. 1897, Nr. 15).

geht die ursprünglich gelbweiſse Farbe in einen tief graubraunen Farbenton über. Flüssigkeit ist aus dem Innern der Hefezellen herausgetreten. Man setzt die plastische Masse nun einem hohen Druck von 60 bis 90 kg auf ein 1 qcm aus. Dem Teige entquillt eine fast klare, gelb bis braungelbe Flüssigkeit, welche mehr als die Hälfte des gesamten Inhalts der Hefezellen repräsentiert. Ausgerüstet mit einer groſsen Reibschale, einem wuchtigen Pistill und einer hydraulischen Presse kann man innerhalb vier Stunden 500 ccm Preſssaft gewinnen. Bei diesem mechanischen Verfahren ist in der kurzen Zeit eine chemische Veränderung des Zellinhaltes nicht zu befürchten.

Der Preſssaft besitzt nun tatsächlich die Eigenschaft, Kohlenhydrate in Gärung zu versetzen. Beim Mischen mit einem Raumteil einer starken Rohrzuckerlösung beginnt schon nach etwa einer Viertelstunde regelmäſsige Kohlensäureentwicklung in der klaren Flüssigkeit, die bei niederer Temperatur Wochen lang anhält. Neben Kohlendioxyd entsteht Äthylalkohol, und zwar beide Produkte in annähernd gleicher Menge, wie es auch für die Gärung durch lebende Hefezellen charakteristisch ist. Rohrzucker-, Trauben-, Frucht- und Malzzucker können so in Gärung versetzt werden, nicht aber Milchzucker und Mannit, obwohl doch diese Substanzen, chemisch betrachtet, den ersteren recht nahe stehen. Bekanntlich ist auch die lebende untergärige Bierhefe nicht imstande, Milchzucker oder Mannit zu vergären. Wenn es noch des Beweises bedurft hätte, daſs die Gärung des Preſssaftes auf dieselbe Weise zustande kommt, wie die der lebenden Zellen, so wird er dadurch erbracht.

Auch ist leicht festzustellen, daſs nicht etwa im Preſssaft vorhandene einzelne Hefezellen oder Spaltpilze die Gärwirkung desselben bedingen. Dazu setzt die Gärung schon viel zu rasch und gewaltig ein; dann bleibt der Zusatz von antiseptischen Mitteln wie Chloroform, Toluol, hohen Zucker- und Glycerinmengen ohne Einfluſs, obwohl dadurch die Lebensfunktionen von Organismen völlig hintangehalten werden. Endlich kann man den Preſssaft durch Porzellanbiskuitkerzen keimfrei filtrieren ohne seine Wirksamkeit vollständig zu vernichten.

Welche Folgerungen sind aus diesen Tatsachen für die Theorie der Gärung zu ziehen? Zunächst die eine, dafs es zur Einleitung des Gärungsvorganges keines so komplizierten Apparates bedarf, wie ihn die Hefezelle vorstellt: *es gibt eine »zellenfreie Gärung«*.

Gewebselemente und einzelne Organe der Pflanzen und Tiere können nach Lostrennung vom Gesamtorganismus unter günstigen Umständen noch längere Zeit lebend erhalten werden. Es stellte sich demnach die weitere Frage ein: sind als wirksames Agens im Prefssaft vielleicht lebende Protoplasmastückchen und -splitter zu betrachten? Eine Reihe von Versuchen gibt darüber Auskunft, von denen hier nur einige angeführt seien.

Zunächst besitzt die durch Alkohol und Äther im Prefssaft erzeugte, amorphe Fällung nach dem Wiederauflösen in 5proz. Glycerin Gärkraft, ja die nämliche wie der ursprüngliche Saft Lebende Plasmasplitter müfsten durch Alkohol und besonders durch Äther schwer geschädigt werden. Die Isolierung des Agens gelingt also auf demselben Wege wie man die bekannten Enzyme z. B. Invertase, Diastase etc. ausfällt. Ferner kann man den Prefssaft im Vakuum eintrocknen und hernach wieder zur Lösung bringen ohne an Gärkraft einzubüfsen. Der getrocknete Prefssaft kann viele Monate aufbewahrt werden ohne im Geringsten an Wirksamkeit zu verlieren. Lebende Plasmasplitter würden bei vollständigem Trocknen und langem Lagern doch höchst wahrscheinlich geschädigt werden. Endlich ist das gärkräftige Agens auch in vorsichtig getöteten Hefezellen noch vorhanden, kann aus diesen durch Wasser oder verdünntes Glycerin ausgezogen und in Lösung gebracht werden. Dabei bleibt es gleichgültig, ob die Hefe durch Trocknen und Erhitzen oder nach R. Albert[1]) durch Behandlung mit Alkohol und Äther oder mit Aceton[2]) getötet wurde; die Hauptfunktion des Protoplasma, die Assimilation, ist erloschen; dasselbe mufs deshalb als tot bezeichnet werden; »lebend« d. h. richtiger »chemisch unverändert« könnten höchstens gewisse Teile desselben geblieben sein.

[1]) Ber. d. d. chem. Ges 33, S. 3775 (1901).

[2]) R. Albert, E. Buchner und R. Rapp, ebenda 35, S. 2376 (1902).

Diese Tatsachen, zu welchen noch andere hinzutreten, deren Aufzählung hier zu weit führen würde, machen also die Gegenwart von gärungserregenden, noch lebendigen Protoplasmasplittern unwahrscheinlich, lassen dagegen die Annahme eines den Enzymen nahestehenden Agens wohl begründet erscheinen, das in colloïdal gelöster Form, ähnlich in Wasser gelösten komplizierten Eiweiſskörpern, im Preſssaft vorhanden ist. Diese Substanz, vermutlich ein besonderes Umwandlungsprodukt der Eiweiſskörper des Protoplasma, die den Namen *Zymase* erhalten soll, befindet sich im Preſssaft noch genau in demselben Zustand wie in den lebenden Hefezellen; sie stellt aber einen betimmten chemischen Stoff vor, keinen lebenden Organismus; sie entbehrt des Stoffwechsels, des Wachstums und der organisierten Struktur. Physiologische Vorgänge kommen bei der alkoholischen Gärung nur mehr insoferne in Frage, als es die lebenden Hefezellen sind, welche die Zymase bereiten. Der Gärungsakt selbst, die Einwirkung der Zymase auf den Zucker muſs als rein chemischer Vorgang bezeichnet werden. Die Wandlung in den Anschauungen fällt um so deutlicher in die Augen als gerade die Hefegärung seit Pasteur als Hauptbeweis für die vitalistische Theorie des Lebens galt.

Bezüglich des Mechanismus des Gärungsvorganges ist allerdings der in der Zymaseentdeckung begründete Fortschritt zunächst kein groſser. Denn über die Art, wie das Enzym entsteht, über die Mittel, durch die es etwa den Zucker spaltet, mit Hilfe welcher Zwischenreaktionen u. s. w. fehlt uns fast jede Vorstellung.

Diejenigen Probleme aber, welche die Zeitgenossen Liebig's und Pasteur's bewegten, sind gelöst; es ist Platz geschaffen zur Inangriffnahme neuer Rätsel und an solchen ist kein Mangel. Fragen wir, wer nun schlieſslich Recht behalten hat, Liebig oder Pasteur, so wird die Antwort lauten müssen: beide; Pasteur insoferne als zur Zymasebildung nur Organismen befähigt sind, Liebig, da in letzter Linie bei der alkoholischen Gärung nicht die lebenden Hefezellen, sondern ein abtrennbares Enzym zur Wirkung kommt. Wollen wir aber etwa die Verdienste der jetzigen Generation bezüglich Aufklärung des Gärungsphänomens vergleichen mit denen unserer Vorfahren, so wird man, um gerecht zu sein, sich der Worte des Dichters erinnern müssen, dafs der Zwerg auf den Schultern des Riesen weiter sieht als der Riese selbst. Wenn die Erklärung der Naturerscheinungen nach der bekannten Definition in einer möglichst umfassenden Beschreibung besteht, so darf man die Entdeckung der Zymase als einen wesentlichen Schritt zur Erklärung der Gärungsvorgänge betrachten. Wir befinden uns allerdings in der Lage eines Entdeckungsreisenden, der eine steile Anhöhe, das lang erstrebte Ziel seiner Vorgänger, eben erklommen hat. Nun fällt der Blick auf neues unbekanntes Land; aber schon wieder erscheinen Höhenzüge, die der freien Aussicht eine Grenze setzen.

II. Abschnitt.

Das Agens im Hefesaft.

Durch die Darstellung von gärkräftigem Prefssaft unter Zertrümmerung der Hefezellen war bewiesen, dafs der komplizierte Mechanismus der Zellen für die Gärwirkung unnötig ist. Es lagen nun zwei Möglichkeiten vor, das Agens im Hefesaft konnten entweder lebende Plasmastückchen oder ein Enzym sein. Die Entscheidung ist zu Gunsten der letzteren Annahme ausgefallen. Bevor die Gründe dafür ausführlich dargelegt werden sollen, scheint es nötig, zunächst auf die Beschaffenheit der Enzyme überhaupt einzugehen.

Natur der Enzyme.

Enzyme sind bisher nur aus Pflanzen oder Tieren erhalten worden; eine künstliche Darstellung ist niemals gelungen; man hat sie deshalb vielfach mit dem lebenden Protoplasma identifiziert und ihre Wirkung diesem selbst zugeschrieben. Eine solche Auffassung ist zu verwerfen; sie verwechselt Teile mit dem Ganzen.

Der Begriff »lebendes Plasma« ist ein wenig bestimmter; man versteht damit der Hauptsache nach ein Gemenge verschiedener Eiweifskörper, welche als Träger der Lebensfunktionen gelten, dann von Kohlenhydraten, Fettstoffen und Wasser. Darunter können sich auch Enzyme befinden. Es ist nicht sicher, ob alle Vertreter dieser Körperklasse den Eiweifsstoffen zuzurechnen sind, denn manche scheinen einen sehr niederen Stickstoffgehalt zu besitzen oder sogar frei von jenem Elemente zu sein. Sie werden aber jedenfalls aus den Eiweifskörpern des Protoplasma entstehen. Schon 1882 hat Adolf Mayer die Enzyme als Organismenreste[1]) oder als Protoplasmasplitter bezeichnet. Sobald es gelingt, aus dem lebenden Plasma eine Substanz abzusondern, welche nach Verlust jeder Organisation, durch Alkoholfällung in trockenen Zustand übergeführt und wieder gelöst, bei Gegenwart von antiseptischen Mitteln imstande bleibt, eine Teilfunktion des ursprünglichen Organismus zu vollziehen, ist es bewiesen, dafs anderes als das Gesamtprotoplasma vorliegt. Da man ein Zahnrad nicht als ein Uhrwerk, einen Wasserkessel nicht als eine Dampfmaschine bezeichnen wird, kann es auch nicht statthaft sein, die Enzyme mit dem Gesamtprotoplasma zusammenzuwerfen.

Die Enzyme erscheinen somit als abgesonderte Teile des lebendigen Protoplasmas oder als erste Umwandlungsprodukte von solchen. Sie stehen auf der Grenze zwischen lebloser und lebender Materie. Obwohl sie nach der Isolierung noch genau in demselben chemischen Zustand verharren, wie in der lebenden Zelle, sind sie aber nicht als »lebend« zu bezeichnen. *Als Kennzeichen des Lebens wird man Assimilation und Vermehrung und wahrscheinlich auch die organisierte Struktur aufzufassen haben. Diese charakteristischen Merkmale fehlen den Enzymen,* und man müfste das Leben anders definieren wie bisher, wollte man solche Stoffe »lebend« nennen.

Die Enzyme sind in Wasser löslich und gehen in dieser Lösung meistens durch engporige Filter von Biskuitporzellan hindurch. Bakterien werden dadurch zurückgehalten; es sind keine Organismen bekannt, welche so engmaschige Filter zu passieren vermöchten. Die Annahme eines colloïdal gelösten lebenden Wesens ist kaum zulässig.

Wollte man die grofse Veränderlichkeit bezw. die chemische Aktivität der Enzyme als Zeichen ihres Lebens betrachten, so würden ebensogut Aldehyde, Diazoverbindungen, ja selbst anorganische Stoffe, Ferrosalze, Kaliumpermanganat und colloïdales

---

[1]) Die Lehre von den chemischen Fermenten, Heidelberg 1882, S. 120.

Platin, als lebend aufzufassen sein. Wie jene repräsentiren höchst wahrscheinlich auch die Enzyme chemische Individuen.

Diese Ausführungen könnten überflüssig erscheinen. In den letzten Wochen ist aber erst wieder eine Abhandlung veröffentlicht worden[1]), welche allen Ernstes die Meinung ausspricht, dafs Enzyme etwas Lebendes seien[2]), eine Betrachtungsweise, welche geradezu geeignet ist, die Entwicklung der biologischen Wissenschaft aufzuhalten. Denn ein Erkennen der komplizierten Lebenserscheinungen wird nur dadurch möglich, dafs immer mehr einfache Prozesse davon abgesondert und für sich erforscht werden. Ist dieses Ziel in einem Falle erreicht, so heifst es jeden Fortschritt in Frage stellen, wenn unter Abänderung der Definition von »Leben« nun doch wieder nur von lebenden Teilchen gesprochen wird. Vielleicht erscheint es statthaft, daran zu erinnern, dafs die Aufklärung der Verbrennungsvorgänge erst erfolgte, nachdem es Lavoisier gelungen war, die Oxydationsvorgänge zu trennen von Lichtbildung und Wärmeentwicklung. Beim Erhitzen von Quecksilber an der Luft entsteht ohne Auftreten von Licht und ohne bemerkbare Selbsterwärmung Quecksilberoxyd. Das war der Schlüssel zur Erkenntnis der komplizierten Verbrennungserscheinungen.

Auf einem so wenig geklärten Wissensgebiet, wie die Enzymforschung, ist es nicht wunderlich, in gröfstem Gegensatz zur Auffassung der Enzyme als lebende Wesen auch eine Hypothese von de Jager und später von Arthus vertreten zu sehen, welche denselben überhaupt die stoffliche Existenz abspricht und ihre Wirkungen durch eigentümliche physikalische Kräfte erklären will, die den betreffenden Materien anhaften. Diese Vorstellung konnte auftauchen, weil es bisher nicht gelungen ist, die Enzyme in reinem Zustand abzuscheiden, sondern immer nur verunreinigt mit einer Menge anderer Stoffe. Sie trägt aber ent-

[1]) Hugo Fischer, Privatdocent der Botanik in Bonn, Centralbl. für Bakteriologie II. Abt. 9, S. 353 (1902).

[2]) Um Verwirrung zu verhüten, sollten auch Ausdrücke wie »töten« oder »vergiften« eines Enzyms, die leider noch sehr gebräuchlich sind, vermieden werden. Leblose, chemische Stoffe kann man nur zerstören oder verändern.

schieden einen abenteuerlichen Zug an sich und läſst unerklärt, warum die einzelnen Umsetzungen mit wenigen Ausnahmen nur durch ganz bestimmte Enzyme bewirkt werden. Auch spricht die Abscheidungsart der Enzyme im Tier- und Pflanzenkörper gegen eine solche Auffassung. Solange es nicht möglich ist, die verbreitetsten Eiweiſskörper rein darzustellen, wird man bei der Labilität der meisten Enzyme auch begreiflich finden, daſs eine Isolierung derselben noch fehlt, und trotzdem an der einfachen Vorstellung festhalten dürfen, daſs es sich um bestimmte chemische Individuen handelt.

Bezüglich der Konstitution der Enzyme ist nur sicher, daſs sie sehr komplizierten Bau und asymmetrische Konfiguration besitzen. Letzteres wurde von Emil Fischer zunächst für einige hydrolytische, Zucker spaltende Enzyme und für Emulsin durch das verschiedene Verhalten gegenüber optischen Antipoden, was nur bei selbst optisch aktiven Verbindungen denkbar erscheint, nachgewiesen. Da aber die Enzyme komplizierte Produkte der Organismen vorstellen, ist für alle Asymmetrie wahrscheinlich.

Die Wirkungsweise der Enzyme, dadurch charakterisiert, daſs sich diese Stoffe an der Reaktion scheinbar nicht beteiligen und quantitativ unverhältnismäſsig groſse Umsetzungen zustande bringen, muſs, wie schon Berzelius erkannte, der Wirkung mancher Kontaktsubstanzen oder Katalysatoren der anorganischen Chemie an die Seite gestellt werden. Diese beschleunigen wie die Enzyme nach Ostwald langsam verlaufende chemische Vorgänge durch ihre Gegenwart[1]). Unter den Katalysatoren zeigen insbesondere die colloïdalen Lösungen mancher Metalle auffallend analoge Wirkungen mit Enzymen. Schon Schönbein[2]) hat die Zerlegung des Hydroperoxyds (Wasserstoffsuperoxyd) durch fein verteiltes Platin das »*Urbild aller Gärungen*« genannt. Gröſste Ähnlichkeit zwischen colloïdaler Platinflüssigkeit und Enzymlösungen, die beide als mikroheterogene Suspensionen äuſserst

[1]) Über Katalyse, Vortrag auf der 73. Naturforscher-Versammlung zu Hamburg, 1902, S. 12.

[2]) Journal f. prakt. Chemie (1) 89, S. 324.

feiner Teilchen unter der Gröfse der Lichtwellen zu betrachten sind, konnte neuestens G. Bredig[1]), zum Teil unterstützt von Müller von Berneck, Ikeda und Reinders, gegenüber dem schädlichen Einflufs des Zusatzes von Elektrolyten, welcher den colloïdalen Zustand beeinträchtigt, und bei der Koagulation konstatieren. Es scheint, dafs die ungeheure Oberflächenentwicklung sowohl des colloïdalen Platins wie der Enzymsuspensionen, und ihre Fähigkeit, gewisse Stoffe chemisch durch Komplexbildung oder durch Adsorption, vielleicht auch infolge ihrer Halbdurchlässigkeit für dieselben, zu binden, die katalytische Beschleunigung mancher Reaktionen veranlafst[2]). Dafs die Oberflächenspannung auch bei manchen leicht zu überblickenden, rein chemischen Reaktionen zur Auslösung derselben eine grofse Rolle spielt, ist bekannt; ein neueres Beispiel dafür bietet der Einflufs von unglasierten Porzellanstückchen auf die Bildung von Polymethylen aus Diazomethan unter Stickstoffabspaltung[3]).

Für die Platinkatalyse des Hydroperoxyds nimmt Haber und ebenso Bredig[4]) die intermediäre Bildung einer Platinsauerstoffverbindung an, welche dann weiteres Hydroperoxyd zerlegt, unter Sauerstoffentwicklung und Regenerierung von Platin. Auch das verschiedene Verhalten mancher Enzyme gegen spiegelbild-isomere Zucker ist wohl nur erklärlich, wenn vorübergehend Verbindungen zwischen dem asymmetrischen Enzym und dem optisch aktiven Kohlenhydrat, also Zwischenprodukte, auftreten. Die Annahmen von solchen hat die neueste Auffassung der Enzymwirkungen gemein mit viel älteren Vorstellungen darüber von Bunsen und von Hüfner[5]), welche zum Vergleiche das Verhalten des Stickoxyds bei der Schwefelsäurefabrikation und seinen intermediären Übergang in Dioxyd

---

[1]) Zeitschr. f. physikal. Chemie 31, S. 268, 352; Physikal. Zeitschrift 2, 7 und Bredig, anorgan. Fermente, Leipzig 1901, S. 84.

[2]) G. Bredig, Anorganische Fermente 1901, S. 18.

[3]) E. Bamberger, Berichte d. d. chem. Ges. 33, S. 956 (1900); vgl. auch Skraup, Monatsh. f. Chemie 1891, S. 107, Berichte d. d. chem. Ges. 32, 1889 Anm. 2 (1899).

[4]) A. a. O. S. 94.

[5]) Journal f. prakt. Chemie (2) 10, 148, 385 (1874).

bezw. Nitrosylschwefelsäure heranzogen. Es steht zu hoffen, dafs der rätselhafte Schleier, der auch heute noch über den Enzymwirkungen lagert, auf physikalischem und auf rein chemischem Wege weiter gelüftet wird.

Das Agens im Hefesaft ist kein lebendes Protoplasma.

Das wirksame Prinzip des Prefssaftes erweist sich, wie die Enzyme, unempfindlich gegen Zusatz gewisser Mittel, welche die Lebenstätigkeit von Organismen ausschliefsen[1]. Besonders lehrreich erscheint das Verhalten gegenüber Toluol, welches in 1 proz. Lösung die Wirkung lebender Hefezellen auf Zucker völlig unterbindet, dagegen die Gärkraft des Hefesaftes kaum schädigt. Charakteristischerweise wird ferner die Gärwirkung des Saftes durch Zusatz von 40 % Rohrzucker im ganzen nicht verringert und nur wenig verlangsamt gegenüber 20 proz. Zuckerlösung. Lebende Hefe ist jedenfalls in einer 40 proz. Rohrzuckerlösung überhaupt nicht mehr imstande, deutliche Gärung zu veranlassen. Sollten im Prefssaft lebende Protoplasmastückchen die Ursache der Gärkraft repräsentieren, so bleibt unverständlich, dafs dieselben, obwohl sie des Schutzes der Zellwand und des Plasmaschlauches entbehren, weniger empfindlich sind als die Zellen selbst.

Das Agens im Prefssaft wird durch Zusatz von Alkohol und Äther als trockenes, amorphes Pulver niedergeschlagen, ohne an Wirkung einzubüfsen[2]; man kann dieses Verfahren sogar wiederholen. Da lebende Hefezellen durch dieselbe Behandlung sofort getötet werden, ist nicht einzusehen, wie nacktes Protoplasma dabei lebend bleiben sollte.

Das Gärungsagens ist weniger empfindlich gegen trockene Hitze und gegen Behandlung mit Alkohol oder Aceton und Äther als die Hefezellen. Aus den, durch eines dieser Verfahren, getöteten Organismen kann das wirksame Prinzip, nach dem Zerreiben, durch Wasser oder Glycerin ausgezogen werden

[1] Ausführliche Versuche s. im IV. Abschnitt.

[2] S. den VI. Abschnitt.

und erweist sich als aktiv gegen Zucker. Aus toten Zellen kann doch kein lebendes Plasma in Lösung gehen?[1])

Wären im Hefesaft Protoplasmaklümpchen vorhanden, könnten dieselben wahrscheinlich abzentrifugiert werden, da es gelingt, Hefezellen und Bakterien auf diese Weise abzuscheiden. Zur Prüfung[2]) wurde der Saft in langen Röhren der Wirkung einer Zentrifuge von 1500 Umdrehungen in der Minute 1—1½ Stunden lang unterworfen und hernach die oberste und die unterste Schicht durch Zucker- und Toluolzusatz geprüft; dabei war kein Unterschied in der Gärkraft zu konstatieren.

Der Hefepreſssaft stellt eine im durchfallenden Lichte kaum sichtbar getrübte Flüssigkeit vor; vollkommen klar erscheint die stark gärkräftige Lösung, welche aus getöteter und hernach zerriebener Dauerhefe durch Wasser oder verdünntes Glycerin ausgezogen werden kann. Der Hefepreſssaft kann durch Chamberland-Biskuit-Porzellanfilter filtriert werden[3]), ohne von seiner Wirkung, wenn derselbe Saft schon vorher durch ein gröberes Kieselgurfilter gegangen war, mehr als ein Viertel einzubüſsen. Wollte man lebende Plasmastückchen als Agens im Preſssaft betrachten, so müſsten dieselben in gelöster Form vorhanden sein. Die Annahme einer lebenden Flüssigkeit, die mit Wasser mischbar wäre, würde etwas vollkommen Neues[4]) bedeuten und dürfte kaum mit den übrigen physiologischen Vorstellungen vereinbar sein. Alles deutet darauf hin, daſs Leben nur bei organisierter Struktur, also bei festem Zustand der maſsgebenden Bestandteile vorhanden ist. Man wird im Gegenteil geneigt sein, den festen Zustand als Charakteristikum der Organismen aufzufassen, hinter dem vielleicht jene Eigenschaften schlummern, welche uns das Leben augenblicklich noch schwer verständlich erscheinen lassen. Nach van 't Hoff[5]) sind wir über das

[1]) Vergl. den VII. Abschnitt.

[2]) S. im III. Abschnitt.

[3]) S. die ausführlichen Versuche darüber im III. Abschnitt.

[4]) Vergleiche darüber J. Reynolds Green, »Nature« 1900, 106.

[5]) Über die zunehmende Bedeutung der anorganischen Chemie, Vortrag auf der Düsseldorfer Naturforscherversammlung 1898, Zeitschr. f. physikal. Chemie 18, Heft 1.

Wesen der Materie unterrichtet im gasförmigen und im flüssigen Aggregatzustand. Vielleicht ermöglicht gerade jene eigentümliche Kombination von Festem und Flüssigem, wie er in der organisierten Struktur vorliegt, ausschliefslich die Lebensvorgänge. Eine Substanz, die nicht wächst und sich nicht vermehrt und aufserdem auch keine organisierte Struktur aufweist, wird man getrost als tot bezeichnen dürfen[1]).

Einen Unterschied zwischen Gärung und Enzymwirkung hat man auch darin erblicken wollen, dafs bei letzterer Molekül für Molekül glatt gespalten wird, während bei dem Zerfall des Zuckers durch Hefe nicht nur Alkohol und Kohlensäure entstehen, sondern auch noch geringe Mengen von Nebenprodukten, hauptsächlich Glycerin (ca. 3%) und Bernsteinsäure (0,6%). Nach Nägeli[2]) wird diese Verschiedenheit begreiflich, wenn die Gärung nicht durch eine Kontaktsubstanz, sondern durch das lebende Plasma bewirkt wird. »Die organisierte Substanz mit ihren mannigfaltigen Molekularbewegungen und Molekularkräften« soll eine kompliziertere Zersetzung hervorbringen. Die Untersuchung, ob bei der zellenfreien Gärung auch jene Nebenprodukte erscheinen, wird experimentell durch die geringe Menge jener Stoffe und die grofse Masse von beigemengten Substanzen, aus welchen sie schliefslich ausgezogen werden müssen, aufserordentlich erschwert. Es konnte aber doch nachgewiesen werden, dafs die Glycerinbildung mit der alkoholischen Gärung, d. h. dem Zerfall des Zuckers in Alkohol und Kohlensäure durch Einwirkung des Agens im Prefssaft sehr wahrscheinlich nichts zu tun hat, also bei der Gärung durch lebende Hefe auf Rechnung der gegenwärtigen Organismen zu setzen ist und mit den Assimilationsvorgängen zusammenhängt. Bezüglich der Bildung von Bernsteinsäure haben die bisherigen Versuche noch kein endgültiges Resultat ergeben; voraussichtlich wird es sich damit genau ebenso verhalten.

---

[1]) Adolf Mayer, Agrikulturchemie, 5. Aufl. 1902, III, 182 schreibt: »In den Hefezellen ist eine noch als organisiert zu betrachtende Substanz enthalten, welche die Gärung als solche einzuleiten vermag .....« Mir scheinen die obigen Tatsachen auszuschliefsen, dafs das Agens »organisiert« sei.

[2]) Theorie der Gärung, München 1879, 16.

Auch einige physiologische Gründe sprechen noch dagegen, das Agens im Prefssaft direkt als lebendes Protoplasma zu betrachten. Nägeli[1]) hat gezeigt, dafs die Hefezellen infolge allmählich gesteigerter nachteiliger Einflüsse zuerst die Gärwirkung und dann bei weiterer Schädigung erst Wachstums- und Lebensfähigkeit einbüfsen. Eine Veränderung des Gesamtprotoplasma der Zellen schon in dem Augenblick, wo die Gärwirkung aufhört, ist daher kaum anzunehmen; es werden sich nur Teile verändert haben[2]). Umgekehrt gelingt es auch, die Gärkraft der Hefe durch Züchten in starker Zuckerlösung bei Mangel an Stickstoffnahrung und Luftzutritt zu heben[3]). Eine Veränderung des gesamten Protoplasma wird man dabei kaum annehmen wollen; die Vorstellung ist viel einfacher, dafs nunmehr ein bestimmter Stoff in reichlicherer Weise produciert wird[4]).

Aus all' den angeführten Gründen scheint mir mit Sicherheit hervorzugehen, dafs im Prefssaft kein lebendes Agens vorhanden ist. Wollte man trotzdem an der Vorstellung von lebenden Plasmastückchen als Träger der Gärkraft festhalten, so müfste das Leben anders definiert werden als bisher; man müfste annehmen, dafs es unter Bedingungen erhalten bleiben kann, die man früher nicht für möglich hielt, und beschliefsen, dafs Stoffe, die bisher für tot galten, nun plötzlich als lebend betrachtet werden sollen. Damit führt die Frage immer mehr auf einen Wortstreit hinaus und spitzt sich darauf zu, was man lebend nennen will. Dafs auch von mafsgebender pflanzenphysiologischer Seite diese Anschauung geteilt wird, ergibt sich aus Äufserungen W. Pfeffer's nach einer Demonstration der zellenfreien Gärung in der botanischen Sektion der Münchner Naturforscher-Versammlung 1899:[5])

---

[1]) Die niederen Pilze, München 1877, 27.

[2]) Auf Grund dieser Tatsachen hat Oscar Loew bereits 1886 als Sitz der Gärtätigkeit in der Hefezelle eine besondere Plasmaabteilung, den Zymoplasten, bezeichnet [Journ. f. prakt. Chemie 33, 351 (1886); Centralbl. f. Bakteriologie 9, 659 (1891)].

[3]) Hayduck, Wochenschrift f. Brauerei, 1884, No. 16, 26, 46.

[4]) Siehe auch die Mitteilungen »über Zymasebildung in der Hefe« im VIII. Abschnitt.

[5]) Verhandlungen d. Ges. d. Naturforscher u. Ärzte 1899, II, 1, 210.

»Wir müssen für den sicheren Nachweis dankbar sein, dafs die Zerspaltung des Zuckers in der Alkoholgärung durch einen enzymartig wirkenden Körper bewirkt wird. Auf die Möglichkeit und Wahrscheinlichkeit eines solchen Verhältnisses habe ich schon in der II. Auflage meiner Physiologie (Bd. I, S. 559) hingewiesen. Es ist aber von höchster Bedeutung, dafs Herr Buchner den empirischen Beweis erbracht hat, dafs es sich um ein Enzym handelt, das auch getrennt von der lebendigen Zelle zu wirken vermag, dafs also ein analoges Verhältnis besteht, wie in Bezug auf den Erreger der Harnstoffgärung, aus dem Miquel das wirksame Enzym isolierte. Wie in anderen Fällen ist somit gekennzeichnet, dafs der Organismus einen Stoff produciert, um mit dessen Hilfe eine bestimmte Umsetzung, eine bestimmte physiologische Funktion zu vollbringen. Jedenfalls handelt es sich dabei (wie bei allen spezifischen Enzymen) um distinkte chemische Körper (oder Gemische), die noch nach völliger Vernichtung des Lebens und der Organisation wirksam sind. Es ist also physiologisch nicht nötig, anzunehmen, dafs in dem Prefssaft organisierte Protoplasmafetzen vorhanden und wirksam sind.«

Das Gärungsagens im Hefeprefssaft hat den Namen *Zymase* erhalten, gebildet aus *ζύμη* Sauerteig (*ζυμόω* ich setze in Gärung) und den Endsilben »ase«, die Duclaux[1]), ferner O'Sullivan und Tompson[2]) für die Körperklasse der Enzyme zur Erinnerung an die Entdeckung des ersten hierhergehörigen Stoffes, der Diastase, durch Payen und Persoz in Vorschlag gebracht haben. Der Name Zymase ist schon älterer Herkunft; er wurde ursprünglich von Béchamp einer Art von Invertase zuerteilt und später dann allgemein für Enzyme angewandt, ist jetzt aber seit vielen Jahren nicht mehr in Gebrauch. Der Name »Alkoholase«, in Frankreich mehrfach üblich, wurde, abgesehen von seinem für deutsche Ohren wenig schönen Klang, verworfen, weil Äthylalkohol auch mittels Spaltpilzen aus Glycerin erhalten

---

1) Vgl. Bourquelot, les Ferments solubles Paris 1896, S. 4; Effront, les Enzymes, Paris 1899, S. 60.

2) Journal of the chem. Soc. 57, S. 835 (1890).

werden kann, wobei vielleicht ein von der Zymase verschiedenes Enzym in Tätigkeit tritt; ferner ist es neuestens gebräuchlich, die Enzyme nach den Stoffen zu nennen, auf welche sie einwirken, nicht nach den Produkten, welche durch sie entstehen. Der allgemeinere Name Zymase schien gerechtfertigt; denn wie die alkoholische Gärung des Zuckers seit langem als Typus aller Gärungserscheinungen gilt, hat man hier anscheinend den ersten Repräsentanten einer gröſseren Gruppe von Enzymen gefaſst.

Bemerkt sei noch, daſs ich mit dem Namen Zymase niemals den Hefepreſssaft als solchen, sondern immer nur das spezielle Gärungsagens im Hefesaft bezeichnet habe, im Gegensatz zu anderen Autoren, die sich darin einer weniger genauen Ausdrucksweise bedienen[1]).

Vergleich der Zymase mit den übrigen Enzymen.

Muſs nach dem eben Ausgeführten die Enzymtheorie, für welche Moritz Traube so mutig eingetreten ist, im wesentlichen als richtig betrachtet werden, so bleibt doch fraglich, ob die Zymase den schon länger bekannten Enzymen direkt zugezählt werden darf. Wenngleich sie im Verhalten gegen antiseptische Mittel den übrigen Enzymen gleicht und wie diese durch Alkohol und Äther aus der wäſsrigen Lösung niedergeschlagen und in trockenes Pulver verwandelt werden kann, so scheint sie doch wegen ihrer groſsen Veränderlichkeit — der Preſssaft verliert schon bei mehrtägigem Aufbewahren seine Wirkung — und weil sie nicht diffundiert, eine besondere Stellung einzunehmen. Es soll nun hier zunächst eine Übersicht über die Eigenschaften der Zymase gegeben und passende andere Enzyme zum Vergleiche herangezogen werden.

Der gärwirksame Saft aus Unterhefe läſst beim Erwärmen schon zwischen 40 und 50° reichlich geronnene Eiweiſskörper zu Boden fallen und das Filtrat von diesen besitzt keine Gärkraft mehr. Vielleicht wird das wirksame Agens durch jene

[1]) A. Macfadyen, G. H. Morris und S. Rowland, Berichte der d. chem. Ges. 33, S. 2764, 2772; A. Macfadyen, Centralblatt f. Bakteriol. I. Abt. 30, 368 (1901); Adolf Mayer, Agrikulturchemie 5. Aufl. 1902, III, S. 177; S. Rosenberg, Deutsche Ärzte-Zeitung, Berlin 1902, Nr. 17.

Niederschläge mit zu Boden gerissen; wahrscheinlicher aber erleidet die Zymase schon bei der wenig erhöhten Temperatur eine Veränderung in demselben Sinne, der bei längerem Aufbewahren von Prefssaft hervortritt und das Verschwinden der Gärkraft bedingt. Diese merkwürdige Erscheinung wurde verständlich, nachdem beobachtet war, dafs die Zymase durch Verdauungsenzyme, wie Pepsin und Trypsin, geschädigt wird. Ob diese Substanzen die Zymase direkt, z. B. hydrolytisch spaltend, zerstören, oder ob sie nur indirekt, durch Zerlegung der im Prefssaft sonst vorhandenen colloïdalen Eiweifskörper, also durch Veränderung der Konzentration der übrigen Colloïdstoffe, wogegen die Zymase sehr empfindlich ist, schaden, konnte nicht festgestellt werden. Wie Martin Hahn gezeigt hat[1]), findet sich auch in dem Hefeprefssaft eine derartige, dem Trypsin verwandte Substanz, die Endotryptase, wahrscheinlich in wechselnder Menge, je nach Heferasse und deren physiologischem Zustand, und diese ist dann als Ursache der raschen Abnahme der Gärwirkung erkannt worden.[2]) Eine Trennung der Zymase von der Endotryptase war bisher nicht möglich. Da alle Einwirkungen, z. B. Temperatursteigerung, sich auf beide Enzyme geltend machen und zwar vermutlich mit verschiedener Intensität, so ist eine einwandsfreie Bestimmung des Temperaturoptimums, der Zerstörungstemperatur, der günstigsten Zuckerkonzentration, des Einflusses der Verdünnung mit Wasser u. s. w. für die Zymase bislang ausgeschlossen. Eine anscheinend günstige Wirkung irgend eines Eingriffes auf die Zymase kann ebensogut auch dadurch zustande kommen, dafs der Endotryptasegehalt bei eben jener Temperatur oder Konzentration u. s. w. von geringerem Einflufs bleibt oder dafs die Endotryptase durch jene Veränderung in höherem Grade geschädigt wird als die Zymase. Ebenso ist sogar die Bestimmung des Wirkungswertes irgend einer Zymasemenge nur relativ richtig und abhängig von der unbekannten Menge gleichzeitig vorhandener Endotryptase. Es begegnet

[1]) Berichte d. d. chem. Ges. 31, S. 200 (1898); Hahn und Geret, Zeitschrift für Biologie 40, S. 117 (1900); s. ferner den II. Teil dieses Buches.

[2]) E. Buchner, Berichte d. d. chem. Ges. 30, 1111 (1897).

deshalb die direkte experimentelle Beantwortung der Frage, ob die Zymase beim Gärungsvorgang verbraucht wird, unüberwindlichen Schwierigkeiten. Versetzt man frischen Hefepreſssaft mit viel Rohrzucker (30—40%), so wird die Gärung zu Ende gehen, bevor alles Kohlenhydrat verschwunden ist. Wahrscheinlich handelt es sich dabei nicht um eine Zerstörung der Zymase infolge ihrer Wirkung, sondern nur um den schädlichen Einfluſs der anwesenden Endotryptase, verstärkt durch die ungünstige Wirkung der bei der Reaktion gebildeten Produkte, des Alkohols und der Kohlensäure. Die letztere Substanz dürfte hemmend wirken, wie alle Säuren, denn ähnlich, wie das gewöhnliche Trypsin, wird auch die Zymase durch alkalische Reaktion in ihrer Tätigkeit gefördert.

Die höchste beobachtete Gärwirkung betrug für 20 ccm Hefepreſssaft 2,3 g Kohlendioxyd, entsprechend etwa 4,6 g Zucker, oder, für 1 g Trockensubstanz berechnet, 1,6 g Zucker. Wie viel von jener Trockensubstanz auf das Gewicht der Zymase selbst entfällt, ist unbekannt, vermutlich sehr wenig. Von gereinigter Invertase wird berichtet[1]), daſs sie die 100000fache Menge Rohrzucker zu invertieren vermag und dadurch weder zerstört noch auch in ihrer Wirksamkeit wesentlich beeinträchtigt werde.

Durch Eindampfen des Preſssaftes im Vakuum bei niederer Temperatur erhält man ein Trockenpräparat, das auſser Zymase noch andere Enzyme, dann natürlich groſse Mengen von Eiweiſskörpern, z. B. Nukleïne, und Mineralsalze enthält; eine weitere Reinigung im Sinne von Anhäufung des gärwirksamen Agens ist aber bisher nicht gelungen. Beim Erhitzen des getrockneten Präparates an der Luft wird die Zymase früher zerstört als die Invertase, welche noch einstündige Einwirkung einer Temperatur von 140—150°, die alle Keime von Mikroorganismen tötet, verträgt[2]).

Ein Unterschied zwischen Zymase- und gewöhnlicher Enzymwirkung scheint auch darin zu liegen, daſs erstere sich sehr langsam vollendet, selbst bei 22° erst innerhalb 2—3 Tagen

[1]) O' Sullivan und Tompson, Journ. Chem. Soc. 57, 864 (1890).
[2]) Berichte d. d. chem. Ges. 30, S. 1113 (1897).

Vielleicht hängt diese Tatsache mit dem komplizierteren chemischen Vorgang bei der alkoholischen Gärung zusammen. Allerdings sind die meisten Versuche mit sehr konzentrierten Zuckerlösungen ausgeführt, welche alle Enzymwirkungen verlangsamen, wogegen die wenigen Versuche mit geringeren Kohlenhydratzusätzen infolge der nun auch beschleunigten Schädigung durch die Endotryptase vorzeitig zu Ende gingen.

Neumeister[1]) hat die Vermutung ausgesprochen, es möchte sich bei der Gärwirkung des Hefesaftes nicht um eine wirksame Substanz, sondern um das Zusammenwirken verschiedener Stoffe aus der lebenden Zelle handeln, die »in der ihnen im Protoplasma eigentümlichen Wechselwirkung verharren«. So lange nicht irgend welche experimentelle Ergebnisse zu Gunsten dieser komplizierten Hypothese beizubringen sind, wird man zweckmäfsig vorläufig an der einfacheren Annahme einer einheitlichen Zymase als Gärungsagens festhalten dürfen. Die Ansicht von Neumeister scheint wesentlich aus dem Bedürfnis entsprungen zu sein, »die komplizierte Funktion« der Zymase, welche demselben als Wirkung nur eines Stoffes schwer begreiflich erschien, leichter erklären zu können.

Ist der Chemismus des Gärungsvorganges, der Zerfall von Zucker in Alkohol und Kohlendioxyd, nun wirklich so sehr verschieden von allen anderen Enzymwirkungen, wie auch Nägeli[2]) betont hat? Traubenzucker zerfällt dabei in zwei Moleküle Äthylalkohol und zwei Moleküle Kohlendioxyd. Die sechsgliedrige Kohlenstoffkette wird also bei gewöhnlicher Temperatur dreimal gesprengt:

$$\mathrm{CHO\cdot CH(OH)\overset{\downarrow}{\cdot}CH(OH)\overset{\downarrow}{\cdot}CH(OH)\overset{\downarrow}{\cdot}CH(OH)\cdot CH_2(OH) = 2\,C_2H_6O + 2\,CO_2.}$$

Traubenzucker

Während bei den gewöhnlichen Hydrolysationen durch Enzyme, z. B. der Invertierung des Rohrzuckers durch die Invertase oder den Glucosidspaltungen nur äther- oder esterartige Bindungen, also Sauerstoff-Kohlenstoffbindungen unter Wasseranlagerung gesprengt werden, ein Vorgang der künstlich oft schon

[1]) Berichte d. d. chem. Ges. 30, S. 2964 (1897).

[2]) Theorie der Gärung, München 1879, 15.

durch die einfachsten Mittel z. B. Erwärmen mit Mineralsäuren herbeizuführen ist:

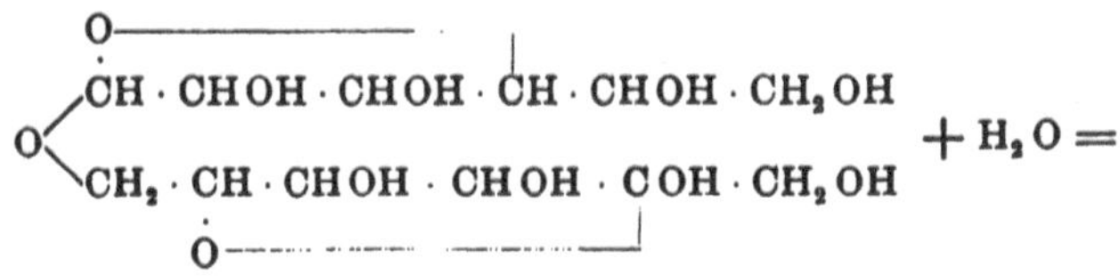

Hypoth. Rohrzuckerformel (Tollens, E. Fischer).

$= CHO \cdot [CHOH]_4 \cdot CH_2OH + CH_2OH \cdot [CHOH]_3 \cdot CO \cdot CH_2OH$
Glucose Fructose

wird dort die verhältnismäfsig sehr feste einfache Kohlenstoff-Kohlenstoffbindung zerrissen. Man darf indessen die chemische Leistung bei der Gärung auch nicht überschätzen. Die Festigkeit der Kohlenstoffkette im Traubenzucker ist durch die regelmäfsige Anlagerung von Hydroxylgruppen an jedes Kohlenstoffatom wesentlich geschwächt. Durch niedere Organismen vergärbar sind in der Tat auch nur Verbindungen, welche bereits ziemlich viel Sauerstoff angehäuft enthalten, wie Glycerin, Äpfelsäure, Weinsäure, nicht aber etwa Butylalkohol, Butter- oder Bernsteinsäure. Diese Verhältnisse hat eine 1870 aufgestellte Hypothese Adolf Baeyer's in das richtige Licht gerückt[1]). Sie knüpft an zwei bekannte chemische Reaktionen an.

Propylalkohol geht durch wasserentziehende Mittel in Propylen über und dieses lagert unter dem Einflufs von Schwefelsäure wieder Wasser an, aber in anderer Weise; es wird Isopropylalkohol gebildet; die Hydroxylgruppe ist nunmehr am mittelständigen Kohlenstoffatom befestigt:

$$CH_3 \cdot CH_2 \cdot CH_2OH \rightarrow CH_3 \cdot CH = CH_2 \rightarrow CH_3 \cdot CHOH \cdot CH_3 \cdot$$
Propylalkohol Propylen Isopropylalkohol.

Die beiden Prozesse vereint betrachtet, präsentieren sich als Verschiebung einer Hydroxylgruppe von einem Kohlenstoffatom zu einem andern; eine solche Wanderung von Hydroxylen ist also verhältnismäfsig einfach zu erreichen.

Zweitens wird die Festigkeit von Kohlenstoffketten durch Anhäufung von Sauerstoffatomen an einem Punkte bedeutend

[1]) Berichte d. d. chem. Ges 3, S. 73.

gelockert. Malonsäure und alle ihre Derivate spalten leicht CO_2 ab; die Oxalsäure zerfällt, mit Glycerin erhitzt, glatt in Ameisensäure und Kohlensäure. In allen diesen Fällen wird die Kohlenstoffkette gesprengt unter Oxydation der einen Hälfte des Moleküls, während die andere reduciert wird; sie lassen sich am einfachsten durch Wasseranlagerung und darauf folgende Wasserabspaltung in anderer Weise erklären:

$$\begin{array}{l} CO_2H \\ CH_2 \\ CO_2H \\ \text{Malonsäure} \end{array} + H_2O = \begin{array}{ll} CO_2H & OH \\ \hline CH_2 & H \\ CO_2H & \\ & \end{array} = \begin{array}{l} CO_2 + H_2O \\ CH_3 \\ CO_2H \\ \text{Essigsäure.} \end{array}$$

$$\begin{array}{l} CO_2H \\ CO_2H \\ \text{Oxalsäure} \end{array} + H_2O = \begin{array}{ll} CO_2H & OH \\ \hline CO_2H & H \\ & \end{array} = \begin{array}{l} CO_2 + H_2O. \\ CHO_2H \\ \text{Ameisensäure.} \end{array}$$

Verwenden wir nun die beiden chemischen Vorgänge: Hydroxylwanderung und Spaltung unter Oxydation bezw. Reduction der Molekülteile auf die Erklärung des Zerfalls der Glucose. Zunächst erfolge unter Wasser-Anlagerung und Abspaltung in anderer Richtung Hydroxylwanderung von den endständigen Kohlenstoffatomen gegen die mittleren, ein Vorgang, den **Baeyer** Accumulation des Sauerstoffs nennt, dann Sprengung der Kohlenstoffkette da, wo die Anhäufung des Sauerstoffs stattgefunden hat:

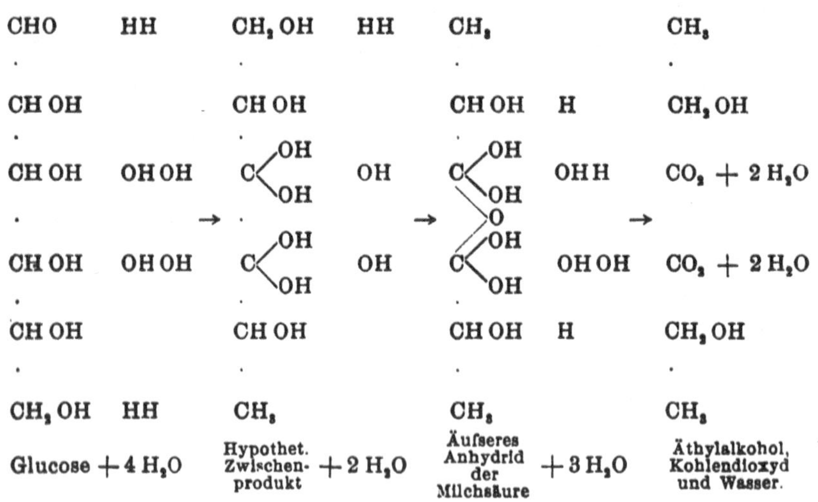

Mit Hilfe dieser Constitutionsformeln ergibt sich in der Tat, dafs der Zerfall der Glucose in Alkohol und Kohlensäure auf jene einfachen Prinzipien zurückgeführt werden kann, die in Wasser-Anlagerung und Wiederabspaltung in anderem Sinne bestehen.[1]) Wir müssen also nur annehmen, dafs die Zymase einen Anstofs zu geben vermag, welcher der Wirkung von Wärme und von wasserentziehenden Mitteln vergleichbar ist.

In der Tat gelingt es auch, den Zucker in ähnlicher Weise auf rein chemischem und leichter überblickbarem Wege zu spalten. Durch vorsichtiges Erhitzen von Traubenzucker mit Alkali auf 70° wird Milchsäure, die Carbonsäure des Äthylalkohols gebildet[2]) und zwar entstehen 27 % des Ausgangsmaterials an diesem Produkt. Eine weitere Zerlegung der Milchsäure in Alkohol und Kohlensäure findet dabei allerdings nicht statt; aber durch Elektrolyse läfst sich Kohlendioxyd abspalten, während als Nebenprodukt Acetaldehyd auftritt, vielleicht durch sekundäre Oxydation aus ursprünglich gebildetem Äthylalkohol entstanden[3]).

Beim Zerfall des Zuckers durch die alkoholische Gärung tritt positive Wärmetönung auf, der Prozefs zeigt also exothermische Natur. Es ist bekannt, dafs in den Gärkellern der untergärigen Brauereien während der Hauptgärung in die Bottiche Kühlschlangen eingesenkt werden müssen, damit die für Unterhefe allein geeignete Temperatur nicht durch Selbsterwärmung überschritten werde. Wenn wir uns erinnern, dafs exothermische Prozesse nur der Auslösung bedürfen, um in Gang zu kommen[4]), so erscheint uns der Gärungsvorgang nur vom menschlichen Standpunkt aus schwierig realisierbar. Übrigens ist es E. Duclaux[5]) gelungen, die Spaltung des Zuckers in Alkohol und Kohlensäure mit Hilfe des Sonnenlichtes in alkalischer Lösung, bei Luftabschlufs, durchzuführen, wenn auch nur in

[1]) Ausführlicheres s. Baeyer, a. a. O.; vgl. auch Wohl und Oesterlin, Berichte d. d. chem. Ges. **34**, 1139 (1901).

[2]) Kiliani, Berichte d. d. chem. Ges. **15**, S. 136 (1882).

[3]) von Miller u. Hofer, Berichte d. d. chem. Ges. **27**, S. 461 (1894).

[4]) Vgl. Ostwald, Über Katalyse, Leipzig 1902, S. 10.

[5]) Annales de l'Institut agronomique, Paris 1887, S. 239; Annales de l'Institut Pasteur **10**, S. 168 (1896).

kleinen Mengen; ebenso soll nach Berthelot beim Durchleiten von elektrischen Strömen, deren Richtung rasch wechselt, durch Traubenzuckerlösungen etwas Alkohol entstehen.[1]) Diese Versuche zeigen, dafs es keines sehr grofsen Anstofses bedarf, um das Zuckermolekül in der gewünschten Richtung zum Zerfall zu bringen.

Die gewöhnlichen Enzymwirkungen sind durchwegs nur von kleiner Wärmebildung begleitet[2]), so dafs hier ein beträchtlicher Abstand gegenüber der Zymase besteht.

Das Agens des Hefesaftes diffundiert nicht durch Pergamentpapier; es unterscheidet sich auch darin wesentlich von vielen Enzymen, besonders von der *Invertase*. Während letztere von der lebenden Hefe in die umgebende Flüssigkeit ausgeschieden wird und mittels Wasser aus den unverletzten Zellen ausgezogen werden kann, zeigt die Zymase das entgegengesetzte Verhalten. Man braucht, um diese Tatsache zu erklären, auch nicht zu der Hypothese zu greifen, dafs die Zymase in den Zellen nicht als solche, sondern in einer unlöslichen Vorstufe, als *Zymogen*, vorhanden sei. Denn das Agens, wie es in dem ohne Wasserzusatz erhaltenen Prefssaft vorliegt, also die Zymase selbst, diffundiert nicht einmal durch gewöhnliches Pergamentpapier; es ist daher sehr begreiflich, dafs sie die natürliche Membran der Hefezellen mit ihren kleineren Poren und den Protoplasmaschlauch nicht zu durchdringen vermag.

Enzyme, die aus den Zellen nicht ausgeschieden werden und also intracellulär zu wirken bestimmt sind, werden nach einem zweckmäfsigen Vorschlag von M. Hahn[3]) als *Endoenzyme* bezeichnet. Dazu gehört die Zymase und die Endotryptase der Hefe; ferner ist hierher das Rohrzucker hydrolysierende Enzym zu rechnen, welches Emil Fischer und P. Lindner in lebender Monilia candida erst nachweisen konnten, als diese Hefe mit Glaspulver sorgfältig zerrieben war[4]); aus den unverletzten Zellen

[1]) Nach Tollens, Handbuch der Kohlenhydrate, Breslau 1888, I, S. 53.

[2]) van 't Hoff, Acht Vorträge über physikalische Chemie, Braunschweig 1902, 58.

[3]) Zeitschrift f. Biologie 40, S. 172 (1900).

[4]) Berichte d. d. chem. Ges. 28, S. 3038 (1895).

liefs es sich weder in frischem Zustand noch nach dem Trocknen ausziehen. Da man erst jetzt ein bequemes Verfahren hat, welches die unveränderten Zellinhaltsstoffe der Untersuchung zugängig macht, werden wohl auch in höheren Pflanzen und in Tieren Endoenzyme angetroffen werden. Von einer Blattdiastase in grünen Blättern ist bereits bekannt, dafs sie durch die Zellwand nicht diffundiert[1]). Ähnliches gilt von einem Pepsin im Malz, welches durch Wasser nicht ausgezogen werden kann[2]).

Sehr widersprechend lauten die Angaben bezüglich des Enzymes der Harnstoffgärung, der *Urase*. Nach Miquel kann dieselbe in wäfsriger Lösung, ohne viel Wirkung einzubüfsen, durch eine Chamberland-Kerze filtriert und durch Alkohol gefällt werden; aber bei letzterem Verfahren mufs man das Fällungsmittel möglichst rasch entfernen, da es sehr schädlich einwirkt. Beim Erwärmen der Lösung auf 35—40° beginnt bereits eine Schwächung des Enzyms, ebenso beim Verdünnen mit einem Volumen Wasser. Die Urase wird nach Miquel von den Harnstoffbakterien in die umgebende Flüssigkeit ausgeschieden. Im Gegensatz dazu hat M. W. Beijerinck eine Substanz von gleicher Wirkung aufgefunden[3]), welche aus den Zellen nicht extrahiert werden konnte und daher als unlöslich betrachtet wird; diese Urase könnte aber ebenso gut nur durch die Zellmembranen und den Protoplasmaschlauch zurückgehalten worden sein, ein Einwand, der sich durch Zerreiben der betreffenden Bakterien prüfen liefse[4]). Die Differenz in den Angaben von Miquel und von Beijerinck ist möglicherweise dadurch verursacht, dafs beide verschiedene »Urasen« in Händen hatten.

Eine ebensolche Empfindlichkeit gegen allerlei Einflüsse, wie sie der Zymase der Bierhefe zukommt, scheint auch für die Urase von Miquel charakteristisch zu sein. Ähnliche

[1]) J. Wortmann, Weinbau u. Weinhandel 1898, Nr. 39 u. 40.

[2]) Vgl. M. Delbrück, Berichte d. d. chem. Ges. **31**, 1916 (1898).

[3]) Centralblatt f. Bakteriologie II. Abth. 7, 57 (1901).

[4]) Ein Gleiches gilt vielleicht für die Isatase, das Enzym, welches aus dem Isatatan des Waids Indoxyl erzeugt, aus den getöteten Zellen aber auf keine Weise extrahiert werden kann und daher als unlöslich angesprochen wird (Beijerinck, a. a. O. S. 58).

Unbeständigkeit zeigt ferner auch das invertierende Enzym in Monilia. Nach E. Fischer und Lindner wird dasselbe bei Gegenwart von Wasser und etwas Toluol schon durch eintägiges Erwärmen auf 33° zerstört; da kaum wahrscheinlich ist, dafs Toluol, sonst sehr unschädlich für Enzyme, hier eine verderbliche Wirkung ausübt, besteht die gröfste Analogie zum Verhalten des Prefssaftes, der auch schon beim Aufbewahren die Gärkraft einbüfst. Die Annahme liegt sehr nahe, dafs es in beiden Fällen proteolytische Enzyme aus den betreffenden Organismen sind, welche die schädigende Wirkung ausüben.

Überblicken wir die in diesem Kapitel erörterten Eigenschaften des Gärungsagens im Hefesaft nochmals und vergleichen dieselben mit der Beschaffenheit der übrigen Enzyme, so zeigen sich gegenüber den einfachsten Gliedern jener Körperklasse, z. B. gegenüber der Invertase, sehr erhebliche Unterschiede. Aber je mehr wir zu den komplizierteren Enzymen aufsteigen, desto gröfsere Analogien treten hervor. Die Urase und das invertierende Enzym in Monilia besitzen die gleiche Unbeständigkeit und das letztgenannte diffundiert ebensowenig aus den Zellen heraus, wie die Zymase. Es findet sich also jetzt schon in der Reihe der Enzyme ein lückenloser Übergang vom Einfacheren zum Komplizierten, jetzt schon, wo die Aufsuchung der Enzyme auf Grund der neuen Methode erst begonnen hat.

Einige Forscher befürworten, indem sie einerseits den Abstand anerkennen, welcher die Zymase von dem lebenden Protoplasma trennt, anderseits doch auch die Unterschiede gegenüber manchen Enzymen betonen, der Zymase eine Mittelstellung zwischen beiden einzuräumen.[1]) Es ist das schliefslich Geschmacksache. Das wichtigste Einteilungsprinzip scheint doch darin zu liegen, ob ein Gebilde als lebend bezeichnet werden mufs oder als tot. Die Zymase kann nach ihren Eigenschaften nicht als lebend gelten; ich schlage daher vor, das Gleichartige zusammenzufassen und die Zymase als ersten Vertreter einer neuen Untergruppe der grofsen Klasse der Enzyme einzuverleiben; steht sie dort

[1]) Adolf Mayer, Agrikulturchemie 5. Aufl. 1902, III 177 ff.; Wróblewski, Journ. f. prakt. Chemie [2] 64, S. 25 (1901).

auch zunächst noch vereinzelt da, so wird sich dies im Laufe der Jahre wohl ändern. Als erstes Enzym, welches Gasentwicklung veranlafst, bildet die Zymase das typische Beispiel der *Gärungsenzyme.*

Eine Einteilung der wichtigsten Enzyme auf Grund ihrer chemischen Wirkungsweise führt jetzt etwa zu folgender Übersicht (dabei wurden die Alexine des Blutes, die Bakteriengifte und die sog. Antitoxine, Substanzen, welche gröfste Ähnlichkeit in ihrer Entstehung, in ihren Eigenschaften und in ihrer Wirkungsweise mit den Enzymen aufweisen, aber dem Mediziner vertrauter sind als dem Chemiker, nicht berücksichtigt):

1. *Hydrolytische Enzyme.*
   Kohlenhydrat abbauend: Diastase, Ptyalin, Invertase, Monilia-Invertase, Maltase, Lactase, Cytase.
   Glucosid spaltend: Emulsin, Myrosin.
   Fett verseifend: Lipase.
   Amid verseifend: Urase; ferner wahrscheinlich hierher gehörig:
   Eiweifs verdauend: Pepsin, Trypsin, Papaïn, Endotryptase.
   Gerinnungsenzyme: Lab, Pectase.
2. *Oxydierende Enzyme:* Laccase (Yoshida, Bertrand).
3. *Reducierende Enzyme* (in Hefe: Rey de Pailhade, im Hefesaft: Hahn).
4. *Gärungsenzyme:* Zymase.

C. Oppenheimer[1]) versucht, die Zymase den oxydierenden Enzymen einzureihen, was aber nicht gerechtfertigt erscheint; wie die Gärungsgleichung zeigt, findet bei der Zuckerspaltung durchaus keine Aufnahme von Sauerstoff in das Glucosemolekül statt, sondern die Oxydation der einen Hälfte erfolgt auf Kosten der anderen, die reduciert wird.

Eine andere Einteilung der Enzyme klassifiziert dieselben nach ihrer Bedeutung für die Organismen. Hier bilden die Ernährungsenzyme die 1. Gruppe; sie führen hochmolekulare, schwer lösliche und langsam diffundierende Verbindungen in

[1]) Die Fermente, Leipzig 1900, S. 50.

chemisch wenig veränderte, aber kleinere, leichter lösliche und schneller diosmierende Moleküle über, welche für die Ernährung wertvoller sind; Cytase, Diastase, Invertase, Pepsin, Trypsin gehören dazu. Eine Unterabteilung würden Emulsin und Myrosin bilden, welche bei der Spaltung der Glucoside aufser dem Nährstoff Zucker bittere bezw. giftige Stoffe erzeugen, die zur Abwehr gegen Feinde dienen. Im Gegensatz zu den Ernährungsenzymen hat eine zweite Gruppe die Aufgabe, eine Kraftquelle für den Organismus zu schaffen. Hierher ist die Zymase zu rechnen; denn es unterliegt keinem Zweifel, dafs, ganz im Sinne Pasteur's, die Gärungserreger mit Hilfe des Gärungsvorganges selbst, bei welchem positive Wärmetönung auftritt, jene Kraft gewinnen, welche den übrigen Organismen durch die Atmung zugeht. Dabei wird Zucker, ein Stoff von höchstem Nährwerte, in den geringwertigen Alkohol und die unbrauchbare Kohlensäure zersetzt. Die hydrolytischen Spaltungen durch Enzyme sind zwar auch immer von geringer Wärmeentwicklung begleitet, aber die bei der Gärung auftretende Wärmebildung ist aufserordentlich viel gröfser. Den Energie liefernden Enzymen müssen ferner die Oxydasen beigezählt werden, welche den Luftsauerstoff übertragen und durch die bewirkten Verbrennungsprozesse Wärme erzeugen. Es ist noch nicht völlig entschieden, wie weit die Bedeutung dieser oxydierenden Enzyme für die Lebensvorgänge der Pflanzen reicht, ob sie bei der gesamten Atmungstätigkeit, also bei der Sauerstoffaufnahme und Kohlensäureabgabe wirklich die entscheidende Rolle spielen (Bertrand); aber die Versuche von R. Kolkwitz[1]) über die Atmung ruhender Samen lassen die Frage von neuem in's Auge fassen. Vor kurzem hat E. Duclaux[2]), in Übereinstimmung mit älteren Anschauungen von Pfeffer und von Wortmann über die sogen. intramolekulare und über die gewöhnliche Atmung höherer Pflanzen (s. darüber im nächsten Kapitel), interessanterweise versucht, die Zymase den Ernährungsenzymen einzureihen. Den nach Pasteur be-

[1]) Berichte d. d. botanischen Ges. 19, S. 285 (1901); Blätter für Gersten-, Hopfen- und Kartoffelbau, 1901, S. 370.

[2]) Referiert: Chem. Centralblatt 1900, II, 54.

stehenden Gegensatz zwischen aërobiotischem Leben der Hefe, wobei nach gewöhnlicher Auffassung Kohlendioxyd durch die Atmung entsteht, aber kein Alkohol auftritt, und anaërobiotischem Leben, wobei durch Gärung Kohlensäure und Alkohol gebildet werden, mildert er durch die Annahme, dafs auch bei Luftgegenwart in der Hefe Zymase produziert werde und sich die Gärungsvorgänge vollziehen; die bei aërobiotischem Wachstum auftretende Kohlensäure stamme also auch von Gärungsvorgängen ab, der gleichzeitig gebildete Alkohol aber werde bei Sauerstoffgegenwart augenblicklich in Aldehyd verwandelt und sofort zum Aufbau des Organismus verwendet, so dafs ein Nachweis des Alkohols unmöglich sei. Diese geistreiche Hypothese würde aber verlangen, dafs bei aërobiotischem Wachstum Äthylalkohol ein ausgezeichneter Nährstoff sei, womit die Tatsachen nicht übereinstimmen; sie würde unerklärt lassen, warum der Zuckerzerfall bei Luftabwesenheit so aufserordentlich viel gröfsere Dimensionen erreicht als bei Gegenwart von Sauerstoff, da doch in beiden Fällen Zymase entsteht. Man müfste annehmen, dafs im ersteren Fall die Zymaseproduktion ungleich gröfser sei als im letzteren und hierdurch wäre doch wieder der Gegensatz zwischen anaërobiotischem und aërobiotischem Hefeleben konstatiert.

Es ist sicher, dafs die Zymaseproduktion in der lebenden Hefezelle zeitweise unterbrochen wird[1]. Plötzliche Wechsel im Gesamtcharakter der physiologischen Vorgänge finden auch bei höheren Pflanzen statt; z. B. werden im hellen Tageslicht Stärkekörner als Reservestoffe aufgehäuft, die im Dunkeln durch ein plötzlich auftretendes diastatisches Enzym in Lösung gehen und als Zucker an andere Stellen behufs Assimilation verfrachtet werden (Brown und Morris, St. Jentys)[2]. In den Getreidekörnern erscheint ferner die sog. Sekretionsdiastase erst nach begonnener Keimung (Brown und Morris, Haberlandt)[3].

Von Enzymen wurden nunmehr in untergäriger Bierhefe nachgewiesen: Invertase, Maltase, Zymase, Endotryptase, ein oxy-

[1] S. Abschnitt VIII »Über Zymasebildung in der Hefe«.

[2] Nach R. Green, Die Enzyme, deutsch von W. Windisch, 1901, S. 22.

[3] S. ebenda, S. 28.

dierendes[1]) und ein reducierendes Enzym[2]), eine Lipase, ein Labenzym; wahrscheinlich vorhanden sind ein Glycogen hydrolysierendes Enzym und Spuren einer Diastase. Die Hefezelle erscheint somit als eine chemische Werkstätte, welche für verschiedene Betriebe eingerichtet ist; bald wird die eine Seite der Produktion mehr betont, bald die andere. Der physiologische Zustand und die von aufsen an die Zelle herantretenden Reize, z. B. die Gegenwart von Luft, von Zucker u. s. w. entscheiden, ob augenblicklich diese oder jene Enzyme hergestellt werden. Nicht mit Unrecht vergleicht E. Duclaux[3]) die Hefezelle mit einem indischen Radscha, der für alle Dienstleistungen besondere Trabanten zur Verfügung hat.

Bedeutung der Zymaseentdeckung für Gärungschemie und Pflanzenbiologie.

Die theoretischen Vorstellungen über die Gärung haben infolge des Zymasenachweises manche endgültige Veränderung erfahren. Glaubte man seit Pasteur's Arbeiten die Hefe gut zu kennen, so ist nun erwiesen, dafs der wichtigste Zug in ihrer Lebensgeschichte unbekannt geblieben war.[4]) Die vitalistische Epoche in den Anschauungen über die Gärung, dereinst von Schwann begründet und von Pasteur gestützt, hat durch die Auffindung der Zymase in gewissem Sinne ihren Abschlufs erhalten[5]); nun steht fest, wie weit ihre Berechtigung reicht. Für immer widerlegt ist die vitalistische Assimilationstheorie, nach welcher der Zucker als Nahrungsstoff aufgenommen, Alkohol und Kohlensäure als Exkremente ausgeschieden werden sollten. Widerlegt ist ferner die Pasteur'sche Anschauung, dafs die Gärungsorganismen bei Luftmangel dem Gärmaterial Sauerstoff entreifsen und dieses so zum Zerfall bringen; die Gärungserscheinungen hängen direkt nur von der An- oder Abwesenheit der Zymase ab

[1]) J. Grüfs, Wochenschrift f. Brauerei 1901, Nr. 24—26.

[2]) M. Hahn, Münchener medicin. Wochenschr. 49, S. 595 (1902).

[3]) Traité de Microbiologie, Paris 1899, II. S. 738.

[4]) E. Duclaux, Traité de Microbiologie, 1900, t. III, Préface.

[5]) Max Delbrück, Über die Fortschritte der Gärungschemie in den letzten Dezennien, Berichte d. d. chem. Ges. 31, S. 1913 (1898)

und Sauerstoff kann höchstens dadurch von Bedeutung sein, als er die Zymaseproduktion in der Zelle beeinflufst. Erledigt ist endlich das alte Problem, ob die Gärung innerhalb oder aufserhalb der Hefezellen stattfindet zu Gunsten der ersteren Annahme; die Beweise dafür sind erstens, dafs die Zymase nicht durch Pergamentpapier diffundiert, also sicher auch nicht durch die Zellmembran; zweitens, dafs die gewöhnliche Bierunterhefe Glycogen nicht zu vergären vermag, wohl aber der Hefeprefssaft; Glycogen diffundiert nicht durch die Zellmembran in die Hefezellen hinein, die Zymase nicht aus den Hefezellen heraus; solange die Hefezelle lebt und ihre Membran unverletzt ist, bleiben daher beide ohne Einwirkung aufeinander. (Es ist wahrscheinlich, dafs zur Vergärung des Glycogens aufser der Zymase noch ein weiteres Enzym nötig wird, das jenes komplizierte Kohlenhydrat vorher hydrolysiert[1]). Ein dritter Beweis dafür, dafs die Gärung innerhalb der Zellen verläuft, liegt schliefslich darin, dafs es R. und W. Albert[2]) nicht gelungen ist, aus Hefe, die durch Behandlung mit Alkohol und Äther getötet war, sog. Dauerhefe[3]), Zymase zu extrahieren; erst nach Zerreissen der Zellmembranen war es möglich. Der Gärungsvorgang findet also innerhalb der Hefezellen statt und es mufs während der Gärung eine sehr lebhafte Dialyse statthaben, da die Zuckermoleküle herein-, Alkohol und Kohlensäure durch die Membran hinauswandern. Die dabei auftretenden Flüssigkeitsströmungen werden auch den Ernährungsvorgängen der Hefe zu Gute kommen, indem die Nährstoffe dadurch rascher heran-, Ausscheidungsstoffe schneller hinausgeführt werden.

Auch die Frage, ob die Bildung von Nebenprodukten untrennbar mit der alkoholischen Zuckergärung verknüpft sei, ist, wenigstens was das Glycerin betrifft, in negativem Sinne entschieden; es entsteht höchst wahrscheinlich bei zellenfreier Gärung überhaupt nicht, mufs daher als Stoffwechselprodukt der lebenden Hefe betrachtet werden.

---

[1]) Vergl. darüber R. Trommsdorff, Centralbl. f. Bacteriologie II. Abt. 8, S. 84 (1902).

[2]) Centralbl. f. Bacteriologie, II. Abt. 7, S. 742 (1901).

[3]) Näheres darüber s. im VII. Abschnitt.

Während nach dem Erörterten der Einfluſs der Zymaseentdeckung auf die theoretischen Anschauungen über die Gärungsvorgänge ein ziemlich groſser ist, scheint eine direkte technische Verwertung in den Gärungsgewerben nicht in Aussicht zu stehen. So lange man zur Herstellung des gärkräftigen Saftes die Hefe braucht, ist es viel einfacher, lebende Hefe selbst zu den Gärungen zu verwenden; man hat dann noch den Vorteil, daſs fortwährend neue Zymase gebildet wird, während solches im Preſssaft natürlich ausgeschlossen erscheint; erst wenn es einmal, wie ich fürchte, in einer sehr fernen Zukunft, möglich sein sollte, Zymase künstlich herzustellen, z. B. aus den Eiweiſsstoffen des Hefeplasma, könnte darin eine Änderung eintreten. Vorläufig muſs man sich mit dem indirekten Nutzen genügen lassen, den die Industrie immer haben wird, wenn die Wissenschaft neue Ausblicke erringt.

Einige allgemeine Folgerungen ergeben sich aus der neuen Erkenntnis für die Physiologie der Zelle, indem unser Wissen von den physiologischen Einrichtungen der letzteren wesentlich erweitert wird. Das Phänomen der Gärung hatte seit Pasteur als eine der untrennbaren Äuſserungen des Zellenlebens gegolten; man lehrte, daſs diese Leistung unmittelbar an das Protoplasma der lebenden Zelle gebunden sei[1]); es war das typische Beispiel für diese Art des Zusammenhanges, während in so vielen anderen Fällen die Mitwirkung von Enzymen offen zutage lag. Jetzt mit einem Schlag zeigt sich, daſs auch bei der Gärung nicht die Zelle als solche wirksam ist. Man wird diese Tatsache verallgemeinernd, zu der Vermutung gedrängt, daſs, wo immer spezialisierte Leistungen (im Gegensatze zu Assimilation und Desassimilation) hervortreten, ein spezifisch abgestimmter, von der Zelle producierter Stoff als Agens betrachtet werden muſs. Es ergibt sich die Aufgabe, diese Anschauung experimentell weiter zu verfolgen, wozu das Verfahren gegeben ist.

[1]) Vgl. z. B. J. Reynolds Green, Annals of Botany 11 S. 555 (1897): The Yeast plant has always been the chief support of the vitalistic theory of fermentation pur forward by Pasteur; ferner Green-Windisch, die Enzyme, Berlin 1901, S. 13; C. Oppenheimer, die Fermente, Leipzig 1900, S. 13.

Der methodische Fortschritt, welcher in dem Zerreiben von Zellen mit Quarzsand und Kieselgur bis zum Zerreifsen der Zellhäute, kombiniert mit darauffolgendem Auspressen bei sehr hohem Druck, liegt und der die unveränderten Inhaltsstoffe von Zellen zugänglich macht, wird der biologischen Forschung vielleicht noch manchmal zugute kommen. Es sind bereits jetzt folgende Versuche veröffentlicht worden, welche die neue Technik benutzt haben:

M. Hahn, Chem. Vorgänge im zellfreien Gewebssaft von Arum maculatum.[1])

Mazé, Zymase aus Eurotiopsis Gayoni.[2])

Takahashi, Zymase aus japan. Sakéhefe.[3])

E. Weinland, Über Kohlenhydratzersetzung ohne Sauerstoffaufnahme bei Ascaris, einen tierischen Gärungsprozefs.[4])

Ph. Kohnstamm, Amylolytische u. s. w. Fermente in holzbewohnenden Pilzen.[5])

Czapek, Prefssaft aus Merulius lacrimans (Hausschwamm).[6])

Eine Folgerung aus der Zymaseentdeckung ist auch die klare Erkenntnis, dafs es eine ganze Kategorie von bisher unbekannten Enzymen gibt, die innerhalb der Zellen zur Wirkung gelangen, während noch Nägeli[7]) erklärte, es sei sehr fraglich, ob der Organismus jemals Fermente bilde, welche innerhalb des Plasma wirksam sein sollen. Diese neue Gruppe von Enzymen kann im Gegensatz zu den extracellulär wirkenden, gewöhnlichen proteolytischen und amylolytischen Enzymen als *Endoenzyme*[8]) bezeichnet werden. Zu ihnen ist die Zymase und die Endotryptase der Hefe zu zählen. Das letztere Enzym, welches mit seiner verdauenden Kraft vielleicht den normalen Abbau der organisierten Substanz in der Zelle bewerkstelligt, wirkt auch schädlich auf die

[1]) Berichte der d. chem. Ges. 33, S. 3555 (1900).

[2]) Compt. rend. de l'Académie des sciences 135, S. 113 (1902); Ref. Wochschr. f. Brauerei 19, S. 517, (1902).

[3]) Referat: Chem. Centralblatt II, S. 391, (1902).

[4]) Zeitschr. f. Biologie 42, S. 55 (1901), 43, S. 86 (1902).

[5]) Botanisches Centralblatt 10, Beiheft 2 S. 91 (1901).

[6]) Ref.: Centralblatt f. Bakteriologie, Abt. II, 9, 129 (1902).

[7]) Theorie der Gärung, München 1879, S. 12.

[8]) M. Hahn, Zeitschr. f. Biologie 40, S. 172 (1900).

Zymase und seine Gegenwart im Hefepreſssaft ist Ursache der raschen Abnahme der Gärkraft des Saftes. Daſs von zwei Enzymen, die in derselben Zelle gleichzeitig vorhanden sind, das eine das andere schädigt, dürfte noch kaum beobachtet sein.[1]) Es wird dadurch die Aufmerksamkeit auf das Spiel der chemischen Kräfte innerhalb der Zelle gelenkt und wir erkennen, daſs die Zelle aus verschiedenen, getrennten Werkstätten besteht, deren Agentien und Produkte, so lange das Leben der Zelle dauert, von einander gesondert bleiben, denn sonst würden sie sich gegenseitig angreifen. Man braucht zur Erklärung der Lokalisation keine so grob mechanische Vorstellung heranzuziehen, wie sie A. Wróblewski[2]) gegeben hat. Es genügt die Annahme, daſs die einzelnen Werkstätten getrennt sind, durch z. B. mit Cholesterin imprägnierte Grenzschichten des Protoplasts, welche für die betreffenden Stoffe undurchlässig bleiben und die osmotischen Vorgänge regeln, eine Vorstellung, die bekanntlich von E. Overton[3]) ausgesprochen wurde. Die Annahme von derartigen »Plasmahäuten« ist auch unerläſslich, um zu verstehen, wieso Zymase und Glycogen gleichzeitig in den Zellen vorhanden sein können, ohne daſs das letztere vergoren wird. Erst bei ungünstigen Einflüssen auf die Hefezellen, bei zu hoher Temperatur oder beim Altern verschwinden die trennenden Plasmahäute und »*Selbstgärung*« ist die Folge.

Die Zelle büſst durch die neuen Erfahrungen einen Teil der Bedeutung ein, welche sie in den Augen der Physiologen seit Schleiden und Schwann besaſs; sie nimmt ferner mehr und mehr den Charakter einer Art von Drüse an, welche aus dem lebendigen Protoplasma Sekretionsprodukte abscheidet. Diese letzteren, die Enzyme, die Ostwald für den Organismus unentbehrliche Regulatoren der Geschwindigkeit seiner chemischen Reaktionen genannt hat,[4]) gewinnen in unserer Vorstellung da-

---

[1]) Vgl. R. Neumeister, Berichte d. d. chem. Ges. 30, S. 2965 (1898).

[2]) Journ. f. prakt. Chemie [2] 64 (1901), S. 56; Centralblatt für Physiol. 12, Heft 21.

[3]) Vierteljahresschr. naturforsch. Ges. in Zürich 44, S. 88 (1899).

[4]) Über Katalyse, Vortrag auf der Hamburger Naturforscherversammlung 1901.

gegen zusehends an Wert; »elles ont détrôné la cellule«, wie Duclaux[1]) mit vieler Berechtigung sagt. Die Hefezelle erscheint uns immer weniger als einheitlicher Organismus, ihre Lebenstätigkeit löst sich auf in eine grofse Anzahl von Enzymwirkungen. Was wird schliefslich als Gesamtfunktion des ganzen Apparates, als eigentlich vitalistische Leistung zurückbleiben?[2]) Ähnliche Betrachtungen charakterisieren auch den heutigen Standpunkt der Tierphysiologie.[3])

Die Zymaseentdeckung scheint für die gesamte Pflanzenphysiologie noch ein weiteres Interesse zu verdienen. Nach Pfeffer's Annahme ist die intramolekulare Atmung höherer Pflanzen, d. h. die bei Luftabwesenheit erfolgende Kohlensäureabgabe derselben, identisch mit dem Vorgang der alkoholischen Gärung. Diese Theorie darf als erwiesen gelten für Birnen und neuestens durch die sehr ausführlichen Untersuchungen von E. Godlewski (sen.) und F. Polzeniusz[4]) auch für Erbsensamen. Letztere lieferten bei der intramolekularen Atmung, in reines Wasser getaucht, bis zu 22 % ihrer Trockensubstanz Äthylalkohol, in Glucoselösung eingelegt gar bis zu 27 %!

Nun finden sich, ebenfalls bei Abwesenheit von Hefezellen, geringe Mengen von Äthylalkohol in den verschiedensten Pflanzenteilen. Von Lechartier und Bellamy wurde Weingeist in Birnen, von Brefeld in Gersten-, Weizen- und Erbsensamen, von Müntz in Rebensprossen, Rübe, Mais, Kohl und Nessel, ferner von Berthelot in Weizen, von Devaux in Sprossen der Erle, der Weide, der Eiche und des Kirschbaums, endlich von Mazé in den Samen und Keimlingen der Erbsen sowie in Rebenblättern nachgewiesen. In Rücksicht auf die grofse Verbreitung der Alkoholbildung entsteht die Vermutung, dafs Pfeffer's Theorie sehr wahrscheinlich allgemein gültig ist und die Erscheinung der intra-

[1]) Traité de Microbiologie, Paris 1899, t. II, pag. 738.

[2]) Vgl. die Bemerkungen von Emil Fischer in der Sitzung der chem. Ges. zu Berlin am 14. März 1898; s. Wochenschr. f. Brauerei 15, 134 (1898).

[3]) Vgl. Hofmeister, die chemische Organisation der Zelle, Braunschweig 1901.

[4]) Extrait du Bulletin de l'Académie des sciences de Cracovie, Classe des sciences math. et nat. 1901, S. 227—276.

molekularen Atmung immer auf der alkoholischen Gärung eines Zuckers beruht. Als weitere Konsequenz dieser Auffassung ergibt sich dann die Annahme, daſs *überall in den Pflanzen bei Sauerstoffmangel eine Art von Zymase* wirksam wird.

Auſserdem betrachten aber W. Pfeffer (1874) und J. Wortmann (1879) die intramolekulare Atmung als das erste Stadium der normalen, bei Sauerstoffanwesenheit erfolgenden Atmung der Pflanzen; bei letzterer tritt auch Kohlensäurebildung auf und der entstehende Alkohol werde in einer zweiten Phase des Vorgangs sofort teilweise oxydiert und zu neuer Synthese von Kohlenhydraten verwendet; dadurch entziehe er sich dem Nachweis. Dieser Hypothese mag vielleicht vom chemischen Standpunkt entgegengehalten werden, daſs der Äthylalkohol kein besonders geeignetes Material für den synthetischen Aufbau darstellt, wie er denn auch als Nahrungsmittel für niedere Pflanzen nur eine sehr untergeordnete Rolle spielt. Sollten die Anschauungen von Pfeffer und Wortmann sich trotzdem als richtig erweisen, so würde überall, wo Kohlenhydrate das Atmungsmaterial von Pflanzen bilden, die Gegenwart einer Zymase zu vermuten sein.

Nach Tammann, Duclaux und Hill treten bei den Enzymwirkungen Gleichgewichtserscheinungen auf, d. h. die Reaktionen verlaufen in einer Richtung, bis Anhäufung der Spaltungsprodukte den Prozeſs zum Stillstand bringt; die Enzyme ändern sich dabei nicht und die Spaltung geht nach Entfernung der störenden Produkte im selben Sinne weiter. Werden von vornherein die Spaltungsprodukte zugesetzt, so muſs sich der ganze Prozeſs der Theorie nach auch in umgekehrter Richtung abwickeln können. In der Tat haben Croft Hill[1]), sowie später O. Emmerling[2]) mit Hilfe von Maltase Monohexosen in Biosen verwandelt; Kastle und Loewenhart, sowie später O. Mohr[3]) vermochten ferner durch Einwirkung einer fettspaltenden Lipase umgekehrt Buttersäure mit Alkohol zu esterifizieren. Van't Hoff[4])

[1]) Journal of the Chemical Society 173, 634 (1894); Bericht d. d. chem. Ges. 34, 1380 (1901).

[2]) Berichte d. d. chem. Ges. 34, 600, 2206, 3810 (1901).

[3]) Wochenschrift für Brauerei 19, S. 588 (1902).

[4]) Über die zunehmende Bedeutung der anorg. Chemie, Zeitschr. für physikalische Chemie 18, Heft 1 (1898).

hat nun die Frage aufgeworfen, ob etwa unter dem Einfluſs der Zymase Bildung von Zucker aus Kohlensäure und Alkohol beim Überschreiten eines Grenzgegendruckes der Kohlensäure stattfinden könnte? Da bei der alkoholischen Gärung starke Wärmeentwicklung auftritt, müſste beim umgekehrten Prozeſs jedenfalls Energie von auſsen zugeführt werden. Es wäre immerhin denkbar, daſs in den grünen Pflanzen unter dem Einfluſs des Chlorophylls, welches die Zuführung von Lichtenergie vermittelt, und in Anwesenheit von Zymase eine Synthese von Zucker auf diesem Wege vor sich geht und die Kohlensäureassimilation wenigstens teilweise in solchem Sinne verläuft.

Über eine Neubildung von Glycogen in frischem, mit Fruchtzucker versetztem Hefepreſssaft in vier der untersuchten acht Fälle hat M. Cremer[1]) berichtet. Sollte die durchaus nötige, in Aussicht gestellte, bisher aber nicht erfolgte Bestätigung dieser Ergebnisse noch beigebracht werden, so würde die Synthese wohl durch die aufbauende Wirkung eines diastatischen Enzymes im Safte, durch seine *Reversionswirkung,* zu erklären sein, während Cremer die Annahme zu bevorzugen scheint, daſs der Preſssaft in irgend einer Weise »lebt«, wodurch die Synthese »ohne weiteres verständlich« werde.

[1]) Berichte d. d. chem. Ges. 32, S. 2062 (1899).

III. Abschnitt.

Experimentelles über die zellenfreie Gärung.

Herkunft der angewandten Sprofshefe.

Zu fast allen Versuchen, über welche im folgenden berichtet wird, kam untergärige Bierhefe zur Verwendung, die in Berlin von drei verschiedenen Brauereien V, N und S, unter denen die letzte die günstigste Hefe lieferte, in München aber von der Hefefabrik von A. Schroder, Landwehrstr. 45, bezogen wurde. Über die Natur der Hefe aus der eben erwähnten Bezugsquelle äufsert sich H. Will[1]: »In der betreffenden Prefshefefabrik wird Abfallhefe aus einigen Brauereien verarbeitet. Wenn nun hierbei auch Hefen verschiedener Abkunft miteinander vermengt werden sollten, was jedoch, soweit ich hierüber unterrichtet bin, nicht geschieht, so darf man doch von vornherein annehmen, dafs die Prefshefe vorherrschend aus Rassen von gleichartigem Charakter zusammengesetzt ist. Da auch in den Münchener Brauereien Reinhefe in grofsem Umfang zur Verwendung kommt, so sind auch hier die Hefen viel einheitlicher zusammengesetzt als früher. Jedenfalls ist die Gegenwart von Heferassen mit sehr extremen Eigenschaften schon in Hinsicht auf den Charakter des Münchener Bieres ausgeschlossen. Wenn auch in den Abfallhefen wilde Hefenarten in gröfserer Zahl ursprünglich vorhanden sein können, so wird wohl der

[1] »Zur Frage der alkoholischen Gärung ohne Hefezellen«, Zeitschr. f. d. gesammte Brauwesen, Band 21 (1898).

gröfste Teil dieser meist aus kleinen Zellen bestehenden Arten bei dem wiederholten Waschen der Hefen entfernt. Aufserdem hat die direkte Untersuchung der verwendeten Hefen ergeben, dafs dieselben nach dem mikroskopischen Bild sehr gleichmäfsig zusammengesetzt waren und zunächst einen Verdacht auf wilde Hefen nicht aufkommen liefsen. Diese Verhältnisse mit Rücksicht auf etwaige Versuche über das Verhalten von Hefeprefssaft verschiedenen Zuckerarten gegenüber erscheint mir nicht unwichtig. Ebenso erscheint mir auch die Reaktion der verwendeten Prefshefe gegenüber Jod-Jodkalium, die Gegenwart oder Abwesenheit von Glycogen in Hinsicht auf die Wirksamkeit bezw. Unwirksamkeit von Wert. Die verwendeten Hefen enthielten nur mehr Spuren von Glycogen, indem nach Jod-Jodkaliumzusatz nur mehr ein leichter brauner Farbenton unter dem Mikroskop in den Zellen sichtbar war. Die Hefen enthielten ziemlich viel tote Zellen.«

Sind also für die Versuche auch keine Reinkulturen zur Verwendung gelangt, so waren die Hefen demnach doch sehr einheitlicher Art und näherten sich praktisch Reinkulturen.

Obergärige Bierhefe und Getreideprefshefe sind in München nur einige Male [1]) auf Prefssaft verarbeitet worden; die Resultate bezüglich Gärkraft waren nicht günstige, sei es, dafs diese Hefen weniger Zymase enthalten, oder dafs sie mehr proteolytisches, Zymase schädigendes, Enzym aufweisen; es ist jedes Mal besonders bemerkt, wenn im folgenden beschriebene Versuche mit obergäriger Hefe ausgeführt wurden. Wirksame Prefssäfte mit obergäriger Hefe haben erhalten: H. Lange [2]) mit einer Bäckerei- und einer Prefshefe, J. Reynolds Green [3]) mit Saccharomyces cerevisiae (Hansen), Macfadyen, Morris und Rowland [4]) mit obergäriger Hefe aus englischen Brauereien, A. Wróblewski [5]) bei Anwendung von Bäckereihefe und auch mit einer Weinhefe.

---

[1]) s. z. B. Berichte d. d. chem. Ges. 30, S. 1111 (1897).
[2]) Wochenschrift f. Brauerei 15, S. 377 (1898).
[3]) Annals of Botany 12, S. 492 (1898).
[4]) Berichte d. d. chem. Ges. 33, S. 2767 (1900).
[5]) Journal für praktische Chemie [2] 64, 4, 66 (1901).

Herstellung des Hefepreſssaftes.

Das Verfahren, welches ursprünglich im Münchener hygienischen Institut ausgebildet wurde, unter wesentlicher Beihilfe des damaligen Assistenten, Professor Martin Hahn, der die Anwendung von Kieselgur und von einer hydraulischen Presse vorschlug, zerfällt in folgende Abschnitte:

1. Waschen der Brauereihefe, 2. Entwässern der gewaschenen Hefe, 3. Mischen mit Quarzsand und Kieselgur, 4. Zerreiben unter Zerreissung der Zellmembranen, 5. Auspressen der erhaltenen teigförmigen Masse. 4. und 5. werden nochmals wiederholt.

Das Wichtigste an dem ganzen Verfahren ist das Zerreiben unter Zusatz von Quarzsand[1]); dadurch werden die Zellen geöffnet und der Zellsaft in Freiheit gesetzt. Aber es resultiert eine schleimige, zähflüssige Masse, aus welcher Flüssigkeit durch Auspressen kaum isoliert werden kann; starker Druck würde nur zum Zerreissen des Preſstuches führen. Erst durch den Zusatz der Kieselgur erhält das Produkt seine eigentümlich plastische Beschaffenheit. Die Kieselgur saugt in ihrem feinen Gerüstbau mit ungeheurer Oberfläche den halbflüssigen Zellinhalt auf; unter starkem Druck wird das Gerüst dann zusammengedrückt und der flüssige Teil des Zellinhaltes tritt als Preſssaft hervor, während die festen Bestandteile auf der Oberfläche der Kieselgur kleben bleiben; Kieselgur dient also dabei als eine Art von Filter.

Die Anwendung einer hydraulischen Presse und sehr hohen Druckes ist zur Darstellung von wirksamem Preſssaft nicht unbedingt erforderlich[2]); aber gute Ausbeuten und viel Zymase enthaltender Saft sind nur mit jenem mechanischen Hilfsmittel zu erreichen.

---

[1]) Glaspulver eignet sich wegen seiner Wirkung als schwaches Alkali hierzu weniger.

[2]) Vgl. J. Reynolds Green, Annals of Botany 12, S. 497 (1898); A. Wróblewski, Anzeiger der Akademie der Wissenschaften in Krakau, November 1898.

Im einzelnen gestalten sich die Arbeiten wie folgt. Die aus der Brauerei bezogene Hefe wird zunächst gewaschen; man bringt dieselbe auf ein Haarsieb und schwemmt sie mittels aufgegossenen Wassers durch das Sieb hindurch in hohe Gefäſse (25 l Inhalt) mit Wasser; ein groſser Teil der Hopfenbestandteile bleibt schon hier auf dem Sieb zurück und wird entfernt. Nachdem sich die Hefe zu Boden gesetzt hat, hebert man das darüber stehende Wasser ab. Dieser ganze Waschprozeſs wird zwei- bis dreimal wiederholt, bis das Waschwasser klar und farblos bleibt. Schlieſslich coliert man die Hefe durch ein Nesseltuch auf einem Filtrierrahmen. Der ganze Waschprozeſs dauert für 2 Kilo Hefe 1 Stunde. Zweckmäſsig kann man das Waschen der Hefe auch unter Anlehnung an ein Verfahren von Hagenmüller[1]) in der Weise bewerkstelligen, daſs die Hefe wie oben durch ein Sieb in Wasser eingetragen und dann auf den Boden des groſsen Gefäſses mittels eines langen Schlauches Wasser unter Druck geleitet wird. Das schlieſslich oben über den Rand des Gefäſses abflieſsende Wasser nimmt die Verunreinigungen und auch einen groſsen Teil der toten und der »wilden« Hefezellen mit, die im Gegensatz zu den »Kulturhefen« meistens kleineren Rassen angehören.

Die gewaschene Hefe muſs sodann möglichst entwässert werden, wozu man sie am besten in ein beutelförmig gefaltetes und oben zusammengebundenes Coliertuch und hierauf noch in ein Preſstuch (näheres über dieses s. u.) einschlägt und in der hydraulischen Presse einem schlieſslich 5 Minuten anhaltenden Druck von 50 Atmosphären unterwirft. Es resultiert dabei ein Hefekuchen von etwa 70% Wassergehalt (bestimmt durch Erhitzen bis zur Gewichtskonstanz bei 105°), der im Bruch noch gelbbraun und stark durchscheinend und nur in den äuſsersten Schichten bereits von weiſser Farbe, dem Anzeichen höherer Trockenheit, erscheint.

Die entwässerte Hefe wird hierauf in einer groſsen Schale mit feinem Quarzsand, der durch ein Sieb von 200 Maschen auf

[1]) Chemiker-Zeitung, Cöthen, 26, S. 209 (1902).

1 qcm hindurchgegangen ist, und mit Kieselgur oder Infusorienerde[1]) im Verhältnis von

1000 g entwässerte Hefe,
1000 g Quarzsand,
2-300 g Kieselgur[2])

mit den Händen tüchtig gemengt und durch ein grobes Sieb (9 Maschen auf 1 qcm) geschlagen. Zur Zerreibung kommt das staubtrockne, fast weifse Pulver hierauf in Portionen von 300 bis 400 g in eine grofse Porzellanreibschale von 40 cm Durchmesser; dieselbe ist durch eine Holzfassung mit dem Tische fest verbunden; das Porzellanpistill geht in eine $1\frac{1}{3}$ m lange Eisenstange über (Gesamtgewicht 8 kg), die durch die Öse eines an der Wand des Arbeitsraumes federnd befestigten Eisenbandes geführt wird, wie eine solche Vorrichtung (siehe Figur 1) in Apotheken vielfach üblich ist. Öse und Eisenstange sind da, wo sie sich berühren, mit Leder überzogen.

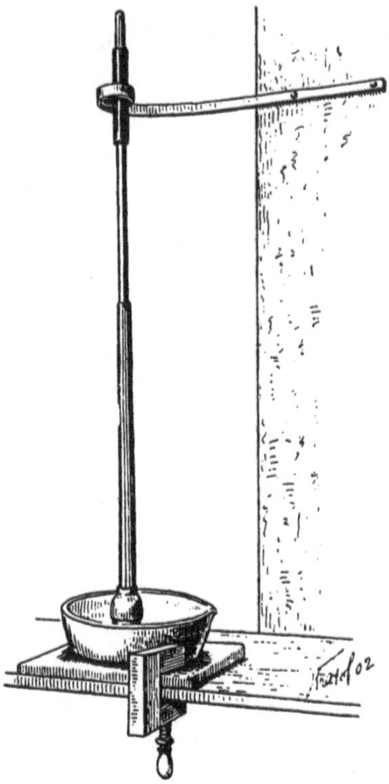

Fig. 1. Zerreibungsvorrichtung.

Beim Zerreiben ändert sich die Farbe des Pulvers bald in grau-braun; die Masse beginnt sich zusammenzuballen und nimmt ein feuchtes Aussehen an. Durch die scharfen Quarzsplitter sind die Hefezellen zerrissen worden und haben ihren halbfesten Inhalt entleert; die Flüssigkeit wird sofort von dem äufserst voluminösen Kieselgur aufgesaugt; hierdurch resultiert die eigentüm-

[1]) Zur Anwendung kam weifse, geschlemmte, gemahlene und calcinierte Infusorienerde von Dr. L. Grote, Uelzen (Bez. Hannover).

[2]) Beim Zerreiben von Münchner Unterhefe genügte ein Zusatz von 200 g; bei Verwendung von Berliner Unterhefe erwies sich meistens ein Zusatz von 300 g Kieselgur als vorteilhafter, um die gewünschte Konsistenz der zerriebenen Masse zu erzielen.

lich plastische, nicht klebrige Beschaffenheit des erhaltenen Teiges, welche das darauffolgende Auspressen gestattet. Es muß so lange zerrieben werden, bis die teigförmige Masse sich von selbst zusammenballt und von der Wandung der Reibschale ablöst, was für eine Portion von 300—400 g des Gemenges $2\frac{1}{2}$—3 Minuten dauert. Die Farben- und Konsistenzänderung des Gemenges von Hefe, Quarzsand und Kieselgur vor und nach dem Zerreiben kommt auf der Figur 2 gut zum Ausdruck, auf welcher links eine Glasschale mit dem unzerriebenen, staubtrocknen Gemenge, rechts der resultierende Klumpen plastisch feuchter Masse nach dem Zerreiben zu sehen ist.

Fig. 2. Hefe mit Quarzsand und Kieselgur gemengt zerrieben.

Anfangs wurde die Zerreibung mit Hilfe einer besonderen Zerreibungsmaschine (bezogen von Franz Hugershoff in Leipzig) bewerkstelligt, die im wesentlichen aus einer horizontal rotierenden Porzellanreibschale von 15 cm besteht, in der ein beliebig beschwertes Pistill sich fortwährend geradlinig hin und her bewegt; als Triebkraft diente ein Gasmotor von 1 PS. Es hat sich später herausgestellt, daß die oben beschriebene Handzerreibungsvorrichtung schneller und vollständiger zum Ziele führt.

Eine schematische Darstellung über das Verhalten von Hefe, Quarzsand und Kieselgur beim Zerreiben, welche ich Professor Carl Müller-Berlin verdanke, gibt Figur 3. Im linken Teile hat erst die Mischung stattgefunden; neben den riesengroßen, plumpen Quarzkörnchen sind die zierlich gezeichneten, scheiben- oder spindel- oder zylinderförmigen Kieselgurstückchen, das Kieselsäuregerüst vorzeitlicher Diatomeenvegetationen, und endlich die noch bedeutend kleineren meistens elliptischen, seltener kugelförmigen Hefezellen zu sehen. Die rechte obere Ecke des Bildes zeigt dann nach der Zerreibung aufgeschnittene und zerrissene Hefezellen, leere Zellhäute und das Protoplasma derselben als Klümpchen vielfach an der Aufsenwand der Zellen, an Kieselgur und Quarzkörnern klebend.

Da der Erfolg des ganzen Verfahrens von der möglichst vollständigen Zertrümmerung der Hefezellen abhängt, ist eine mikroskopische Kontrolle sehr wünschenswert. Eine ungenügende Zerreibung dürfte durch Zerdrücken von Hefezellen beim Auspressen kaum vollständig ausgeglichen werden können. Über die Ergebnisse der mikroskopischen Untersuchung der zerriebenen Masse soll später bei Beschreibung des rückständigen Prefskuchens näheres mitgeteilt werden.

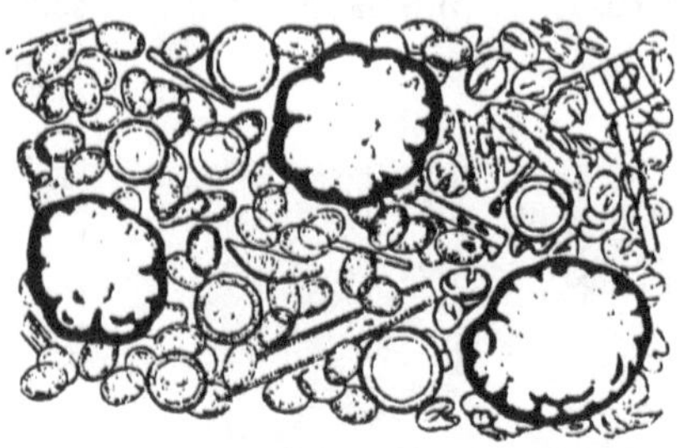

Fig. 3. Hefe mit Quarzsand und Kieselgur gemischt und zerrieben.

Hefe nur mit Kieselgur, also ohne Quarzsandzusatz zu zerreiben, ist natürlich auch möglich. Ein Versuch ergab aber, dafs dann wesentlich mehr Zeit bis zur Vollendung nötig ist. 500 g entwässerte Hefe wurden mit 500 g Kieselgur in 4 Portionen zerrieben, bis die Masse weich geworden und bei der mikroskopischen Untersuchung fast alle Zellen zerrissen waren. Die Dauer der Zerreibung betrug aber für die 500 g Hefe 1 1/3 Stunden, oder ungefähr sechsmal so viel als bei der gewöhnlichen Methode unter Quarzsandzusatz; die Ausbeute an Saft erreichte nur 160 ccm, statt der sonst üblichen 220—250 ccm; die Gärkraft des erhaltenen Prefssaftes war jedoch gut (vgl. Tab. VII, Nr. 60, S. 85).

Zum Zwecke des Auspressens wird die teigförmige Masse entsprechend 1 kg Hefe nunmehr in ein starkes baumwollenes, nicht appretiertes Prefstuch eingeschlagen, wie solches als wasserdichtes Segeltuch zur Überdeckung von Zelten Anwendung findet[1]); dieses Preſstuch wird vor dem Gebrauch mit kaltem Wasser durch Einweichen gründlich durchtränkt und hernach in der hydraulischen Presse bei 50 Atmosphären Druck von dem Überschuſs an Wasser befreit; in dem für 1 kg Hefe benötigten Preſstuch (60 × 75 cm) bleiben noch 35—40 g Wasser zurück.

Als Presse bedient man sich am besten einer hydraulischen Handpresse, wie eine solche z. B. von der Maschinenfabrik von Brinck und Hübner in Mannheim geliefert wird; dieselbe zeigt (siehe Fig. 4) zwei Spindeln, eine vertikale *d*, die durch ein Kurbelrad *g* angezogen wird, und eine horizontale, welche durch eine einfache Handkurbel *e* in den Glycerinbehälter hineingedreht werden kann. In den Glycerinbehälter taucht ferner der Kolben, auf welchem die Preſsplatte *a* lose aufsitzt.

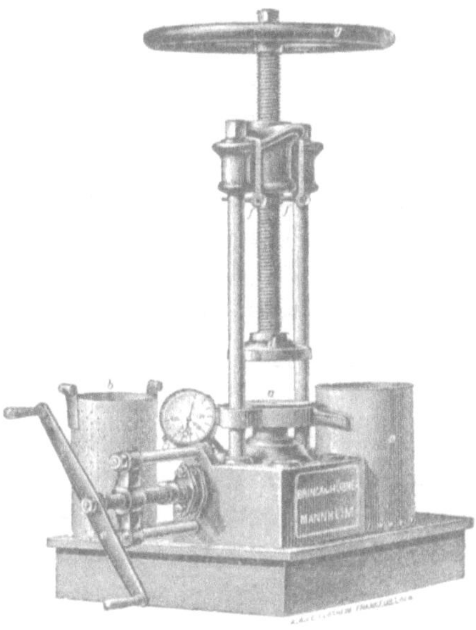

Fig. 4. Die hydraulische Presse.

Die auszupressende Masse wird in das Tuch eingeschlagen, auf die Preſsplatte gelegt, mit einem vielfach durchlochten Preſskorb *b* aus verzinntem Stahlblech umgeben[2]) und darauf die vertikale Spindel durch möglichstes Anziehen des Handrades angepreſst, wodurch der Druck einer gewöhnlichen Spindelpresse erreicht wird; sodann setzt man auch die horizontale Spindel durch Drehen der Kurbel in Tätigkeit, was erst den Hauptdruck ergibt; der erzielte Atmosphärendruck gelangt am Manometer zur Ablesung; man steigert denselben langsam, damit das Preſs-

[1]) Zu beziehen z. B. von Oskar Eckert, Berlin C., Stralauer Brücke 3.

[2]) In der Abbildung ist unter *c* noch ein Weiſsblechcylinder dargestellt, welcher als äuſsere Umhüllung das Verspritzen von Saft verhüten soll, bei der Herstellung von Hefepreſssaft aber nicht benötigt wird.

tuch nicht reifst, von 50 zu 50 Atmosphären und erhält ihn durch öfteres Nachziehen der Kurbel und auch des Handrades konstant. Der auf den Quadratcentimeter ausgeübte Druck (sog. spezif. Druck) resultiert aus dem erreichten Atmosphärendruck und aus dem Gröfsenverhältnis zwischen Prefsplatte resp. Querschnitt des Prefskorbes und dem Querschnitt des Kolbens, auf welchem die Prefsplatte aufliegt. Die im Münchener hygienischen Institut verwendete Presse besitzt eine kreisrunde Prefsplatte von 16 cm Durchmesser oder 200 qcm Flächeninhalt, während der durch die hydraulische Presse entgegengedrückte Prefskolben 6,8 cm Durchmesser und 36 qcm Flächeninhalt des Querschnittes aufweist. Bei einem Druck von 500 Atmosphären wurden also im ganzen 18000 kg Druck oder auf 1 qcm 90 kg Druck erzeugt. Da sich später herausstellte, dafs die Presse, wie alle derartigen, nur für einen Druck von 300 Atmosphären gebaut ist und beim Überschreiten dieser Grenze ein Bersten des Glyceringefäfses eintreten könnte, kam in Berlin ein etwas gröfseres Modell derselben Firma zur Aufstellung, welches bei gleichem Durchmesser der Prefsplatte aber einen Prefskolben von 8,8 cm Durchmesser oder einen Querschnitt von 60 qcm aufweist und daher schon bei der Spannung von 300 Atmosphären 18000 kg Gesamtdruck und 90 kg Druck auf 1 qcm ergibt.

Nachdem die zerriebene Hefe einmal ausgeprefst ist, was aus 1 kg 320—460 ccm Prefssaft ergibt, wird dieselbe, um eine gute Ausbeute zu erzielen, nochmals in der grofsen Reibschale zerrieben, wobei früher Zusatz von Wasser (bis zu 140 ccm auf 1000 g Hefe) erfolgte; dieser Wasserzusatz hat sich als unnötig erwiesen und unterbleibt seit längerer Zeit vollständig. Die zweimal zerriebene Hefe kommt nun abermals in die Presse bei einem Druck von 90 kg auf 1 qcm.

Der abfliefsende Prefssaft tropft direkt aus der Presse auf ein gewöhnliches Faltenfilter und fliefst durch dieses in ein, in Eiswasser stehendes, Gefäfs. Als Gesamtausbeute wurden früher aus 1 kg Hefe unter Zusatz von 140 ccm Wasser regelmäfsig 500 ccm Prefssaft erhalten; jetzt schwanken die Ausbeuten für 1 kg Hefe ohne jeden Wasserzusatz (nur aus dem befeuchteten

Preſstuch können 20—30 ccm Wasser stammen) für gewöhnlich zwischen 450 und 500 ccm (s. z. B. Tab. VII, S. 85).

Diese Ausbeute ist eine sehr erhebliche; da von 1000 g Hefengewicht mindestens 200 g auf die unlöslichen Zellmembranen entfallen[1]), entspricht sie etwa 60 % des gesamten Zellinhaltes. Dabei dauert die ganze Operation unter Anwendung der Handzerreibungsvorrichtung von Beginn des Zerreibens an für 1 kg Hefe bei einiger Übung nur 3 Stunden, wovon auf das erste Zerreiben ½ Stunde entfällt.

Allerdings ist auch dann der Zymasegehalt der Zellen durchaus noch nicht vollständig in den Preſssaft übergegangen und der rückständige Preſskuchen enthält noch sehr erhebliche Mengen des Enzymes; einerseits sind die Zellen noch nicht alle vollständig zertrümmert, anderseits haftet auf der ungeheuren Oberfläche der Kieselgur ein beträchtlicher Teil des Zellinhaltes als schleimiger Überzug. Man kann demnach durch wiederholtes Zerreiben und Auspressen, besonders bei abermaligem Zusatz von Wasser, noch sehr wirksame Preſssäfte erzielen. In einem Falle wurde z. B. ohne Wasserzusatz ein drittes Mal zerrieben und aus 1 kg Hefe nochmals 75 ccm Preſssaft von guter Gärwirkung erhalten, im ganzen aus 1 kg Hefe (unter Zusatz von 35 ccm Wasser schon vor dem zweiten Zerreiben) 575 ccm Preſssaft; ein ander Mal lieferten 1 kg Hefe nach dem zweiten Zerreiben bei Zusatz von 30 ccm Wasser im ganzen 500 ccm Preſssaft, und nach noch zweimaligem Zerreiben unter Zusatz von 25 ccm Wasser abermals 110 ccm sehr wirksamen Saft. In einem weiteren Fall betrug die Ausbeute nach fünfmaligem Zerreiben unter allmähliger Zugabe von 200 ccm Wasser aus 1000 g Hefe 695 ccm Preſssaft von gutem Gärvermögen. Eine Erschöpfung des Preſskuchens war auch dann noch nicht eingetreten.

Über das Schicksal der Hefezellen beim Zerreiben und Auspressen gibt eine mikroskopische Untersuchung Aufschluſs, welche Herr Dr. H. Will, Abteilungsvorsteher an der wissenschaftlichen Station für Brauerei zu München, bei einem der

[1]) Nach Nägeli, Theorie der Gärung 1879, S. 13, treffen von 1000 g Hefengewicht sogar 370 g auf die Zellhäute.

älteren Versuche gerade anwesend, auf mein Ansuchen freundlichst ausgeführt hat; seine Angaben darüber[1]) seien hier in Form einer Tabelle zusammengestellt.

Tabelle I.

Zertrümmerung der Hefezellen beim Zerreiben und Auspressen; nach H. Will.

	Gesamtzahl der gezählten Zellen	Intakte Zellen	Übergangsstadien	Alterierte Zellen	Leere Zellhäute
		%	%	%	%
Nach der 1. Zerreibung (2 Proben untersucht)	229	31	—	31	38
Nach der 1. Zerreibung und 1. Auspressung	111	21	zusammen 40		39
Nach der 2. Zerreibung und 2. Auspressung	437	4	13	26	57

»Unter Übergangsstadien sind Zellen zu verstehen, die infolge von Seitenpressung ihre Vakuolen verloren haben. Die Zahl der leeren Häute kann oft nicht mit Sicherheit festgestellt werden, da dieselben zu dichten Klümpchen zusammengepreſst sind, welche sich schwer verteilen lassen. In Beziehung auf die alterierten Zellen ist noch zu bemerken, daſs jedenfalls schon die ursprüngliche Hefe eine gewisse Zahl derselben enthält.«

Andere Methoden zur Gewinnung von Hefesaft.

Das Charakteristische des eben beschriebenen Verfahrens zur Darstellung von Preſssaft aus Hefe besteht in der Zerreibung der Hefezellen, das unter Sandzusatz in jeder Reibschale mit der Hand, wie die mikroskopische Kontrolle ergibt, leicht ausgeführt werden kann. Ohne vorhergehendes Zerreiben ist ein Auspressen der Hefe unter Zerreiſsen der Zellhäute selbst bei Anwendung einer hydraulischen Presse nicht möglich. Anderseits

[1]) Berichte d. d. chemischen Gesellschaft 30, S. 2671 (1897). Weiteres siehe auch H. Will, Zur Frage der alkoholischen Gärung ohne Hefezellen, Zeitschrift f. d. gesammte Brauwesen, Bd. 21 (1898).

läfst sich aus fein zerriebener Hefe auch bei geringem Druck ein gärkräftiger Saft, wenngleich mit schlechter Ausbeute, erzielen. Im allgemeinen wird man aber das Arbeiten mit hohem Druck schon deshalb bevorzugen müssen, weil gewaltsames Hineinpressen von Quarzsplittern in die Hefezellen das Zerreifsen beim Zerreibungsprozefs noch unverletzt gebliebener Zellen und insbesondere auch eine Zertrümmerung der schleimigen sogen. Plasmahaut, welche in älteren Zellen häufig einen vollständigen Innenbelag der Zellhaut bildet, herbeiführt. C. J. Martin und Chapman[1]) haben durch raschestes Zentrifugieren von zerriebener Bierhefe einen Saft ohne Gärwirkung ausgeschleudert; wahrscheinlich war der Zerreibungsvorgang noch nicht genügend durchgeführt; in solchen Fällen ist dann die Anwendung einer hydraulischen Presse jedenfalls vorzuziehen.

Hefe für sich, ohne Sandzusatz, kann bei gewöhnlicher Temperatur nicht zerrieben werden. Dagegen gelingt es ziemlich leicht bei niederer Temperatur. Die ersten derartigen Versuche wurden ausgeführt, indem die Hefe in einer Reibschale unter flüssiger Luft zerrieben wurde. Nachdem aber die Befürchtung auftauchte, dafs Explosionen dabei nicht ausgeschlossen seien, da durch Verdunsten des Stickstoffs an der Luft allmählich flüssiger Sauerstoff zurückbleibt, wurde feste Kohlensäure zur Anwendung gebracht.

Z. B. wurden 500 g Berliner Unterhefe S (bei 50 Atmosphären entwässert) $^1/_2$ Stunde lang in einer Reibschale zerrieben mit 500 g Kohlendioxydschnee. Die anfangs steinhart gefrorene Masse wird allmählich weich und dünnflüssig. Nach $^1/_2$ Stunde kräftiger Arbeit wurde durch ein gehärtetes Filter abgesaugt, wodurch auch die in der Flüssigkeit gelöste Kohlensäure zugleich gröfstenteils entfernt wurde. Die Ausbeute nach $1^1/_2$stündigem Absaugen betrug nur 100 ccm eines im durchfallenden Licht ziemlich klaren, im auffallenden Licht aber grauen und undurchsichtigen Saftes, der beim Erhitzen stark koagulierte. Die Gärkraftbestimmung, in gewöhnlicher Weise (siehe das

[1]) Proc. of the Physiological Soc., June 11, 1898.

nächste Kapitel: Gärkraft des Saftes) in zwei Parallelversuchen ausgeführt, ergab eine recht gute Gärwirkung (s. Tab. II). Wegen der ungenügenden Ausbeute wurde das Verfahren aber vorläufig nicht weiter verwendet.

Tabelle II.
Zerreiben der Hefe mit Kohlensäureschnee; Gärkraft des Saftes.
Je 20 ccm Saft + 8 g Rohrzucker + 0,2 ccm Toluol; 22°.

Nr.	Datum	Kohlendioxyd in g nach Stunden		
		20	72	96
1	25. Juli 1902	0,42 0,43	1,20 1,21	1,32 1,34

Eine eigentümliche Methode zur Zertrümmerung der Hefezellen haben A. Macfadyen, G. H. Morris und S. Rowland[1]) angewandt; durch eine mechanische Vorrichtung, welche noch nicht näher beschrieben ist, wurde die Hefe zusammen mit zugefügtem Silbersand in einen Zustand heftiger Bewegung versetzt, »so dafs durch die schnell aufeinanderfolgenden Zusammenstöfse der Hefe- und Sandteilchen die Zellwandungen zerrissen wurden und der Zellinhalt heraustrat.« »Die mikroskopische Prüfung der Masse am Schlusse des Prozefses liefs keine unversehrten Zellen mehr erkennen.« Während der Operation wurde das Material durch Zirkulierenlassen einer Salzsoole von —5° abgekühlt, da sonst infolge der mechanischen Wärmeproduktion durch das Zusammenstossen und die Reibung der Substanzteilchen aneinander die Temperatur der Masse sich »bis nahe zum Siedepunkt« erheben würde. Dieses Verfahren wird sich erst vollständig beurteilen lassen, wenn die mechanische Vorrichtung beschrieben ist. Da die von Macfadyen und seinen Mitarbeitern erhaltenen Hefesäfte meistenteils nur geringe Gärwirkung aufwiesen und die Ausbeute an Saft bei viel gröfserem Zeitaufwand (100 g Hefe lieferten nach $3^1/_2$ Stunden nur 35 ccm Saft[2]) eine geringere ist, so scheint es unserer oben beschriebenen Methode zur Darstellung von Hefeprefssaft keineswegs überlegen zu sein.

---

[1]) Berichte d. d. chem. Ges. 33, S. 2768 (1900).
[2]) A. a. O. S. 2771.

Ohne Zertrümmerung der Hefezellen, also lediglich durch energische Plasmolyse, läſst sich auch zymasehaltiger Zellsaft aus Hefe gewinnen. So beschreibt C. J. Lintner[1]) eine Anzahl von Versuchen, bei welchen Hefe mit festen Salzen gemischt wurde; es entsteht dabei ein dünnflüssiger Brei, welcher nach kurzem eine bedeutende Volumzunahme und Selbstgärung erlitt. Dann hat M. Hahn[2]) teigartige Hefe mit Chloroform behandelt, wobei sich die Masse verflüssigt und aufschäumt. Ähnliche Verfahren sind ferner in neuerer Zeit behufs Gewinnung von Surrogaten für Liebigschen Fleischextrakt angewandt worden. De Meulmestre[3]) versetzt Hefe mit gepulvertem Gummi arabicum, van Laer[4]) mischt sie mit mindestens 2 % Kochsalz. In beiden Fällen geht die Hefe nach kurzer Zeit, offenbar unter Austritt von Zellsaft aus dem Innern, in eine halbflüssige Masse über, die nach kurzer Zeit in Selbstgärung gerät.

Alle diese Beobachtungen sind nur in folgender Weise zu erklären. In den Hefezellen finden sich gewöhnlich geringe Mengen von Glycogen, die infolge der pathologischen Veränderung der Zellen nun plötzlich mit bisher örtlich davon getrennter Zymase in Berührung kommen. Zum Teil mag sich dieser Vorgang auch erst auſserhalb der Zellen vollziehen. Wenigstens läſst sich nachweisen, daſs der aus unverletzten Hefezellen (Berliner Unterhefe S) nach einem ähnlichen Verfahren von Hans Buchner und Max Gruber[5]) durch Behandeln mit Äther gewonnene Saft etwas Zymase enthält. In zwei Versuchen wurden je 500 g Hefe (bei 50 Atm. abgepreſst und durch ein Sieb getrieben) 15 Minuten lang in einer Stöpselflasche mit 200 bezw. 250 ccm Äther tüchtig geschüttelt. Die Hefe zerflieſst und die schlieſslich ganz dünnflüssige Masse wurde durch ein

---

[1]) Studien über Selbstgärung der Hefe, Bacteriologisches Centralbl. II. Abt. 5, S. 796 (1899).

[2]) Zeitschr. f. Biologie 40, S. 164 (1900).

[3]) Chem. Centralbl. 1900, I., S. 492.

[4]) Chem. Centralbl. 1901, I., S. 352.

[5]) Chem. Centralbl. 1900, II., S. 829.

gehärtetes Filter abgesaugt. Das Verhalten des so gewonnenen Saftes gegenüber Rohrzucker zeigt Tab. III.

Tabelle III.

Saft aus Hefe durch Behandlung mit Äther; Gärkraftbestimmung.

Je 20 ccm Saft + 8 g Rohrzucker + 0,2 ccm Toluol; 22°.

Nr.	Datum		Ausbeute ccm Saft	Kohlendioxyd in g nach Stunden 24	72	96
2	27. Mai 1902	500 g Hefe geschüttelt mit 200 ccm Äther; dann abgesaugt	125	0,05 0,06	0,13 0,15	0,16 0,19
3	»	Saft wie bei 2; aber ohne Zuckerzusatz bei 22° aufgestellt		0,01 0,01	0,02 0,02	0,02 0,02
4	25. Juli 1902	500 g Hefe geschüttelt mit 250 ccm Äther; dann abgesaugt	75	0,03 0,04	0,12 0,12	0,15 0,16

Die Versuche 2 und 4 beweisen, insbesondere im Vergleich mit No. 3, eine geringe, aber immerhin deutliche Gärkraft des Saftes auf Zucker. Man wird deshalb annehmen müssen, daſs bei einer künstlich sehr beschleunigten Plasmolyse kleine Mengen von Zymase durch die unverletzten Zellmembranen und die Plasmahaut hindurchzutreten vermögen, was für gewöhnlich bei lebenden Hefezellen nicht eintritt. Eine Bedeutung für Gewinnung von Zymase hat die Methode nicht, denn sowohl die Ausbeute an Saft, wie die Gärkraft des letzteren sind gering.

Diese Ergebnisse lassen es auch als möglich erscheinen, daſs bei den Versuchen von de Rey-Pailhade[1]), welcher Hefe mit 22proz. Alkohol behandelte und im sterilen Filtrat nach Zuckerzusatz geringe Kohlendioxydentwicklung beobachtete, kleine Mengen von Zymase durch den veränderten Plasmaschlauch und die Membran hindurch aus den Zellen in die alkoholische Flüssigkeit getreten sind.

E. Overton[2]) ist es gelungen, Algenzellen durch zweckmäſsige Benutzung der osmotischen Gesetze zu zersprengen. Die

[1]) Compt. rend. 118, S. 201.

[2]) Vierteljahrschrift d. naturforsch. Ges. in Zürich 40, S. 38 (1895).

Algen werden dabei in eine Glycerinlösung von solcher Konzentration gebracht, daſs gerade noch keine Plasmolyse eintritt. Nachdem die Glycerinlösung durch Stehen an der Luft langsam eingedickt ist, taucht man sie plötzlich in reines Wasser ein, wobei die Zellwand durch den enormen osmotischen Druck des Zellsaftes augenblicklich zersprengt wird. Vielleicht läſst sich ähnliches auch bei Hefezellen erreichen und ist dadurch ein weiterer Weg gewiesen, um zu unverändertem Zellsaft zu gelangen. Versuche liegen darüber noch nicht vor.

Allgemeine Eigenschaften des Hefepreſssaftes.

Der nach dem beschriebenen Verfahren gewonnene, nur durch Papier filtrierte, frische Hefepreſssaft stellt eine ziemlich dickliche, im durchfallenden Licht fast klare Flüssigkeit von gelber bis bräunlich-gelber Farbe und starkem Geruch und Geschmack nach Hefe vor. Im auffallenden Licht erscheint der Saft grau und undurchsichtig, d. h. er zeigt also die Eigenschaft des Opalisierens, wie sie z. B. auch konzentrierten Eiweiſslösungen häufig zukommt und welche durch die Anwesenheit von ziemlich viel Kieselgur, die durch das Preſstuch und das Filtrierpapier hindurchgegangen ist, verstärkt wird. Wróblewski hat die Gegenwart von Kieselsäure im Saft direkt nachgewiesen. Als zur Kontrolle 500 g Kieselgur mit 500 g Wasser ½ Stunde zerrieben wurden, bis die Masse teigförmig war, lieſsen sich bei 300 Atmosphären 100 ccm einer trüben, gelblichen Flüssigkeit auspressen, welche offenbar zahlreiche Splitter der Infusorienerde suspendiert enthielt.

Der frische Hefepreſssaft aus Berliner Unterhefe reagiert schwach sauer; dabei ist nicht etwa die Anwesenheit von gelöster Kohlensäure Ursache dieser Reaktion, denn dieselbe ändert sich nicht, wenn der Preſssaft im Vakuum auf das halbe Volum eingedampft wird. Ebenso reagiert Saft aus Münchner Unterhefe sauer[1]). Nach Angabe von F. B. Ahrens[2]) soll dagegen frischer

[1]) Vgl. M. Hahn und L. Geret, Zeitschr. f. Biologie **40**, S. 122 (1900).

[2]) Zeitschr. f. angewandte Chemie **1900**, S. 483. Ref.: Chem. Ctrlbl. 1900, II, S. 52.

Hefepreſssaft schwach alkalisch reagieren; es scheint demnach die Reaktion mit der Herkunft der Hefe oder wahrscheinlicher mit der Beschaffenheit der Kieselgur zu variieren.

Versetzt man Hefesaft mit starker Kalilauge, so tritt eine voluminöse Fällung ein, die fast bis zum Erstarren der ganzen Masse führen kann; es scheiden sich dabei offenbar die Eiweiſsstoffe in Form von Alkalialbuminat aus. Ähnliche Erscheinungen zeigt der Saft auf Zufügen von Mineral- oder von Essigsäure.

Beim schwachen Erwärmen des frischen Saftes macht sich schon unterhalb 35° Aufsteigen von Gasbläschen, nachweislich Kohlendioxyd, bemerklich, mit welchem die Flüssigkeit demnach gesättigt ist. Diese Kohlensäure dürfte ihre Anwesenheit einem schon während der Herstellung des Saftes beginnenden Vorgang verdanken, welchen man als Selbstgärung bezeichnen kann; von demselben handelt eines der späteren Kapitel (s. S. 92).

Bei stärkerem Erwärmen des Hefepreſssaftes tritt dann bei 35—40° die Bildung von unlöslichen Flocken ein, deren Menge sich mit gesteigerter Temperatur weiter vermehrt. Bei ein paar qualitativen Versuchen wurde Preſssaft eine Stunde lang auf 40—50° erhitzt; das unter mehrmaligem Zurückgieſsen auf ein Papierfilter erhaltene klare Filtrat zeigte dann gegenüber Rohrzucker in einem Falle noch schwache Gärkraft, im andern jedoch nicht mehr. Es ist nicht entschieden, ob es sich dabei um ein Ausfällen, bezw. ein Mitniederreiſsen der wirksamen Substanz durch die gerinnenden Eiweiſsstoffe, oder um die schädigende, durch die erhöhte Temperatur sehr beschleunigte Wirkung der Endotryptase im Preſssaft auf die Zymase, also um den Vorgang der sog. Selbstverdauung handelt (vergl. das Kapitel über Verhalten der Gärkraft beim Aufbewahren, S. 97).

Wird die Temperatur des Hefepreſssaftes noch weiter erhöht, bis zu langsamem Aufkochen, so gerinnt die ganze Masse so vollständig, daſs das Reagensrohr meist ohne Flüssigkeitsverlust umgestürzt werden kann. Figur 5 zeigt zwei Reagensröhren mit Hefepreſssaft, die linke mit Saft vor dem Aufkochen, die rechte mit Saft, der durch Aufkochen geronnen ist und daher weiſse Farbe angenommen hat.

Diese Versuche beweisen, daſs sich in den Hefezellen gerinnbares Eiweiſs, wie z. B. in den tierischen Organen, vorfindet.

Genauere Angaben über den Gehalt des Preſssaftes an Eiweiſskörpern, an Stickstoffverbindungen und an Phosphorsäure sind anläſslich der Besprechung des proteolytischen Enzymes, der Hefe-Endotryptase, im 2. Teil dieses Buches von M. Hahn mitgeteilt.

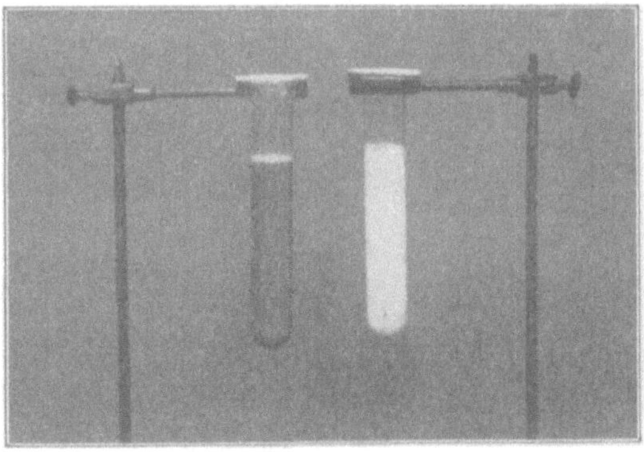

Fig. 5

Hier sei noch das bemerkenswerte Verhalten des Saftes gegen Nitritlösung erwähnt. Versetzt man frischen Hefepreſssaft mit salpetrigsauren Salzen, so tritt eine beträchtliche Stickstoffentwicklung ein [1]). 20 ccm Saft lieferten auf Zusatz von 1 g Natriumnitrit innerhalb vier Tagen bei Zimmertemperatur 75 ccm über Natronlauge aufgefangenes Gas, welches sich als reiner Stickstoff erwies.

Das Auftreten von solchem durch Einwirkung von Nitriten auf die Aminosäuren und vielleicht andere Aminoverbindungen des schwach sauren Hefepreſssaftes hat nichts Auffälliges an sich. Seit Béchamp und Schützenberger ist bekannt, daſs im wässrigen Hefeauszug Tyrosin, Leucin u. s. w. zu finden sind; dieselben Aminosäuren entstehen nach M. Hahn und Geret [2]) auch infolge der bei längerem Stehen des Preſssaftes eintretenden

[1]) Dieselbe Beobachtung hat später A. Wróblewski, Centralblatt f. Physiologie 13, S. 284 (1899) gemacht.

[2]) Zeitschr. f. Biologie 40, S. 124 (1900).

Selbstverdauung. Es liegt die Vermutung nahe, dafs auf ähnlichen Vorgängen, d. h. auf Einwirkung von Nitriten auf Aminoverbindungen aus der Körpersubstanz von Mikroorganismen teilweise die Verluste an Stickstoff beruhen, welche der Dünger zum Schaden der Landwirtschaft manchmal erleidet[1]).

Nach A. Wróblewski[2]) soll der Hefeprefssaft die Polarisationsebene nicht drehen. Da er grofse Mengen an Eiweifsstoffen enthält, die wohl als optisch aktiv zu betrachten sind, mufs jene Angabe überraschen; vorläufige Versuche einer direkten Nachprüfung mifslangen zunächst, weil der zur Verfügung stehende Hefesaft sich selbst bei stärkerer Verdünnung für die optische Untersuchung zu undurchsichtig erwies; dieselben sollen wiederholt werden.

Analysenergebnisse verschiedener Hefeprefssäfte

sind in der folgenden Tabelle IV zusammengestellt. Die vierte Spalte gibt das specifische Gewicht wieder, welches bei normalem Saft zwischen 1,043 und 1,057 schwankt. Die Versuche 7 und 8, welche hierin und auch in den folgenden Spalten gröfsere Abweichungen zeigen, sind mit besonders behandelter Hefe bezw. mit lange aufbewahrtem und dadurch bereits verändertem Saft angestellt und lassen sich daher nicht direkt vergleichen. In Spalte 5 sind die Trockenrückstände, bestimmt bei 100° und berechnet auf 100 g Saft, zusammengestellt; zwischen Münchner und Berliner Unterhefe zeigt sich hierin kein grofser Unterschied; im allgemeinen besitzen die später hergestellten Prefssäfte etwas gröfseren Trockenrückstand, was mit der gröfseren Übung bei Überwindung der technischen Schwierigkeiten und dem später völlig unterlassenen Wasserzusatz beim Zerreiben zusammenhängen dürfte. Spalte 6 gibt die Glührückstände wieder, berechnet auf je 100 g Prefssaft, Spalte 7 den Stickstoffgehalt, ebenfalls berechnet auf 100 g Saft. In Spalte 8 sind die Gärkraftbestimmungen für einige der Säfte eingetragen, welche in der gewöhnlichen Weise (siehe das Kapitel: Gärkraft des

[1]) Vergl. G. Marpmann, Ctrlbl. f. Bakteriologie, II. Abt. 5, S. 67 (1899).

[2]) Journ. f. prakt. Chemie [2] 64, S. 4 (1901).

Tabelle IV. **Analytische Untersuchung einiger Hefepreſssäfte.**

No.	Datum	Preſssaft aus	Specif. Gewicht (15°)	Trockenrückstand (100°) in %	Glührückstand in %	Stickstoffgehalt in %	Kohlendioxyd in g aus 20 ccm Saft + 8 g Rohrzucker	
							+ 0,6 g Kaliummetarsenit nach 40 St. (15°)	+ 0,2 ccm Toluol nach 96 St. (22°)
5	25. V. 97	Münchn. untergär. Bierhefe	1,045	11,527	1,843	1,262	—	—
5a	22. X. 97	»	1,046	12,212	1,862	1,119	—	—
5b	25. X. 97	»	1,043	11,517	1,791	1,747	—	—
5c	22. IV. 98	»	1,050	13,593	1,886	1,516	—	—
5d	27. IV. 98	»	1,050	13,871	1,908	1,405	0,98	—
6	26. V. 99	»	1,054	13,820	1,828	1,620	1,03	—
7[1]	11. II. 98	»	1,032	8,539	1,308	0,821	0,98	—
8[2]	25. X. 97	»	1,031	13,811	1,809	1,350	—	—
9[3]	22. X. 97	»	—	11,299	1,758	0,901	—	—
10[4]	20. X. 97	»	1,036	9,537	1,436	1,109	0,70	—
11	14. XI. 01	Berlin. Unterhefe S	1,057	14,024	1,860	1,409	—	1,34
12[5]	28. X. 01	»	1,027	12,328	1,631	—	—	—
13	15. VI. 98	Münch. obergärige Bierhefe	1,052	14,371	1,996	1,455	0,44	—
14	28. X. 97	Passauer Getreidepreſshefe	1,033	8,576	1,444	0,741	—	0,02

Bemerkungen. 1) Bei 7 war die Hefe vorher 20 Stunden lang mit viel Wasser gewaschen worden, was nach dem analytischen Ergebnis einen beträchtlichen Aschenverlust und Einbuſse an Stickstoffgehalt (Auswaschen von Ammoniumsalzen, Aminosäuren, Peptonen, Invertase etc.), aber nicht an Gärkraft des Saftes zur Folge hat.

2) Zur Herstellung dieses Saftes diente dieselbe Hefe, wie bei Versuch 5a, aber nachdem sie drei Tage bei 8° gelagert hatte. Trockenrückstand und Stickstoffgehalt sind etwas höher als bei dem Saft aus der frischen, nicht gelagerten Hefe; wahrscheinlich werden durch die beginnende Proteolyse Stoffe in den Zellen löslich geworden sein, die bei Herstellung von Saft aus frischer Hefe unlöslich im Preſskuchen zurückbleiben.

3) Der Saft von Nr. 5a wurde durch eine Chamberland-Biskuitporzellan-Kerze filtriert und dann die Zahlen ermittelt; es ist eine beträchtliche Abnahme des Trockenrückstandes, des Glührückstandes und des Stickstoffgehaltes zu konstatieren. Vgl. auch die ähnlichen Ergebnisse der Versuche 198 und 199 der XXIV. Tabelle, S. 118.

4) Dieser Saft wurde aus Münchner untergäriger Bierhefe einer anderen Bezugsquelle hergestellt.

5) Der Preſssaft für Versuch 12 war 15 Stunden lang bei 0° aufbewahrt und dann erst untersucht worden.

Saftes) ausgeführt wurden; da aber bei den Versuchen 5d, 6, 7, 10 und 13 hierbei eine Temperatur von 15° und ein Zusatz von Kaliumarsenit zur Anwendung kamen, während bei No. 11 und 14 die Versuchstemperatur 22° betrug und als Antiseptikum Toluol zugegeben wurde, sind die Ergebnisse untereinander nicht direkt vergleichbar und deshalb in zwei gesonderten Spalten aufgeführt.

Vergleichbar sind dagegen die Resultate von 5d, 6 und 7 untereinander und sie zeigen keinen groſsen Unterschied in der Gärkraft, was bemerkenswert ist, weil der N-Gehalt dieser Preſssäfte ein sehr verschiedener war. Es ergibt sich daraus, daſs mit niederem Stickstoffgehalt des Saftes nicht notwendig auch geringe Gärkraft verbunden ist[1]) und umgekehrt. Versuche über Fällung des Preſssaftes durch Alkohol haben dann später gezeigt (siehe VI. Abschnitt), daſs der für die Gärkraft entscheidende Stoff im Preſssaft in sehr geringer Menge vorhanden ist und daher gegenüber den vielen Eiweiſskörpern, Aminosäuren, Enzymen analystisch nicht in Betracht kommt.

Gehalt an Enzymen.

Im Hefepreſssaft sind verschiedene Enzyme vorhanden. Man kann deren Anwesenheit mittels Hydroperoxyd (Wasserstoffsuperoxyd) nach Schönbein leicht nachweisen[2]). Setzt man zu 1 Raumteil Hefepreſssaft 10 Raumteile Wasser und nach dem Umschütteln 6 Raumteile wässrige Hydroperoxydlösung von 10 %, so tritt nahezu augenblicklich unter dem Einfluſs der Enzyme stürmische Sauerstoffentwicklung ein, welche zu andauerndem Überschäumen der Flüssigkeit aus dem Reagensrohr führt.

Gibt man dagegen zu Preſssaft vor dem Hydroperoxyd auch noch Blausäure, z. B. zu 1 Raumteil Saft 8 Raumteile Wasser, 2 Raumteile einer wäſsrigen Blausäurelösung (von 2 %) und nach dem Durchmischen 6 Raumteile der obigen Wasserstoffsuperoxydlösung, tritt überhaupt kaum Gasentwicklung ein. Wird

---

[1]) Vergl. dazu Wochenschr. f. Brauerei 15, S. 378 (1898).

[2]) Vergl. Schaer, Liebig's Annalen der Chemie 323, S. 77 (1902).

aber die zugesetzte Blausäure durch längerfortgesetztes Durchleiten von Luft aus dem Preſssaft wieder verdrängt, so kommt die frühere Wirksamkeit gegenüber Hydroperoxyd wieder zum Vorschein. Man muſs also wohl die Existenz einer lockeren, additionellen Verbindung zwischen Blausäure und den Enzymen annehmen, welche die Wirkung der letzteren auf das Hydroperoxyd nicht besitzt, aber schon durch Luftzuleiten zerstört wird.

Nach neuester Annahme von Oscar Loew[1]) soll die Zerlegung von Hydroperoxyd einem speziellen, in Pflanzen- und Tiersäften sehr verbreiteten Enzym, der sog. *Katalase,* zukommen. Es erscheint aber vorläufig noch fraglich, ob man zu dieser Auffassung genötigt ist. Loew hat zwar für eine Anzahl Enzyme gezeigt, daſs sie unter Umständen Wasserstoffsuperoxyd nicht zerlegen, aber durchaus nicht für alle bekannten; die Spaltung von Hydroperoxyd ist ferner, chemisch betrachtet, ein so einfacher Vorgang im Verhältnis zu den übrigen Enzymwirkungen, daſs wir uns denselben kaum als Hauptfunktion eines besonderen Enzymes denken können.

Von speziellen hydrolytischen Enzymen ist im Hefepreſssaft zunächst die Anwesenheit von *Invertase* (Invertin) nachgewiesen. 5 Volumen frischer Preſssaft wurden mit 1 Volumen Rohrzuckerlösung (von 20%) versetzt (Versuch a) und ebenso zur Kontrolle 5 Vol. Wasser mit 1 Vol. derselben Rohrzuckerlösung (Versuch b). Beide Röhrchen kamen sodann in ein Wasserbad von 32°. In a) trat nach 5 Minuten dauernde Gasentwicklung ein. Ohne Rücksicht darauf wurden beide Röhrchen nach 7 Minuten aus dem Wasserbad genommen und zu je 0,5 ccm von a) und b) 2½ ccm Wasser und 5 Tropfen Fehlingsche Lösung gegeben. Beim Erwärmen trat bei der Probe aus a) schon vor dem Aufkochen Entfärbung und Ausscheidung von gelbem Kupferhydroxydul ein, während die Probe aus b) auch beim Aufkochen keine Entfärbung zeigte. Zur Prüfung, ob die reducierende Wirkung nicht etwa dem Preſssaft zuzuschreiben sei, wurden

[1]) Catalase, a new Enzyme of general occurrence, U. S. Department of agriculture, Report No. 68, (1901); ferner Berichte d. d. chem. Gesellschaft 35, S. 2487 (1902).

endlich (Versuch c) 0,5 ccm Preſssaft mit 2,5 ccm Wasser und 5 Tropfen Fehlingscher Lösung aufgekocht: es trat nur eine violette Färbung, der Biuretreaktion ähnlich, aber keine Entfärbung ein. Aus dem Versuch a) ergibt sich demnach, daſs der Preſssaft Rohrzucker bei 32° sehr rasch invertiert, viel rascher als derselbe vergoren wird; es ist demnach in dem Preſssaft eine groſse Menge Invertase aus den Hefezellen vorhanden.

Die Gegenwart eines Maltose und eines Glycogen hydrolysierenden Enzymes im Hefepreſssaft ist anzunehmen, da derselbe beide Kohlenhydrate in Gärung versetzt und diese Zucker nach den Erfahrungen von E. Chr. Hansen und Emil Fischer kaum direkt vergoren werden; vielleicht erfolgt die Hydrolyse in beiden Fällen durch dieselbe Substanz.

Ein Eiweiſskörper hydrolysierendes, also *proteolytisches Enzym* hat im Hefepreſssaft zuerst Martin Hahn[1]) aufgefunden und sodann gemeinschaftlich mit L. Geret[2]) eingehend untersucht. Taucht man ein Röhrchen mit frischem Preſssaft und ein eben solches mit Saft, der etwa eine Woche bei Zimmertemperatur unter Zusatz von Chloroform oder Toluol gestanden hat, in ein Wasserbad von 50°, so wird in ersterem nach einigen Minuten ein beträchtliches Gerinnsel ausgeschieden, während sich im letzteren kaum einige Flöckchen gebildet haben; das gerinnbare Eiweiſs ist also beim längeren Aufbewahren durch eine Art von »Selbstverdauung«, wenn dieser kurze Ausdruck zulässig sein soll, verschwunden. Dem dabei wirksamen Agens haben Hahn und Geret den Namen *Hefen-Endotryptase* erteilt. Es bedarf, wie die peptischen Enzyme, zur vollen Entfaltung seiner Wirksamkeit saurer Reaktion, spaltet aber, ähnlich dem Trypsin, die Eiweiſskörper bis zur Bildung von Aminosäuren. Als *Endoenzym* aber wurde der Körper bezeichnet, weil er im Innern der Zellen entsteht und während des Lebens nicht ausgeschieden wird. Genauere Mitteilungen sind im zweiten Teil dieses Buches enthalten.

---

[1]) Berichte d. deutsch. chem. Ges. 31, S. 200 (1898).

[2]) Berichte d. deutsch. chem. Ges. 31, S. 202, 2335 (1898); Zeitschr. f. Biologie 40, S. 117 (1900).

Im Hefepreſssaft findet sich ferner ein *reducierendes Enzym*[1]), welches zugesetzten Schwefel in Schwefelwasserstoff verwandelt und Methylenblaulösung entfärbt.[2]) Ob in dem Saft *Oxydasen* vorhanden sind, wie solche G. Bertrand in vielen Pflanzensäften nachgewiesen hat, bedarf noch weiterer Untersuchung; als Anzeichen dafür kann vielleicht gelten, daſs sich der Hefepreſssaft beim Stehen an der Luft von selbst allmählich dunkelbraun färbt. Über Auftreten von Oxydase in lebenden Hefezellen hat kürzlich J. Grüſs[3]) berichtet. Neuestens wurde noch eine Lab ähnliche Substanz im Hefesaft durch R. Rapp[4]) nachgewiesen. Als interessantestes Enzym im Hefepreſssaft muſs endlich die *Zymase* bezeichnet werden, unter deren Einwirkung Zucker durch alkoholische Gärung gespalten wird.

Gärkraft des Saftes.

Um über die Qualität des erhaltenen Hefepreſssaftes und insbesondere seinen Gehalt an Zymase Aufschluſs zu erlangen, wurde die Menge Kohlendioxyd, welche nach Zuckerzusatz bei einer bestimmten Temperatur und innerhalb einer gewissen Zeit entweicht, entweder gewichtsanalytisch durch Bestimmung des Gewichtsverlustes oder volumetrisch, durch Messen des gebildeten Gasvolumens, ermittelt. Die bessere von beiden Methoden ist jedenfalls die gewichtsanalytische; aber auch sie gibt selbstverständlich keine absolut genauen, sondern nur annähernde Zahlen, die jedoch unter sich vergleichbar sind.

Leider wird der Wert aller dieser Bestimmungen dadurch beeinträchtigt, daſs die Gärkraft des Saftes nicht allein von dem Zymasegehalt, sondern auch von der Anwesenheit mehr oder minder groſser Mengen von schädigender Endotryptase abhängt.

---

[1]) Sog. Philothion de Rey-Pailhade's, Compt. rend. 118, S. 201; M. Hahn, Zeitschr. f. Biologie 40, S. 168 (1900); Münchner medizin. Wochenschr. 1902, Nr. 14, S. 595. Vgl. auch Nastukoff, Jahresber. über die Gärungsorganismen 8, S. 9 (1897).

[2]) Näheres s. im 3. Teil dieses Buches.

[3]) Wochenschr. f. Brauerei 18, Nr. 24—26 (1901).

[4]) Centralbl. f. Bacteriologie, II. Abt. 9, 625 (1902).

Gewichtsanalytische Bestimmung der Gärkraft.

Unter Anlehnung an das Verfahren von Bunsen zur Kohlensäurebestimmung durch den Gewichtsverlust und an die Methode von Meifsl zur Bestimmung der Triebkraft einer Hefe[1]) wurden in kleine Erlenmeyer-Kolben von 100 ccm Inhalt je 20 ccm des Prefssaftes und als Antisepticum 0,2 ccm Toluol gegeben, hierauf 8 g feingepulverter Rohrzucker portionenweise eingetragen und unter Umschwenken innerhalb etwa 1 Minute gelöst.[2]) Nach Aufsetzen des Verschlusses wurde sodann das Gewicht des ganzen Apparates bestimmt. Anfangs schien es nötig nach Unterbrechung des Versuches, vor Ausführung der zweiten Wägung, die im Gasraum der Erlenmeyer-Kölbchen angesammelte Kohlensäure erst durch Luft zu verdrängen. Zu diesem Zwecke bestand der Verschlufs der Kölbchen aus einem doppelt durchbohrten Gummistopfen, durch den eine für gewöhnlich mit Gummischlauch und Glasstäbchen verschlossene Glasröhre bis nahe auf den Spiegel der Flüssigkeit hinabführt (dieselbe ist zum Einleiten von Luft bestimmt), durch dessen zweite Bohrung aber ein sogen. *Gärventil* nach Meifsl gesteckt wird. Letzteres ist ein einfaches Waschfläschchen, enthaltend 1—2 ccm konzentrierte Schwefelsäure zum Trocknen der ausströmenden Kohlensäure und auf der anderen Seite mit einem Bunsenschen Gummischlauchventil versehen, welches wohl den Austritt, nicht aber das Einströmen von Gasen von aufsen gestattet.[3]) Einige mit diesem Apparat ausgeführte Gärkraftbestimmungen mit schliefslicher Verdrängung des Kohlendioxydes aus dem Gasraum sind in der folgenden Tabelle zusammengestellt (die grofsen Unterschiede in der Gärkraft sind bei diesen

---

[1]) Vergl. H. Will, Bericht über die 8. Versamml. bayer. Vertreter der angewandten Chemie 1889, S. 72.

[2]) In dieselben Kölbchen wurden anfangs 40 ccm Prefssaft und die entsprechenden Zusätze an Zucker u. s. w. gefüllt; nachdem aber mehrmals Überschäumen infolge der Gärung eingetreten war, mufste die Beschickung verringert werden.

[3]) Das Bunsen-Ventil besteht bekanntlich aus einem 5 cm langen schwarzen Gummischlauch von 0,5 mm Wandstärke, der einseitig durch ein Glasstäbchen verschlossen und in der Mitte durch einen etwa 1 cm langen Längsschnitt mit sehr scharfem Messer aufgeschlitzt ist.

Versuchen zum Teil durch die Einwirkung der verschiedenen zugesetzten Antiseptica bedingt).

Tabelle V.

Gärkraftbestimmung mit Kohlendioxydverdrängung am Schlusse.

Je 20 ccm Saft und 8 g Rohrzucker und verschiedene Antiseptica.

Nr.	Datum	Hefe	Temperatur	Kohlendioxyd in Gramm nach Stunden					
				16	40	64 Kohlensäureverdrängung		88 Kohlensäureverdrängung	
						ohne	mit	ohne	mit
15	25. Okt. 97	Münchner untergärige Bierhefe	13°	0,98	1,29	1,32	1,41	—	—
16	3. Jan. 98		12—14°	0,35	0,38	0,40	0,46	—	—
17	» »		»	0,41	0,47	0,50	0,59	—	—
18	12. Jan. 98		»	0,75	0,91	0,93	1,01	—	—
19	» »		»	0,70	0,88	0,91	0,98	—	—
20	23. März 98		15°	0,40	0,86	1,05	1,17	—	—
21	31. März 98		12—15°	0,26	0,62	—	—	0,92	1,04
22	29. Dez. 98		15—18°	0,16	0,47	0,74	—	0,96	1,08
23	4. März 99		16—17°	0,10	0,31	0,46	—	0,53	0,63

Die Kohlendioxydverdrängung hat demnach bei etwa viertägiger Gärdauer (Versuche 21—23) 0,1—0,12 g Gewichtsabnahme ergeben, gleichgültig ob die Gärkraft im ganzen 0,63 oder 1,08 g betrug; auch bei Luftdurchleiten nach nur 64stündiger Versuchsdauer sind die Gewichtsabnahmen ziemlich konstant 0,07 bis 0,12 g und erreichen nur im Falle sehr geringer Gärkraft (Versuch 16) ein Minimum von 0,06 g.

Diese beobachteten Unterschiede liegen innerhalb der Versuchsfehler, welche der ganzen Methode anhaften. Es konnte deshalb bei allen späteren Versuchen die Kohlendioxydverdrängung überhaupt unterlassen werden; die Versuche werden dadurch untereinander nicht weniger vergleichbar. Dann war es auch möglich, ein noch einfacheres Gärkölbchen, das in Fig. 6 (s. S. 82) abgebildete zur Anwendung zu bringen, welches mit einem nur einmal durchbohrten Gummistopfen verschlossen ist; das Waschfläschchen besteht aus zwei ineinander gesteckten Gefäfsen und trägt als Abschlufs ein Bunsensches Gummischlauchventil.

Eine weitere Fehlerquelle für die Gärkraftbestimmung durch Gewichtsverlust könnte auch darin vermutet werden, dafs der Prefssaft von der Herstellung her mit Kohlendioxyd gesättigt ist. Da aber 20 ccm Wasser bei 14° nur etwa 20 ccm Kohlendioxyd oder ungefähr 0,04 g lösen und Prefssaft jedenfalls ein geringeres Lösungsvermögen als Wasser hat, so sind die dadurch bedingten Fehler nicht sehr bedenklich, um so mehr als am Schlufs des Versuches der Prefssaft auch noch mit Kohlendioxyd gesättigt bleibt; allerdings ist sein Lösungsvermögen für dieses Gas dann herabgesetzt, da er noch eine grofse Menge überschüssigen Zuckers enthält. Übrigens wurde in mehreren Fällen das im Saft gelöste Kohlendioxyd vor Beginn des Versuches durch längeres Einstellen in den luftleeren Raum möglichst entfernt. 20 ccm so präparierter Saft lieferten z. B. nach Zusatz von 3,2 g Zucker und 0,2 Toluol bei 15° in 40 Stunden 1,5 g Kohlendioxyd, die Gärkraft war also eine gute. (Ähnliche Versuche sind im IV. Abschnitt bei Einflufs der Zuckerkonzentration auf die Gärkraft erwähnt.)

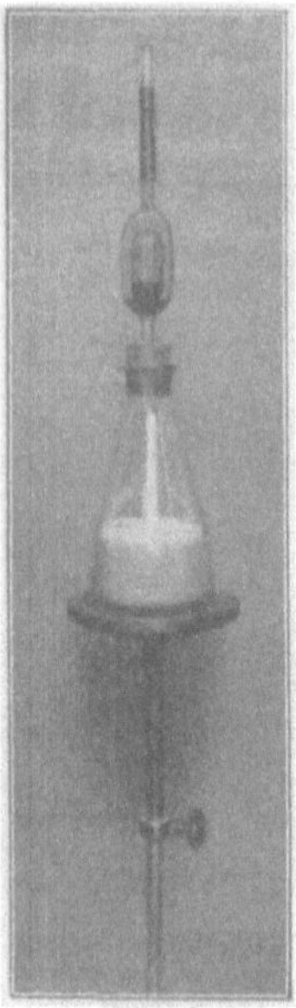

Fig. 6.

Auch die sog. Selbstgärung des Hefeprefssaftes, von welcher das übernächste Kapitel handelt, könnte als Fehlerquelle für die Gärkraftbestimmung betrachtet werden.[1]) Die mit jenem Namen kurz bezeichnete Erscheinung beruht auf der Gegenwart von Glycogen im Hefeprefssaft. Da aber die hier verwendeten Bierhefen nur wenig Glycogen enthielten (vgl. S. 57) und auch die durch Selbstgärung entstehende Menge Kohlendioxyd immer eine geringe war, wurde dieselbe nicht weiter berücksichtigt. Bei allen Gärkraftbestimmungen wurde Rohrzucker in grofsem Überschufs zugesetzt; es bleibt für die Wirkung des Saftes dann gleichgültig, ob zugesetzter Zucker oder im Saft vorhandenes Glycogen vergoren wird, da es für beide Vorgänge der Gegenwart von Zymase bedarf.

[1]) Siehe Macfadyen, Morris und Rowland, Berichte d. deutsch. chem. Ges. 33, S. 2772 (1900).

Einige Gärkraftbestimmungen, welche mit dem abgebildeten Gärkölbchen unter Anwendung von Preſssäften mannigfacher Herkunft und zu verschiedenen Zeiten ausgeführt wurden, finden sich in Tab. VI zusammengestellt. Im allgemeinen wurden diese Versuche, wie auch die aller folgenden Tabellen erst unterbrochen, nachdem keine weitere Gewichtsabnahme mehr zu er-

Tabelle VI.

Gärkraftbestimmungen ohne Kohlendioxydverdrängung.

Je 20 ccm Saft + 8 g Rohrzucker + 0,2 ccm Toluol.

Nr.	Datum	Herkunft der Hefe	Temperatur	Kohlendioxyd in g nach Stunden			
				24	48	72	96
24[1])	26. März 98	Münchn. untergär. Bierhefe	13°	0,30	0,57	0,68	0,70
25[2])	14. April 99	»	16°	0,57	0,99	1,33	1,56
26	21. April 99	»	16°	0,40	0,78	0,99	—
27[3])	26. Mai 99	»	16°	0,56	1,01	1,40	1,56
28	4. Okt. 99	»	15°	0,23	0,37	0,48	0,53
29	30. März 00	»	16°	0,56	1,06	1,43	1,57
30	15. Juni 98	Münchn. obergär. Bierhefe	16°	0,23	0,41	0,51	0,54
31	18. Febr. 99	Berliner Unterhefe *V*	»	0,19	0,32	0,55	0,64
32	3. März 99	»	»	0,34	0,61	0,96	1,12
33	15. März 99	»	»	0,30	0,59	0,80	0,83
34	22. März 99	»	»	0,40	0,64	0,99	1,11
35	29. März 99	»	»	0,41	0,70	1,28	1,63
36	5. April 99	»	»	0,39	0,64	0,89	1,25
37	2. Febr. 00	Berliner Unterhefe *N*	22°	0,69	0,90	1,01	—
38	26. Febr. 00	»	»	0,58	0,72	0,79	—
39	2. Mai 00	»	»	0,65	0,77	0,78	—
40	5. Mai 00	»	»	0,87	1,20	1,20	—
41	22. Mai 00	Berliner Unterhefe *S*	»	1,09	1,35	1,35	—
42	31. Mai 00	»	»	1,08	1,59	1,74	—
43	13. Juni 00	»	»	1,32	1,66	1,76	—
44	23. Juni 00	»	»	0,65	0,73	0,73	—
45	6. Juli 00	»	»	0,93	1,54	1,87	—
46	1. Nov. 00	»	»	1,03	1,65	1,85	—
47	7. Nov. 00	»	»	0,74	1,17	1,32	—

[1]) Dieser Saft war vor Beginn des Versuches zur Entfernung der gelösten Kohlensäure evakuiert worden; ferner kamen hier statt 8 g Saccharose nur 7,6 g zur Verwendung.

[2]) Hier wurden nur 7,6 g Saccharose zugesetzt.

[3]) Hier kamen statt 8 g Saccharose 8 g Glucose zur Vergärung.

warten war; es läſst sich dies aus dem Verschwinden des Schaumes auf der Gärflüssigkeit und insbesondere aus der Gewichtsabnahme in den letzten 24 Stunden vor der Unterbrechung beurteilen. Wie lange die Gärung jedesmal andauert, hängt von der Temperatur, dann von der Zuckerkonzentration und anderen Umständen, z. B. der Wahl des Antiseptikums, der Reaktion der Flüssigkeit, ab.

Die Versuche zeigen ziemliche Unterschiede in der Gärkraft der einzelnen Preſssäfte, und zwar finden sich diese Unterschiede nicht infolge der verschiedenen Herkunft der Hefen, sondern Hefe aus derselben Bezugsquelle liefert Preſssaft sehr verschiedener Gärkraft. Sie scheinen demnach einen wechselnden Gehalt der Hefe an Zymase anzudeuten. Man könnte vermuten, daſs die Schwankungen mit der Jahreszeit zusammenhängen. Aber die folgende Tabelle VII, welche alle innerhalb eines Jahres ausgeführten Gärkraftbestimmungen von Preſssaft aus Berliner untergäriger Bierhefe S enthält, läſst nichts von einer solchen Gesetzmäſsigkeit erkennen. Daſs in Hefezellen unter Umständen sehr schnell Zymasebildung stattfinden kann, ist in einem späteren Abschnitt (s. Abschnitt VIII) gezeigt. Umgekehrt kann vorhandene Zymase durch Einwirkung von Endotryptase auch rasch wieder zersetzt werden.

Wie weit der gröſsere oder geringere Vorrat von Endotryptase in den Hefezellen die Gärkraft des Preſssaftes beeinfluſst, läſst sich nicht ermitteln; es ist aber möglich, daſs z. B. infolge allmählicher Änderung des physiologischen Zustandes der Hefe während des Brauereibetriebes oder wegen beim Transporte der Hefe von der Brauerei ins Laboratorium zufällig eingetretener höherer Temperatur plötzlich Bildung gröſserer Mengen von Endotryptase in den Hefezellen stattfindet, welche, auch ohne daſs der Zymasegehalt von vornherein ein anderer ist, zu einer geringeren Gärkraft des Hefepreſssaftes führt. Vielleicht müssen so die sehr verschiedenen Ergebnisse der sich zeitlich nahestehenden Versuche 25 und 26, 34 und 35, 43 und 44 der VI. Tabelle, 62 und 63 der VII. Tabelle erklärt werden.

Bei Beurteilung der groſsen Schwankungen in der Gärkraft darf man indes auch nicht vergessen, daſs die Zymase selbst ein

Tabelle VII. **Gärkraftbestimmungen mit Prefssaft aus Berliner Unterhefe *S* während eines Jahres ohne Kohlendioxydverdrängung.**
Je 20 ccm Saft + 8 g Rohrzucker + 0,2 ccm Toluol; 22°.

Nr.	Datum	Herkunft der Hefe	Ausbeute an Prefssaft aus 1000 g Hefe (bei 50 Atm. entwässert) in ccm	Dabei zugesetztes Wasser in ccm	Kohlendioxyd in g nach Stunden			
					24	48	72	96
48	18. Okt. 01	Berlin. Unterhefe *S*	510	50	0,67 0,70	1,07 1,10	1,17 1,22	1,19 1,26
49	28. Okt. 01	»	470	—	0,63 0,62	0,82 0,80	0,85 0,81	0,85 0,81
50	6. Nov. 01	»	395[1])	—	1,02 0,98	1,37 1,34	1,41 1,39	1,42 1,40
51	14. Nov. 01	»	460	—	0,68 0,71	1,13 1,15	1,27 1,32	1,31 1,36
52	17. Dez. 01	»	490	—	0,48 0,49	0,80 0,81	0,90 0,91	0,92 0,93
53	10. Jan. 02	»	460	—	0,35 0,36	— —	0,64 0,64	0,66 0,65
54	15. Jan. 02	»	550	—	0,40 0,41	0,56 0,47	0,57 0,58	0,57 0,59
55	30. Jan. 02	»	480	—	0,79 0,79	0,95 0,97	— —	1,02 1,04
56	18. Feb. 02	»	450	—	0,59 0,64	0,68 0,73	— —	0,71 0,74
57	22. Apr. 02	»	400[1])	—	0,81 0,88	1,02 1,08	— —	1,02 1,10
58	1. Mai 02	»	465	—	0,45 0,46	0,70 0,71	— —	0,79 0,80
59	2. Juli 02	»	500	—	0,44 0,42	0,70 0,73	0,74 0,78	0,75 0,78
60	26. Juli 02	»	320[2])	—	— —	1,21 1,24	1,41 1,43	1,46 1,50
61	1. Aug. 02	»	485	—	— —	— —	1,18 1,20	1,21 1,22
62	5. Aug. 02	»	435[1])	—	1,22 1,23	1,59 1,61	— —	1,64 1,66
63	6. Aug. 02	»	500	—	0,59	0,83	0,87	0,89

1) Bei diesen Versuchen wurde auf die Ausbeute an Prefssaft kein Wert gelegt, bezw. das Auspressen unterbrochen, nachdem die oben erwähnte Anzahl ccm an Prefssaft erhalten war.

2) Bei Nr. 60 waren 1000 g Hefe ohne Quarzsand, nur unter Zusatz von 1000 g Kieselgur zerrieben worden.

sehr empfindlicher Körper ist. Wie in den folgenden Kapiteln gezeigt wird, sind schon geringe Temperaturänderungen, Aufbewahren bei 0° und selbst Zusatz von 1% Neutralsalzen von grofsem Einflufs auf die Gärkraft; insbesondere zeigt sich aber die Reaktion der Flüssigkeit von erstaunlicher Bedeutung und wird die Gärkraft durch geringe Zusätze von schwach alkalisch reagierenden Salzen wie Pottasche, alkalischem Natriumarsenit und sekundärem Natriumphosphat aufserordentlich gesteigert.

Bei den Versuchen 48—62 wurden je zwei Parallelversuche ausgeführt; die zwischen denselben vorhandenen Differenzen lassen auf die Genauigkeitsgrenze der ganzen Methode schliefsen; sie betragen durchschnittlich nicht mehr als 0,02—0,03 g, im extremsten Fall (Nr. 57) 0,08 g oder etwa 8%. Diese Unterschiede können z. B. durch verschieden rasche Erwärmung der beiden Versuchskölbchen, indem das eine näher an die Metallwandungen des Thermostaten zu stehen kam, als das andere, bedingt sein.

Fassen wir die Resultate der Tabellen VI und VII kurz zusammen, so ergibt sich, dafs *die Gärkraft von 20 ccm Hefeprefssaft unter Zusatz von 8 g Rohrzucker und 0,2 ccm Toluol bei 22° bis zu 1,87 g Kohlendioxyd liefert.* Letztere Zahl ist eine sehr beträchtliche, denn sie entspricht ungefähr 1 l feuchter Kohlensäure von Zimmertemperatur und bei gewöhnlichem Druck! Wenn wir jedoch diese Gärkraft vergleichen mit der Triebkraft frischer Hefe (1 g guter Prefshefe erzeugt allerdings in nur 8 proz. Rohrzuckerlösung bei 30° schon in 6 Stunden etwa 1,5 g CO_2[1]); 20 ccm Prefssaft repräsentieren den Saft aus etwa 40 g Hefe!), so erscheint die Wirkung des Prefssaftes gering. Wir dürfen dabei aber nicht vergessen, dafs bei der Gärung mit lebender Hefe fortwährend neue Zymase gebildet wird, und dafs nach Herstellung von 500 ccm Prefssaft aus 1000 g Hefe noch lange nicht alle vorrätige Zymase aus den Zellen extrahiert ist. Letzteres läfst sich beweisen, indem man, wie zuerst R. Albert[2]) gezeigt hat, die betreffende Hefe durch Eintragen in Alkohol oder in

[1]) Vgl. H. Will, Ber. 8. Versamml. bayer. Vertreter angew. Chem. 1889, S. 72.

[2]) Berichte d. deutsch. chem. Ges. 33, S. 3777 (1901).

Aceton und Äther tötet und die Gärkraft der so erhaltenen Dauerhefe vergleicht mit der Gärkraft des Preſssaftes aus derselben Hefe; die Dauerhefe liefert fünfmal mehr Kohlendioxyd! Ferner kann man auch aus dem Preſskuchen, der nach Herstellung von 500 ccm Preſssaft aus 1000 g Hefe hinterbleibt, noch weiter gärkräftigen Saft durch erneutes Zerreiben mit und ohne Wasserzusatz und abermaliges Auspressen gewinnen. Einige Versuche darüber sind später mitgeteilt (s. das nächste Kapitel: Zymasegehalt des rückständigen Preſskuchens).

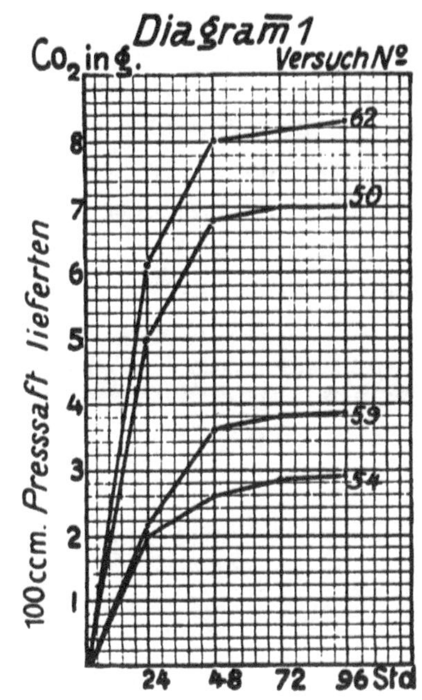

Fig. 7.

Die groſsen Unterschiede in der Gärkraft der einzelnen Säfte, dann das verhältnismäſsig rasche Angären und die baldige Abnahme der Gärwirkung treten besonders deutlich bei graphischer Darstellung der Resultate hervor. Im beifolgenden Diagramm wurden die Versuche 50, 54, 59 und 62 der VII. Tabelle in der Weise wiedergegeben, daſs die Gärzeiten als Abscissen, die Kohlendioxydmengen (und zwar berechnet auf 100 ccm Preſssaft um gröſsere Unterschiede zu bekommen) als Ordinaten genommen sind.

Gasvolumetrische Bestimmung der Gärkraft.

Gilt es, rasch einen Anhalt über die Gärkraft eines Preſssaftes zu gewinnen, so mag hierzu die innerhalb einer Stunde entwickelte Kohlensäure volumetrisch gemessen werden. Man gibt z. B. in Eudiometerröhren von etwa 50 ccm Inhalt je 10,5 ccm Preſssaft, 3,5 ccm Rohrzuckerlösung von 60 % und 0,2 ccm Toluol, mischt dieselben und füllt dann die Röhren vollständig mit Quecksilber. Unter Verschlieſsen mit dem Daumen werden dieselben hierauf in eine Schale mit Quecksilber gestülpt und in einem Wärmeschrank von 28° aufgestellt; Preſssaft, Zuckerlösung und Quecksilber waren schon vorher ebenfalls auf 28° erwärmt worden.

Der Preſssaft für die folgenden Versuche wurde in der gewöhnlichen Weise aus Berliner Unterhefe S dargestellt. In Tabelle VIII sind die Ergebnisse von drei derartigen Experimenten, von denen jedes wieder aus zwei Parallelversuchen bestand, zusammengestellt. Die Zahlen sind nicht absolut richtig, weil sich infolge des während des Versuches ändernden Druckes das Gasvolumen und die Löslichkeit der CO_2 im Preſssaft ändert, lassen sich aber untereinander vergleichen. Natürlich können die Versuche nur kurze Zeit in Gang bleiben, da der Preſssaft bald aus dem Rohre auszutreten beginnt.

Tabelle VIII. **Volumetrische Gärkraftbestimmung.**
Je 10,5 ccm Preſssaft + 3,5 ccm Rohrzuckerlösung (60 %) + 0,2 ccm Toluol; 28°.

Nr.	Datum	Kohlendioxyd in ccm nach Minuten					
		15	30	45	60	75	90
64	18. Okt. 1901	— —	— —	— —	24,5 25,0	— —	— —
65	6. März 1902	6,0 6,5	11,6 12,0	16,5 16,5	21,5 21,5	25,0 25,5	30,0 30,0
66	22. April 1902	4,5 3,5	9,0 8,0	12,5 11,5	16,5 16,0	23,0 24,0	23,5 24,5

Als Gesamtresultat ergibt sich aus dieser Tabelle demnach, daſs *guter Hefepreſssaft* bei 28° und der obigen Zuckerkonzentration *in 1 Stunde das 1½- bis 2½fache seines Volumens an Kohlendioxyd* liefert; die Gasentwicklung und das Aufschäumen fallen somit sehr in die Augen.

Zymasegehalt des rückständigen Preſskuchens.

Für die annähernde Beurteilung des Zymasegehaltes in den Hefezellen war es von Interesse, festzustellen, ob nach Gewinnung von etwa 500 ccm Preſssaft aus 1000 g Hefe der Zymasevorrat der letzteren erschöpft sei. Nachdem direktes Übergiefsen des rückständigen Prefskuchens mit Zuckerlösung anscheinend nur mehr geringe Gärwirkung ergeben hatte [1]), wurden drei ausführliche Versuche angestellt, welche zeigten, dafs in dem Rückstand noch sehr erhebliche Zymasemengen vorhanden sind.

Beim 1. derselben (Tab. IXa) kamen 1200 g Münchener untergärige Bierhefe, bei 50 Atmosphären entwässert und mit 1000 g Quarzsand und 200 g Kieselgur gemengt in der Handzerreibungsvorrichtung zur Zerreibung und gaben ohne jeden Wasserzusatz unter einem Druck von 60 kg auf 1 qcm 440 ccm Prefssaft; die Gärkraftbestimmungen erfolgten mit je einer Probe (20 ccm) aus den ersten 50 ccm Saft, dann aus den ccm 200—250, endlich aus den ccm 390—440. Hierauf wurde der Prefskuchen von neuem zerdrückt, unter Zusatz von 35 ccm Wasser ganz wenig zerrieben und abermals geprefst, was 160 ccm Saft lieferte (Gärkraft einer Probe s. unter Nr. 70). Nachdem nunmehr aus 1200 g Hefe 600 ccm Saft hergestellt waren, wurde der Prefskuchen nochmals sehr intensiv und vielleicht zweimal so lang als bei der Darstellung der ersten 440 ccm Saft mit der Hand zerrieben und hierauf abgeprefst, wodurch noch 90 ccm Saft resultierten. Dieser Saft (Versuch Nr. 71) war sehr gärkräftig, viel besser als alle übrigen Fraktionen. Besonders geringe Wirkung hatten dagegen die gesondert aufgefangenen ersten 50 ccm Prefssaft (Nr. 67); dieselben stellen offenbar durch Wasser aus dem Prefstuch und von der äufseren Oberfläche der Hefezellen beträchtlich verdünnten Zellsaft vor.

Das Resultat beweist auch, dafs es unzulässig ist, aus viel Hefe durch mangelhaftes Zerreiben und ohne Benützung einer hydraulischen Presse eine verhältnismäfsig geringe Menge Saft darzustellen, in der Absicht damit mafsgebende Versuche über die Gärkraft auszuführen [2]).

Bei einem zweiten Versuche (s. Tab. IXb) wurden abermals 1200 g Münchner untergärige Bierhefe (bei 50 Atm. ent-

[1]) Berichte d. deutsch. chem. Ges. 31, S. 569 (1898).

[2]) Vergl. A. Wróblewski, Über den Hefeprefssaft, Anzeiger der Akad. d. Wissenschaften in Krakau, Nov. 1898; Journ. f. prakt. Chemie [2] 64, S. 2 (1901).

Tabelle IXa. **Gärkraft von fraktioniert ausgeprefstem Hefesaft.**
Je 20 ccm Saft + 8 g Saccharose + 0,2 ccm Toluol, 15—17°.

Nr.	Datum	Aus 1200 g Hefe successive ausgeprefst		Je 20 ccm Saft, entnommen aus den Kubikcentimetern	lieferten Kohlendioxyd in g nach Stunden				
		ccm Saft	dabei Wasserzusatz ccm		18	42	66	90	138
67	11. April 99	440	—	1—50	0,09	0,20	0,26	—	—
68	»			200—250	0,24	0,56	0,82	—	—
69	»			390—440	0,25	0,63	0,95	—	—
70	»	160	35	441—600	0,27	0,63	0,98	—	—
71	»	90	—	601—690	0,51	1,12	1,56	1,81	1,98

Tabelle IX b. **Gärkraft von fraktioniert ausgeprefstem Hefesaft.**
Je 20 ccm Saft + 8 g Saccharose + 0,2 ccm Toluol, 15—17°.

Nr.	Datum	Aus 1200 g Hefe successive ausgeprefster Saft		Je 20 ccm, entnommen den einzelnen Fraktionen, lieferten CO_2 in g nach Stdn.				
		ccm	dabei Zusatz von Wasser ccm	16	42	64	88	112
72	14. April 1899	600	35	0,25	0,67	0,99	—	—
73	»	85	—	0,38	0,89	1,27	1,52	1,63
				0,37	0,90	1,25	1,51	1,63
74	»	45	30	0,39	0,96	1,38	1,65	1,77

wässert) mit 1200 g Quarzsand und 240 g Kieselgur ohne Wasserzusatz mit der Hand zerrieben und bei 60 kg Druck auf 1 qcm ausgeprefst; sodann wurde der Prefskuchen mit 35 ccm Wasser zerdrückt, wenig zerrieben und nochmals dem gleichen Druck unterworfen. Diese beiden Pressungen 1 und 2 lieferten zusammen 600 ccm Prefssaft von, wie Versuch 72 zeigt, mittlerer Gärkraft. Der rückständige Prefskuchen wurde hierauf von neuem, ohne Wasserzusatz, gründlich zerrieben und zum dritten Mal geprefst, was 85 ccm Saft ergab, der sich bei dem Parallelversuch 73 von sehr guter Gärkraft erwies. Eine nochmalige Zerreibung unter Zusatz von 30 ccm Wasser und darauffolgende vierte Auspressung lieferten endlich 45 ccm Saft von höchster Gärkraft (Nr. 74).

Bei einem dritten Versuch mit Berliner Unterhefe S (s. Tab. IXc) erfolgten successive fünf Zerreibungen und Auspressungen, die ersten beiden ohne jeden Wasserzusatz, dann unter Zugabe von 50, 80 und 70 ccm Wasser. Schon der Prefssaft der ersten beiden Auspressungen wies keine besondere Gärkraft auf, doch erreichte dieselbe bei der vierten Auspressung ein Maximum, und auch die fünfte Partie ergab noch fast dieselbe Gärkraft, wie die erste.

Tabelle IXc.

Gärkraft von fraktioniert ausgeprefstem Hefesaft.

Je 20 ccm Saft + 8 g Rohrzucker + 0,2 ccm Toluol, 22°.

Nr.	Datum	Aus 1000 g Hefe successive ausgeprefster Saft		Je 20 ccm entnommen den einzelnen Fraktionen lieferten CO_2 in g nach Stunden		
		ccm	dabei Zusatz von Wasser ccm	24	64	96
75	10. Jan. 02	460	—	0,38 0,38	0,64 0,64	0,66 0,65
76	»	60	—	0,51 0,52	0,82 0,84	0,83 0,85
77	»	80	50	0,32 0,34	0,46 0,49	0,46 0,49
78	»	70	80	0,73 0,66	0,95 0,89	0,95 0,91
79	»	25	70	0,48	0,60	0,60

Als Gesamtresultat der drei Versuche ergibt sich, dafs der Zymasegehalt der Hefezellen nach Herstellung von 500 ccm Saft aus 1000 g Hefe durchaus noch nicht erschöpft ist, vielmehr durch weiteres sorgfältiges Zerreiben ohne oder mit Wasserzusatz und wiederholtes Auspressen leicht noch erhebliche Mengen von sehr klarem und mitunter besonders wirksamem Saft zu erhalten sind. So lieferten z. B. (unter Umrechnung auf 1000 g Hefe) beim

1. Versuch 1000 g Hefe b. Zusatz v. 29 ccm Wasser 575 ccm Prefssaft
2. » 1000 » » 54 » » 608 » »
3. » 1000 » » 200 » » 695 » »

Eine wirkliche Erschöpfung des Preſskuchens ist nicht erreicht worden. Der am längsten durchgeführte dritte Versuch wurde vielmehr schlieſslich (nach über 12 Stunden) nicht weiter fortgesetzt, weil infolge seiner langen Dauer eine schädliche Einwirkung der in den Zellen befindlichen Endotryptase auf die Zymase befürchtet werden muſste.

Da die nach Zusatz von Wasser erzielten späteren Fraktionen der Preſssäfte mitunter besonders gute Gärkraft aufwiesen (Nr. 71, 73, 74), könnte die Vermutung begründet erscheinen, daſs nicht alle in den Hefezellen befindliche Zymase sich dort in gelöster Form, im wäſsrigen Zellsaft, vorfindet, sondern vielleicht zum Teil erst infolge des Wasserzusatzes in Lösung geht.

Diese Annahme erscheint nicht notwendig, da die erwähnte Tatsache auch durch die Gegenwart der äuſserst voluminösen Kieselgur genügend erklärt wird. In deren Gerüst bleibt ein beträchtlicher Teil des Zellsaftes festgehalten und wird erst allmählich unter Wasserzusatz ausgewaschen.

Die sogenannte Selbstgärung des Hefepreſssaftes.

Läſst man frischen Hefepreſssaft unter Zusatz eines Antiseptikums, welches die Entwicklung von Mikroorganismen in demselben verhindert, z. B. von Toluol, Chloroform oder Thymol, bei gewöhnlicher Temperatur stehen, so kann eine geringe Kohlensäureentwicklung, also Gärung ohne Zusatz eines Kohlenhydrats bemerkbar werden. Nachdem aber bekannt ist, daſs die Hefezellen Glycogen enthalten[1]) und dieses Kohlenhydrat durch den Hefepreſssaft nach speziellen Versuchen vergoren wird (s. das übernächste Kapitel), unterliegt es keinem Zweifel, daſs die sogen.

[1]) Errera, Laurent, H. Will, Allg. Brauer- und Hopfenzeitung 1892, S. 1088; dann Cremer, Zeitschr. f. Biologie 1894, S. 188; E. Salkowski, Ber. d. d. chem. Ges. 27, 498 (1894), C. J. Lintner, Centralbl. f. Bacteriol. II. Abt. 5, S. 794 (1899), E. Buchner u. Rapp, Berichte d. d. chem. Ges. 32, S. 2090 (1899), R. Meissner, Centralbl. f. Bact. II. Abt. 6, S. 517 (1900); R. Braun, Zeitschr. f. d. ges. Brauwesen 24, 397 (1901); W. Henneberg, Zeitschr. f. Spiritusindustrie 1902, Nr. 35—39; Harden u. Rowland, Ref.: Wochenschr. f. Brauerei 19, 319 (1902); Harden u. Young, Ref.: ebenda 19, 691 (1902).

Selbstgärung des Hefepreſssaftes auf alkoholischer Gärung des Glycogens beruht. In der Tat läſst sich auch nachweisen, daſs Preſssaft mit starker Selbstgärung erhalten wird, wenn man sehr glycogenreiche Hefe verarbeitet. Die Höhe der Selbstgärung wurde wie bei den Gärkraftbestimmungen durch Ermittelung des Gewichtsverlustes von Preſssaft in Gärkölbchen festgestellt.

Die recht gleichmäſsige Münchener Bierunterhefe von A. Schroder, welche nach den Beobachtungen von H. Will[1]) nur wenig Glycogen enthält, zeigte auch nur schwache und sehr gleichmäſsige Selbstgärung, auf 20 ccm Saft in vier Tagen etwa 0,1 g Kohlendioxyd, also etwa 10 % der Gärleistung eines mäſsig guten Hefepreſssaftes bei Zuckerzusatz:

Tabelle X. **Kohlendioxyd aus Münchner Preſssaft ohne Zuckerzusatz.**
20 bezw. 40 ccm Saft + 0,2 ccm Toluol; ohne Zuckerzusatz.

Nr.	Datum	Menge des Preſssaftes	Temperatur	lieferten Kohlendioxyd in g nach Stunden				
				16	40	64	88 Kohlendioxydverdrängung ohne	88 Kohlendioxydverdrängung mit
		ccm						
80	31. V. 1898	20	14°	0,03	0,04	0,04	0,04	0,08
81	»	20	»	0,05	0,06	0,06	0,06	—
82	2. VI. 1898	20	»	0,03	0,04	0,04	0,04	0,08
83	26. V. 1899	40	17°	0,07	0,10	0,10	0,10	0,18
84	»	40	»	0,06	0,09	0,10	0,11	—

Bei Verarbeitung von Berliner Unterhefe S aus den Wintermonaten betrug die durch Selbstgärung des Preſssaftes gebildete Kohlendioxydmenge durchschnittlich etwas mehr (s. Tab. XIa und b); gleichzeitig lieſs sich auch ein höherer Gehalt der verwendeten Hefe an Glycogen mittels der Färbung des mikroskopischen Bildes durch Jod feststellen.

Eine höchst merkwürdige Beobachtung über die Selbstgärung von Preſssaft aus Oberhefe wollen drei englische Forscher: A. Macfadyen, G. H. Morris und Sidney Rowland gemacht haben[2]); sie berichten: »daſs in nahezu

[1]) Zeitschr. f. d. ges. Brauwesen 21, S. 291 (1898).
[2]) Berichte d. d. chem. Ges. 33, S. 2775 (1900).

jedem Fall durch die Selbstgärung des Preſssaftes mehr Gas erhalten wurde, als wenn die Gärung in Gegenwart von Rohrzucker vor sich ging«. Diese Angaben waren Veranlassung, daſs bei den Versuchen über Selbstgärung von Preſssaft aus Berliner Unterhefe S jedesmal auch Kontrollversuche unter Zuckerzusatz stattfanden; die Ergebnisse sind in den Tab. XIa und b zusammengestellt:

Tabelle XIa.

Kohlendioxyd aus Berliner Preſssaft (Unterhefe S) ohne und mit Zuckerzusatz; Antiseptikum: Thymol.

Je 20 ccm frischer Preſssaft + einige Körnchen Thymol mit und ohne Zusatz von 8 g Rohrzucker, 22°.

Nr.	Datum	Rohrzucker-zusatz in Gramm	Antiseptikum	lieferten Kohlendioxyd in Gramm nach Stdn.			
				20	44	68	92
85	19. X. 1900	—	Thymol	0,07	0,11	0,13	—
86	»	8	»	0,46	1,15	1,37	—
87	1. XI. 1900	—	»	0,11	0,11	0,11	—
88	»	8	»	0,80	1,70	1,84	—
89	5. XI. 1900	—	»	0,10	0,14	0,14	—
90	»	8	»	0,79	1,07	1,46	—
91	7. XI. 1900	—	»	0,08	0,09	0,10	—
92	»	8	»	0,67	1,18	1,33	—
93	13. XI. 1900	—	»	0,14	0,20	0,21	0,22
	»	—	»	0,14	0,19	0,20	0,21
94	»	8	»	0,70	1,32	1,59	1,67
	»	8	»	0,70	1,33	1,61	1,69
95	17. XI. 1900	—	»	0,05	0,07	0,08	0,08
	»	—	»	0,05	0,07	0,08	0,08
96	»	8	»	0,59	1,30	1,52	1,56
	»	8	»	0,62	1,33	1,56	1,61

Die Selbstgärung war nach diesen Versuchen eine ziemlich groſse; aber sie erreichte auch im Maximum (bei Nr. 105) nur 23 % der Kohlensäuremenge, welche nach Zuckerzusatz erhalten wurde. Resultate wie sie die Herren Macfadyen, Morris und Rowland erhalten haben, waren also durchaus

Tabelle XIb.

Kohlendioxyd aus Berliner Prefssaft (Unterhefe S) ohne und mit Zuckerzusatz; Antiseptikum: Toluol.

Je 20 ccm frischer Prefssaft + 0,2 ccm Toluol mit und ohne Zusatz von 8 g Rohrzucker. 22°.

Nr.	Datum	Rohrzucker-zusatz in Gramm	Antiseptikum	lieferten Kohlendioxyd in Gramm nach Stdn.			
				20	44	68	92
97	23. XI. 1900	—	0,2 ccm Toluol	0,14	0,19	0,22	—
98	»	8	»	0,88	1,53	1,86	—
99	27. XI. 1900	—	»	0,09	0,15	0,17	—
100	»	8	»	0,86	1,45	1,75	—
101	30. XI. 1900	—	»	0,10	0,15	0,19	0,22
	»	—	»	0,10	0,15	0,20	0,22
102	»	8	»	0,75	1,32	1,91	1,99
	»	8	»	0,70	1,26	1,81	1,89
103	18. XII. 1900	—	»	0,15	0,22	0,24	0,24
	»	—	»	0,16	0,23	0,25	0,25
104	»	8	»	0,76	1,30	1,49	1,57
	»	8	»	0,78	1,30	1,49	1,54
105	8. I. 1901	—	»	0,13	0,19	0,20	—
	»	—	»	0,13	0,19	0,22	—
106	»	8	»	0,72	0,93	0,94	—
	»	8	»	0,73	0,92	0,94	—
107	14. I. 1901	—	»	0,14	0,24	0,29	0,32
	»	—	»	0,16	0,26	0,33	0,36
108	»	8	»	0,80	1,53	1,90	1,99
	»	8	»	0,79	1,48	1,82	1,91
109	16. I. 1901	—	»	0,13	0,19	0,22	0,23
110	»	8	»	0,84	1,22	1,50	1,63
111	22. I. 1901	—	»	0,13	0,19	0,22	0,23
112	»	8	»	0,77	1,33	1,65	1,77
113	29. I. 1901	—	»	0,12	0,19	0,21	0,22
114	»	8	»	0,70	1,22	1,55	1,73

nicht zu beobachten. Leider haben die englischen Forscher unterlassen, den Ursachen der ungeheuren »Selbstgärung« nachzuspüren. Es wäre ihre Aufgabe gewesen, da man die Ursache der Selbstgärung in der Anwesenheit von Glycogen erkannt hat, zunächst mittels der einfachen Färbung durch Jod den Prefssaft bezw. die Hefe auf Glycogengehalt zu prüfen. Anderseits hätte der Selbstgärung zeigende Prefssaft auf die Anwesenheit von Spaltpilzen untersucht werden müssen. Auch Fällung des Prefssaftes durch Alkohol und Äther und Prüfung, ob nach Auflösen des Niederschlages in Wasser die rätselhafte Selbstgärung wieder eintritt, wäre empfehlenswert gewesen.

Da die Ergebnisse ganz unverständlich sind, und allen Erfahrungen sowohl in München wie in Berlin widersprechen, sieht man sich zu der Annahme gedrängt, dafs grobe Versuchsfehler die Resultate der englischen Forscher beeinflufst haben mögen. Bei sämtlichen Versuchen, die weniger als 20 % Zucker enthalten, ist bei einer Versuchstemperatur von 25 ° die Antiseptik durch Zusatz einiger Körnchen Thymol nicht mehr gesichert. Ein Kontrollversuch, dessen Ausführung ich Prof. Dr. R. Albert verdanke, ergab, dafs sich im Hefeprefssaft bei 22 ° und Zusatz von 10 % Rohrzucker und 1 % Thymol Bacterien recht gut entwickeln können. Das Aufkommen von Spaltpilzen würde die Versuche über Selbstgärung völlig unbrauchbar machen.

Da die englische Oberhefe, wie bekannt, im Gegensatz zur deutschen Bierunterhefe reichlich mit Bacterien verunreinigt ist, und eine spezielle Angabe über die dauernde Sterilität der Versuchsflüssigkeiten in der Abhandlung von Macfadyen, Morris und Rowland fehlt, dürfte die mangelhafte Antiseptik jene unbegreiflichen Ergebnisse verschuldet haben.

Die englischen Forscher verlangen auch[1]), dafs bei den Angaben über die Gärkraft des Prefssaftes eine Korrektur für das aus dem Safte selbst entwickelte Gas angebracht werde. Eine solche Korrektur der hier veröffentlichten Zahlen über die Gärkraft wegen der Selbstgärung hat nicht stattgefunden, weil bei den meisten Versuchen gärungsfähiger Zucker in grofsem Überschufs zugesetzt wurde; es ist für die Gärwirkung des Saftes dann gleichgültig, ob zuerst der zugesetzte Zucker oder im Prefssaft vorhandenes Glycogen vergoren wird.

[1]) Berichte d. d. chem. Ges. **33**, 2772 (1900).

Handelt es sich um das Verhalten des Prefssaftes gegen nicht gärungsfähige Körper der Zuckergruppe, z. B. gegen Arabinose, Lactose, Mannit, so wird man sich allerdings des Glycogengehaltes im Prefssaft erinnern müssen, der auch in diesen Fällen zu einer geringen Kohlendioxydentwicklung führen wird (vgl. das übernächste Kapitel).

Verhalten der Gärkraft beim Aufbewahren des Saftes.

Läfst man wirksamen Hefeprefssaft bei Zimmertemperatur oder im Eisschrank ein oder mehrere Tage stehen, so zeigt er bei nachherigem Zuckerzusatz eine verminderte oder auch keine Gärkraft mehr. An- oder Abwesenheit von Luft ist darauf ohne Einflufs. Nachdem M. Hahn die Gegenwart von proteolytischem Enzym im Prefssaft durch Aufgiefsen desselben auf erstarrte Gelatine konstatiert hatte und beobachtet war, dafs durch Stehen im Eisschrank unwirksam gewordener Saft beim Erwärmen auf 50° nur wenige Flocken von gerinnbarem Eiweifs ausscheidet, während wirksamer Saft unter gleichen Bedingungen grofse Mengen von Gerinnsel fallen läfst, lag es nahe, das Unwirksamwerden mit der Abnahme an gerinnbarem Eiweifs in Zusammenhang zu bringen und anzunehmen, dafs die Zymase durch die proteolytischen Enzyme geschädigt werde. Diese Hypothese ist durch direkte Experimente mit Zusatz von Verdauungsenzymen bestätigt worden, worüber in einem späteren Kapitel berichtet wird.

Fraglich bleibt, ob die Zymase dabei direkt durch die verdauende Wirkung zerstört, z. B. hydrolytisch gespalten wird, oder ob die Schädigung mehr indirekter Art ist und in einer Verdauung der übrigen colloïdalgelösten Stoffe des Hefesaftes besteht; die Zymase wird aber, wie Metallsole von Konzentrationsänderungen der sonstigen Colloïdsubstanzen empfindlich berührt[1]).

Hier soll nur eine Anzahl von Versuchen mit Münchener (Tabelle XII) und mit Berliner Bierunterhefe S (Tabelle XIII) mitgeteilt sein, welche die Abnahme der Wirksamkeit des Saftes

[1]) Vgl. die Verdünnungsversuche im IV. Abschnitt.

beim Lagern durch Gärkraftbestimmung vor- und nachher beweisen.

Tabelle XII.

Abnahme der Gärkraft des Prefssaftes aus Münchener untergäriger Bierhefe beim Lagern.

Je 40 ccm Prefssaft + 16 g Rohrzucker mit oder ohne Antiseptikum, bei 12—14° (resp. 15—18°).

Nr.	Datum	Prefssaft	Versuchstemperatur	Antiseptikum	Kohlendioxyd in g nach Stdn. 16	24	40	64 ohne Kohlendioxydverdrängung	64 mit Kohlendioxydverdrängung
115	25.X 97	frisch	12—14°	—	0,40	0,61	0,96	1,31	1,46
116	26.X.97	nach 24 Stunden Lagern bei 7–8,6°	»	—	0,14	0,19	0,27	0,36	0,44
117	27.X.97	nach 48 Stunden Lagern bei 7–8,6°	»	—	0,02	0,05	0,14	0,22	0,31
118	11.X.97	frisch	15—18°	2% As_2O_3, gelöst in überschüssig. Kaliumkarbonat	0,82	0,86	0,87	—	—
119	12.X.97	nach 24 Stunden Lagern bei 7–8,6°	»		0,49	0,55	0,56	—	—
120	13.X.97	nach 48 Stunden Lagern bei 7–8,6°	»		0,03	0,15	0,17	—	—

Aus den Tabellen XII und XIII ergibt sich, dafs für Versuche, bei welchen die Gärkraft des Prefssaftes in Wirksamkeit treten soll, nur ganz frisch hergestellter Hefesaft Anwendung finden kann.

Verhalten des Prefssaftes gegen verschiedene Zuckerarten.

Ganz entsprechend der lebenden Bierunterhefe erweist sich der Prefssaft daraus als gärwirksam gegen Maltose, Saccharose, d-Glucose und d-Fructose und zwar gegen alle diese gleich stark, obwohl doch Malz- und Rohrzucker erst invertiert werden müssen. Raffinose wird langsamer vergoren, noch träger Glycogen, am schwächsten, aber doch noch deutlich, Galactose. Nicht in Gärung versetzt werden durch Prefssaft aus Münchener untergäriger Bierhefe, die bei allen diesen Versuchen zur Verwendung kam, Lactose und l-Arabinose, wie auch die lebenden Zellen auf diese Zucker

Tabelle XIII.

Abnahme der Gärkraft des Prefssaftes aus Berliner Unterhefe S beim Lagern.

Je 20 ccm Prefssaft + 8 g Rohrzucker + 0,2 ccm Toluol; 22°.

Nr.	Datum	Prefssaft	Kohlendioxyd in g nach Stunden			
			24	48	72	96
121	28. X. 01	frisch	0,63 0,62	0,82 0,80	0,85 0,81	0,85 0,81
122	29. X. 01	nach 15 Stunden Lagern bei 15°	0,39	0,42	0,43	0,43
123	29. X. 01	nach 24 Stunden Lagern bei 18°	0,03	0,04	—	—
124	6. XI. 01	frisch	1,02 0,98	1,37 1,34	1,41 1,39	1,42 1,40
125	7. XI. 01	nach 16 Stunden Lagern bei 3° .	0,78	0,91	—	1,03
126	8. XI. 01	nach 40 Stunden Lagern bei 3° .	0,57	—	0,67	0,68
127	7. XI. 01	nach 16 Stunden Lagern b. 12–17°	0,51	0,74	—	0,76
128	8. XI. 01	nach 40 Stunden Lagern b. 12–17°	0,02	—	0,03	0,03
128a	14. XI. 01	frisch	0,68 0,71	1,13 1,15	1,27 1,32	1,31 1,36
128b	15. XI. 01	nach 17 Stunden Aufbewahren in Eiswasser . . .	0,71 0,69	0,99 0,95	1,05 1,01	1,08 1,02
129	25. XI. 01	frisch	0,52 0,49	0,68 0,66	0,70 0,68	0,70 0,69
130	26. XI. 01	nach 20 Stunden Lagern bei 3° .	0,32 0,33	0,42 0,38	0,42 0,40	0,42 0,42
131	17. XII. 01	frisch	0,48 0,49	0,80 0,81	0,90 0,91	0,92 0,93
132	18. XII. 01	nach 20 Stunden Lagern bei 3° .	0,45 0,45	0,60 0,57	0,61 0,59	— —

ohne Wirkung bleiben. Eine ganz geringe Kohlendioxydentwicklung tritt im Prefssaft allerdings auch mit diesen Kohlenhydraten ein, aber nicht mehr als der sog. Selbstgärung des Saftes, resp. seinem Glycogengehalt entspricht (vgl. die Versuche Nr. 157 f., 158, 167 und 173). Ebensowenig wie Lactose und Arabinose wird, was allerdings nur durch einen qualitativen Versuch festgestellt wurde, Mannit von dem Preſssaft vergoren.

Die Hydrolyse von Maltose und Saccharose zu Monosacchariden führt nach diesen Ergebnissen keine Verzögerung herbei; es scheinen demnach *Maltase* und *Invertase* im Preſssaft überschüssig vorhanden zu sein.

Auffallenderweise werden Glucose und Fructose trotz ihres verschiedenen optischen Drehungsvermögens gleich rasch vergoren; sie gehören aber allerdings auch zur selben genetischen Reihe, geben nur ein identisches Osazon und unterscheiden sich nach Emil Fischer stereochemisch nur durch die Aktivität bezw. Symmetrie des zweiten Kohlenstoffatomes in der Kette. Um die Tatsache der gleich raschen Vergärung von Glucose und Fructose durch Hefesaft möglichst sicher zu stellen, wurde auch ein Versuch mit volumetrischer Messung der Kohlensäure ausgeführt, der dasselbe Resultat ergab und in Tabelle XX mitgeteilt ist. Nach den Angaben verschiedener Autoren vergären lebende Hefezellen Trauben- und Fruchtzucker nicht mit derselben Schnelligkeit und eine gärende Invertzuckerlösung wird allmählich linksdrehend, weil die Fructose langsamer verschwindet[1]). Preſssaft wirkt aber gleichmäſsig auf beide Zucker. Es scheint demnach hier ein Unterschied in der Wirkung zu bestehen, der wohl nur so zu erklären ist, daſs die Zellmembran resp. der Plasmaschlauch der lebenden Zellen das eine Kohlenhydrat, die Glucose, rascher diffundieren läſst als das andere.

Ein noch gröſserer Unterschied besteht im Verhalten von frischem Hefepreſssaft und lebender Hefe gegenüber Glycogen. Nach Alfred Koch und Hans Hosaeus[2]) sind Frohberghefe, eine Preſshefe und eine Bierhefe nicht imstande, künstlich der

[1]) Vgl. z. B. die Angaben von Duclaux, Annales de l'Institut Pasteur **11**, 349 (1897); ferner von Prior, Malz und Bier, Leipzig **1896**, 371; Edmond Kayser, Die Hefe, übersetzt von Meinecke, München, Oldenbourg, **1898**, 73.

[2]) Centralbl. f. Bakteriologie **16**, 145.

Nährlösung zugesetztes Glycogen zu vergären. Füllt man dagegen ein einseitig geschlossenes U-Röhrchen mit einer 4 proz. Lösung von Glycogen in wirksamem Hefeprefssaft, so ist bei Zimmertemperatur nach 15 Stunden der eine Schenkel voll Gas. Zur Kontrolle wurden zu 2,5 ccm altem, unwirksam gewordenem Prefssaft und 2,5 ccm Wasser 0,2 g Glycogen und 0,2 g derselben frischen Bierunterhefe gefügt, von welcher die Hauptmenge zur Herstellung des Prefssaftes verwendet worden war; hier blieb das U-Rohr bei Zimmertemperatur auch nach zwei Tagen ohne Gasentwicklung.

Hieraus ergibt sich, wie auch schon Koch und Hosaeus gefolgert haben, dafs die Hefe kein in die umgebende Flüssigkeit diffundierendes Enzym besitzt, welches aus Glycogen gärungsfähigen, diffusiblen Zucker erzeugt, und dafs offenbar Glycogen auch nicht durch die Zellmembran resp. den Protoplasmaschlauch der lebenden Zellen hinein zu diffundieren vermag. Nur unter diesen Voraussetzungen ist es verständlich, dafs Prefssaft sich anders verhält als die lebenden Hefezellen. Das Glycogen hydrolysierende Agens ist innerhalb der Hefezellen festgehalten und nicht extrahierbar, gelangt aber beim Zertrümmern der Zellen in den Prefssaft.

Dafs Galactose von Hefeprefssaft viel langsamer vergoren wird als Glucose, steht im Einklang mit ihrem Verhalten gegen lebende Hefe [1]). Lactose und Arabinose werden weder durch Prefssaft noch durch lebende Bierunterhefe vergoren. Dafs Raffinose durch Prefssaft anfangs rasche, später langsame Gärung erleidet (vgl. Versuch Nr. 174, Tab. XIX), scheint auf eine rasche Hydrolyse in Glucose, Fructose und Galactose und auf eine rasche Vergärung der ersteren beiden hinzudeuten.

Alle die erwähnten Zucker sind bei Kaliummetarsenitzusatz, wobei die für dieses charakteristischen Unregelmäfsigkeiten (vgl. das Kapitel über Arsenitzusatz im IV. Abschnitt) auftreten, ferner bei Toluolzugabe und endlich ohne jedes Antiseptikum geprüft, jedesmal in 13 proz. und, wo die Löslichkeitsverhältnisse dies zu-

[1]) E. Fischer und H. Thierfelder, Berichte d. d. chem. Ges. 27, S. 2031 (1894).

liefsen, in 28 proz. Lösung; es ergaben sich dabei keine wesentlichen Unterschiede. Bei den Versuchen der Tabellen XIV bis XIX sind die Zuckerzusätze so berechnet, dafs im Prefssaft gleichviel Moleküle $C_6H_{12}O_6$ vorhanden waren, also unter Berücksichtigung der Anhydridbildung resp. des Krystallwassers.

Der Prefssaft wurde bei diesen Versuchen vor der Verwendung mehrmals evakuiert, damit die von Anfang an gelöste Kohlensäure keine Fehler bedingen könne. Bei den Versuchen ohne Zusatz eines Antiseptikums schien es geboten, um die im Prefssaft immer noch vorhandenen vereinzelten Hefezellen möglichst zu entfernen, den Prefssaft ferner vor der Benützung mit Kieselgur zu schütteln und durch Papier zu filtrieren (Versuche der Tab. XVIII) bezw., als auch der Zuckerzusatz sehr ermäfsigt werden sollte, den Saft durch ein steriles Berkefeld-Kieselgurfilter zu saugen (Versuche der Tab. XIX). Es mufs noch daran erinnert werden, dafs aller für die folgenden Versuche verwendete Prefssaft nicht aus einer rein kultivierten Heferasse, sondern nur aus Brauereiunterhefe, wie sie in den Münchner Brauereibetrieben praktisch rein vorkommt, hergestellt wurde; bei dem einheitlichen Charakter jener Hefe (vgl. darüber das 1. Kapitel des III. Abschnittes) wird dieser Umstand für das Verhalten gegenüber den verschiedenen Zuckerarten ohne grofsen Einflufs gewesen sein.

Über die Herkunft der benutzten Zuckerarten sei noch bemerkt, dafs bei Saccharose Krystallzucker und bei Lactose der gewöhnliche Milchzucker des Handels zur Verwendung kam, während Arabinose und Glycogen von E. Merck in Darmstadt, alle übrigen Zucker aber von C. A. F. Kahlbaum in Berlin bezogen wurden.

Im Gegensatz zu unseren Ergebnissen (Tab. XIV—XIX) wollen die Herren A. Macfadyen, G. H. Morris und S. Rowland[1]) gefunden haben, dafs bei Versuchen mit Prefssaft aus englischer Oberhefe »im ganzen genommen aus Rohrzucker mehr Kohlendioxyd erhalten wird als aus irgend einem anderen Zucker«. Das von diesen Forschern veröffentlichte Zahlenmaterial ist aber ein äufserst

---

[1]) Berichte d. d. chem. Ges. 33, S. 2764 (1900).

Tabelle XIV. **27 proz. Zuckerlösung und Arsenit.**
40 bezw. 20 ccm Saft; 16 bezw. 8 g Zucker; 2 % As_2O_3, gelöst in überschüssiger Pottasche bezw. 1 K_2CO_3 auf 1 As_2O_3.

Nr.	Datum	Prefssaft ccm	Zucker	2 % As_2O_3 mit	Temp.	Kohlendioxyd in g nach Stunden 16	24	40	64 Kohlensäureverdrängung ohne	64 Kohlensäureverdrängung mit
133	22. XII. 97	40	Saccharose . .	über-		1,01	1,05	1,06	—	—
134		40	Glucose . . .	schüss.	22°	0,01	0,02	0,02	—	—
135		40	Fructose . .	K_2CO_3		0,06	0,08	0,09	—	—
136	25. X. 97	40	Saccharose . .			0,98	1,17	1,29	1,32	1,41
137		40	Glucose . . .	»	13°	0	0	0	0	0,03
138		40	Fructose . .			0,10	0,22	0,39	0,45	0,54
139	28. XII. 97	40	16 g Saccharose			1,04	1,11	1,15	—	—
140		40	8 g Glucose + 8 g Fructose	»	13°	1,04	1,10	1,12	—	—
141		40	16 g Glucose .			0	0	0	—	—
142	30. XII. 97	20	Saccharose . .	1 K_2CO_3 auf 1 As_2O_3	13°	0,72	0,80	0,82	—	—
143		20	Glucose . . .			0	0,01	0,01	—	—

Tabelle XV. **Etwa 12 proz. Zuckerlösung und Arsenit.**
20 ccm Saft, 2 % As_2O_3, gelöst in überschüssiger Pottasche bezw. 1 As_2O_3 auf 1 K_2CO_3, 12—13,5°.

Nr.	Datum	Zucker Art	Zucker Zusatz in g	2 % As_2O_3 mit	Kohlendioxyd in g nach Stunden 8	16	40 Kohlensäureverdrängung ohne	40 Kohlensäureverdrängung mit
144	28. XII. 97	Saccharose . .	4	über- schüss. K_2CO_3	—	1,34	1,37	—
145		Glucose . . .	4		—	0	0	—
146	26. III. 98	Saccharose . .	2,8	1 K_2CO_3 auf 1 As_2O_3	1,04	1,15	1,18	1,28
147		Glucose . . .	3,0		0	0	0,01	0,02
148		Fructose . .	3,0		0,61	0,70	0,73	0,77
149		Glucose + Fructose	1,5 / 1,5		1,09	1,19	1,21	1,31
150		Glucose + Saccharose	1,5 / 1,4		1,10	1,19	1,21	1,30
151		Galactose . .	3,0		0	0	0,02	0,04
152		Maltose . . .	3,0		0	0	0	—
153		Lactose . . .	3,0		0	0	0	—
154		Raffinose . .	3,2		0,59	0,66	0,69	0,79
155		Glycogen . .	2,8		0	0	0	—

Tabelle XVI. Etwa 28proz. Zuckerlösung und Toluol.
Je 20 ccm Saft; 0,2 ccm Toluol, 13—13,5°.

Nr.	Datum	Zucker		Kohlendioxyd in g nach Stunden				
		Art	Zusatz in g	8	16	40	64	88
156a	26. III. 1898	Glucose	8,0	0,09	0,20	0,50	0,65	0,70
b		Fructose	8,0	0,11	0,22	0,56	0,77	0,82
c		Saccharose	7,6	0,10	0,20	0,49	0,67	0,75
d		Glucose + Fructose	4,0 + 4,0	0,09	0,20	0,51	0,70	0,76

Tabelle XVII. Etwa 13proz. Zuckerlösung und Toluol.
Je 20 ccm Saft; 0,2 ccm Toluol, 14—15°.

Nr.	Datum	Zucker		Kohlendioxyd in g nach Stdn.		
		Art	Zusatz in g	16	24	40
157a	29. III. 1898	Glucose	3,0	0,40	0,61	0,70
b		Fructose	3,0	0,46	0,64	0,70
c		Galactose	3,0	0,08	0,11	0,12
d		Saccharose	2,8	0,43	0,59	0,66
e		Maltose	3,0	0,54	0,60	0,69
f		Lactose	3,0	0,02	0,02	0,02
g		Raffinose	3,1	0,27	0,33	0,40
h		Glycogen	2,8	0,12	0,20	0,29
158	31. III. 1898	Arabinose	3,0	0,03	—	0,05

Tabelle XVIII. Etwa 28proz. Zuckerlösung ohne Antiseptikum.
Je 20 ccm Saft; 12—15°. Preßsaft vorher mit Kieselgur geschüttelt und durch Papier filtriert.

Nr.	Datum	Zucker		Kohlendioxyd in g nach Stunden				
				16	24	40	88 Kohlensäureverdrängung	
		Art	Zusatz in g				ohne	mit
159	30. XII. 1897	Glucose	8,0	0,17	0,26	0,44	—	—
160		Fructose	8,0	0,20	0,30	0,48	—	—
161		Saccharose	8,0	0,17	0,26	0,42	—	—
162		Glucose + Fructose	4,0 + 4,0	0,19	0,29	0,48	—	—
163	31. III. 1898	Glucose	8,0	0,27	—	0,65	0,94	—
164		Fructose	8,0	0,31	—	0,72	1,04	1,12
165		Saccharose	7,6	0,26	—	0,62	0,92	1,04
166		Maltose	8,0	0,31	—	0,71	1,04	—

Tabelle XIX.

Etwa 13 prozentige Zuckerlösung ohne Antisepticum.

Je 20 ccm Saft; 15°. Datum: 4. April 1898. Der Prefssaft wurde vorher durch ein steriles Berkefeld-Kieselgurfilter gesaugt und mehrmals evakuiert. Die Lactose war nicht ganz vollständig gelöst. Bei den Versuchen 168, 169, 171 und 172 fand innerhalb der 5. und 9. Stunde ziemlich gleichmäfsige Kohlensäureentwicklung statt.

Nr.	Zucker		Kohlendioxyd in g nach Stunden								
	Art	Zusatz in g	3	5	6	7	8	9	24	48 Kohlensäureverdrängung ohne	48 Kohlensäureverdrängung mit
167	Arabinose	3,0	0,00	0,01	0,02	0,02	0,03	0,03	0,04	0,05	0,08
168	Glucose	3,0	0,06	0,14	0,20	0,24	0,28	0,33	0,65	0,72	—
169	Fructose	3,0	0,07	0,13	0,18	0,23	0,26	0,31	0,66	0,73	—
170	Galactose	3,0	0,03	0,04	0,05	0,05	0,07	0,07	0,10	0,13	—
171	Saccharose	2,8	0,08	0,16	0,21	0,26	0,31	0,36	0,66	0,72	0,77
172	Maltose	3,0	0,09	0,17	0,22	0,27	0,31	0,36	0,66	0,72	—
173	Lactose	3,0	0,00	0,02	0,02	0,03	0,03	0,03	0,03	0,03	—
174	Raffinose	3,2	0,08	0,15	0,19	0,22	0,27	0,30	0,41	0,48	—
175	Glycogen	2,8	0,01	0,03	0,05	0,06	0,07	0,08	0,19	0,23	0,32

bedenkliches und reich an Widersprüchen[1]); man ist daher vorläufig noch nicht gezwungen, einen derartig merkwürdigen Unterschied in der Wirkung von Prefssäften aus Ober- bezw. Unterhefe anzunehmen, wie ihn die Resultate der Engländer — ihre Richtigkeit vorausgesetzt — im Zusammenhalt mit den obigen Versuchen beweisen würden.

Von den Versuchen der Tab. XIX, also denen mit 13 proz. Zuckerlösung ohne Antiseptikum, seien noch einige graphisch dargestellt; für Glucose, Fructose, Saccharose und Maltose liegen die ermittelten Kohlendioxydzahlen so nahe beisammen, dafs dafür nur eine Kurve, die für Glucose, eingezeichnet ist. Die Kurve für Glycogen bleibt weit unterhalb. Die Kurve für Lactose dürfte wahrscheinlich nur über die Spaltung des im Prefssaft vorhandenen Glycogens berichten. Die Glucosekurve steigt in den allerersten Stunden sehr langsam an; dies wird mit der Löslichkeit des Kohlendioxyds in dem mehrmals evakuierten Saft

[1]) Kritische Bemerkungen dazu siehe ebenda 33, S. 3311 (1900).

und in der anfangs stattfindenden Aufspeicherung dieses Gases im Luftraum des Gärkölbchens zusammenhängen.

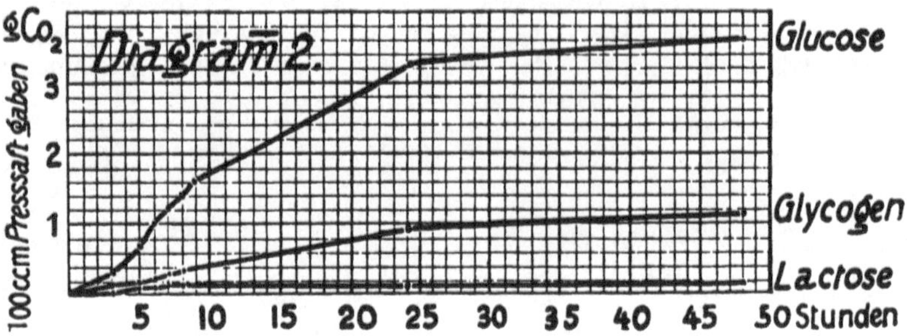

Fig. 8.

Volumetrischer Vergleich der Prefssaftwirkung auf Glucose und Fructose.

Nachdem die Versuche über die Gärungsgeschwindigkeit bei Auflösung von Trauben- bezw. Fruchtzucker in Prefssaft durch Wägung des Gewichtsverlustes keinen Unterschied ergeben hatten, schien es noch möglich, dafs durch volumetrische Messung des entwickelten Kohlendioxyds eine Differenz zu konstatieren sei, da hier der Versuch in bedeutend kürzerer Zeit zu Ende geführt werden konnte. Genau wie früher beschrieben (S. 87) wurden 10,5 ccm Prefssaft mit 3,5 ccm einer 60 proz. Zuckerlösung und 0,2 ccm Toluol gemischt, über Quecksilber in einem Eudiometerrohr abgesperrt und bei 28° aufgestellt. Quecksilber, Saft und die Gefäfse waren vorher auf die gleiche Temperatur erwärmt worden. Die Resultate sind in Tab. XX zusammengestellt:

Tabelle XX.

Volumetrischer Vergleich der Prefssaftwirkung auf Trauben- und Fruchtzucker.

Je 10,5 ccm Prefssaft + 3,5 ccm Glucose- bezw. Fructoselösung von 60 % + 0,2 ccm Toluol; 28°.

Nr.	Datum	Zuckerart	Kohlendioxyd in ccm nach Minuten			
			30	45	60	80
176	18. II. 1902	Traubenzucker	6,5	10,0	15,5	20,0
177	»	Fruchtzucker	4,1	9,5	15,5	20,0

Ein wesentlicher Unterschied in der Geschwindigkeit der Vergärung zwischen Glucose und Fructose ist also auch auf volumetrischem Wege nicht zu konstatieren. Die kleine Differenz in den nach 30 und nach 45 Minuten abgelesenen Volumina, welche nach 60 und 80 Minuten vollständig verschwunden ist, rührt wahrscheinlich von kleinen unvermeidbaren Temperaturunterschieden bei Beginn der Versuche, bedingt z. B. durch rascheres Einfüllen der Lösungen in die Röhren im einen Falle, her. Ebenso grofse Schwankungen in den anfangs abgelesenen Volumina zeigen sich auch in den vollständig gleichen Parallelversuchen Nr. 65 und 66 der Tab. VIII, S. 88.

Einwirkung des Prefssaftes auf Stärke und Dextrine.

Während im Vorhergehenden das Verhalten des Prefssaftes gegenüber Monosen, Hexobiosen und einer Triose beschrieben ist, seien hier noch einige Versuche mit komplizierteren Kohlenhydraten mitgeteilt. Die Experimente mit Glycogen, welche der hervorragenden Wichtigkeit dieses Zuckers für das Hefenleben halber bereits oben Aufnahme fanden, haben ein beträchtliches Gärvermögen des Prefssaftes für dieses hochmolekulare Kohlenhydrat ergeben. Wie Tab. XXI zeigt, werden auch Dextrine der verschiedensten Herkunft geradezu leicht vergoren, ebenso sog. lösliche Stärke in beträchtlichem Mafse. Auch gewöhnliche, verkleisterte Kartoffelstärke wird langsam in Gärung versetzt; allerdings ist die Kohlendioxydentwicklung dabei minimal, nicht viel gröfser, als die ohne jeden Kohlenhydratzusatz in dem angewandten Prefssaft infolge seines Glycogengehaltes von selbst auftretende. Man wird also in dem Prefssaft aus Münchener untergäriger Bierhefe, welcher hierbei zur Anwendung kam, Spuren eines diastatischen, Stärke verzuckernden Enzymes annehmen müssen; ferner Enzyme, welche Dextrin und Glycogen hydrolysieren. Ob es sich in diesen Fällen um die Wirkung ein und desselben Körpers oder verschiedener handelt, bleibt unentschieden.

Die Versuche mit Stärke wurden, um die richtige Konzentration zu erzielen, in der Weise ausgeführt, dafs in der verkleisterten Stärke vorher im Vakuum eingedampfter und getrockneter Prefssaft wieder zur Auflösung gelangte.

Tabelle XXI.

Wirkung des Prefssaftes auf Stärke und Dextrine.

Je 20 ccm Prefssaft + 3—8 g Kohlenhydrat + 0,2 ccm Toluol (bei Nr. 178 bis 182) bezw. je 1 g Stärke verkleistert mit 18 ccm Wasser und darin aufgelöst 2,8 g getrockneter Prefssaft + 0,2 ccm Toluol (bei Nr. 183—184).

Nr.	Kohlenhydrat	Herkunft desselben	Menge des Kohlenhydrats	Temperatur	lieferten Kohlendioxyd in g nach Stunden				
					16	40	64	88 Kohlendioxydverdrängung ohne	88 Kohlendioxydverdrängung mit
178	Dextrin	purum des Handels	4 g	14°	0,28	0,47	0,57	0,65	0,69
			»	»	0,29	0,47	0,57	0,65	—
179	»	»Witte« d. Handels	»	»	0,32	0,55	0,72	0,86	0,98
			»	»	0,34	0,57	0,75	0,89	—
180	»	»Kahlbaum«	8 g	16°	0,13	0,30	—	—	—
			»	»	0,13	0,30	—	—	—
181	Lösl. Stärke	nach Syniewski[1]	4 g	14°	0,13	0,23	0,28	0,29	—
182	»	nach Wróblewski[2]	3 g	15°	0,08	0,13	0,13	—	—
183	Kartoffelstärke	des Handels	1 g	22°	0,04	0,08	0,10	—	—
			»	»	0,04	0,09	0,10	—	—
184	»	»	»	35°	0,09	0,10	—	—	—

Mikroorganismen im Hefeprefssaft.

Im Hefeprefssaft sind vereinzelte lebende Hefezellen vorhanden, welche das Zerreiben unverletzt überstanden haben und beim Auspressen durch das Prefstuch hindurchgegangen sind. Ein Zerreifsen des Prefstuches, wobei sofort sehr viel mehr Hefezellen in den Saft gelangen würden, mufs durch ganz langsames Steigern des Druckes in der hydraulischen Presse vermieden werden. Um den gröfsten Teil der Zellen aus dem Safte zu entfernen, wurde derselbe anfangs[3]) mit etwas Kieselgur (4 g auf 500 ccm Saft) geschüttelt und unter mehrmaligem Aufgiefsen

[1]) Berichte d. d. chem. Ges. 30, 2415 (1897).

[2]) Ebenda 30, 2108 (1897).

[3]) Berichte d. d. chem. Ges. 30, S. 118 (1897).

der ersten Anteile durch ein Papierfilter filtriert. Später unterblieb dann das Schütteln mit Kieselgur und wurde der Saft ausschlieſslich nur mehr durch gewöhnliches Filtrierpapier filtriert.

Daſs die nach Zuckerzusatz im Preſssaft auftretenden Gärungserscheinungen etwa durch die verhältnismäſsig wenigen Hefezellen im Saft verursacht sein könnten, war von vornherein ausgeschlossen. Um eine so rasch einsetzende und so intensive Gärwirkung auszuüben, wie sie der Preſssaft zeigt, genügen nicht einige Hundert Hefezellen, dazu sind Millionen erforderlich!

Als weitere Vorsichtsmaſsregel gegen störende Nebeneinflüsse durch lebende Organismen ist ferner zu betrachten, daſs die ersten Versuche über die zellenfreie Gärung in sehr konzentrierten (gewöhnlich in 37 proz.) Zuckerlösungen und bei niederer Temperatur (im Eisschrank bei etwa 4°) ausgeführt[1]) wurden. Auch zeigte sich sehr bald, daſs Chloroformzusatz die Gärkraft des Preſssaftes nicht beeinträchtigt[2]), obwohl er doch die Lebensvorgänge der Zellen unterdrückt; später hat sich Toluol als für diesen Zweck sehr geeignetes Antiseptikum erwiesen und unter seinem Schutz konnten die Gärkraftbestimmungen bei höherer Temperatur und auch bei geringeren Zuckerzusätzen einwandsfrei durchgeführt werden.

Die mikroskopische Untersuchung des Hefepreſssaftes ergibt nur sehr geringen Gehalt an Hefezellen und müssen bei richtiger Herstellung des Saftes und Schütteln mit Kieselgur vor dem Filtrieren mehrere Gesichtsfelder abgesucht werden, um überhaupt solche zu finden. Mikroskopisch geprüft wurde auch der geringe Bodensatz, welcher sich in mit 37 % Zucker versetztem, also gärendem Preſssaft nach 3-, 6- und 12 tägigem Stehen im Eisschrank abgesetzt hatte: in allen Fällen fanden sich keine Organismen, sondern lediglich Eiweiſsgerinnsel als Ursache der mehr oder minder starken Trübung.

Um die Zahl noch vermehrungsfähiger Mikroorganismen festzustellen, wurden von einem der Gärversuche in 37 proz. Rohrzuckerlösung nach 3 tägiger Dauer bei etwa 4° *Platten-*

[1]) Berichte d. d. chem. Ges. 30, S. 122 (1897).
[2]) Ebenda 30, S. 119 (1897).

kulturen angelegt. Je 1 ccm Flüssigkeit, also eine verhältnismäfsig sehr grofse Menge, kam zur Aussaat in drei Röhrchen mit verflüfsigter Bierwürzegelatine, und je 1 ccm in 3 Röhrchen mit verflüssigter Fleischwasserpeptongelatine. Nach 6 Tagen waren zwei Würzegelatineplatten steril geblieben, die dritte zeigte 11 Kolonien; die drei Peptongelatineplatten wiesen gleichmäfsig je 50—100 Kolonien auf und waren verflüfsigt worden. Berücksichtigt man die während der dreitägigen Versuchsdauer eingetretene Vermehrung dieser Organismen nicht, so würden also in 1 ccm des Prefssaftes 75 lebende Mikroorganismen und darunter, wie die Würzegelatineplatten zeigen, in welchem sauren Medium nur Sprofspilze, aber keine der gewöhnlichen Bakterien wachsen, 4 Hefezellen vorhanden gewesen sein. In 20 ccm Prefssaft waren demnach 1420 Bakterien und 80 Hefezellen anwesend[1]); 20 ccm Prefssaft liefern nach Zuckerzusatz durchschnittlich 1 g Kohlendioxyd (vgl. z. B. Tab. VII, S. 85) und dementsprechend 1 g Alkohol; solche Mengen können aber unmöglich durch 1500 lebende Mikroorganismen, darunter nur 80 Hefezellen entstehen.

Um zu prüfen, welche Gärtätigkeit lebende Hefezellen unter den Verhältnissen im Hefeprefssaft auszuüben vermögen, wurde in zwei Parallelversuchen zu 40 ccm altem, durch Lagern unwirksam gewordenen Prefssaft, aufser den in dem Safte vorhandenen Bakterien noch je 1 g frische lebende Bierunterhefe und zugleich 16 g Rohrzucker zugesetzt. Nach 64 Stunden bei 12—14° waren im einen Fall (ohne Kohlendioxydverdrängung Nr. 187) 0,8 g, im andern (ebenfalls ohne Kohlendioxydverdrängung Nr. 191), 1,1 g Kohlendioxyd entwickelt worden. 1 g Hefe, was etwa 2 Milliarden grofser Hefezellen entspricht[2]), hatte demnach beim einen Versuch nur etwa halb soviel Kohlendioxyd geliefert als 40 ccm Prefssaft aus derselben Hefe in frischem Zustand (Nr. 185), beim zweiten Versuch ungefähr ebensoviel

[1]) Zum Vergleiche sei bemerkt, dafs sich z. B. in klarem Bier nach einer freundlichen Mitteilung von Herrn Max Gruber sehr häufig noch 1000—2000 Hefezellen pro 1 ccm vorfinden.

[2]) Nägeli, Theorie der Gärung, München 1879, S. 37.

(Nr. 189). (Dabei ist die Tätigkeit der vorhandenen Bakterien noch gar nicht berücksichtigt.) In 40 ccm richtig hergestelltem Preſssaft sind nach dem obigen Ergebnisse etwa 3000 lebende Mikroorganismen, darunter 160 Sproſshefezellen. Nehmen wir an, es würden 2000 Hefezellen anwesend sein, so wäre dies also ungefähr $^{1}/_{1000}$ der künstlich zugesetzten Menge und diese 2000 Hefezellen würden nach den Versuchen 187 und 191 höchstens $1^{1}/_{2}$ mg Kohlendioxyd erzeugen. Die Gärwirkung des frischen Saftes ist aber 1000 mal gröſser, kann also nicht von den wenigen vorhandenen Hefezellen herrühren. Die Versuche wurden ferner bei Zugabe von 2 Prozent arseniger Säure gelöst in überschüssiger Pottasche wiederholt (zugesetzt 3,4 ccm einer Lösung von 50 g As_2O_3 und 50 g K_2CO_3 in Wasser zu 150 ccm); es ergab sich dabei überzeugend, daſs die Gärwirkung des frischen Saftes dadurch nicht sehr beeinträchtigt (in einem Falle, Nr. 190, sogar kaum alteriert) wurde, während die zugesetzte lebende Hefe (je 1 g) nunmehr fast keine Wirkung ausübte (Nr. 188, 192).

Tabelle XXII. **Zusatz von lebender Hefe.**

Je 40 ccm frischer bezw. unwirksamer Saft + 16 g Rohrzucker, ohne oder mit Zusatz von je 1 g Hefe und von Arsenit; 12—14°.

Nr.	Datum	Preſssaft	Lebende Hefe zugesetzt	As_2O_3 %	Kohlendioxyd in g nach Stdn. 16	24	48	64 Kohlensäureverdrängung ohne	mit
185	14. X. 1897	frisch	—	—	0,50	0,73	1,34	1,73	—
186	»		—	2	0,89	0,96	1,00	1,01	—
187	»	alt und	1 g	—	0,020	0,080	0,43	0,82	—
188	»	unwirksam	1 g	2	0,005	0,005	0,03	0,07	—
189	25. X. 1897	frisch	—	—	0,40	0,61	1,10	1,31	1,46
190	»		—	2	0,95	1,11	1,29	1,31	1,41
191	»	alt und	1 g	—	0,02	0,09	0,62	1,13	—
192	»	unwirksam	1 g	2	0,00	0,00	0,00	0,00	0,02

Wenn übrigens die lebenden Organismen Ursache der Gärwirkung des Saftes wären, müſste die Gärkraft desselben beim

Aufbewahren steigen; denn während des Lagerns hätten die Organismen Zeit zu ihrer Vermehrung. Wie in einem früheren Kapitel (S. 97) beschrieben, ist gerade das Gegenteil der Fall; der Prefssaft verliert beim Stehen rasch an Wirksamkeit.

Hemmender Einflufs des Prefssaftes auf die Gärtätigkeit lebender Hefe.

Um die Fehlerquelle, welche den Versuchen über die zellenfreie Gärung durch Auftreten von lebenden Mikroorganismen im Safte drohte, richtig einzuschätzen, wurden noch weitere Versuche mit direktem Zusatz ziemlich grofser Mengen von Hefezellen zum Safte ausgeführt. Es zeigte sich, dafs unverdünnter Hefeprefssaft weder in frischem Zustand, noch nach längerem Lagern ein besonders günstiges Medium für die Entwicklung von Hefezellen und für die Entfaltung ihrer Gärtätigkeit vorstellt.

Diese anfangs schwer verständliche Tatsache hat ihre Erklärung nunmehr gefunden. Auf schonende Weise, ohne Änderung ihres chemischen Inhaltes getötete Hefe, sog. Dauerhefe, besitzt nach den Untersuchungen von L. Geret[1]) sowie von R. Rapp[2]) geradezu bactericide Wirkung; da der Prefssaft aber nichts anderes vorstellt als die chemisch unveränderten Inhaltssubstanzen der Hefezellen, ist es begreiflich, dafs er in unverdünnter Form keinen guten Nährboden für Mikroorganismen abgibt. Wahrscheinlich übt die anwesende Endotryptase eine schädliche Wirkung auf lebende Zellen aus.

Die Versuche, welche den hemmenden Einflufs von Prefssaft auf die Gärwirkung lebender Hefezellen beweisen, sind in der folgenden Tabelle zusammengestellt. Der Vergleich von 192a und c, ferner d und g, endlich von 192k und n ergibt, dafs lebende Hefe in Zuckerwasser eine sehr viel stärkere Gärtätigkeit entfaltet als in gezuckertem altem Prefssaft. Den geringsten Unterschied in dieser Beziehung weisen 192d und g auf, aber auch hier entfaltet die Hefe in Zuckerwasser fast die doppelte

[1]) Münchener medicin. Wochenschrift 1901, Nr. 46.

[2]) Ebenda 1902, Nr. 36

Tabelle XXIIa.

Gärwirkung lebender Hefe in gezuckertem Preſssaft und in Zuckerlösung.

Ohne Antisepticum. Der angewandte alte Preſssaft war etwa 10 Tage bei 6 bis 8° gestanden; seine Unwirksamkeit gegenüber Zucker wurde jedesmal durch einen besonderen Versuch festgestellt.

Nr.	Datum	Kulturflüssigkeit ccm	Kulturflüssigkeit	Rohrzuckerzusatz g	Zusatz v. lebender Hefe g	Temperatur	Kohlendioxyd in g nach Stdn. 16	40	64
192a	28. III. 98	40	Wasser	16	0,5	14,5°	0,15	0,49	0,76
b	»	40	Wasser, in dem 0,4 g Stärke verkleistert	16	0,5	»	0,15	0,53	0,86
c	»	40	alter, unwirksam. Preſssaft	16	0,5	»	0,01	0,02	0,04
d	5. IV. 98	20	Wasser	8	0,5	15°	0,20	0,58	0,85
e	»	20	Wasser, in dem 0,2 g Stärke verkleistert	8	0,5	»	0,20	0,60	0,91
f	»	20	Wasser, in dem 2 g Gummi arabicum gelöst	8	0,5	»	0,21	0,63	0,91
g	»	20	alter, unwirksam. Preſssaft	8	0,5	»	0,01	0,17	0,48
h	»	20	frischer, wirksam. Preſssaft	8	0,5	»	0,29	0,58	0,84
i	»	20	»	8	—	»	0,32	0,75	1,12
k	19. IV. 98	20	Wasser	8	0,5	17°	0,21	0,63	0,95
l	»	20	Wasser, in dem 2 g Gummi arabicum gelöst	8	0,5	»	0,22	0,65	0,95
m	»	20	Wasser, in dem 2 g Hühnereiweiſs gelöst	8	0,5	»	0,15	0,69	1,16
n	»	20	alter, unwirksam. Preſssaft	8	0,5	»	0,004	0,02	0,03
o	»	20	frischer, wirks. Preſssaft	8	0,5	»	0,49 0,51	1,09 1,08	1,49 1,46
p	„	20	»	8	—	»	0,37	0,83	1,01

Gärwirkung wie in altem Preſssaft mit Zuckerzusatz. Um das Zuckerwasser dem Preſssaft in der Konsistenz ähnlicher zu machen, wurden bei einigen Versuchen verkleisterte Stärke, Gummi arabicum, dann Hühnereiweiſs zugesetzt (192b, e, f, l und m); aber die lebende Hefe lieferte annähernd immer die gleiche Menge Kohlendioxyd. Endlich wurden zwei Versuche mit frischem Hefepreſssaft unter Zusatz von lebender Hefe ausgeführt (192h und o). Die jeweilig erhaltene Kohlendioxydmenge bleibt hier bedeutend unter der Summe der Kohlendioxydzahl des wirksamen gezuckerten Prefssaftes für sich plus der Kohlendioxydzahl, welche dieselbe Menge lebende Hefe in Zuckerwasser ergibt. Es mufs also eine ungünstige Beeinflussung der Gärtätigkeit der lebenden Zellen durch den Prefssaft stattgefunden haben.

Diese Ergebnisse (Tab. XXIIa) beweisen, dafs in 28%iger Rohrzuckerlösung jedenfalls innerhalb der ersten 3 Tage keine die Gärungszahlen gefährdende Beeinflussung durch im Saft zufällig anwesende Mikroorganismen zu befürchten ist, auch ohne ein spezielles Antiseptikum. Ähnliches wird weiter durch einige Versuche (Tab. XXIIb) bestätigt, bei welchen alter, unwirksam gewordener Prefssaft unter Zusatz von 27% Rohrzucker, aber ohne eigentliches Antiseptikum, stehen blieb; die innerhalb der ersten 3 Tage durch den Einflufs der zufällig anwesenden Mikroorganismen gebildete Kohlensäuremenge war aufserordentlich gering.

Tabelle XXIIb.

Unwirksamer Prefssaft mit 27% Rohrzucker ohne Antiseptikum.

Je 20 bezw. 40 ccm alter, unwirksamer Prefssaft + 8 bezw. 16 g Rohrzucker; ohne Antiseptikum; 12—14°.

Nr.	Datum	Alter, unwirksamer Prefssaft		Kohlendioxyd in g nach Stunden			
		hergestellt aus	ccm	16	24	40	64
192q	30.XII.97	Münchener Unterhefe	20	0,001	0,001	0,001	—
192r	3. I. 98	» »	20	0,002	0,002	0,002	0,013
192s	28. X. 97	Passauer Getreideprefshefe	40	0,013	0,015	0,016	0,018

Über den Gehalt des Prefssaftes an lebenden Hefezellen und die dadurch bedingten Fehler hat auch H. Lange, auf Anregung von Max Delbrück hin, ausführliche Versuche angestellt;[1]) der verwendete Prefssaft zeigte im Verhältnis zu den Erfahrungen in München einen enorm hohen Gehalt an lebenden Zellen; trotzdem ergaben Kontrollversuche, dafs auch eine zehnmal gröfsere Hefezellenanzahl in konzentrierten Zuckerlösungen keine Gärungserscheinungen hervorzurufen vermag.

[1]) Wochenschr. f. Brauerei 15, S. 377 (1898). Vgl. auch die Äufserung von Delbrück, ebenda 15, S. 133 (1898).

Filtrieren des Hefepreſssaftes.

Eine weitere Möglichkeit, die im Saft anwesenden Mikroorganismen bei den Versuchen über zellenfreie Gärung auszuschalten, bestand in Filtrieren des Saftes. Bereits bei den ersten Experimenten wurde Preſssaft durch ein sterilisiertes Berkefeldt-Kieselgurfilter gesaugt[1]), welches sicher alle vegetativen Hefezellen zurückhält. Ascosporen von Hefe, welche infolge ihrer Kleinheit vielleicht durch dieses Filter hindurchgehen könnten, kommen im Brauereibetrieb nicht vor und daher auch nicht im Preſssaft aus frischer Bierhefe. Die Gärkraft des Preſssaftes war durch das Filtrieren nicht vernichtet worden; das Gemisch des ganz klaren Filtrates mit sterilisierter Rohrzuckerlösung geriet, wenn auch unter Verzögerung, nach etwa einem Tage, selbst bei niederer Temperatur (etwa 4°), in Gärung.

Ein anderer Filtrationsversuch wurde mit einem Chamberland-Biskuitporzellanfilter, welches auch das Abfiltrieren der kleinsten Bakterien gestattet, ausgeführt; es wird dabei unter Druck filtriert. Die Operation dauerte für 20 ccm Preſssaft bei 4—5 Atmosphären Druck 1/2 Stunde; der erhaltene sterile Preſssaft zeigte nach Zuckerzusatz qualitativ noch gute Gärkraft. Zur Prüfung des Filters wurde sodann durch dieselbe Kerze eine Aufschwemmung von Bacterium coli filtriert; vom Filtrat gelangte 1 ccm in Fleischwassergelatine zur Aussaat; die Platten blieben bei 22° noch 48 Stunden völlig steril, die Filtrierkerze war also bakteriendicht.

Im folgenden sind vier quantitative Versuche über die Gärkraft von durch Biskuitporzellan filtriertem Preſssaft mitgeteilt, wobei immer zugleich Kontrollversuche über die Gärkraft des Saftes vor dem Filtrieren angestellt wurden; dieselben zeigen zum Teil eine sehr starke Abnahme der Gärwirkung, wahrscheinlich je nach Qualität der einzelnen Filtrierkerzen, die nicht gleichwertig sind. Es erwies sich, daſs im allgemeinen günstigere Resultate zu erzielen sind, wenn man den Preſssaft zunächst

[1]) Berichte d. d. chem. Ges. 30, S. 119 (1897).

eine Kieselgur- und dann erst eine Biskuitporzellankerze passieren läfst; in dem verhältnismäfsig grobmaschigen Filter der ersteren werden alle gröfseren Protoplasmaklümpchen, Membranstücke, Hefezellen und Körnchen zurückgehalten, welche bei direktem Filtriren die feinen Poren des Biskuitporzellans verstopfen könnten (Tab. XXIV, XXV, XXVII). Beim letzten Versuch wurde das Filtrat fraktioniert aufgefangen, und es liefs sich auf diese Weise thatsächlich die vermutete, allmähliche Verstopfung der Filterporen nachweisen. Die ersten 20 ccm Filtrat besafsen noch beträchtliche, nur auf die Hälfte der Gärkraft des frischen Saftes reducierte Gärwirkung, die aber dann in den folgenden Fraktionen rasch abnahm (Tab. XXVII).

Dafs beim Filtrieren durch Bacterienfilter überhaupt eine Abnahme der Gärkraft eintritt, mufste von vornherein erwartet werden. Hat doch Sirotinin, in C. Flügge's Laboratorium beim Filtrieren von Pepton- und von Pepsinlösungen durch Pasteur'sche Porzellankerzen die ersten 15 ccm des Filtrates überhaupt frei von diesen Substanzen gefunden[1]); hat doch C. J. Martin[2]) beim Filtrieren durch Chamberland-Kerzen, deren Poren mittels Kieselsäureniederschlages verengert waren, beobachtet, dafs Eiereiweifs, Serumglobulin, Hämoglobin, Glycogen u. s. w. zurückbleiben, während Zucker, Krystalloïde etc. hindurchgehen. Wenn also die wirksame Substanz im Prefssaft sich ähnlich komplizierteren Eiweifsstoffen verhält, wird es nur von der Dichte des Filters abhängen, ob beim Filtrieren die Gärkraft teilweise oder selbst völlig verschwindet.

Für die hier in erster Linie interessierende Frage, ob von Mikroorganismen durch Bakterienfilter befreiter Hefeprefssaft nach Zuckerzusatz noch Gärwirkung zeigt, ist entscheidend, dafs in drei Versuchen (Nr. 194, 199, 202) die Filtrate noch starke, unzweideutige Gärkraft besafsen. Man kann demnach auf Grund derselben mit allem Recht von einer zellenfreien Gärung sprechen. Dafs die Gärkraft des Filtrates bei einem 4. Versuche (Nr. 196) eine sehr geringe, nicht mehr sicher nachweisbare war, wird viel-

[1]) Zeitschr. f. Hygiene 4, S. 288 (1888).
[2]) Journ. of Physiology 20, S. 364 (1896).

leicht durch die zufällig besondere Dichte des betreffenden Filters zu erklären sein.

Tabelle XXIII.

Frischer und durch Biskuitporzellan filtrierter Hefepreſssaft.

Je 40 ccm Saft + 16 g Rohrzucker + 2 % As_2O_3 (wie früher in überschüssiger Pottasche gelöst, s. S. 111).

Nr.	Datum	Filter	Menge des Filtrates	Temperat.	Kohlendioxyd in g nach Stunden 16	24	40	48 Kohlendioxydverdrängg. ohne	48 Kohlendioxydverdrängg. mit
193	22. XII. 97	nicht filtriert	—	22°	1,01	1,05	1,06	1,07	1,12
194	»	Biskuitporzellan	50 ccm	»	0,12	0,15	0,18	0,19	0,24
195	29. XII. 97	nicht filtriert	—	13°	übergeschäumt				
196	»	Biskuitporzellan	35 ccm	»	0,01	0,02	0,04	—	—

Beim Vergleich der Versuche 193 und 194 ergibt sich als Folge des Filtrierens eine sehr wesentliche Abnahme der Gärwirkung; aber noch viel gröſser ist der Unterschied zwischen 195 und 196; der nicht filtrierte Preſssaft von 195 war so wirksam, daſs eine Wägung der entwichenen Kohlensäure durch Überschäumen vereitelt wurde; trotzdem zeigte sich in Nr. 196 eine sehr geringe Gärkraft des Filtrates. Daran ist wahrscheinlich eine zufällig besondere Engporigkeit des Filters schuld. Bessere Resultate haben die Versuche der folgenden Tabellen ergeben, bei welchen der Saft vor der Filtration durch die Chamberland-Kerzen erst durch ein Berkefeldt-Kieselgurfilter gesaugt wurde. Die Gärkraft gelangte zur Bestimmung beim frischen Saft, dann nach Filtration erst durch Kieselgurkerze und schlieſslich nach Filtration durch die Biscuitkerze. Ferner wurde auch der Trockenrückstand und der Stickstoffgehalt des Saftes in den verschiedenen Stadien bestimmt, wobei sich keine sehr groſsen Unterschiede ergaben (s. Tab. XXIV, S. 118).

Die Gärkraft des durch Kieselgurkerze filtrierten Saftes (Nr. 198) war noch eine sehr gute, und auch der durch Chamberland-Filter filtrierte Saft (Nr. 199) zeigte noch starke Gärwirkung. Bei 198 und 199 wurden der Rohrzucker sowie die Kölbchen

Tabelle XXIV.

Frischer und filtrierter Hefepreſssaft.

Je 40 ccm Saft + 16 g Rohrzucker; ohne Antiseptikum; 12—14°.

Nr.	Datum	Filter	Menge des Filtrates	Chemische Untersuchung: Trocken-rückstand (100°) in Prozent	Chemische Untersuchung: Stickstoff-gehalt in Prozent	Kohlendioxyd in g nach Stunden: 16	40	64	112 mit CO_2 Verdrängung
197	15.I.98	nicht filtriert	—	11,485	1,19	0,33	0,82	1,23	2,08
198	»	Kieselgurkerze	ca.200ccm	11,084	1,19	0,39	0,88	1,22	1,60
199	»	Kieselgur- und hernach Biskuit-porzellankerze	87 ccm	10,415	1,15	0,34	0,71	0,95	1,20

vor Eingieſsen des filtrierten Saftes sterilisiert. Beim Kontrollversuch mit nicht filtriertem Saft (197) war es, da kein Antisepticum zugesetzt wurde, in der langen Versuchszeit schlieſslich doch zu Hefevermehrung und Trübung gekommen, so daſs die nach 112 Stunden entwickelten 2,08 g Kohlendioxyd nicht allein auf zellenfreie Gärung zu setzen sind. Um diesen Miſsstand zu vermeiden, wurden von sämtlichen drei Partien Saft auch je 20 ccm mit Zucker unter Arsenitzusatz aufgestellt (Tab. XXV).

Tabelle XXV.

Frischer und filtrierter Hefepreſssaft mit Arsenitzusatz.

Je 20 ccm Saft + 8 g Rohrzucker + 2% As_2O_3 gelöst in überschüssiger Pottasche (vgl. S. 111); 12—14°.

Nr.	Datum	Filter	Menge des Filtrates	Kohlendioxyd in g nach Stunden: 16	40	64 Kohlendioxyd-verdrängung ohne	64 Kohlendioxyd-verdrängung mit
200	15. I. 98	nicht filtriert	—	0,64	0,93	0,97	1,08
201	»	Kieselgurkerze	ca. 200 ccm	0,39	0,56	0,58	0,71
202	»	erst Kieselgur-, hernach Biskuit-porzellankerze	87 ccm	0,40	0,57	0,60	0,71

Der filtrierte Preſssaft der Versuche 201 und 202 hatte demnach auch bei Arsenitzusatz starke Gärwirkung, die nur um ein

Drittel der Gärkraft des ursprünglichen Saftes nachstand. Bemerkenswert ist, daſs das Filtrieren durch die Biscuitporzellankerze die Gärkraft des Saftes, welcher bereits das Kieselgurfilter passiert hatte, nicht mehr beeinträchtigte.

Die Resultate der bacteriologischen Untersuchung des Saftes nach den beiden Filtrationen sind in Tab. XXVI enthalten; sie zeigen, daſs das Chamberland-Filter gut gewirkt hatte.

Tabelle XXVI.

Bakteriologische Untersuchung des filtrierten Saftes.

Preſssaft nach Filtration	Resultate der angelegten Kulturen nach 3 Tagen							
	Bierwürze		Bierwürze-Agar		Fleischwasser-Agar		Bouillon	
	Aussaat	22°	Aussaat	22°	Aussaat	37°	Aussaat	37°
Durch Kieselgurkerze	1 ccm	keine Gärung	0,5 ccm	1 Hefekolonie, 1 Mycelpilzkolonie	0,5 ccm	2 Kolonien	0,5 ccm	1. Tag klar, 2. » getrübt
Erst durch Kieselgur-, hernach durch Biskuitporzellankerze	1 ccm	keine Gärung	0,5 ccm	steril	0,5 ccm	1 Oberflächenkolonie	0,5 ccm	kein Wachstum, klar

Durch einen weiteren Filtrationsversuch mit Biscuitporzellan sollte festgestellt werden, ob hierbei zuerst oder später wirksamere Filtrate erhalten werden. Nach einer Angabe von Sirotinin[1]) soll beim Filtrieren von Pepton- und Pepsinlösungen durch Porzellankerzen anfangs das Filtrat frei von diesen Stoffen sein; erst nach Filtrieren von 45 ccm, »wenn das Filter mit der Lösung gesättigt ist«, resultiert eine Flüssigkeit von dem ursprünglichen Gehalt. Von diesem Phänomen lieſs sich, wenigstens was die Gärkraft betrifft, gar nichts nachweisen; allerdings spielt die Zymase den übrigen im Preſssaft enthaltenen Stoffen gegenüber quantitativ nur eine sehr untergeordnete Rolle.

Beim Auffangen von Partien zu je 20 ccm war eine auſserordentlich rasche Abnahme der Gärkraft bereits von der ersten

[1]) Zeitschr. f. Hygiene 4, 288 (1888).

zur zweiten Portion nachzuweisen, welche wahrscheinlich auf einer baldigen Verstopfung der Filterporen beruhen dürfte. Möglich bleibt, dafs die verwendete Kerze zufällig besonders enge Poren hatte. Der Prefssaft war vor dem Filtrieren durch die Biscuitporzellankerze bereits durch eine solche aus Kieselgur gegangen. Zur Kontrolle wurde auch die Gärkraft desselben Prefssaftes vor dem Filtrieren festgestellt (Nr. 206).

Tabelle XXVII.
Fraktioniertes Auffangen von filtriertem Prefssaft.
Je 20 ccm Saft + 8 g Saccharose + 0,2 ccm Toluol. 16—17°.

Nr.	Datum	Kubikcentimeter	lieferten Kohlendioxyd in g nach Stdn.				
			16	40	64	88 Kohlensäure-verdrängung ohne	88 Kohlensäure-verdrängung mit
202	3 III. 99	1 — 20	0,03	0,09	0,15	0,20	0,30
203	»	21 — 40	0,01	0,04	0,06	0,08	0,12
204	»	41 — 60	0,01	0,02	0,04	0,05	0,08
205	»	61 — 80	0 01	0,02	0,04	0,04	0,08
206	»	Kontrolle: Prefssaft vor dem Filtrieren	0,10	0,31	0,46	0,53	0,63

Dialysieren des Prefssaftes.

Die Filtrationsversuche mit Hefeprefssaft machen wahrscheinlich, dafs die Zymase sich den hochmolecularen, colloïdal gelösten Eiweifskörpern ähnlich verhält, welche durch feine Filter nur schwierig hindurchgehen. Zu demselben Resultate führten auch die Versuche über Dialysierbarkeit, welche zeigten, dafs die Zymase durch Pergamentpapier, wenn überhaupt, so jedenfalls nur sehr langsam zu diffundieren vermag.

Die ersten Experimente darüber wurden in der Weise ausgeführt, dafs ein mit Prefssaft gefüllter Pergamentpapierschlauch in 37 proz. Rohrzuckerlösung eingetaucht wurde. Nach einigen Stunden bedeckte sich die äufsere Fläche des Schlauches mit zahllosen winzigen Gasblasen; es schien daher wahrscheinlich, dafs Zymase in die Zuckerlösung hinausdiffundiert sei.[1]) Diese

[1]) Berichte d. d. chem. Ges. **30**, S. 119 (1897).

Vermuthung erwies sich bald als unrichtig[1]). Die Versuchsanordnung war eine ungenügende; denn auch beim Einhängen eines mit Sodawasser gefüllten Schlauches aus Pergamentpapier in 37 proz. Zuckerlösung erscheinen auf dessen äusserer Oberfläche Kohlensäurebläschen. Offenbar geht die Kohlensäure, in Wasser gelöst, durch das Papier und wird aufsen infolge ihrer geringen Löslichkeit in konzentrierten Zuckerlösungen ausgeschieden. Bei dem Prefssaft-Versuche war also Zuckerlösung in das Innere des Schlauches hineindiffundiert und hatte hier mit dem Prefssaft in Berührung lebhafte Kohlensäurebildung veranlafst. Wie bei dem Kontrollversuch war sodann in Wasser gelöste Kohlensäure durch das Pergamentpapier nach aufsen dialysiert und hatte beim Zusammentreffen mit der starken Zuckerlösung gasförmiges Kohlendioxyd ausgeschieden.

Es waren deshalb ausführlichere Versuche notwendig, welche so angeordnet wurden, dafs je 80 ccm frischer Prefssaft 17 Stunden lang bei 0° in 2 cm hoher Schicht durch besonders auf Fehlerfreiheit geprüftes Pergamentpapier dialysierten gegen 5 l destilliertes Wasser (Nr. 207, Tab. XXVIII), 5 l einer 0,75 proz. (sog. physiolog.) Kochsalzlösung (Nr. 208) und 5 l Wasser, welchem 5 g K_2HPO_4, 2 g NaCl, 2 g $MgSO_4$ und 1 g $CaSO_4$ zugesetzt waren (Nr. 209). Nach Unterbrechung der Dialyse betrug das Volumen der verschiedenen Proben in gleicher Reihenfolge 79, 83, 82 und 83 ccm; alle Proben wurden nun auf 83 ccm, wenn nötig, durch Zugabe von Wasser, gebracht und die Gärkraft von 40 ccm des Saftes nach Zusatz von 16 g Rohrzucker bestimmt; von jeder Probe wurden 2 Parallelversuche angesetzt. Als Kontrolle blieben 80 ccm desselben Saftes 17 Stunden ebenfalls bei 0° stehen; dann wurde, auch in 2 Parallelversuchen, die Gärkraft ermittelt (Nr. 210).

Ein wesentlicher Unterschied konnte bei allen diesen Proben nicht festgestellt werden; es ergibt sich daraus, dafs die Zymase, wenn sie überhaupt dialysierbar ist, jedenfalls nur schwierig durch das Pergamentpapier hindurchgeht. Es ist wahrscheinlich, dafs die kleinen Differenzen, wie sie besonders nach längerer

[1]) Ebenda **31**, S. 213 (1898).

Dauer der Gärversuche hervorgetreten sind, nicht von einer Dialyse der Zymase herrühren, sondern durch kleine Änderungen in der Konzentration des Prefssaftes bezw. seines Salzgehaltes herrühren, wogegen die Zymase, wie in einem späteren Abschnitt ausführlich gezeigt wird, sehr empfindlich ist. Für diese Annahme spricht, dafs die Dialyse gegen Wasser (Nr. 207) die gröfste Abnahme der Gärkraft ergeben hat, die Dialyse gegen die Lösung verschiedener Salze (es waren im ganzen 0,2 proz. Salze gelöst) eine mittlere (Nr. 209) und die Dialyse gegen 0,75 proz. Kochsalzlösung (Nr. 208) die geringste Abweichung von der Gärkraft des nicht dialysierten Saftes.

Tabelle XXVIII.

Gärkraft von dialysiertem Hefeprefssaft.

Je 40 ccm Saft + 16 g Rohrzucker; ohne Antiseptikum; 13—14°.

Nr.	Datum	Der Prefssaft wurde dialysiert gegen 5 l	Kohlendioxyd in Gramm nach Stunden				
			7	24	48	72	96
207	24. I. 98	Wasser.	0,06 0,06	0,33 0,34	0,66 0,68	0,84 0,86	0,91 0,94
208	»	physiologische Kochsalzlösung	0,07 0,05	0,34 0,34	0,71 0,70	0,92 0,91	0,99 0,97
209	»	Lösung verschiedener Salze	0,07 0,06	0,33 0,32	0,68 0,67	0,90 0,88	0,92 0,96
210	»	Nicht dialysiert	0,08 0,07	0,39 0,36	0,79 0,76	1,07 1,04	1,19 1,17

Diese Ergebnisse machen es auch wahrscheinlich, dafs die Gärung nicht aufserhalb der Hefezellen, sondern im Innern derselben stattfindet. Wenn die Zymase schon durch Pergamentpapier nicht dialysiert, ist es nicht denkbar, dafs sie unter gewöhnlichen Umständen die viel feineren Poren der Hefezellmembran zu durchdringen vermag; damit Zymase aus den lebenden Zellen austreten kann, müfste sie aber aufser der Zellmembran auch den Protoplasmaschlauch zu durchdringen vermögen.

Der Frage liefs sich noch experimentell näher treten, indem untersucht wurde, ob der Zymasegehalt der Hefe resp. des daraus hergestellten Prefssaftes bei längerem Waschen der lebenden

Zellen mit Wasser abnimmt; es zeigte sich, dafs er vollkommen konstant bleibt. Die Zymase kann also aus den lebenden Zellen durch Wasser nicht ausgewaschen werden[1]). Die Versuchsanordnung war folgende:

Frische Münchener untergärige Bierhefe, wie sie zur Prefshefefabrikation Anwendung findet, wurde direkt aus der Brauerei entnommen, gesiebt und zweimal mit sehr viel Wasser geschlemmt, was im ganzen etwa zwei Stunden dauerte; der Prefssaft daraus diente für die Versuche 211 und 212 (s. Tab. XXIX). Anderseits wurde dieselbe Hefe ebenso behandelt, dann aber nochmals mit sehr viel Wasser 18 Stunden bei ungefähr 10° stehen gelassen, vom Wasser getrennt und auf Prefssaft verarbeitet (Versuche 213 und 214). Ein Unterschied in der Gärwirkung beider Prefssäfte ist nicht zu konstatieren, denn die kleinen Abweichungen liegen innerhalb der Fehlergrenzen.

Tabelle XXIX.
Kann Zymase aus Hefe ausgewaschen werden?
Je 20 ccm Saft, 8 g Saccharose, 2% As_2O_3 gelöst in wässeriger K_2CO_3 (1 K auf 1 As). 14°. Datum: 12. I. 98.

Nr.	Hefe	Kohlendioxyd in Gramm nach Stunden				
		16	24	40	64 Kohlensäureverdrängung ohne	64 Kohlensäureverdrängung mit
211	2 Stunden gewässert	0,74	0,85	0,91	0,93	1,01
212		0,70	0,81	0,87	0,89	—
213	20 Stunden gewässert	0,70	0,84	0,88	0,91	0,98
214		0,72	0,85	0,89	0,91	—

Bei einem anderen Versuch wurde Brauereihefe einerseits direkt auf Prefssaft verarbeitet, ohne sie mit Wasser auszuwaschen (Nr. 215 der Tab. XXX), anderseits erst, nachdem dieselbe 17 Stunden lang gewaschen und gewässert war (Nr. 216). Bei den Versuchen erfolgte kein Arsenitzusatz. Der Prefssaft aus

[1]) Vorausgesetzt wird bei dieser Schlufsfolgerung noch, dafs während des Lagerns der Hefe unter Wasser keine Neubildung von Zymase in den Zellen stattfindet, eine Annahme, zu welcher die im VIII. Abschnitt mitgeteilten Versuche tatsächlich berechtigen.

der gewaschenen Hefe zeigte eine etwas erhöhte Gärkraft, wahrscheinlich weil für die Zymase schädliche Substanzen, die von der Bierbereitung her noch aufsen an den Zellen hingen, durch das Auswaschen entfernt worden waren. Von einem Extrahieren der Zymase aus den Hefezellen war auch hier nichts zu bemerken.

Tabelle XXX.

Prefssaft aus gewaschener und ungewaschener Bierhefe.

Je 20 ccm Saft + 8 g Rohrzucker, kein Antiseptikum. 15°; Datum: 3. III. 98.

Nr.	Hefe	Kohlendioxyd in Gramm nach Stunden					
		16	40	64	88	112 Kohlendioxydverdrängung ohne	112 Kohlendioxydverdrängung mit
215	ungewaschen	0,17	0,45	0,69	0,90	1,01	1,10
		0,17	0,44	0,68	0,89	1,03	—
216	17 Stunden lang gewaschen	0,20	0,51	0,77	1,02	1,32	1,34
		0,20	0,50	0,76	1,00	1,17	—

Die Zymase kann demnach aus den lebenden Hefezellen nicht ausgewaschen werden und dialysiert nicht in irgendwie beträchtlichem Mafse durch Pergamentpapier. Es ist daraus mit grofser Wahrscheinlichkeit zu schliefsen, dafs sie in den lebenden Zellen festgehalten wird und dafs auch der Gärungsvorgang sich innerhalb der Zellen abspielt, indem Zucker hineindiffundiert und Kohlensäure sowie Alkohol heraustreten.[1]) Die Zymase tritt dadurch in Analogie mit einem kürzlich von E. Fischer und P. Lindner[2]) in Monilia candida nachgewiesenen Enzym. Diese Sprofshefe vergärt Rohrzucker; es war aber weder Chr. E. Hansen noch den genannten Autoren gelungen, aus frischer oder aus getrockneter Monilia ein invertaseartiges Enzym, welches die vorhergehende Spaltung in Trauben- und Fruchtzucker besorgen würde, durch Wasser zu extrahieren. Erst als man frische Moniliahefe benutzte, in der durch sorgfältiges Zerreiben mit

[1]) Die diosmotischen Verhältnisse lassen dies vollständig zu. Vgl. die Berechnung von Nägeli, Theorie der Gärung, München 1879, S. 39.

[2]) Berichte d. d. chem. Ges. 28, S. 3037.

Glaspulver ein Teil der Zellen geöffnet war, gelang das Ausziehen eines derartigen Stoffes. Derselbe ist in den lebenden Hefezellen festgehalten und diffundiert ebenso wenig nach aufsen, wie die Zymase und die Hefenendotryptase.[1]) Im Gegensatz zur Invertase, welche sowohl durch Pergamentpapier als durch Zellmembran und Plasmaschlauch der lebenden Hefezelle leicht dialysiert, liegen hier drei nicht diffundierende Enzyme vor. Bei den meisten übrigen Enzymen harrt die Frage, ob sie dialysieren oder nicht, noch einer bestimmten Beantwortung oder richtiger, es scheint sehr auf die Versuchsbedingungen anzukommen, ob ein positives oder negatives Resultat erhalten wird.[2]) Nur für gewisse Diastasen, also Stärke hydrolisierende Enzyme, findet sich die Angabe, dafs sie durch poröse Membranen nicht dialysieren.[3])

Wenn hier gezeigt wurde, dafs die Zymase aus den lebenden Hefezellen nicht herausdiffundiert, so scheint dies doch nicht für alle Umstände zu gelten. Schüttelt man abgeprefste Hefe mit Äther oder mischt sie mit gepulverten Mineralsalzen, zerriebenem Gummi arabicum etc., so tritt Zellsaft aus dem Innern, welcher Zuckerlösung in Gärung versetzt und daher Zymase enthalten mufs. Versuche darüber sind in dem Kapitel: andere Methoden zur Herstellung von Hefesaft beschrieben, vgl. S. 69 ff. Der Plasmaschlauch wird unter diesen Umständen kein Hindernis bilden und, wie es scheint, infolge der künstlich beförderten Plasmolyse und der starken sie begleitenden Strömungen geht die Zymase auch durch die Zellmembran hindurch.

Anknüpfend an die Zymaseentdeckung hat A. Wróblewski[4]) kürzlich in 10 proz. Zuckerlösung bei 30° gärende Hefe durch ein Sandsteinfilter abgesaugt und das erhaltene Filtrat auf Gärwirkung geprüft; es ergab sich ein negatives Resultat; dieser naheliegende Versuch dürfte jedenfalls schon früher von anderen Forschern ausgeführt worden sein.

---

[1]) M. Hahn, Zeitschr. f. Biologie **40**, S. 155 (1900); vgl. den 2. Teil dieses Buches.

[2]) Duclaux, Mikrobiologie, Paris, t. II, **1899**, 107.

[3]) E. Prior, Malz und Bier, Leipzig, Barth **1896**, 127.

[4]) Journal für praktische Chemie [2] **64**, 6 (1901).

Hefepreſssaft und Verdauungsenzyme.

Die Beobachtung, daſs Preſssaft beim Aufbewahren an Gärwirkung einbüſst, führte, nachdem M. Hahn ein proteolytisches Enzym im Hefesaft nachgewiesen hatte, zur Vermutung, daſs die Zerstörung der Zymase als eine Art von Verdauungsvorgang aufzufassen sei. In der Tat läſst sich zeigen, daſs mit Trypsin, Papayotin oder Pancreatin versetzter Hefepreſssaft seine Gärkraft noch schneller verliert. Es ist nicht unwahrscheinlich, daſs es sich dabei um eine direkte Veränderung der Zymase durch hydrolytische Spaltung handelt, da die Zymase als sehr kompliziertes Enzym, sich ähnlich den hochmolekularen, durch proteolytische Enzyme leicht veränderlichen Eiweiſsstoffen verhalten wird.

Denkbar wäre aber auch, daſs die Verdauungsenzyme nur indirekt auf die Zymase wirken, indem sie die hochmolekularen Eiweiſskörper des Preſssaftes spalten und dadurch die Zymase jenes wichtigen Schutzes ihrer eigentümlichen kolloïdalen Lösungsform berauben. Letztere Annahme stützt sich hauptsächlich auf die Beobachtungen von C. Paal[1]), welcher eine Art von schützender Wirkung kolloïdal gelöster Stoffe für veränderliche Kolloïdlösungen nachgewiesen hat.

Der erste, qualitative Versuch über die Wirkung von Verdauungsenzymen auf die Gärkraft[2]) war folgendermaſsen angeordnet: Drei Gläschen mit je 5 ccm Preſssaft wurden in Eis verpackt, nachdem vorher noch bei einem 0,1 g Trypsin, bei einem andern 0,1 g Papayotin zugefügt waren; das dritte blieb als Kontrolle ohne Zusatz. Nach 12 stündigem Lagern wurden in jedem der Gläschen 2 g gepulverter Rohrzucker zur Lösung gebracht. Die Kontrolle geriet in starke Gärung; bei den beiden Gläschen mit Zusatz von Verdauungsenzymen aber unterblieb jede Gärungserscheinung.

Dieses Ergebnis konnte dann noch durch zwei quantitative Versuche bestätigt werden. Beim einen wurden von drei kleinen

[1]) Berichte d. d. chem. Ges. **35**, 2209. Dort siehe auch weitere Literaturangaben.

[2]) Berichte d. d. chem. Ges. **30**, 2669 (1897).

Erlenmeyer-Kolben mit je 5 ccm Preſssaft aus Berliner Unterhefe S die beiden ersten beschickt mit Verdauungsenzymen, und zwar mit 0,1 g Trypsin, bezw. mit 0,1 g Pancreatin; das dritte wurde als Kontrolle ohne Zusatz gelassen. Dann wurden zu allen dreien je 0,05 ccm Toluol gefügt. Die Kölbchen blieben 15 Stunden in Eis verpackt stehen. Nach Auflösung von je 2 g gepulvertem Rohrzucker wurden sie sodann mit dem Meiſsl'schen Gärverschluſs versehen und gewogen. Bei 22° aufgestellt, zeigte die Kontrolle bald deutlichen Gewichtsverlust infolge Kohlendioxydentbindung, die beiden Kölbchen mit Verdauungsenzymen lieſsen aber kaum eine Gewichtsabnahme erkennen.

Tabelle XXXIa.

Preſssaft und Verdauungsenzyme.

Je 5 ccm Preſssaft + 2 g Rohrzucker + 0,05 ccm Toluol; 22°.

Nr.	Datum	Zugesetztes Verdauungsenzym	Kohlendioxyd in Gramm nach Stunden		
			24	72	96
217	1. V. 02	0,1 g Trypsin	0,008 0,005	0,01 0,01	0,01 0,01
218	»	0,1 g Pancreatin . . .	0,007 0,01	0,007 0,01	0,01 0,01
219	»	Kontrolle: ohne Zusatz	0,09 0,09	0,16 0,14	0,17 0,14

Der zweite quantitative Versuch wurde genau ebenso angeordnet, nur kamen diesmal je 20 ccm Preſssaft, auch wieder aus Berliner Unterhefe S, zur Anwendung. Die Proben wurden, mit Ausnahme der Kontrolle, mit Enzym und Toluol versetzt, 20 Stunden in schmelzendem Eis verpackt, aufbewahrt. Zum Vergleich wurden diesmal auch zwei Kölbchen mit Diastase versetzt, welche sich, wie erwartet, als beinahe wirkungslos, erwies. Die Präparate von Trypsin und Diastase waren für diese Versuche frisch von Dr. Grübler in Dresden bezogen worden.

Tabelle XXXIb.

Prefssaft und Verdauungsenzyme.

Je 20 ccm Prefssaft + 8 g Rohrzucker + 0,2 ccm Toluol; 22°.

Nr.	Datum	Zugesetztes Enzym	Kohlendioxyd in g nach Stdn. 48	72	96
220	1. VIII. 1902	0,4 g Trypsin . . .	{0,12 0,10	0,13 0,10	0,13 0,10
221	„	0,4 g Pancreatin . .	{0,05 0,05	0,05 0,05	0,05 0,05
222	„	0,4 g Diastase . . .	{0,77 0,78	0,82 0,83	0,82 0,83
223	„	Kontrolle: ohne Zusatz	{0,81 0,83	0,93 0,93	0,95 0,95

Um die Zymase des Prefssaftes vor der Wirkung der Endotryptase zu schützen, bilden starke Rohrzuckerzusätze ein vorzügliches Mittel. Während der Saft, sich selbst überlassen, bei gewöhnlicher Temperatur schon nach etwa einem Tage alle Gärkraft eingebüfst hat, zeigt frisch mit einem Volumen einer 75 proz. Rohrzuckerlösung gemengter Saft bei Zimmertemperatur durchschnittlich eine Woche, im Eisschrank (bei etwa 4°) 14 Tage Gärwirkung. Ein Kontrollversuch ergab, dafs die verdauende Wirkung von Pepsin auf Carminfibrin bei 37° und bei Gegenwart von 0,3 proz. Salzsäure ebenfalls durch Zusatz von 40 proz. Rohrzucker erheblich verlangsamt wird.

Die merkwürdige Schädigung der Zymase durch in Prefssaft gleichzeitig vorhandene Endotryptase legt die Vermutung nahe, dafs auch bei einigen anderen Enzymen ähnliche Erscheinungen auftreten mögen, weil diese Stoffe meistens, zu mehreren vergesellschaftet, aus dem Tier- und Pflanzenorganismus isoliert werden.

Zentrifugieren des Hefeprefssaftes.

Nachdem die Dialysierversuche und das Verhalten des Prefssaftes gegen Verdauungsenzyme gezeigt hatten, dafs die Zymase als hochmolekularer Körper zu betrachten ist, schien denkbar, daſs es durch energisches Zentrifugieren gelingen könnte, den Preſssaft in eine gärungskräftige untere und eine zymasearme obere Schichte zu zerlegen. Besonders müſste dies möglich sein, falls im Preſssaft vorhandene lebende Protoplasmasplitter die Urache der Gärwirkung repräsentieren würden; denn lebendes Protoplasma kann man sich in gelöster Form kaum vorstellen; es müſsten also kleine Stücke davon suspendiert sein; solch feste Teilchen würden sich beim Zentrifugieren absetzen, da sie ein anderes spezifisches Gewicht als die umgebende Flüssigkeit besitzen müſsten.

Endlich werden beim Zentrifugieren alle im Saft vorhandenen Hefezellen und Bakterien in der unteren Schicht angesammelt und es muſste sich beim Vergleich der Gärkraft der oberen und unteren Schicht zeigen, ob diese Organismen von merkbarem Einfluſs auf die entwickelten Kohlendioxydmengen sind.

Es wurden im ganzen fünf Versuchsreihen, davon die beiden ersten mit Preſssaft aus Münchener untergäriger Bierhefe (Tabellen XXXIIa und b), die übrigen mit Saft aus Berliner Unterhefe S (Tabelle XXXIII) ausgeführt; *ein Unterschied in der Gärwirkung zwischen oberster und unterster Schicht lieſs sich niemals beobachten.*

Bei den ersten zwei Versuchen wurden je 40 ccm, 40 ccm und 20 ccm frischer Preſssaft mit Hilfe einer Gasmotors zweieinhalb bezw. fünf Stunden zentrifugiert. In allen Fällen hatte sich ein beträchtlicher Absatz gebildet, der bei einem der Gläschen mikroskopisch untersucht, sich als aus Hefezellen und Teilen von solchen, einzelnen Bakterien und sehr viel Sandsplittern und Kieselgurstückchen zusammengesetzt erwies. Sofort nach Unterbrechung des Zentrifugierens wurde bei den Gläschen mit 40 ccm Saft die obere Schicht sorgfältig abpipettiert, die untere hierauf mit dem Sediment vermischt und die Gärkraft jeder Schicht bestimmt (s. Tabellen XXXIIa und b). Die Gläschen mit 20 ccm sollten als Kontrolle dienen; ihr Inhalt wurde nach dem Zentrifugieren durchgeschüttelt.

Tabelle XXXIIa.

Zentrifugieren von Prefssaft aus Münchner Unterhefe.

Je 20 ccm Prefssaft + 8 g Rohrzucker + 0,2 ccm Toluol; 15—18°.

Nr.	Datum	Dauer des Zentrifugierens		Kohlendioxyd in g nach Stunden				
				21	30	48	70 Kohlendioxydverdrängung ohne	70 Kohlendioxydverdrängung mit
224	29. XII. 98	2½ Stunden	obere Schicht . .	0,15	0,25	0,40	0,57	0,69
			untere » . .	0,15	0,25	0,41	0,57	—
225	»		obere » . .	0,15	0,26	0,42	0,58	—
			untere » . .	0,17	0,28	0,43	0,58	—
226	»		Kontrolle: nach Zentrifugieren durchgeschüttelt	0,15	0,22	0,36	0,53	—
				0,14	0,23	0,37	0,52[1])	—

Tabelle XXXIIb.

Zentrifugieren von Prefssaft aus Münchner Unterhefe.

Je 20 ccm Prefssaft + 8 g Rohrzucker + 0,2 g Toluol. 15—18°.

Nr.	Datum	Dauer des Zentrifugierens		Kohlendioxyd in g nach Stunden					
				18	25	40	65	88 Kohlendioxydverdrängung ohne	88 Kohlendioxydverdrängung mit
227	29. XII. 98	5 Stunden	obere Schicht . .	0,18	0,29	0,47	0,76	0,96	1,08
			untere » . .	0,16	0,27	0,47	0,76	0,99	—
228	»		obere » . .	0,18	0,30	0,48	0,75	0,95	—
			untere » . .	0,19	0,30	0,49	0,77	0,98	—
229	»		Kontrolle: nach Zentrifugieren durchgeschüttelt	0,16	0,24	0,41	0,72	0,91	—
				0,17	0,27	0,45	0,73	0,93[1])	—

[1]) Die etwas geringere Gärwirkung der Kontrollversuche erklärt sich dadurch, dafs von eiskaltem Prefssaft ausgegangen wurde und sich die kleinen Mengen von Prefssaft der Kontrollversuche (je 20 ccm) in der Zentrifuge rascher erwärmten als die doppelt so grofsen der Hauptversuche. Beim Aufbewahren des Prefssaftes tritt immer eine Abnahme der Gärwirkung ein, die bei höherer Temperatur rascher verläuft, als bei niederer.

Bei den drei Versuchen mit Preſssaft aus Berliner Unterhefe S wurden je 60 ccm Saft in langen Glaszylindern zentrifugiert, $1^1/_2$ bezw. 3 bezw. 1 Stunde lang in einem Apparat, welchen mein Kollege, Professor der Tierzucht Dr. Lehman, freundlichst zur Verfügung stellte. Diese Centrifuge war an die elektrische Kraftleitung angeschlossen und machte 1500 Umdrehungen in einer Minute. Die Glaszylinder standen während des Versuches in Eis, da sich gezeigt hatte, daſs von selbst beträchtliche Erwärmung, wahrscheinlich infolge Reibung an der Luft, eintrat; die Erwärmung überstieg nunmehr 20° nicht. Am Boden der Zylinder hatte sich nach Unterbrechung des Zentrifugierens ein beträchtlicher Absatz abgeschieden. Es

Tabelle XXXIII.

Zentrifugieren von Preſssaft aus Berliner Unterhefe S.

Je 20 ccm Saft + 8 g Rohrzucker + 0,2 ccm Toluol; 22°.

Nr.	Datum	Dauer des Zentrifugierens		Kohlendioxyd in Gramm nach Stunden 24	48	72	96
230	15. XI. 01	$1^1/_2$ Stunden	oberste Schicht	0,67	0,95	1,01	1,02
			unterste »	0,59	0,88	0,94	0,97
231	»		oberste »	0,74	0,99	1,02	1,03
			unterste »	0,62	0,89	0,96	0,98
232	»	Kontrolle:	Preſssaft nicht zentrifugiert	0,71	0,99	1,05	1,08
				0,69	0,95	1,01	1,02
233	26. XI. 01	3 Stunden	oberste Schicht	0,28	0,32	0,34	0,34
			unterste »	0,27	0,33	0,36	0,37
234	»		oberste »	0,24	0,30	0,32	0,34
			unterste »	0,25	0,29	0,31	0,33
235	18. XII. 01	1 Stunde	oberste Schicht	0,42	0,56	0,58	—
			unterste »	0,43	0,55	0,57	—
236	»		oberste »	0,44	0,54	0,55	—
			unterste »	0,42	0,52	0,53	—

wurden sodann vorsichtig mit einer Pipette die obersten 20 ccm abgehoben (oberste Schichte), und nochmals 15 ccm; der Rest wurde hierauf mit dem Bodensatz gut durchgerührt und abermals 20 ccm davon abpipettiert (unterste Schicht). Die oberste und die unterste Schicht wurden endlich wie gewöhnlich unter Zucker-

und Toluolzusatz auf ihre Gärwirkung geprüft. Bemerkt sei noch, daſs bei dem drei Stunden dauernden Versuch das Eiswasser, in welches die Glaszylinder während des Zentrifugierens zu stehen kamen, alle Stunden erneuert wurde. Die erhaltenen Gärkraftzahlen zeigen nach 96 Stunden keine gröſseren Unterschiede als die innerhalb der Fehlergrenzen liegenden.

Herstellung von getrocknetem Preſssaft.

Da die rasche Veränderlichkeit des Hefepreſssaftes das Arbeiten mit demselben sehr erschwert, wurde versucht, durch beschleunigtes Eindampfen bei niederer Temperatur zu einem haltbaren Produkt zu gelangen. Es zeigte sich, daſs der Preſssaft, sobald nur eine gewisse Konzentration erreicht ist, dann bei 22 bis 35° sogar an der Luft völlig getrocknet werden kann, ohne an Gärvermögen wesentlich einzubüſsen.

Dieses Ergebnis steht im Einklang mit der Annahme, daſs es die Endotryptase des Hefepreſssaftes ist, welche für gewöhnlich die Zymase zerstört, denn derartige Verdauungsenzyme werden allgemein durch hohe Konzentration der Lösungen in ihrer Wirksamkeit gehemmt. Die Resultate sprechen auch sehr für die Anwesenheit eines Enzyms als gärkräftigem Agens im Preſssaft, denn lebende Protoplasmasplitter würden, des Schutzes der Zellhaut beraubt, bei Eindampfen zur Trockne und nachherigem Suspendieren in Wasser wohl an ihrer Wirksamkeit Schaden nehmen.

Als erster, nur qualitativer Versuch über das Eintrocknen von Preſssaft[1]) wurde eine Probe des frischen Saftes in dünner Schichte ausgebreitet in einem evakuierbaren Wärmeschrank bei 30—35° und wenigen Millimetern Quecksilberdruck innerhalb sechs Stunden vollständig eingedampft; der spröde, gelbliche Rückstand löste sich in dem fünffachen Gewicht Wasser bei 30° bis auf einen geringen Rest, von dem abfiltriert wurde. Das Filtrat gab auf Zusatz von 1 Volumen einer 75 proz. Rohrzuckerlösung nach sechs Stunden regelmäſsige Gasentwicklung,

[1]) Berichte d. d. chem. Ges. 30, 1112 (1897).

die tagelang anhielt und zur Bildung einer beträchtlichen Schaumschicht führte.

Das bei den ausführlicheren Versuchen zur Herstellung von getrocknetem Hefeprefssaft benützte Verfahren ist dieses: 500 ccm frischer Saft werden im Vacuumeindampfapparat von Soxhlet in einem grofsen Glaskolben bei allmählichem Zufliefsenlassen und unter Zusatz von einigen Tropfen Olivenöl an eine gut saugende Wasserstrahlpumpe angeschlossen, bei 20—25° rasch zur Syrupkonsistenz eingedickt, was etwa $^1/_2$ Stunde dauert.

Es kommt alles darauf an, den Prozefs in dieser kurzen Zeit zu Ende zu führen. Das Wasserbad, auf welchem sich der Glaskolben befindet, wird stark, fast bis zum Kochen, angeheizt; man läfst aber den Prefssaft so rasch in den Kolben nachströmen, dafs trotz dieser grofsen Wärmezufuhr die Temperatur des Saftes die angegebene Höhe nicht übersteigt; unter häufigem Umschütteln gelingt es, das Übersteigen des stark schäumenden Saftes in die Vorlage zu vermeiden. Einige Übung ist nötig, um alle Bedingungen richtig zu erfüllen.

Sobald Syrupkonsistenz bei dem Safte erreicht ist, wird das Vakuum unterbrochen und die dickliche Flüssigkeit in dünner Schichte auf mit Äther gereinigte Glasplatten oder Kästchen, aus Wachspapier gefaltet, ausgegossen.

Das weitere Eindampfen erfolgt dann entweder im Vakuum bei 35° (Tabelle XXXIVa) oder auch an der Luft in einem gewöhnlichen Wärmeschrank, bei 34—35° oder bei 22°. Nach etwa einem Tag wird das Produkt von den Glasplatten bezw. dem Wachspapier abgeschabt, gepulvert und über Schwefelsäure im Vakuumexsiccator völlig getrocknet. 500 ccm Prefssaft liefern so gegen 70 g gelbliches Pulver (ca. 14%), das an getrocknetes Hühnereiweifs erinnert und angenehm nach Hefe riecht. Mit Wasser übergossen, geht es fast vollständig wieder in Lösung. War dabei das Verhältnis zwischen Trockensubstanz und Lösungsmittel ebenso gewählt worden, wie es in frischem Prefssaft vorhanden ist, so erhält man eine Flüssigkeit, die nach Zusatz von Saccharose nahezu dieselbe Gärkraft besitzt wie der ursprüngliche Prefssaft (vergl. die Kontrollversuche). Es erwies sich als ziemlich gleichgültig, ob der bereits rasch eingedickte Saft dann weiter im Vakuum oder an der Luft getrocknet wurde; Sauerstoff scheint demnach kaum eine Wirkung auf Zymase zu besitzen. Die Versuche sind teils bei Gegenwart von Toluol, teils von Arsenit (zugesetzt als AsO_2K) durchgeführt. Es wurde soviel getrockneter Preſssaft für die einzelnen Versuche gelöst, als beim Eindampfen von 20 ccm Saft erhalten worden waren, um die Zahlen bei der Gärkraftbestimmung direkt mit der Wirkung desselben frischen Saftes vor dem Eintrocknen vergleichen zu können.

Auch mit Preſssaft aus Berliner Unterhefe V und S liegen Versuche über das Eindampfen vor; nachdem der Saft auf Syrupsdicke konzentriert war, wurde er in einem Wärmeschrank bei 34° und schlieſslich im Vakuum über Schwefelsäure völlig zur Trockne gebracht. Die Resultate waren hier weniger günstig als wie mit Münchner Unterhefe; trotz genauer Befolgung aller Vorsichtsmaſsregeln resultierte mehrmals aus recht gärwirksamem Saft eine völlig unwirksame Trockensubstanz, meistens aber ergab sich eine erhebliche Einbuſse an Gärwirkung.

Auch blieben Versuche, durch geringe Sodazusätze zu dem sauer reagierenden Saft bessere Resultate zu erzielen, erfolglos. In einem Falle wurde der frische Saft genau mit Sodalösung neutralisiert und dann eingedampft; die syrupdicke Flüssigkeit reagierte nun schwach alkalisch; nachdem völlig zur Trockne gebracht war, ergab sich aber eine noch stärkere Abnahme der Gärkraft als ohne Sodazusatz. In einem zweiten Fall wurde nur soviel Natriumcarbonat zugegeben, daſs der Saft vor dem Eindampfen noch schwach sauer und erst nach dem Konzentrieren auf Syrupdicke neutral reagierte; das getrocknete Produkt wies dann die gleiche Gärkraft auf wie der ohne Sodazusatz getrocknete Saft, ein Erfolg war also auch nicht erzielt.

Es ist wahrscheinlich, daſs die Berliner Unterhefen mehr Endotryptase enthalten als die Münchner, infolge dessen die Preſssäfte daraus noch empfindlicher gegen erhöhte Temperaturen sind.

Tabelle XXXIVa.

Gärkraft von getrocknetem Saft aus Münchner Unterhefe.

Je 2,8 g getrockneter Saft + 19 ccm Wasser (bezw. bei den Kontrollversuchen 20 ccm frischer Prefssaft) + 8 g Rohrzucker + 0,2 ccm Toluol bezw. 2 % arsenige Säure als AsO_2K.

Nr.	Datum	Nach Eindampfen auf Syrupkonsistenz weiter getrocknet	Getrockneter Prefssaft wieder aufgelöst	Antiseptikum	Temperatur	Kohlendioxyd in Gramm nach Stunden: 16	40	64 Kohlensäureverdrängung ohne	64 Kohlensäureverdrängung mit	88 Kohlensäureverdrängung ohne	88 Kohlensäureverdrängung mit
237	27. IV. 98	Im Vakuum bei 35°	sofort nach Herstellung	1 % Toluol	17°	0,47	0,93	1,06	—	—	—
238	»	An der Luft bei 35°	» » »	»	»	0,49	0,98	1,11	—	—	—
239	»	» » » » 22°	» » »	»	»	0,48	0,92	1,04	—	—	—
240	»	» » » » 22°	» » »	2 % As_2O_3	»	0,86	0,93	0,95	1,05	—	—
241	»	Kontrollversuche mit demselben Prefssaft vor dem Eindicken		Ohne Zusatz	17°	0,42	0,95	1,28	—	—	—
242	»			2 % As_2O_3	»	0,94	0,98	0,99	1,09	—	—
243	31. IV. 98	Im Vakuum bei 35°	sofort nach Herstellung	1 % Toluol	14°	0,31	0,78	1,10	—	1,25	—
244	»	An der Luft bei 35°	» » »	»	»	0,28	0,68	1,03	—	1,27	—
245	»	» » » » 22°	» » »	»	»	0,29	0,72	0,95	—	1,03	—
246	»	Kontrollversuche mit demselben Prefssaft vor dem Eindicken		1 % Toluol	14°	{0,29	0,78	1,17	—	1,44	1,62
						{0,27	0,77	1,16	—	1,43	—

Tabelle XXXIVb.

Gärkraft von getrocknetem Saft aus Berliner Unterhefe V und S.

Immer so viel Trockensubstanz als 20 ccm Saft entsprechen + 19 ccm Wasser + 8 g Rohrzucker + 0,2 ccm Toluol; 22°.

Nr.	Datum		In 19 ccm Wasser gelöste Menge an getrocknetem Safte	Kohlendioxyd in g nach Stunden			
				24	48	72	96
247	Sommer 99	Berliner Unterhefe V	2,6 g	0,29	0,68	0,84	0,85
248	»		Kontrolle: 20 ccm frischer Saft	0,42	0,96	1,36	1,60
249	»		2,9 g	0,21	0,35	0,41	—
250	»		Kontrolle: 20 ccm frischer Saft	0,40	0,72	0,92	1,01
251	»		3,2 g	0,24	0,38	0,41	—
252	»		Kontrolle: 20 ccm frischer Saft	0,68	1,11	1,57	1,80
253	5. VIII. 02	Berliner Unterhefe S	2,35 g	0,40 0,39	0,57 0,57	0,63 0,63	0,63 0,65
254	»		Kontrolle: 20 ccm frischer Saft	1,22 1,23	1,59 1,61	— —	1,64 1,66
255	6. VIII. 02		2,2 g	0,46 0,47	0,67 0,66	0,71 0,73	0,71 0,73
256	»		Kontrolle: 20 ccm frischer Saft	0,59	0,83	0,87	0,89

Ein Versuch mit syrupdickem Prefssaft,

der also blofs im Vakuum bei 20—25° eingedampft (200 ccm Saft auf 34,7 g), dann aber nicht zur Trockne gebracht war, er-

Tabelle XXXV.

Verhalten der Gärkraft beim Aufbewahren von syrupdickem Prefssaft aus Münchener Unterhefe.

Je 3,47 g eingedickter Prefssaft + 17 ccm Wasser + 8 g Rohrzucker + 0,2 ccm Toluol; 16°.

Nr.	Datum	Syrupdicker Prefssaft auf Gärkraft geprüft	Kohlendioxyd in g nach Stdn.		
			16	40	64
257	10. VI. 1898	sogleich nach Herstellung	0,18	0,49	0,75
258	1. VII. 1898	nach 20 tägig. Aufbewahren	0,00	0,07	—

gab, dafs derselbe, frisch hergestellt, gute Gärkraft besafs, dieselbe aber schon nach 20 Tagen Aufbewahrens bei Sommertemperatur fast vollständig verloren hatte. Man mufs also möglichst vollständig zur Trockne bringen, um ein längere Zeit haltbares Produkt zu erzielen.

Über die Haltbarkeit von getrocknetem Prefssaft

liegen ausführliche Versuche mit Saft aus Münchner Unterhefe (Tabellen XXXVIa und b) vor, welche zeigen, dafs ein sehr sorgfältig hergestelltes Präparat nach 12 Monate langem Aufbewahren in einem Glasstöpselglas noch keine nachweisbare Abnahme der Gärkraft erlitten hatte (Versuch 261—261 f.). Bei zwei anderen Proben war dagegen nach 7 Monate langem Lagern eine Einbufse an Gärwirkung unverkennbar (Versuche 259 u. 260). Der getrocknete Prefssaft enthält noch ziemlich viel Wasser, wie sich schon daraus ergibt, dafs die Ausbeute daran durchschnittlich 14 % des Prefssaftes beträgt, während der Prefssaft bei 100° gewöhnlich weniger Trockenrückstand hinterläfst (vergl. Tab. IV S. 75). Eine direkte Wasserbestimmung in zwei normal getrockneten Prefssäften aus Berliner Unterhefe S (Nr. 253 u. 255 der Tab. XXXIVb) bei 100° ergaben einen Gewichtsverlust von 6,67 bezw. 7,27 %. Ein zufällig ziemlich hoher Wassergehalt ist vermutlich die Hauptursache des Rückganges der Gärwirkung mancher getrockneten Prefssäfte (z. B. von Nr. 259 und 260). Es ist übrigens auch von anderen Enzympräparaten bekannt, dafs sie ihre Wirkung allmählich einbüfsen.

Das zu den Versuchen 261—261 f. verwendete Präparat, bei dessen Herstellung besonders sorgfältig mehrere Tage im Vakuum über Schwefelsäure getrocknet worden war, wurde beim Aufbewahren monatlich auf seine Gärkraft geprüft und zeigte auch nach einem Jahr keine wesentliche Abnahme der Wirkung; die geringen Schwankungen in den Kohlendioxydzahlen dürften wahrscheinlich auf die kleinen Differenzen in den Versuchstemperaturen zurückzuführen sein.

Tabelle XXXVIa.

Lagern von getrocknetem Prefssaft.

Je 2,8 g getrockneter Prefssaft + 19 ccm Wasser + 8 g Rohrzucker + 0,2 ccm Toluol; 16—17°.

Nr.	Datum	Getrockneter Prefssaft wieder aufgelöst	Kohlendioxyd in g nach Stunden				
			16	40	64	88	112
259	2. VI. 98	sofort nach Herstellung . .	0,31	0,78	1,10	1,25	—
		nach 7 Monat Lagern . .	0,29	0,60	0,83	0,98	1,07
260	31. V. 98	nach 1 Monat Lagern . .	0,21	0,48	0,65	0,76	—
		nach 8 Monat Lagern . .	0,15	0,35	0,48	0,56	0,60

Tabelle XXXVIb.

Lagern von besonders scharf getrocknetem Prefssaft.

Je 3 g getrockneter Prefssaft + 18 ccm Wasser + 8 g Rohrzucker + 0,2 ccm Toluol.

Nr.	Datum	Getrockneter Prefssaft wieder aufgelöst	Temperatur	Kohlendioxyd in g nach Stunden						
				16	24	40	64	88	120	168 mit Kohlendioxydverdrängung
261	20. X. 98	sofort nach Herstellung . .	16—17°	0,31	0,47	0,80	1,25	1,59	1,75	1,91
261a		nach 1 Monat	»	0,31	0,46	0,80	1,19	1,59	1,78	2,00
261b		» 2 Monaten	»	0,29	—	0,73	1,09	1,43	1,78	2,07
261c		» 5 »	»	0,36	0,56	0,86	1,33	1,69	1,91	2,19
261d		» 7 »	17—18°	0,45	0,66	1,02	1,42	1,58	1,66	1,76
261e		» 9½ »	16—17°	0,42	—	0,95	1,47	1,66	1,81	2,03
261f		» 12 »	15—16°	0,25	—	0,65	1,02	1,37	1,63	1,87

Erhitzen von getrocknetem Hefeprefssaft.

Um die Einwirkung von höheren Temperaturen auf getrockneten Prefssaft zu studieren, wurde ein sorgfältig bereitetes Präparat aus Münchner Unterhefe nach längerem Verweilen im Trockenschrank bei 22° noch drei Wochen ins Vakuum über Phosphorpentoxyd gelegt und hernach sofort in Glasröhrchen eingeschmolzen; ein Teil der Röhrchen war dabei aufserdem evakuiert worden. Nach dem Erhitzen wurde der getrocknete

Saft in Wasser aufgelöst und unter Zucker- und Toluolzusatz auf seine Gärkraft nach Meiſsl geprüft.

Tabelle XXXVII.
Erhitzen von getrocknetem Preſssaft.
Je 3 g getrockneter Preſssaft + 19 ccm Wasser + 8 g Rohrzucker + 0,2 ccm Toluol. 16—17°.

Nr.	Datum	Getrockneter Preſssaft erhitzt	Einschmelzröhrchen	Kohlendioxyd in g nach Tagen					
				1	2	3 Kohlendioxydverdrängung ohne	3 Kohlendioxydverdrängung mit	5	7
262	4. XI. 98	8 Stunden auf 85°	nicht evakuiert	0,55	—	—	1,52	—	—
263		8 » » 85°	evakuiert	0,57	—	—	1,65	—	—
264	28. XII. 98	6 Stunden auf 97°	evakuiert	0,02	0,11	0,19	—	0,32	0,44
265		6 » » 97°	:	0,04	0,14	0,22	—	0,37	0,48

Sehr sorgfältig getrockneter Preſssaft kann demnach acht Stunden auf 85° erhitzt werden, ohne wesentlich an Gärkraft einzubüſsen (vergleichbar sind etwa die Versuche 243—245 der Tab. XXXIV a); auch sechsstündiges Erwärmen auf 97° vernichtet die Gärkraft nicht vollständig. Diese Versuche sprechen gegen die Plasmahypothese.

IV. Abschnitt.

Spezielle Versuche über das Verhalten der Zymase.

Einflufs der Reaktion der Flüssigkeit.

Die Wirkung der Enzyme ist in hohem Grade von der chemischen Reaktion der Versuchsflüssigkeit abhängig. Invertase wirkt z. B. bei neutraler Reaktion fast nicht hydrolysierend, das gleiche gilt für Pepsin; beide Stoffe entfalten erst bei Gegenwart von etwas Säure ihre Tätigkeit vollständig. Trypsin dagegen wird durch alkalische Reaktion begünstigt.

Was die Zymase betrifft, so ergaben Versuche, dafs ihre Wirkung durch *Zusatz von schwachem Alkali beschleunigt* wird.[1]) Diese Tatsache wurde für Kaliumcarbonat und für sekundäres Natriumphosphat (s. Tab. XXXVIII) erwiesen.[2]) Zusätze von Seignettesalz (normalem Natrium-Kaliumtartrat) hatten dagegen keinen Erfolg, obwohl hier bei der Bindung von Säuren schwerlöslicher Weinstein (primäres Kaliumtartrat) entstehen könnte Versuche 282 und 283); aber das Seignettesalz reagiert allerdings von vornherein neutral und etwa entstehender Weinstein stark sauer.

Die bei Zugabe von wenig Kaliumcarbonat beim Beginn der Gärung beobachtete Steigerung der Kohlendioxydbildung wird noch nicht den ganzen Umfang der erhöhten Gärwirkung zum Ausdruck bringen, da jedenfalls ein Teil des Gases unter Bildung von primärem Kaliumcarbonat festgelegt worden ist.

---

[1]) Berichte d. d. chem. Ges. 30, S. 2678 (1897); 31, S. 215 (1898).

[2]) Hierher gehören ferner auch die mannigfaltigen Erfahrungen bei Zusatz von alkalischem Arsenit (s. d. Kapitel über Antiseptica).

Tabelle XXXVIII.

Gärkraft des Saftes bei alkalischer Reaktion.

Je 20 ccm Saft + 8 g Rohrzucker.

Nr.	Datum	Hefe	Zusatz in %	Antiseptikum	Temperatur	Kohlendioxyd in g nach Stunden 20	44	68	92
266	3. I. 98	Münchner Unterhefe	—	—	13°	0,20	0,48	0,73	—
267	»		0,6 K_2CO_3 [1] . .	—	»	0,38	0,59	0,70	—
268	»		1,2 » [2] . .	—	»	0,22	0,24	0,26	—
269	8. X. 01	Berliner untergärige Bierhefe S	—	0,2 ccm Toluol	22°	0,95 0,96	1,44 1,41	1,48 1,46	1,49 1,47
270	»		0,6 Na_2HPO_4 [3] .	»	»	1,22 1,11	1,69 1,69	1,76 1,75	1,77 1,77
271	»		1,25 » [4] .	»	»	1,28	1,87	1,92	1,93
272	15. X. 01		—	»	»	0,60 0,55	1,02 0,98	1,09 1,06	1,11 1,08
273	»		0,6 Na_2HPO_4 . .	»	»	0,79 0,74	1,23 1,17	1,29 1,24	1,30 1,25
274	»		1,25 » .	»	»	0,87 0,89	1,34 1,36	1,39 1,42	1,41 1,43
275	»		1,5 » [5] .	»	»	0,93 0,92	1,35 1,36	1,40 1,42	1,40 1,42
276	»		2,0 » [6] .	»	»	0,99 0,99	1,36 1,39	1,39 1,43	1,39 1,43
277	18. X. 01		—	»	»	0,59 0,62	1,04 1,08	1,16 1,21	1,19 1,26
278	»		1,5 Na_2HPO_4 . .	»	»	0,95 0,98	1,45 1,50	1,54 1,61	1,56 1,64
279	»		2 » . .	»	»	1,04 1,03	1,53 1,52	1,60 1,58	1,62 1,60
280	»		3 » [7] .	»	»	1,15 1,11	1,56 1,50	1,59 1,54	1,60 1,55
281	»		4 » [8] .	»	»	1,21 1,21	1,56 1,55	1,59 1,59	1,61 1,61
282	»		1 $NaKC_4H_4O_6$ [9]	»	»	0,49	0,95	1,22	1,39
283	»		2 $NaKC_4H_4O_6$ [10]	»	»	0,43	0,84	1,08	1,26

[1] = 0,17 g K_2CO_3. [2] = 0,34 g K_2CO_3. [3] = 0,42 g $Na_2HPO_4 + 12 H_2O$. [4] = 0,9 g $Na_2HPO_4 + 12 H_2O$. [5] = 1,05 g $Na_2HPO_4 + 12 H_2O$. [6] = 1,41 g $Na_2HPO_4 + 12$ aq. [7] = 2,1 g $Na_2HPO_4 + 12 H_2O$. [8] = 2,8 g $Na_2HPO_4 + 12 H_2O$. [9] = 0,37 g $NaKC_4H_4O_6 + 4 H_2O$. [10] = 0,74 g $NaKC_4H_4O_6 + 4 H_2O$.

Den günstigen Einfluſs von sekundären Phosphaten auf die Gärwirkung des Hefesaftes hat schon Wróblewski[1]) erkannt; er findet aber ein Optimum bei einem Zusatz von 1,25% Na_2HPO_4, wogegen die Versuche 279, 280 und 281 zeigen, daſs auch 2, 3 und 4% im vorliegenden Fall ebenso gute Wirkung ausübten. Es ist ferner auffallend, daſs sekundäres Natriumphosphat selbst in verhältnismäſsig hoher Konzentration die Zymase nicht schädigt, während 1—2proz. Zusätze von Neutralsalzen, wie Natriumchlorid, -sulfat, -nitrat, Ammoniumchlorid, Magnesiumsulfat etc. die Gärkraft deutlich herabdrücken (vgl. das Kapitel über Salzzusätze).

Aus der Tabelle S. 141 ergibt sich bezüglich des Natriumphosphats, daſs die Steigerung der Gärkraft durch diesen Stoff besonders stark war innerhalb der ersten 20 Stunden; sie erreichte hier 70% beim Vergleich der Versuche 276 und 272 und sogar 100% beim Vergleiche von 281 und 277. Betrachten wir die gesamte Gärkraft nach 92 Stunden, so ist die Zunahme zwar noch sehr beträchtlich, aber doch lange nicht so groſs: 28% bei dem ersten, 32% bei dem zweiten der erwähnten Versuchspaare.

Diagramm 3.

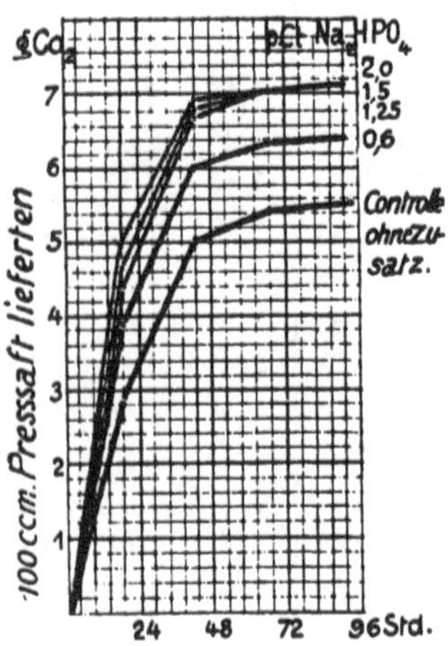

Fig. 9. Zusätze von Natriumphosphat.

Die bedeutende Wirkung des Natriumphosphats gerade am Anfang der Gärung tritt besonders auch bei graphischer Darstellung des Gärungsverlaufes hervor. Diagramm 3 zeigt auſserdem, daſs die Kurven für höhere Phosphatzusätze, für 1,25, 1,5 und 2%, nach 96 Stunden in einem Punkt zusammenlaufen oder mit anderen Worten, daſs die Steigerung der Beschleunigung, welche in den ersten Stunden mit Anwachsen des Salzzusatzes eintritt, später durch einen ungünstigen Einfluſs der höheren Phosphatmengen wieder ausgeglichen wird.

---

[1]) Journ. f. prakt. Chemie (2) 64, S. 11 (1901).

Noch deutlicher lassen die Versuche mit Kaliumcarbonat neben der beschleunigenden Wirkung am Anfang auf die Dauer eine schädigende Beeinflussung erkennen. Bei 0,6% Kaliumcarbonat (Nr. 267) beträgt die Steigerung der Gärwirkung nach 20 Stunden 90%, am Schlusse des Versuchs nach 68 Stunden ist aber die Gärkraft keine höhere als die des Kontrollversuchs ohne Zusatz (Nr. 266); ein Zusatz von 1,2% K_2CO_3 (Nr. 268) wirkt bereits so schädlich, daſs auch nach 20 Stunden keine höhere Kohlendioxydzahl erreicht wird als ohne jeden Zusatz und die gesamte Gasmenge nach 68 Stunden sehr viel kleiner ausfällt als bei der Kontrolle. Man könnte geneigt sein, dies auf einen fördernden Einfluſs des Pottaschezusatzes auf die Endotryptasewirkung zurückzuführen; nach Hahn und Geret wirken aber Alkalien hemmend auf die Verdauungsvorgänge, Natriumcarbonat allerdings etwas schwächer als freies Alkali.

Übrigens schien es auch möglich, daſs jenes Ergebnis auf einem ungünstigen Einfluſs des Carbonats auf die Invertase beruht, deren hydrolytische Tätigkeit für die Vergärung des Rohrzuckers vielleicht notwendig ist. Es wurden deshalb ein Paar Gärversuche mit Glucose und Kaliumcarbonat ausgeführt (Tab. XXXVIII a), welche aber die Erfahrungen bei Saccharose im allgemeinen bestätigten; nur war hier Zusatz von 1,3% des kohlensauren Salzes für den Anfang noch auſserordentlich günstig und erst in der Folge dann schädlich.

Die bei längerer Versuchsdauer deutlich ungünstige Wirkung von 1,2—1,3% Kaliumcarbonat bei zellenfreier Rohrzuckergärung

Tabelle XXXVIII a. **Alkalische Zusätze bei Glucosegärung.**
Je 20 ccm frischer Saft + 8 g Glucose + 0,2 ccm Toluol mit oder ohne 0,5—1,7 ccm Pottaschelösung; 16°.

Nr.	Datum	Hefe	Zusatz an Pottaschelösung	Gesamtgehalt an K_2CO_3 %	Kohlendioxyd in g nach Stunden		
					16	40	64
283a	11. IV. 99	Münchner Unterhefe	— (Kontrolle)	—	0,20	0,53	0,81
283b	»		0,5 ccm	0,4	0,32	0,69	0,96
283c	»		1,7 »	1,3	0,43	0,50	0,55

darf also nach diesen Ergebnissen nicht auf eine Beeinflussung der Invertase durch das Carbonat zurückgeführt werden; ebenso wenig kann nach dem oben Gesagten jenes Resultat dadurch zu stande kommen, dafs der Einflufs der Endotryptase durch schwach alkalischen Zusatz gefördert würde. Man wird daher wohl annehmen müssen, dafs es sich um eine direkt schädliche Wirkung des Kaliumcarbonats bei längerer Versuchsdauer auf die Zymase handelt.

Die anfangs beschleunigende Wirkung alkalischer Zusätze wird vielleicht auf teilweise Neutralisierung der beim Gärungsvorgang auftretenden Kohlensäure zurückzuführen sein. Versuche haben nämlich ergeben, dafs zugesetzte Säure die Gärkraft des Prefssaftes für den Anfang immer schädigt, was für Essigsäure, Milch- und Weinsäure festgestellt wurde und in geringerem Grade daher wohl auch für Kohlensäure gilt. Saure Reaktion begünstigt nach M. Hahn[1]) die verdauende Wirkung der Endotryptase, und darauf mag etwa ihr ungünstiger Einflufs auf die Zymase beruhen. Endlich kann es aber auch sein, dafs die Bedeutung des Alkalis für die Gärwirkung in einer Erleichterung des chemischen Vorganges des Zuckerzerfalles beruht; dafür spricht, dafs E. Duclaux eine alkoholische Spaltung von Zucker durch das Sonnenlicht bei Luftabschlufs, und zwar in alkalischer Lösung[2]), bewerkstelligt hat.

Bezüglich der *Einwirkung von Säuren* auf die zellenfreie Gärung sind Versuche nur mit einigen organischen Säuren ausgeführt, mit Essigsäure, Milch- und Weinsäure, welche in Zusätzen von 0,1 und 0,3% die Intensität der Gärung für den Anfang zum Teil sehr stark herabsetzen. Merkwürdigerweise wurde aber die anfänglich geringere Kohlendioxydentwicklung während des Verlaufes der Versuche durch ein langsameres Schwinden der Gärkraft wieder ausgeglichen, so dafs bei Unterbrechung nach 4 Tagen die Gesamtmenge an entwickeltem Gas bei Säurezusatz meist nicht geringer, in einem Falle,

[1]) Zeitschr. f. Biologie **40**, S. 147 (1900).

[2]) Annales de l'Institut agronomique, Paris 1887, 239; Annales de l'Institut Pasteur **10**, 168 (1896).

bei 0,3% Milchsäure, sogar gröſser war, wie bei den Kontrollversuchen ohne Säure. Dieses Verhalten ist vorläufig nicht verständlich, denn es kann kaum in einer Herabminderung des schädlichen Endotryptase-Einflusses auf die Zymase begründet sein, weil nach Hahn und Geret[1]) Säurezusatz, besonders auch Essigsäure, die verdauende Wirkung jenes Enzymes verstärkt.

Die Säuren können dem Preſssaft nicht in konzentrierter Form zugesetzt werden, weil sonst sogleich Fällungen entstehen, unter Vernichtung der Gärkraft, was sich z. B. schon bei einem Zusatz von 0,1% gepulverter Weinsäure konstatieren lieſs. Die Säuren wurden deshalb jedesmal in 8 bezw. 2 ccm Wasser gelöst und nun die verdünnte Lösung tropfenweise unter stetem Umschütteln zugefügt. Infolge dieser Vorsichtsmaſsregeln war bei Zusatz von 0,1% Essig- oder Weinsäure (= je 0,03 g auf 20 ccm Saft + 2 ccm Wasser + 8 g Zucker) die Trübung auch nach Verlauf von 24 Stunden kaum gröſser als in den Kontrollversuchen, bei welchen nur 8 bezw. 2 ccm Wasser zugefügt wurden; durch 0,3% jener beiden Säuren entstanden nach 24 Stunden aber sehr starke Fällungen, die zu heftigem Schäumen beim Entweichen des Kohlendioxyds Anlaſs gaben. Milchsäure verhielt sich darin etwas anders, indem sogar 0,3% derselben nach 24 Stunden kaum stärkere Trübung hervorriefen, als sie

Tabelle XXXVIII b. **Gärkraft des Saftes bei Zusatz von Essigsäure.**
Je 20 ccm Saft + 8 ccm verdünnter Essigsäure bezw. Wasser + 8 g Rohrzucker, ohne Antiseptikum; 15°.

Nr.	Datum	Hefe	Zusatz von	Gesamtgehalt an Essigsäure %	Kohlendioxyd in g nach Stunden			
					16	40	64	88
284	8. III. 98	Münchner Bierunterhefe	8 ccm Wasser . . .	— (Kontrolle)	0,15	0,40	0,55	0,61
285	»		4 ccm verdünnte Essigsäure + 4 ccm Wasser	0,07	0,11	0,32	0,50	0,56
286	»		8 ccm verdünnte Essigsäure	0,13	0,09	0,28	0,42	0,51

[1]) Zeitschr. f. Biologie **40**, 148 (1900).

auch im Kontrollversuch ohne Säurezusatz (wahrscheinlich unter dem Einfluſs der entwickelten Kohlensäure) zu bemerken war; die darauf bezüglichen Versuche verdanke ich Herrn Dr. J. Meisenheimer.

Tabelle XXXVIII c.

Gärkraft bei Zusatz von Essig-, Wein- oder Milchsäure.

Je 20 ccm Saft aus Berliner Unterhefe S + 2 ccm verdünnte Säurelösung bezw. Wasser + 8 g Rohrzucker + 0,2 ccm Toluol; 22°.

Nr.	Datum	Zusatz von		Kohlendioxyd in g nach Stunden			
		Säure in %	Wasser ccm	24	48	72	96
287a	11. XII. 01	— (Kontrolle)	2	0,39 0,39	0,54 0,55	0,56 0,57	0,58 0,57
287b	»	Weinsäure 0,1	2	0,31 0,25	0,49 0,44	0,52 0,50	0,53 0,51
288a	2. VII. 02	— (Kontrolle)	2	0,44 0,42	0,70 0,73	0,74 0,78	0,75 0,78
288b	»	Weinsäure 0,1	2	0,39 0,34	0,72 0,65	0,85 0,81	0,89 0,86
289a	16. X. 02	— (Kontrolle)	2	0,84 0,84	0,94 0,93	— —	0,96 0,94
289b	»	Weinsäure 0,1	2	0,73 0,77	0,89 0,99	— —	0,91 1,00
289c	»	» 0,3	2	0,42 0,45	0,65 0,64	— —	0,72 0,71
289d	»	Essigsäure 0,1	2	0,71 0,72	0,89 0,90	— —	0,91 0,92
289e	»	» 0,3	2	0,61 0,64	0,86 0,91	— —	0,93 0,97
290a	28. X. 02	— (Kontrolle)	2	0,67 0,67	0,89 0,87	0,92 0,90	0,93 0,91
290b	»	Milchsäure 0,1	2	0,62 0,58	0,85 0,85	0,88 0,91	0,89 0,93
290c	»	» 0,3	2	0,45 0,47	0,81 0,84	0,99 0,99	1,06 1,06

Gärkraft bei verschiedenen Temperaturen.

Existiert ein Temperatur-Optimum für die Zymasewirkung? Zur Lösung dieser Frage wurden auſser einem orientierenden Vorversuche (Nr. 291 bis 293) zwei ausführliche Versuche, der erste mit gutem, der zweite mit Prefssaft von geringerer Wirksamkeit, angestellt. Die Kölbchen kamen dabei in einen Luftraum von der betreffenden Temperatur zu stehen, so dafs die bei dem Gärungsvorgange auftretende Wärmemenge unberücksichtigt blieb; diese sogenannte Selbsterwärmung führt nach einem Versuch bei 20 ccm Saft + 8 g Saccharose + 2% Arsenit zu einer Temperatursteigerung von 1,9° (vgl. das Kapitel darüber im V. Abschnitt).

Tabelle XXXIX.
Gärkraft bei verschiedenen Temperaturen.
Je 40 ccm Prefssaft + 16 g Rohrzucker + 2% As_2O_3, gelöst in überschüssiger Pottasche.

Nr.	Datum	Hefe	Temperatur	Kohlendioxyd in g nach Stunden					
				3	6	21	24	30	48
291	13. X. 97	Münchner untergärige Bierhefe	12—14°	0,03	0,43	1,11	1,14	1,17	1,20
292	»	»	16—18°	0,24	0,66	—	—	—	—
293	»	»	22°	0,37	0,76	1,01	1,02	1,04	1,07

Der grofse Unterschied zwischen dem Verlauf der drei Versuche machte sich nach 3 Stunden auch äufserlich bemerkbar, indem bei dem Kölbchen 291 nur die Oberfläche der Flüssigkeit zu 5/6 mit Blasen bedeckt war, bei den beiden anderen sich aber eine Schaumschichte von 1½ cm (Nr. 292) bezw. 4 cm Höhe gebildet hatte.

Dafs die Kohlendioxydmenge bei 291 nach 3 Stunden nur 0,03 g betrug, ist zum Teil auch auf die Versuchsanordnung zurückzuführen. Es wird immer der Gewichtsverlust der Kölbchen bestimmt; anfangs entweicht aber aus denselben natürlich Luft, während an deren Stelle Kohlendioxyd tritt; bei Beginn der Versuche mufs demnach eine Gewichtszunahme der Kölbchen erfolgen, die erst später in Gewichtsabnahme übergeht, wenn der Luftraum der Kölbchen durch die Gärungsvorgänge mit Kohlensäure gefüllt ist.

Nach 6 Stunden hat der Versuch bei 22° schon eine sehr hohe Kohlendioxydzahl aufzuweisen, während der Versuch bei

12—14° weit zurückgeblieben ist und der bei 16—18° in der Mitte steht. Dafs bei 291 und bei 293 (292 ging durch einen Unfall nach 6 Stunden verloren) die Gärkraft schon nach der kurzen Zeit von zwei Tagen erloschen war, wie sich aus den geringen Gewichtsabnahmen innerhalb der letzten 18 Stunden ergibt, ist Folge des Zusatzes von alkalischer Arsenitlösung (siehe die speziellen Versuche über Arsenit in dem Kapitel über Antiseptica).

Tabelle XXXIXa. **Gärkraft bei verschiedenen Temperaturen.**
Je 20 ccm Saft + 8 g Rohrzucker + 0,2 ccm Toluol.

Nr.	Datum	Hefe	Temperatur	Kohlendioxyd in g nach Tagen								
				1	2	3	4	6	8	10	14	16
294	3. XII. 01	Berliner untergärige Bierhefe S	5—7°	0,08	0,17	0,26	0,31	0,50	0,63	0,77	0,94	1,01
				0,09	0,18	0,25	0,31	0,48	0,61	0,73	0,87	0,94
295	»		12—14°	0,25	0,49	0,70	0,84	1,11	1,20	1,22	—	—
				0,24	0,49	0,69	0,85	1,11	1,20	1,21	—	—
296	»		22°	0,57	0,94	1,03	1,05	—	—	—	—	—
				0,54	0,92	1,03	1,07	—	—	—	—	—
297	»		28—30°	0,72	0,77	0,80	0,82	0,86	0,88	—	—	—
				0,70	0,74	—	—	—	—	—	—	—
298	»		35—37°	0,53	0,57	0,58	0,60	0,64	0,64	—	—	—
				0,52	0,56	0,58	0,60	0,64	0,64	—	—	—
299	11. XII. 01		5—7°	0,06	0,12	0,18	0,28	0,39	0,47	0,58	—	—
				0,06	0,13	0,19	0,29	0,39	0,48	0,58	—	—
300	»		12—14°	0,22	0,41	0,57	0,64	0,71	—	—	—	—
				0,20	0,42	0,56	0,65	0,70	—	—	—	—
301	»		22°	0,41	0,60	0,63	0,64	0,65	—	—	—	—
				0,40	0,57	0,60	0,61	0,61	—	—	—	—
302	»		28—30°	0,44	0,46	0,47	0,48	0,48	—	—	—	—
				0,44	0,47	0,47	0,50	0,50	—	—	—	—
303	»		35—37°	0,35	0,36	0,37	0,38	0,39	—	—	—	—
				0,33	0,33	0,34	0,35	0,36	—	—	—	—

Die Tabelle zeigt, dafs die Gärwirkung des Saftes am längsten anhält bei 5—7° (Nr. 294 und 299), dafs die Gärung am raschesten einsetzt bei einer Temperatur von 28—30° (Nr. 297 und 302), dafs aber die absolut höchsten Gärkraftzahlen erhalten werden, wenn der Versuch bei 12—14° verläuft (Nr. 295 und 300).

Das Optimum für die Zymase dürfte sicherlich höher liegen; aber bei höheren Temperaturen wird auch die verdauende Wirkung der Endotryptase sehr gesteigert[1]); bei 28—30° erreicht die Kohlendioxydproduktion innerhalb des ersten Tages zwar einen sehr hohen Grad, dann jedoch kommt der Gärungsvorgang rasch zum Stillstand, wahrscheinlich infolge Zerstörung der Zymase durch die Endotryptase, und gelangt nicht bis zu jener Höhe, welche der Gärverlauf am ersten Tage erwarten liefs.

Diagramm 4.

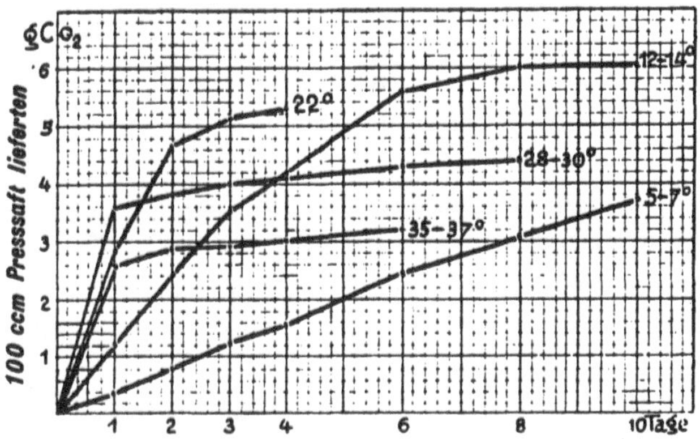

Fig. 10. Gärkraft bei verschiedenen Temperaturen.

Umgekehrt ist bei niederer Temperatur, 5—7°, die Endotryptase offenbar nicht von so schädlichem Einflufs auf die Zymase, die Gärung dauert lange an (vielleicht bis ihr die Säurewirkung des Kohlendioxyds ein Ziel setzt) und verläuft sehr gleichmäfsig fortschreitend.

Das tritt besonders bei graphischer Darstellung hervor, wo die zugehörige Kurve für 5—7° fast zur Geraden wird (es ist wahrscheinlich ein kleiner Versuchsfehler, der sie nicht völlig geradlinig werden läfst). Dafs die Kurven für die höheren Temperaturen in ihrer ersten Hälfte so steil verlaufen, zeigt, wie intensiv der Gärungsvorgang einsetzt, um dann rasch abzunehmen.

[1]) Die günstigste Temperatur scheint zwischen 40—45° zu liegen; Hahn und Geret, Zeitschr. f. Biologie 40, 142 (1900).

Einflufs der Zuckerkonzentration auf die Gärkraft.

Als Resultat der in den verschiedensten Richtungen ausgeführten Versuche kann man sagen, dafs *die gröfste Menge von Kohlendioxyd mittels des Prefssaftes bei sehr starken Zuckerzusätzen* zu erhalten ist; Zugaben von 30—40 % Rohrzucker erwiesen sich als ziemlich gleich günstig. Natürlich verstreicht bei so konzentrierten Lösungen längere Zeit, bis die gesamte Wirkung eingetreten ist. Einen kleinen Einflufs, aber jedenfalls keinen entscheidenden, dürfte dabei die geringere Löslichkeit von Kohlendioxyd in hochgradigen Zuckerlösungen ausüben. Von gröfserer Bedeutung wird sein, dafs durch die starken Zuckerzusätze die Endotryptase, wie andere Verdauungsenzyme (vgl. das Kapitel über den Einflufs von Verdauungsenzymen, S. 128), in ihrer Wirkung gehemmt wird und die Zymase daher länger wirksam bleibt. In sehr hoch konzentrierten Lösungen verzögern sich aufserdem naturgemäfs alle Reaktionen wegen der geringeren Beweglichkeit der Flüssigkeit, und speziell bleiben kolloïdal gelöste Stoffe länger in dieser Form, ohne in Niederschläge überzugehen, als in verdünnten Lösungen.[1])

Umgekehrt mufs man einen kleinen Zuckerzusatz wählen, wenn eine rasch einsetzende Gärwirkung erzielt werden soll; 10—15 % Rohrzucker geben da gute Resultate; aber die gesamte Gärleistung ist in diesem Falle eine geringere und die Wirkung erlischt früher. Noch beschleunigtere Gasentwicklung wurde beobachtet, als bei einem Versuch nur 5 % Saccharose in Anwendung kamen.

Aus dem Verhalten des Prefssaftes gegen hochkonzentrierte und gegen sehr verdünnte Zuckerlösungen ergibt sich für die praktischen Gärkraftbestimmungen die Regel, mittlere Zuckermengen zu verwenden, welche zwar keine sehr rasche Gärkraftbestimmung ermöglichen, aber auch eine frühzeitige Zerstörung der Zymase hintanhalten. Es kamen meistens 27 proz. Lösungen zur Verwendung, indem zum Prefssaft Rohrzucker bis zur Entstehung von solchen zugegeben wurde.

---

[1]) Vgl. Lobry de Bruyn, Berichte d. d. chem. Ges. 35, 3081 (1902).

Die ersten Versuche über den Einflufs der Zuckerkonzentration wurden unter Zusatz von arseniger Säure, in überschüssiger Pottasche gelöst, ausgeführt[1]). Sie zeigten bei 16 proz. Saccharoselösung eine viel höhere Gärkraft als bei 27 und 37 prozentiger, schienen also eine schädliche Wirkung des Zuckers auf die Zymase zu beweisen. Diese Ergebnisse stehen aber im Widerspruch mit allen übrigen und sind daher auf den Zusatz von Arsenit und überschüssiger Pottasche zurückzuführen, wodurch die Intensität der Gärung bedeutend gesteigert, nach einiger Zeit jedoch die Zymase zerstört wird; bei hochkonzentrierten Lösungen ist es innerhalb dieser verhältnismäfsig kurzen Zeit noch zu keiner sehr starken Kohlendioxydabspaltung gekommen und die gesamte Menge von Kohlendioxyd bleibt daher eine geringe.

Tabelle XL.

Einflufs der Zuckerkonzentration bei Zusatz von Arsenit.

Je 40 ccm Saft + 8 bezw. 16 bezw. 24 g Saccharose + 1 bezw. 2 % As_2O_3, gelöst in überschüssiger Pottasche.

Nr.	Datum	Hefe	Saccharose %	As_2O_3 %	Temperatur	Kohlendioxyd in g nach Stunden 16	24	40 Kohlensäureverdrängung ohne	40 Kohlensäureverdrängung mit
304	11. X. 97	Münchner Bierunterhefe	16	1	16—18°	1,33	1,46	1,48	—
305	»		27	»	»	0,70	0,80	0,82	—
306	»		37	»	»	0,60	0,72	0,74	—
307	15. X. 97		16	2	12—14°	1,78	1,84	1,86	—
308	»		27	»	»	0,90	1,02	1,07	1,23
309	»		37	»	»	0,37	0,55	0,66	0,84

Entscheidendere Versuche wurden mit Berliner untergäriger Bierhefe S bei Toluolzusatz ausgeführt (s. Tab. XLI, S. 152).

Die Resultate jener Versuche lassen 20—35 % Zuckerzusatz in der Gesamtgärwirkung nach 96 Stunden ziemlich gleich günstig, 40 % Zusatz noch etwas vorteilhafter erscheinen. Bei nur 5 % Zuckerzugabe (Nr. 310) war nach 48 Stunden offenbar die ganze Zuckermenge (1,05 g) nahezu vergoren; man kann deshalb diesen Versuch bezüglich der Gesamtgärwirkung mit den

[1]) Berichte d. d. chem. Ges. **30**, 2675 (1897).

Tabelle XLI.

Einflufs der Zuckerkonzentration bei Zusatz von Toluol.

Je 20 ccm Saft + wechselnde Zuckermengen + 0,2 ccm Toluol; 22°.

Nr.	Datum	Hefe	Saccharosezusatz		Kohlendioxyd in g nach Stunden					
			in g	%	4	$8^1/_2$	11	24	48	96
310	7. XI. 01	Berliner Unterhefe S	1,05	5	0,17	0,29	0,32	0,39	0,43	0,43
311	»		2,2	10	0,13	0,35	0,46	0,72	0,78	0,80
312	»		3,52	15	0,12	0,32	0,44	0,75	0,81	0,83
313	»		5,0	20	0,17	0,37	0,48	0,83	0,90	0,94
314	»		6,66	25	0,11	0,29	0,37	0,74	0,91	0,95
315	»		8,56	30	0,16	0,35	0,42	0,81	0,90	0,91
316	»		10,76	35	0,15	0,33	0,41	0,77	0,94	0,96
317	»		13,33	40	0,12	0,28	0,34	0,69	0,98	1,03

übrigen nicht vergleichen, und es wurden später noch besondere volumetrische Versuche angestellt, um den Einflufs von 5 und 10% Zuckerzusatz nebeneinanderzustellen.

Die nach 4 und nach $8^1/_2$ Stunden erhaltenen Kohlendioxydzahlen schwanken ziemlich und lassen eine Gesetzmäfsigkeit nicht erkennen, da die Unterschiede wahrscheinlich innerhalb der Fehlergrenzen liegen. Es wurden deshalb noch genauere Versuche mit je 2 Parallelversuchen angestellt (Tab. XLIa). Dieselben (besonders die Serie 325—331) lassen den verlangsamenden Einflufs gröfserer Zuckerzusätze auf den Verlauf der Gärung, z. B. nach 10 und 24 Stunden, sowie die konservierende Bedeutung hoher Zuckerkonzentrationen für die Zymase erkennen, welch letztere zu höherer Gesamtwirkung bei starken Zuckerzusätzen führt.

Die beiden Parallelversuche Nr. 331 mit 40% Zuckerzusatz kamen nach 120 Stunden nochmals zur Wägung; es ergab sich ein Gewichtsverlust von 0,89 bezw. 0,92 g, d. h. es war also am fünften Tage noch Gärwirkung deutlich nachweisbar, während die Versuche mit nur 10% Zucker (Nr. 325) schon nach zwei Tagen kaum mehr weitere Gewichtsabnahme erlitten.

Interessant gestaltet sich auch der Verlauf der Kurven bei graphischer Darstellung des Gärungsvorganges bei 10, 20, 30

Tabelle XLIa.

Einflufs der Zuckerkonzentration bei Zusatz von Toluol.

Je 20 ccm Saft + wechselnde Zuckermengen + 0,2 ccm Toluol.

Nr.	Datum	Hefe	Saccharosezusatz %	Temperatur	Kohlendioxyd in g nach Stunden 6	10	24	48	72	96
318	27. VI. 02	Berliner untergärige Bierhefe S	10	22—25°	0,17	0,27	0,50	0,55	0,55	0,55
					0,17	0,27	0,50	0,56	0,57	0,57
319	»		15	»	0,14	0,25	0,53	0,63	0,64	0,64
					0,14	0,24	0,54	0,63	0,64	0,64
320	»		20	»	0,13	0,23	0,54	0,72	0,74	0,74
					0,13	0,23	0,54	0,71	0,72	0,72
321	»		25	»	0,13	0,22	0,52	0,78	0,80	0,80
					0,12	0,22	0,51	0,76	0,79	0,79
322	»		30	»	0,12	0,19	0,45	0,74	0,80	0,80
					0,12	0,19	0,46	0,76	0,82	0,82
323	»		35	»	0,12	0,17	0,40	0,68	0,80	0,81
					0,12	0,18	0,40	0,71	0,83	0,84
324	»		40	»	0,11	0,17	0,37	0,65	0,78	0,81
					0,10	0,15	0,35	0,64	0,80	0,82
325	2. VII. 02		10	22—23°	0,11	0,22	0,48	0,58	0,58	0,58
					0,11	0,22	0,50	0,58	0,59	0,59
326	»		15	»	0,11	0,21	0,52	0,63	0,64	0,64
					0,10	0,21	0,52	0,65	0,65	0,65
327	»		20	»	0,09	0,17	0,48	0,70	0,72	0,72
					0,09	0,18	0,50	0,70	0,72	0,72
328	»		25	»	0,08	0,16	0,44	0,74	0,79	0,79
					0,08	0,17	0,49	0,77	0,81	0,81
329	»		30	»	0,09	0,15	0,44	0,77	0,87	0,88
					0,10	0,15	0,43	0,74	0,84	0,85
330	»		35	»	0,10	0,14	0,38	0,71	0,85	0,90
					0,08	0,14	0,39	0,70	0,85	0,89
331	»		40	»	0,08	0,14	0,35	0,65	0,80	0,86
					0,08	0,14	0,35	0,65	0,81	0,89

und 40% Zuckerzusatz (Nr. 325, 327, 329 und 331); da bei den niedrigen Konzentrationen die Gärung anfangs schneller verläuft, in den hochkonzentrierten Lösungen aber schliefslich eine höhere Gesamtleistung erreicht wird, so treten mehrfache Kreuzungen der Kurven auf:

Diagramm 5.

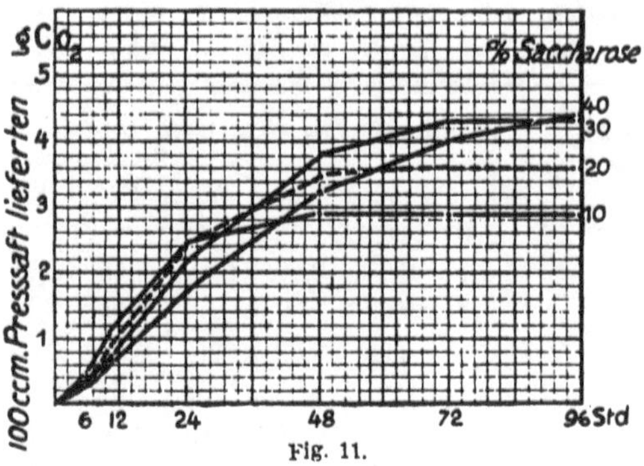

Fig. 11.
Gärwirkung bei verschiedenen Zuckerkonzentrationen.

Man könnte an der bisher beschriebenen Versuchsanordnung noch tadeln, dafs sie keine Rücksicht auf die verschiedene Löslichkeit des Kohlendioxyds in verdünnten und konzentrierten Zuckerlösungen nimmt. Um diesem Einwand zu begegnen, wurden bei zwei Serien von Versuchen die Kölbchen am Schlusse auf 55—60° erhitzt und gleichzeitig Luft durchgeleitet. Zugleich wurden aus der Gegenwart von Kohlendioxyd im ursprünglichen Prefssaft etwa entstehende Fehlerquellen dadurch vermieden, dafs im Vacuum eingedampfter und getrockneter Prefssaft verwendet wurde, von welchem je 1 g in 7 ccm Wasser unter Zusatz von 0,07 ccm Toluol und der betreffenden Menge Rohrzucker in kleinen Erlenmeyer-Kölbchen von 50 ccm zur Lösung kam. Letztere wurden, um sie möglichst rasch auf die Versuchstemperatur zu bringen, diesmal in Wasser von der Temperatur des Thermostaten (23°) eingetaucht. Die entweichende Kohlensäure mufste durch etwa 1 ccm konzentrierte Schwefelsäure und schliefslich durch ein Bunsen-Gummiventil streichen.

Als *Gärkraft eines getrockneten Prefssaftes* bezeichnen wir die Gewichtsmenge Kohlendioxyd, welche 1 g desselben gelöst in 7 ccm Wasser bei Zusatz von 30% Rohrzucker (= 3,4 g) und 0,07 ccm Toluol unter Einhaltung obiger Versuchsanordnung und bei einer bestimmten Temperatur in 24 Stunden liefert. Die Gärkraft für den getrockneten Prefssaft der Versuche ist demnach 0,30 (23°).

Die beiden Serien 332—336 und 337—342 lassen für verdünnte Zuckerlösungen die Beschleunigung am Anfang und das rasche Erlöschen der Gärkraft, für konzentrierte Lösungen das langsame Angären, aber auch die lange Dauer des Gärungs-

Tabelle XLII.

Einflufs der Zuckerkonzentration bei Gärung durch getrockneten Prefssaft.

Je 1 g getrockneter Hefesaft aus Münchner Unterhefe + 7 ccm Wasser + 0,07 ccm Toluol; 23°.

Nr.	Datum	Zusatz von Rohrzucker		Kohlendioxyd in g nach Stunden				
		in g	%	1½	4	7	24	30[1]
332	27. III. 99	0,7	8	0,03	0,09	0,13	0,16	0,20
333	»	1,0	11	0,025	0,13	0,14	0,22	0,27
334	»	1,4	15	0,025	0,07	0,11	0,32	0,43
335	»	2,0	20	0,02	0,06	0,11	0,30	0,42
336	»	2,6	24	0,02	0,06	0,10	0,27	0,41

Tabelle XLIIa.

Einflufs der Zuckerkonzentration bei Gärung durch getrockneten Prefssaft.

Je 1 g getrockneter Prefssaft aus Münchner Unterhefe + 7 ccm Wasser + 0,07 ccm Toluol; 23°.

Nr.	Datum	Zusatz von Rohrzucker		Kohlendioxyd in g nach Stunden				
		in g	%	8	24	48	72	72 mit Erwärmen auf 55—60° und Luftdurchleiten
337	4. IV. 99	0,77	9	0,14	0,16	0,17	—	0,20
338	»	1,24	13	0,16	0,33	0,34	—	0,37
339	»	1,8	18	0,14	0,35	0,40	—	0,42
340	»	2,35	23	0,13	0,33	0,43	—	0,46
341	»	3,0	27	0,11	0,30	0,43	—	—
342	»	4,7	37	0,07	0,22	0,38	0,41	—

vorganges, welche die höchste Kohlendioxydproduktion ergibt, deutlich erkennen; sie führen also zu denselben Resultaten, wie die früheren Versuche ohne Verdrängung des Kohlendioxydgases bei Beendigung.

Im Gegensatz zu den mitgeteilten Tatsachen wollen die Herren A. Macfadyen, H. G. Morris und S. Rowland[2]) ermittelt haben, dafs ein Zuckerzusatz von 1 g zu 10 ccm Prefssaft gröfsere Gärwirkung bedingt, als Zusatz von

---

[1]) Nach 30 Stunden wurde vor der Wägung auf 55° erwärmt und Luft durchgeleitet.

[2]) Berichte d. d. chem. Gesellschaft 33, S. 2764 (1900).

4 g zu derselben Menge Saftes. Es wurden deshalb nochmals neue Versuche von uns angestellt, bei welchen die Gärleistung eines Saftes nach Zusatz von 9 und von 28,6 % Rohrzucker direkt zur Vergleichung kam. Es zeigte sich, dafs ganz im Gegensatz zu den Angaben jener Forscher und in Übereinstimmung mit unseren früheren Resultaten der Prefssaft bei stärkerem Zuckerzusatz die weitaus gröfsere Gärwirkung ausübte.

Tabelle XLIII.

Gewichtsanalytischer Vergleich der Gärleistung in verdünnter und konzentrierter Zuckerlösung.

Je 20 ccm Prefssaft + 2 bezw. 8 g Rohrzucker + 0,2 ccm Toluol; 22°.

Nr.	Datum	Hefe	Rohrzucker-zusatz		Kohlendioxyd in g nach Stunden		
			in g	%	20	44	68
343	23. XI. 00	Berliner Unterhefe S.	2	9	0,62 0,62	0,76 0,77	0,86 0,84
344	„		8	28,6	0,88	1,53	1,85
345	27. XI. 00		2	9	0,49 0,56	0,72 0,72	0,84 0,88
346	„		8	28,6	0,86	1,45	1,75
347	30. XI. 00		2	9	0,66 0,61	0,77 0,72	0,92 0,84
348	„		8	28,6	0,75 0,70	1,32 1,26	1,91 1,81

Demnach wird sich auch in Zukunft empfehlen, bei Gärversuchen mit Prefssaft nicht, wie Macfadyen, Morris und Rowland vorschlagen, geringe, sondern im Gegenteil starke Zuckerzusätze zu machen, insbesondere weil durch dieselben auch das Aufkommen von lebenden Mikroorganismen vollständig verhindert wird. Die Ergebnisse der oben genannten Forscher werden nur durch die Annahme erklärlich, dafs in ihren Versuchsflüssigkeiten mit dem niedrigen Zuckergehalt Spaltpilze und vielleicht auch Hefezellen in grofser Menge ihre Gärtätigkeit entfalten konnten.

Um den Vergleich der Gärleistung bei hochprozentigen und verdünnten Zuckerlösungen auch auf solche von nur

5 % Zuckergehalt ausdehnen zu können, wurden einige volumetrische Versuche mit Messen des entwickelten Kohlendioxyds genau nach der früher beschriebenen Methode (vgl. S. 87) ausgeführt; sie haben auch den Vorteil, daſs die Verhältnisse in den ersten Stunden des Gärungsbeginnes verfolgt werden können, und daſs dabei Unterschiede schon nach 1—2 Stunden hervortreten. Gewichtsanalytische Versuche mit nur 5 proz. Zuckerlösung lassen sich kaum anstellen, da der Zucker zu Ende geht, bevor der Preſssaft seine vollständige Gärkraft entfaltet hat (vgl. Nr. 310 der Tab. XLI, S. 152).

Zunächst seien zwei Versuche mit 5- und mit 40 proz. Zuckerlösung, ausgeführt mit Preſssaft aus Berliner Unterhefe S, der vorher auf 28—30° angewärmt war, mitgeteilt. Der Preſssaft wurde in Eudiometerröhren gefüllt, der gepulverte Zucker darin aufgelöst, das Rohr dann sofort mit 28° warmem Quecksilber völlig gefüllt und in einer Wanne mit solchem umgestürzt. Das Ganze kam in einen Wärmeschrank bei 28° zu stehen.

Tabelle XLIV. **Volumetrischer Vergleich der Gärleistung in verdünnter und konzentrierter Zuckerlösung.**

Je 5 ccm Saft + 0,26 bezw. 3,3 g Rohrzucker + 0,07 ccm Toluol; 28°.

Nr.	Datum	Saccharose %	Kohlendioxyd in ccm nach Stunden											
			1/2	1	1 1/2	2	2 1/2	3	3 1/2	4	4 1/2	5	5 1/2	6
349	26. XI. 01	5	1,5	4,5	9	14	17	20	22	—	—	—	—	—
350	›	40	2	2,5	4	8	11	14	15	—	—	—	—	—
351	4. XII. 01	5	1	3,5	7,5	11	13	16,5	18,5	22	23,5	—	—	—
352	›	40	1	2	4	6	6,5	8,5	10	11,5	13,5	15	19	21

Bei diesen Versuchen trat wieder eine beträchtliche Beschleunigung der Gärwirkung am Anfang in der verdünnten Zuckerlösung hervor, während die konzentrierten Zuckerlösungen in der ersten Zeit sehr zurückblieben und erst später nachkamen. Die Versuche wurden willkürlich unterbrochen, nicht erst nach Erschöpfung der Gärkraft. Nr. 351 und 352 seien noch graphisch wiedergegeben (s. S. 158).

Schließlich wurde durch einen volumetrischen Versuch mit Preßsaft aus Berliner Unterhefe S auch noch entschieden, ob ein Zusatz von 5 oder von 10 % Rohrzucker die höhere Gärkraft liefert. Es zeigte sich, daß, wenn nur 5 % Kohlenhydrat zu-

Diagramm 6.

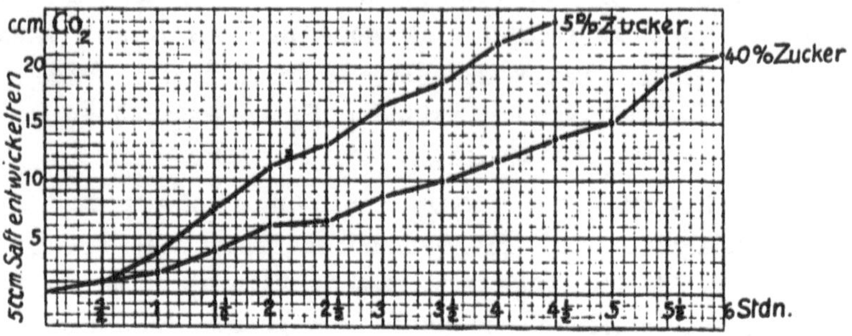

Fig. 12.
Gärkraft in verdünnter und konzentrierter Zuckerlösung.

gesetzt werden, die Gärung merklich rascher einsetzt als bei 10 %. Nach zwei Stunden bereits ist aber das gesamte Volumen entwickelter Kohlensäure in beiden Fällen nahezu dasselbe. Die Versuche mußten dann unterbrochen werden, weil die geringe Größe der Eudiometerröhren eine Fortsetzung nicht mehr gestattete.

Tabelle XLV.
Volumetrischer Vergleich der Gärwirkung bei 5 und bei 10 % Zuckerzusatz.
Je 5 ccm Saft + 0,25 bezw. 0,5 g Rohrzucker + 0,07 ccm Toluol; 28°.

Nr.	Datum	Saccharosezusatz in %	Kohlendioxyd in ccm nach Stunden				
			½	¾	1	1½	2
353	15. XI. 01	5	5,5	10,5	12,5	16,5	22
354	»	10	3	8	9,5	13	21

Einfluß der Verdünnung des Preßsaftes auf die Gärwirkung.

Bei Zusatz von nur einem Volum Wasser zu Preßsaft mit 10 % Rohrzucker haben A. Macfadyen, G. H. Morris und S. Rowland[1]) bei zwei Versuchen eine ganz außerordentliche

[1]) Berichte d. d. chem. Gesellschaft 33, 2784 (1900).

Abnahme der Gärwirkung wahrgenommen, von 1,3 bezw. 1,66 g Kohlendioxyd auf 0,1 bezw. 0,23 g aus 100 ccm Preſssaft, und folgern daher: »Der paralysierende Einfluſs der Verdünnung auf die Wirksamkeit des Preſssaftes steht mit dem allgemeinen Verhalten der Enzyme unter ähnlichen Bedingungen in so groſsem Widerspruch, daſs derselbe unserer Meinung nach einen schwerwiegenden Einwand gegen die Annahme der Buchner'schen Enzymtheorie bedeutet.« Die Engländer sind überhaupt geneigt, den Einfluſs der Verdünnung als entscheidend für die Natur des gärkräftigen Agens zu betrachten; sie schreiben: »Wenn die Wirkung der Preſssäfte rein enzymatischer Natur war, so sollte eine mäſsige Verdünnung die Resultate nicht merklich beeinflussen; rührte dagegen die Wirkung der Preſssäfte von anderen Ursachen her (die Autoren denken dabei an das Vorliegen von lebenden Protoplasmastückchen im Preſssaft. E. B.), so muſste sie in gröſserem oder kleinerem Maſse von der Verdünnung abhängig sein.«

Es lagen zu jener Zeit bereits einige Verdünnungsversuche, ausgeführt mit Preſssaft aus Münchner Unterhefe, vor[1]), welche nur einen mäſsig schädlichen Einfluſs der Verdünnung des Saftes mit einem Volum Wasser in Bezug auf die Gärkraft zeigten, wie ein solcher zu erwarten war, denn in der vermehrten Flüssigkeit und verdünnteren Lösung bleiben gröſsere Mengen Kohlendioxyd gelöst wie vorher. Die Versuche wurden damals wegen merkwürdiger Beobachtungen, die bei gleichzeitigem Arsenitzusatz auftraten, angestellt und sollen später in dem Kapitel über Arsenitzusatz mitgeteilt werden. Auf die Veröffentlichung von Macfadyen, Morris und Rowland hin kamen nun über 50 weitere derartige Versuche mit Preſssaft aus Berliner Unterhefe S zur Ausführung, die Ergebnisse der Engländer konnten aber in keiner Weise bestätigt werden. Wir hielten die Verdünnung mit starker, z. B. 29 proz. Zuckerlösung für diejenige Art, welche am sichersten Aufschluſs über die Wirkung des Verdünnens auf die Tätigkeit der Zymase gibt, haben aber auch

[1]) Berichte d. d. chem. Gesellschaft 32, 2093 (1899).

Verdünnungen mit 10proz. Zuckerlösung und mit destilliertem Wasser ausgeführt, um die entsprechenden Versuche der Herren Macfadyen, Morris und Rowland nachzuprüfen.

Tabelle XLVI.

Verdünnung mit konzentrierter Rohrzuckerlösung.

Je 10 ccm frischer Prefssaft mit und ohne Zusatz von destilliertem Wasser + 29 % Rohrzucker zum Gesamtgewicht + 0,2 ccm Toluol; 22°.

Nr.	Datum	Wasserzusatz ccm	Rohrzuckerzusatz insgesamt g	Kohlendioxyd in g nach Stunden 20	44	68	92
355	30. XI. 1900	ohne	4	0,37	0,66	0,95	0,99
				0,35	0,63	0,90	0,94
356	»	10	8	0,33	0,65	1,02	1,13
				0,31	0,61	1,01	1,13
357	»	20	12	0,23	0,48	0,83	0,93
				0,26	0,52	0,83	0,91
358	»	40	20	0,17	0,43	0,71	0,80
				0,16	0,38	0,69	0,78
359	18. XII. 1900	ohne	4	0,38	0,65	0,74	0,78
				0,39	0,65	0,74	0,77
360	»	10	8	0,30	0,58	0,68	0,72
				0,30	0,61	0,71	0,75
361	»	20	12	0,25	0,52	0,63	0,66
				0,23	0,49	0,58	0,61
262	»	40	20	0,15	0,36	0,42	0,44
				0,14	0,36	0,43	0,46
363 a	14. I. 1901	ohne	4	0,40	0,76	0,95	0,99
				0,39	0,74	0,91	0,96
363 b	»	10	8	0,32	0,71	0,91	0,97
				0,34	0,72	0,90	0,95
364	»	20	12	0,26	0,60	0,77	0,82
				0,27	0,61	0,76	0,80
365	»	40	20	0,15	0,42	0,53	0,54
				0,16	0,44	0,56	0,59

Beim Verdünnen mit einem Volum 29proz. Zuckerlösung tritt demnach (s. Tab. XLVI) überhaupt keine Abnahme der Gärkraft ein; beim Verdünnen mit zwei und selbst mit vier Volumen ist die Abnahme noch eine ziemlich geringe.

Beim Verdünnen des Prefssaftes mit **einem** Volum einer 9proz. Zuckerlösung (Tab. XLVII) zeigte sich sogar eine deutliche Zunahme der Kohlendioxydentwicklung gegenüber den Kontrollversuchen ohne Zusatz von Zuckerlösung, ohne Zweifel, weil der angewandte Prefssaft so gärtüchtig war, dafs die bei den Kontrollversuchen zugesetzte Zuckermenge (je 1 g auf 10 ccm)

Tabelle XLVII. **Verdünnung mit schwacher Rohrzuckerlösung.**

Je 10 ccm frischer Prefssaft mit und ohne Zusatz von destilliertem Wasser + 9% Rohrzucker zum Gesamtgewicht + 0,2 ccm Toluol; 22°.

Nr.	Datum	Wasserzusatz	Rohrzucker-zusatz insgesamt	Kohlendioxyd in g nach Stunden		
		ccm	g	20	44	68
366	23. XI. 1900	ohne	1	0,31 0,31	0,38 0,38	0,43 0,42
367	»	10	2	0,40 0,45	0,53 0,55	0,61 0,59
368	»	20	3	0,35 0,36	0,45 0,46	0,52 0,54
369	»	40	5	0,23 0,27	0,31 0,37	0,40 0,43
370	27. XI. 1900	ohne	1	0,25 0,28	0,36 0,36	0,42 0,44
371	»	10	2	0,59 0,52	0,65 0,68	0,70 0,72
372	»	20	3	0,49 0,45	0,77 0,70	0,79 0,73
373	»	40	5	0,30 0,30	0,50 0,50	0,51 0,52

nicht ausreichte, um die ganze Gärkraft zur Wirkung gelangen zu lassen. Selbst eine Verdünnung mit vier Volumina der 9proz. Zuckerlösung ergab keine nachweisbare Verminderung der Gärkraft.

Als endlich Prefssaft mit destilliertem Wasser verdünnt wurde (Tab. XLVIII), erfolgte bei Zusatz von einem Volum

Wasser eine geringe Abnahme der Kohlendioxydentwicklung (um 20—25 % der Gesamtmenge), jedenfalls teilweise dadurch bedingt, dafs nun etwas gröfsere Mengen Kohlensäure in der vermehrten Flüssigkeit gelöst blieben. Auch bei Zusatz von zwei und drei Volumina Wasser war nur eine allmähliche Abnahme der Gärwirkung zu konstatieren, die auch bei der stärksten Verdünnung obige Grenzen nicht überschritt.

Tabelle XLVIII.

Verdünnung mit destilliertem Wasser.

Je 10 ccm frischer Prefssaft mit und ohne Zusatz von destilliertem Wasser + 9 % Rohrzucker zur Menge des Prefssaftes + 0.2 ccm Toluol; 22°.

Nr.	Datum	Wasserzusatz	Rohrzucker-zusatz insgesamt	Kohlendioxyd in g nach Stunden		
		ccm	g	20	44	68
374	22. I. 1901	ohne	1	0,32 0,30	0,40 0,38	0,46 0,45
375	»	10	1	0,29 0,27	0,32 0,31	0,33 0,32
376	»	20	1	0,25 0,27	0,30 0,32	0,32 0,34
377	»	30	1	0,27 0,27	0,34 0,33	0,37 0,35
378	29. I. 1901	ohne	1	0,35 0,34	0,43 0,42	0,48 0,47
379	»	10	1	0,28 0,29	0,36 0,37	0,39 0,40
380	»	20	1	0,28 0,28	0,37 0,36	0,41 0,39
381	»	30	1	0,29 0,29	0,37 0,36	0,38 0,38

Nach diesen Ergebnissen müssen die Angaben der Herren Macfadyen, Morris und Rowland, welche mit Saft aus englischer Oberhefe arbeiteten, für Prefssaft aus Unterhefe als widerlegt gelten; sie können daher auch nicht als Beweise gegen die Enzymtheorie betrachtet werden.

Zymase in sehr verdünnter Lösung und 1–2 % Zucker.

Enzyme wirken vielfach noch bei starker Verdünnung und bringen auch dann gewaltige Umsetzungen zu stande. Das Mifsverhältnis zwischen dem Gewicht des Agens und dem Gewicht der zerlegten Stoffe wird sogar als charakteristisch für Enzymwirkungen betrachtet. Es schien daher von Interesse, zu prüfen, ob Prefssaft in grofser Verdünnung noch imstande sei, Zucker zu vergären.

Die Versuche, deren Ausführung Herr Dr. J. Meisenheimer übernahm, verliefen in folgender Weise: Von frischem Prefssaft, dessen Gärwirkung unter normalen Verhältnissen geprüft worden war (Tab. IL, 3. Spalte), wurden 20 ccm eingetragen in 500 ccm Wasser unter Zugabe von etwas Salzen und Thymol, sowie von 5 bezw. 10 g Rohrzucker. Die Flüssigkeit befand sich in einem grofsen Kolben, der mit einem doppelt durchbohrten Stopfen verschlossen war. Durch diesen führten zwei Röhren, die eine bis unter den Flüssigkeitsspiegel, die andere nur bis knapp unter den Stopfen. An letztere Röhre waren zunächst zwei U-förmige Chlorcalciumröhren, dann ein gewogener Kaliapparat mit Ätzkaliröhrchen und schliefslich als Schutz gegen Feuchtigkeit von aufsen nochmals ein Chlorcalciumrohr angeschlossen. Nachdem der Versuch drei Tage bei Zimmertemperatur gestanden, wobei keine Gasentwicklung zu beobachten war, wurde der Kolben zum Sieden erhitzt und durch das ganze System Luft durchgeleitet. Bei zwei Versuchen mit 5 bezw. 10 g Rohrzuckerzusatz ergab sich nur eine Gewichtszunahme des Kaliapparates von 0,034 bezw. 0,030 g. Gärung durch den Prefssaft war also nicht mit Sicherheit nachzuweisen; auch hatte das zugesetzte Thymol das Wachstum von Mikroorganismen genügend zurückgehalten.

Es tauchte die Vermutung auf, dafs vielleicht positive Resultate zu erzielen wären, wenn nicht mit Salzlösung, sondern z. B. mit 10 proz. Glycerin verdünnt würde. 20 ccm Prefssaft, 500 ccm einer 10 proz. Glycerinlösung, 5 g Rohrzucker und 0,2 g Thymol lieferten tatsächlich bereits nach 24 Stunden bei Zimmertemperatur nach Aufkochen und Luftdurchleiten eine Zunahme des Kaliapparates von 0,08 g. Viel besser war der Erfolg, als bei zwei weiteren Proben an Stelle der Glycerinlösung eine 10 proz. Hühnereiweifslösung und sonst die gleiche Anordnung wie vorher gewählt wurde; die Gewichtszunahme betrug nun nach 24 Stunden 0,27 bezw. 0,30 g.

In zwei weiteren Versuchen von derselben Anordnung, aber mit 10 g Rohrzucker und 0,3 g Thymol, nach 72 Stunden unterbrochen, stieg nach Erhitzen und Luftdurchleitung die Gewichtszunahme sogar auf 0,97 bezw. 0,79 g; während des Verlaufes dieser beiden Versuche war auch eine geringe Gasentwicklung zu bemerken gewesen. Bei einem ebenso angeordneten Versuch wurden aufserdem noch 5 g sekundäres Natriumphosphat zugegeben; nach dem Erwärmen und Luftdurchleiten war eine Zunahme von 0,60 g zu konstatieren.

Die Versuche mit Zusatz von Eiweifslösung hatten also alle positives Resultat ergeben. Immerhin wäre es aber noch möglich gewesen, dafs bei denselben infolge der Gegenwart jenes guten Nährstoffes für Mikroorganismen die Antiseptik trotz des Thymolzusatzes keine genügende war und lebende Bakterien oder Hefezellen jene Kohlendioxydentwicklung hervorgerufen hatten. Um auch diesen Einwand zu entkräften, wurden nochmals zwei Parallelversuche angestellt; zu 250 ccm Hühnereiweifslösung von 10%, 5 g Rohrzucker und 0,15 g Thymol kamen bei dem einen noch 20 ccm Prefssaft, beim andern wurde kein Saft zugesetzt. Nach 72stündigem Stehen bei Zimmertemperatur wurde wie sonst zum Kochen erhitzt und Luft durchgeleitet: der Versuch mit Prefssaftzusatz ergab eine Kohlendioxydentwicklung von 0,27 g, der ohne Prefssaft nur eine Gewichtszunahme der Absorptionsapparate von 0,01 g. Die Antiseptik war also eine genügende gewesen.

Wenn wir die sämtlichen Experimente überblicken, so beweisen sie, *dafs die Zymase auch bei 25facher Verdünnung des Saftes noch Zucker vergärt.* Doch ist dann, um eine beträchtliche Wirkung zu erzielen, der Zusatz von Hühnereiweifslösung nötig; das Eiweifs spielt wahrscheinlich nur die Rolle eines kolloïdal

Tabelle IL.

Gärwirkung durch sehr verdünnten Prefssaft.

Je 20 ccm Saft + 500 ccm Salzwasser bezw. Glycerin- oder Eiweifslösung + 5–10 g Rohrzucker + 0,2–1 g Thymol; Zimmertemperatur.

Nr.	Prefs-saft	20 ccm dieses Prefssaftes gaben mit 8 Rohrzucker + 0,2 Toluol bei 22° nach 96 Stunden	20 ccm Prefssaft gelöst in	Rohr-zucker-zusatz in g	Thymol-zusatz in g	Ver-suchs-dauer in Stunden	Kohlendi-oxyd in g nach Erwär-men u. Luft-durchleiten
382	20 ccm	0,97 g	500 ccm wässerige Salzlösung[1] . . .	5	1	72	0,034
383	»	0,97 g	»	10	1	72	0,030
384	»	0,95 g	500 ccm Glycerinlösung (10 %) . .	5	0,2	24	0,08
385	»	0,95 g	500 ccm Eiweifslösung (10 %) . .	5	0,2	24	0,27
386	»	0,95 g	»	5	0,2	24	0,30
387	»	1,20 g	»	10	0,3	72	0,97
388	»	1,20 g	»	10	0,3	72	0,79
389	»	1,60 g	500 ccm Eiweifslösg. (10%) + 5 g ($Na_2HPO_4 + 12H_2O$)	10	0,3	72	0,60
389a	»	1,05 g	250 ccm Eiweifslösung (10%) . . .	5	0,15	72	0,27
389b	»	1,05 g	»	5	0,15	72	0,01

gelösten Körpers. Die Anwesenheit von solchen scheint nach allgemeiner Erfahrung[2]) andere kolloïdal gelöste Stoffe vor dem Ausfallen und einer Schädigung ihres kolloïdalen Zustandes zu schützen.

Einflufs von Salzzusätzen.

Geringe Zusätze von neutral reagierenden Elektrolyten haben oft einen sehr störenden Einflufs auf die Enzyme; insbesondere schädigt Calciumchlorid die Diastase des Malzes[3]) und die In-

[1]) 5 g K_2HPO_4 + 2 g ($MgSO_4 + 7 H_2O$) + 2 g NaCl + 1 g $CaSO_4$.

[2]) Eine Zusammenstellung der Literatur, nebst eigenen Bestätigungen s. C. Paal, Ber. d. d. chem. Ges. 35, 2209 (1902).

[3]) Duclaux, Traité de Microbiologie, Paris 1899, II, 491.

vertase[1]) (hier im Gegensatz zu Baryumchlorid) aufserordentlich. Ganz analog beeinflussen manche Salzzusätze das wirksame Agens des frischen Hefepreſssaftes in hohem Grade.

Die ersten, nur qualitativen Versuche mit Ammonsalzen ergaben keine sehr starke Einwirkung, selbst in Konzentrationen von 4,4 % (Tab. L). Die Anordnung dieser Versuche war folgende: Zu je 6 ccm Preſssaft aus Münchner Unterhefe wurden 10 % Rohrzucker und 3 ccm Salzlösung gegeben. Als Salzlösung diente eine 20 proz. Lösung, von der bei der stärksten Konzentration direkt 3 ccm zugesetzt wurden, bei der folgenden 2 ccm versetzt mit 1 ccm Wasser, dann 1 ccm Salzlösung + 2 ccm Wasser, 0,5 ccm Salzlösung + 2,5 ccm Wasser, endlich 0,25 ccm Salzlösung + 2,75 ccm Wasser. Die Röhrchen wurden hierauf nebeneinander bei Zimmertemperatur aufgestellt und der Grad der Gärungserscheinungen beobachtet. In der Tabelle bedeutet g. geringe, d. deutliche, st. starke und s. st. sehr starke Gasentwicklung.

Tabelle L. **Zusatz von Ammoniumsalzen.**

Nr.	Datum	Ammonsalz	Konzentration %	Beobachtete Gasentwicklung nach Stunden ½	3	24
390 a	30. III. 98	Ammoniumchlorid . . .	1,1	s. st.	s. st.	s. st.
390 b	»	»	2,2	st.	st.	s. st.
390 c	»	»	4,4	g.	d.	st.
390 d	»	Ammoniumnitrat	1,1	st	s. st.	s. st.
390 e	»	» . . .	2,2	d.	st.	s. st.
390 f	»	» . . .	4,4	g.	d.	d.
390 g	»	Normales Ammoniumsulfat	1,1	s. st.	s. st.	s. st.
390 h	»	» »	2,2	st.	st.	s. st.
390 i	»	» »	4,4	d.	st.	s. st.
390 k	»	» »	6,7	g.	d.	st.

Die Ammoniumsalze erscheinen bei diesen qualitativen Versuchen nur von geringem Einfluſs auf die Gärwirkung des Saftes. Genauere quantitative Versuche (Nr. 408—410 der Tab. La)

[1]) Duclaux, a. a. O. II, 373.

haben jedoch ergeben, dafs selbst schon Zusätze von 1 % Ammonchlorid und besonders Ammonsulfat eine merkliche Herabsetzung der Gärleistung des Prefssaftes zur Folge haben; allerdings sind diese letzteren Versuche bei viel stärkerer Zuckerkonzentration ausgeführt, was vielleicht auch Bedeutung besitzt. Über die Einwirkung von Ammoniumazoimid und von Ammoniumfluorid wird später in dem Kapitel über antiseptische Zusätze berichtet.

Quantitative Versuche bezüglich des Einflusses von verschiedenen Salzzusätzen enthält die Tabelle La. Danach stört Zusatz von 1 % Natrium- oder Ammoniumchlorid, welche unter sich gleich stark wirken, die Gärkraft zwar wenig, aber doch deutlich (Versuche Nr. 407, 409, 416); viel schädlicher wirken die Sulfate des Natriums, Ammoniums, Magnesiums[1]) und Natriumnitrat (411—414), welche in 1 proz. Lösung ungefähr ebenso hindern, wie Gaben von 2 % Natrium- und Ammoniumchlorid (408, 410). Noch gröfsere Störung verursacht Zusatz von 1 % Calciumchlorid (401, 418) und besonders von 2 % dieses Körpers (402), wogegen 1 % Baryumchlorid kaum einen Einflufs (403, 419), 2 % davon nur einen wenig schädigenden Einflufs (404) ausüben. Dafs Baryumchlorid nur eine verhältnismäfsig schwache Wirkung besitzt, mag zum Teil auch durch sein hohes Molekulargewicht bezw. die relativ geringe Zahl von Molekeln in einer 1 proz. Lösung verursacht sein; ähnliches dürfte von Borax gelten (417). Diese Beobachtungen sind für Rohr- und Traubenzucker zutreffend (s. Tab. La.); ob auch für andere als die gewählten hohen Konzentrationen des Kohlenhydrats, andere Temperaturen u. s. w. bleibt fraglich.

Über den Einflufs des Gegenteiles von Salzzusätzen zum Hefeprefssaft, nämlich der Verdünnung desselben mit destilliertem Wasser auf die Gärkraft s. S. 162. Der Einflufs von

[1]) Bei Studien über die Selbstgärung der Hefe hat C. J. Lintner, Centralbl. für Bacteriologie II. Abt. 5, 798 (1899) dagegen einen fördernden Einflufs von Magnesiumsulfatzusätzen nachgewiesen; bei jenen Versuchen handelt es sich aber um diese Wirkung des Salzes nicht nur auf die Zymase, sondern insbesondere auf den die osmotischen Vorgänge bezw. die Plasmolyse regelnden Plasmaschlauch der lebenden Hefezelle.

Tabelle La.

Wirkung von Salzzusätzen auf die Gärkraft.

Je 20 ccm Prefssaft + 8 g Rohr- bezw. Traubenzucker + 0,2 ccm Toluol 15—17°.

Nr.	Datum	Zuckerart	Salzzusatz			Kohlendioxyd in g nach Stunden			
				%	in g wasserfrei	16	40	64	88
391	14. IV. 99	Saccharose	Natriumchlorid . .	1,4	0,4	0,16	0,39	0,60	—
391a	»	»	Borax	1,4	0,4	0,07	0,17	0,25	—
392	»	»	Calciumchlorid [1]) .	0,7	0,2	0,14	0,42	0,62	—
393	»	»	»	1,4	0,4	0,03	0,13	0,21	—
394	»	»	»	2,8	0,8	0,01	0,03	0,04	—
395	»	»	Ohne Zusatz . .	—	—	0,25	0,67	0,99	—
396	21. IV. 99	»	Natriumchlorid .	1,4	0,4	0,18	0,45	0,67	—
397	»	»	Borax	1,4	0,4	0,08	0,22	0,34	—
398	»	»	Calciumchlorid .	1,4	0,4	0,00	0,05	0,06	—
399	»	»	Baryumchlorid [2]) .	1,8	0,5	0,17	0,44	0,63	—
400	»	»	Ohne Zusatz . .	—	—	0,26	0,67	0,96	—
401	4. X. 99	»	Calciumchlorid .	1	0,3	0,04	0,07	0,12	0,17
402	»	»	» . .	2	0,6	0	0	0	0
403	»	»	Baryumchlorid . .	1	0,3	0,18	0,38	0,50	0,55
404	»	»	» . .	2	0,6	0,16	0,31	0,39	0,45
405	»	»	Ohne Zusatz . .	—	—	0,13	0,32	0,45	0,53
406	29. III. 00	»	Natriumchlorid . .	0,5	0,15	0,43	1,01	1,43	1,61
407	»	»	» . .	1	0,3	0,33	0,77	1,12	1,25
408	»	»	» . .	2	0,6	0,18	0,45	0,75	0,88
409	»	»	Ammoniumchlorid	1	0,3	0,33	0,75	1,03	1,21
410	»	»	»	2	0,6	0,16	0,43	0,73	0,87
411	»	»	Ammoniumsulfat .	1	0,3	0,18	0,42	0,71	0,86
412	»	»	Natriumsulfat . .	1	0,3	0,16	0,37	0,62	0,79
413	»	»	Natriumnitrat . .	1	0,3	0,19	0,48	0,75	0,89
414	»	»	Magnesiumsulfat .	1	0,3	0,21	0,45	0,67	0,80
415	»	»	Ohne Zusatz . .	—	—	0,36	0,88	1,33	1,57
416	26. V. 99	Glucose	Natriumchlorid. .	1	0,3	0,33	0,73	1,06	1,19
417	»	»	Borax	1	0,3	0,22	0,54	0,80	0,92
418	»	»	Calciumchlorid. .	1	0,3	0,11	0,33	0,55	0,66
419	»	»	Baryumchlorid . .	1	0,3	0,41	0,94	1,29	1,40
420	»	»	Ohne Zusatz . .	—	—	0,38	0,84	1,29	1,56

[1]) Angewandt wurde das krystallisierte Salz $CaCl_2 + 6$ aq.

[2]) Angewandt wurde das Salz $BaCl_2 + 2$ aq.

Kaliumcarbonat, sekundäres Natriumphosphat und Seignettesalz ist bereits auf S. 140 erörtert. Über die Wirkung von antiseptischen Salzzusätzen s. das nächste Kapitel.

In welcher Weise der Zusatz von Elektrolyten auf die Enzyme wirkt, darüber sind dankenswerte Anhaltspunkte durch G. Bredig und Müller von Berneck gefunden, welche zeigten, dafs die Wasserbildung aus Knallgas[1]) und die Zerlegung von Hydroperoxyd[2]) (Wasserstoffsuperoxyd) durch kolloïdale Platinflüssigkeit bei Salzzusätzen vermindert wird; es handelt sich dabei wahrscheinlich um Änderung des kolloïdalen Zustandes, und ähnliches dürfte für die Wirkung der Elektrolyte auf die organischen Enzyme gelten, deren Lösungen auch als heterogene Suspensionen äufserst feiner Teilchen unter der Gröfse der Lichtwellen zu betrachten sind.

Zusatz von antiseptischen Mitteln.

Versuche mit antiseptischen Mitteln wurden zunächst angestellt, um die Mitwirkung von Mikroorganismen bei der zellenfreien Gärung vollkommen auszuschliefsen. In zweiter Linie sollten sie auch zur Charakterisierung der Zymase dienen, welche unbeeinflufst bleiben oder durch die Zusätze geschädigt werden konnte.

Zur Anwendung kamen als Antiseptica hohe Zucker- und starke Glycerinzusätze, Alkohol, Chloroform, Thymol, Toluol, dann Blausäure, Ammoniumfluorid, Natriumazoimid und arsenige Säure in verschiedenen Formen; Wróblewski hat aufserdem auch noch Formaldehyd und Hydroxylamin geprüft und einen schädlichen Einflufs dieser Substanzen auf die Gärwirkung nachgewiesen[3]). Alle diese Stoffe gehören zwei verschiedenen Klassen an:

1. *Antiseptica, welche mit den Eiweifsstoffen des Hefeprefssaftes direkt in chemische Bindung treten.* Für diese gilt der schon

[1]) Zeitschr. für physikal. Chem. 31, 268 (1899).

[2]) Ebenda 31, 352 (1899); ferner Physikal. Zeitschr. 2, 7 (1900) und Bredig, Anorganische Fermente, Leipzig 1901, 84.

[3]) Journ. f. praktische Chemie [2] 64, 17 (1901).

länger aufgestellte, kürzlich von H. Abeles[1]) bei einer Kontroverse über die zellenfreie Gärung besonders betonte Satz, dafs die Giftwirkung von dem Mengenverhältnis zwischen Protoplasma und Gift abhängig ist. Da das Gift durch Eintreten der chemischen Bindung seiner Wirkung entzogen wird, mufs ein Überschufs dieser Antiseptica zugesetzt werden, um Giftwirkung zu erzielen. Wahrscheinlich verbinden sich diese Antiseptica auch mit Enzymen. Jedenfalls eignen sie sich nicht zu entscheidenden Versuchen zwischen Enzym- und Plasmatheorie. Hierher sind zu rechnen: Sublimat und Ammoniumfluorid, welche beide Fällungen erzeugen, ferner Metarsenit, das allerdings nur in ziemlicher Konzentration im Prefssaft einen Niederschlag hervorruft, aber auch in verdünnter Lösung mit Bestandteilen desselben zu vielleicht dem Brechweinstein ähnlichen Körpern zusammentreten dürfte. In der Tat vermag, wie Abeles richtig, aber ohne obigen Erklärungsversuch angibt, ein Zusatz von 2 % Metarsenit zwar die Gärung durch geringere Hefemengen zu unterdrücken, nicht aber die durch 20 g Hefe, weil von dieser grofsen Masse nach Festlegung des Arsenits immer noch ein Teil lebensfähig bleibt.

2. *Antiseptica, welche mit den Eiweifsstoffen des Prefssaftes nicht in derartige Bindung treten*: hierher gehören solche, die nur bei hoher Konzentration wirksam sind, wie Glycerin und Zucker, und solche, die schon bei geringen Zusätzen wirken, z. B. Toluol und Chloroform. Die Giftwirkung dieser Stoffe ist, im Gegensatz zu den Annahmen von Abeles, nicht von dem Mengenverhältnis zwischen Protoplasma und Gift, sondern nur von der Giftkonzentration abhängig. Fragt man nach der Ursache der antiseptischen Wirkung dieser Stoffe, so wird man, was zunächst Glycerin und Zucker betrifft, die nur in hohen Konzentrationen wirken, kaum fehlgehen mit der Annahme, dafs in den konzentrierten Lösungen eine Plasmolyse der Zellen eintritt und die Mikroorganismen durch Wasserentzug, der die Lebensvorgänge stört, zu Grunde gehen oder wenigstens in ihrer Lebenstätigkeit

---

[1]) Berichte d. d. chem. Gese. 31, 2261 (1899)

gehindert werden. Die übrigen Stoffe, welche schon bei geringen Zusätzen antiseptisch wirken, wie Chloroform, Thymol, Toluol etc. haben eine geringe Löslichkeit in Wasser, eine grofse in Äther und fetten Ölen gemein und dringen daher mit gröfster Schnelligkeit in das Innere der Zellen ein[1]. Sie sind chemisch verschieden und teilweise sehr indifferent. Man wird daher mit der Mehrzahl der Biologen[2] annehmen müssen, dafs sie infolge einer katalytischen Wirkung schädlich sind. Oder, was mir wahrscheinlicher dünkt, diese Stoffe schaden dadurch, dafs sie die Wirksamkeit der Cholesterinhäutchen aufheben, welche nach Overton die einzelnen Werkstätten in den Zellen von einander abscheiden; es kommt dadurch zu einer Einwirkung der bisher sorgfältig getrennten chemischen Agentien im Zellinnern und zu einer tiefgreifenden Störung der Lebensvorgänge.

Zymasegärung in konzentrierten Glycerinlösungen.

Lebende Organismen gehen in starken Glycerinlösungen baldigst zu Grunde; nach Overton[3] genügt zur vollständigen Narkose einer Pflanzenzelle schon eine etwa 20proz. Glycerinlösung. Dagegen ist seit den Versuchen von Wittich's[4] und Hüfner's[5] das Glycerin als schätzenswertes Lösungsmittel für Enzyme bekannt, welches deren Wirksamkeit gut konserviert. Starke Glycerinzusätze schienen daher sehr geeignet, um die Mitwirkung von Mikroorganismen bei der zellenfreien Gärung auszuschliefsen, sowie, um zwischen Enzym- und Plasmatheorie zu entscheiden. Lähmen hohe Glycerinkonzentrationen die Zellen selbst, obwohl das Glycerin die Protoplasten ziemlich langsam durchdringt[6], so mufsten sie jedenfalls auch die gleiche Wirkung auf lebende Protoplasmastückchen im Prefssaft, die des Schutzes der Zellhaut entbehren, ausüben.

---

[1] Ernst Overton, Über die allgemeinen osmotischen Eigenschaften der Zelle und ihre vermutlichen Ursachen. Vierteljahrschrift naturf. Ges. in Zürich 44, 106 (1899).

[2] Vergl. Overton, a. a. O., S. 130.

[3] a. a. O., S. 126.

[4] Pflüger's Archiv 2, 193.

[5] Journ. f. praktische Chemie [2] 5, 372.

[6] E. Overton, Vierteljahrschrift naturf. Ges. in Zürich 40, 1 (1895).

Zuerst erfolgten einige qualitative Versuche. In je 25 ccm Bierwürze, die mit 10 bezw. mit 15 g Glycerin versetzt wurden, gelangte eine beträchtliche Hefemenge zur Aussaat; bei 30° traten allmählich schwache Gärungserscheinungen ein, nicht aber, als bei zwei weiteren Versuchen die Glycerinmengen auf 20 und 25 g gesteigert wurden. Analog erfolgte bei vier Röhrchen mit je 25 ccm Prefssaft, nachdem jedesmal 5 g Rohrzucker darin aufgelöst waren, ein Zusatz von 10, 15, 20 und 25 g Glycerin, das zur vollständigen Mischung gebracht wurde. 12 Stunden später war in allen vier Röhrchen, also auch in dem letzten mit einem Gesamtglyceringehalt von 45 Gewichtsprozent lebhafte Gärung zu bemerken.

Quantitative Versuche zum Vergleich mit dem Verhalten lebender Hefe bei Glycerinzusatz wurden mit getrocknetem Hefeprefssaft ausgeführt. Einerseits kamen 3 g davon in der etwa sechsfachen Menge einer Mischung gleicher Volumina Glycerin und Wasser unter Bearbeiten in der Reibschale zur Auflösung, anderseits wurde eine dem getrockneten Prefssaft, nach dem Stickstoffgehalt zu urteilen, ungefähr gleichwertige Quantität lebender Hefe (je 7 g, beim zweiten Versuche von derselben Hefe, aus welcher der Saft dargestellt worden war) in derselben Glycerinmischung suspendiert. (Um etwa vorhandene Hefeklümpchen sicher zu verteilen, kolierte man noch durch ein Tuch, wobei kein wägbarer Rückstand hinterblieb.) Überall wurden 8 g Rohrzucker zugesetzt. Die Versuche mufsten, da infolge der hohen Viscosität der Flüssigkeit das Kohlendioxyd nur sehr langsam entwich, tagelang stehen gelassen werden, was aber unbedenklich geschehen durfte, denn Mikroorganismen können sich unter den eingehaltenen Bedingungen nicht entwickeln.

Die Versuche (s. Tab. LI) zeigten, dafs der getrocknete Prefssaft auch in Glycerinlösung Gärkraft besitzt, kaum weniger, als beim Auflösen in Wasser (Vergleich von Nr. 421 und 423), wenngleich die Kohlendioxydentwicklung durch die Glyceringegenwart sehr verlangsamt wird. Wie erwartet, ist bei den Versuchen mit lebender Hefe ebenfalls Gärung eingetreten, aber nicht in gröfserem

Tabelle LI.

Getrockneter Prefssaft und lebende Hefe bei Glycerinzusatz.

Je 3 g getrockneter Prefssaft bezw. 7 g Hefe + 9 ccm Glycerin + 9 ccm Wasser + 8 g Rohrzucker; 15—17°.

Nr.	Datum		Kohlendioxyd in g nach Tagen							
			1	$2^1/_2$	$3^1/_2$	5	6	8	10	24
421	24. XI. 98.	Getrocknet. Hefeprefssaft	—	—	—	—	1,48	—	—	1,63
422	»	Lebende Hefe	—	—	—	—	1,50	—	—	1,70
423	»	Kontrolle: 3 g getrockneter Prefssaft + 8 g Rohrzucker + 19 ccm Wasser + 0,2 ccm Toluol	0,57	1,04	—	—	1,71	—	—	—
424	28. XII. 98.	Getrocknet Hefeprefssaft	0,14	0,44	0,63	0,79	0,96	1,29	1,46	1,93
425	»	Lebende Hefe	0,05	0,23	0,39	0,51	0,65	0,99	1,16	1,70

Umfange, als der in den Zellen enthaltenen Zymase entspricht, selbst nicht nach 24 Tagen (Nr. 422). Eine Neubildung von Zymase, wie sie sonst in lebender, gärtätiger Hefe stattfindet, war demnach nicht zu konstatieren.

Prefssaft und konzentrierte Zuckerlösungen.

Hans Buchner[1]) hat festgestellt, dafs Zusatz von Rohr- oder Traubenzucker zu Bierwürze bis zum Entstehen einer 44 proz. Lösung die Gärwirkung lebender Unterhefe bei Zimmertemperatur verhindert, nicht aber, selbst bei Zusätzen bis zu 50 proz. Lösung, die Gärkraft des Prefssaftes. Die quantitativen Versuche der Tab. XLI und XLI a, s. S. 152, 153, zeigen ferner, dafs Prefssaft bei Zusatz von Zucker bis zu 40 proz. Lösung eine gröfsere Gesamtgärwirkung entfaltet, als bei nur 20% Zuckerzugabe. Für Gärung durch lebende Hefezellen müfste unter allen Umständen das Umgekehrte gelten; auch lebende Plasmastückchen könnten kaum so unempfindlich gegen konzentrierte Zuckerlösungen sein, wie es das Agens des Prefssaftes, die Zymase, tatsächlich ist.

[1]) Münchner medizin. Wochenschrift **1897**, Nr. 44, S. 1244.

Wirkung von Alkohol.

Da Äthylalkohol in konzentrierterer Form das Wachstum niederer Organismen hindert, kann derselbe auch zu den Antisepticis gerechnet werden; es soll daher der Einflufs desselben auf die Prefssaftgärung hier kurz zur Sprache kommen. Bekannt ist, dafs man bei der Spiritusfabrikation den Alkoholgehalt der Maische auf 12% und darüber zu steigern vermag[1]). Versuche mit Prefssaft (Tab. LIa), deren Ausführung ich Herrn Dr. O. Herzog aus Wien verdanke, haben ergeben, dafs bei steigendem Alkoholzusatz zu gezuckertem Prefssaft die Gärwirkung allmählich abnimmt. Der Alkohol wurde dabei langsam tropfenweise, unter Umschütteln zugefügt, so dafs möglichst wenig Fällung entstand; bei dem Versuch mit 15% Alkohol wurde sogar der Prefssaft (20 ccm) zuerst mit 20 ccm Wasser gemischt und dann erst der Alkohol zugegeben. Bei einem weiteren Versuch mit 15% Alkohol mischte man ferner den Alkohol zuerst mit einer dem Prefssaftvolumen gleichen Menge Wasser (10 ccm) und erst diese verdünnte Lösung wurde dann tropfenweise zugesetzt (Nr. 425 f).

Tabelle LIa. **Gärwirkung des Prefssaftes bei Alkoholzusatz.**
Je 20 ccm Saft aus Berliner Unterhefe S + 8 g Rohrzucker + 0,2 ccm Toluol + wechselnde Mengen von Äthylalkohol; 22°.

Nr.	Datum	Prefssaft ccm	Rohrzucker g	Wasserzusatz ccm	Alkohol %	Kohlendioxyd in g nach Stunden 20	44	68	90
425 a	Sommer 1901	20	8	—	—	0,61 0,60	0,99 1,03	1,13 1,13	1,15 1,14
425 b		20	8	—	2	0,60	1,05	1,22	1,27
425 c		20	8	—	5	0,54 0,50	0,84 0,78	0,92 0,85	0,94 0,87
425 d		20	8	—	8	0,47	0,67	0,89	0,90
425 e		20	16	20	15	0,25 0,24	0,38 0,39	0,42 0,43	0 44 0,45
425 f		10	8	10	15	0,09 0,11	0,16 0,18	0,20 0,23	0,21 0,24

[1]) Max Delbrück, Berichte d. d. chem. Gesellschaft 32, 2772.

Die letzten Versuche der Tabelle beweisen, dafs selbst bei einem Alkoholzusatz von 15 % die Gärkraft des Prefssaftes noch keineswegs erloschen ist; dabei entsteht durch die Spaltung des Zuckers weiterer Alkohol. Ferner ist darauf hinzuweisen, dafs diese 15 % Alkohol von Beginn der Gärung an zugesetzt wurden. Entsteht der Alkohol erst im Prefssaft durch Gärung von Zucker, so wird man vermutlich eine noch höhere Konzentration daran erzeugen können, ohne die Zymase zu vernichten. Es scheint demnach die Grenze für die Alkoholbildung bei der zellenfreien Gärung eher höher zu liegen, als bei der Gärung mittels lebender Hefezellen.

Dafs Alkohol in konzentrierter Form für die Zymase nicht sehr schädlich ist, ergibt sich aus den später zu beschreibenden Fällungsversuchen und aus der Darstellung von gärkräftiger Dauerhefe mittels jenes Stoffes (s. im VI. und VII. Abschn.). Auch über die Einwirkung von Aceton und von Äthyläther ist dort berichtet.

Chloroform als Antiseptikum.

Ein qualitativer Versuch zeigte schon bei Entdeckung der zellenfreien Gärung[1]), dafs ein Gemisch von Prefssaft und Saccharoselösung trotz Sättigen mit Chloroform in Gärung gerät; frühzeitig tritt aber dabei geringe Eiweifsausscheidung ein. Es liegen ferner zwei quantitative Versuche vor, bei welchen die Gärkraft von frischem Prefssaft verglichen wurde mit der von lebender Hefe, beide unter Chloroformzusatz. Man mufs bei Würdigung dieser Versuche berücksichtigen, dafs, falls sehr grofse Hefemengen zur Aussaat gelangen, auch die in den Zellen vorrätige Zymase zu merklicher Gärung Anlafs gibt, und dafs eine vollständige Wirkung des Chloroforms auf die lebenden Hefezellen nur erwartet werden kann, wenn für gleichmäfsige Verteilung der Hefe in der Flüssigkeit gesorgt ist. Bilden sich aber Klümpchen von Hefe oder ein Bodensatz, so wird dort lokal keine genügende Einwirkung des Antiseptikums stattfinden. Um bei diesen Versuchen eine fortwährende Verteilung der Hefe in der Flüssigkeit herbeizuführen, wurden deshalb die von Chudia-

[1]) Berichte d. d. chem. Ges. 30, 119 (1897).

kow[1]) empfohlenen pfahlwurzelförmigen Glasgefäſse benutzt und an deren unterstem spitzigen Ende während der ganzen Versuchsdauer kohlendioxydfreie Luft in die Flüssigkeit eingeleitet. An diese Gefäſse schloſs sich zunächst eine durch Eiswasser abgekühlte Waschflasche mit flüssigem Paraffin, um das Chloroform zurückzuhalten, ferner eine Flasche mit konzentrierter Schwefelsäure, ein Chlorcalciumrohr und nun erst zwei gewogene U-Röhren mit Ätzkali und Natronkalk, um die Kohlensäure zur Wägung zu bringen, endlich noch ein Chlorcalciumrohr.

1. Versuchsreihe. a) 45 ccm frischer Hefepreſssaft + 7,5 g Rohrzucker + 2 ccm $CHCl_3$ lieferten unter beständiger Luftdurchleitung bei Zimmertemperatur innerhalb 25 Stunden 1,03 g Kohlendioxyd. — b) 20 g Hefe (die nämliche, aus welcher der Preſssaft bereitet worden) + 7,5 g Rohrzucker + 2 ccm Chloroform, mit Meiſsl's Nährsalzlösung auf das Volum der Flüssigkeit bei Versuch a) aufgefüllt, gaben unter beständiger Luftdurchleitung bei Zimmertemperatur innerhalb 25 Stunden 1,46 g Kohlendioxyd. — Bei einem Kontrollversuch c): 20 g Hefe + 7,5 g Rohrzucker + Meiſsl's Nährsalzlösung wie bei b), aber ohne Chloroformzusatz trat schon nach einigen Stunden Überschäumen ein und nach 25 Stunden Stehen war kein Zucker mehr nachzuweisen.

2. Versuchsreihe. a) 45 ccm frischer Hefepreſssaft + 5 g Rohrzucker + 1 ccm Chloroform lieferten bei Luftdurchleiten und Zimmertemperatur nach 30 Stunden 1,68 g Kohlendioxyd. b) 15 g derselben Hefe, aus welcher der Preſssaft hergestellt wurde, + 5 g Rohrzucker + 1 ccm Chloroform + soviel von Meiſsl's Nährsalzlösung, daſs im ganzen 46 ccm, gaben unter denselben Bedingungen nach 30 Stunden 1,17 g Kohlensäure.

In beiden Versuchsreihen lieferten also die mit Chloroform versetzten Hefemassen Kohlendioxyd, aber nicht mehr, als dem Zymasevorrat entsprechen dürfte; es wurde lange nicht aller Zucker vergoren, was dem Kontrollversuch c der ersten Versuchsreihe gemäſs bei ungehindertem Wachstum der Hefe zu erwarten gewesen wäre. Die Wirkung des Preſssaftes auf Rohrzucker war trotz des Chloroformzusatzes eine sehr starke.

Toluol und Thymol als antiseptische Mittel.

Bei den gewöhnlichen Gärkraftbestimmungen des Preſssaftes hat in den letzten Jahren als Antiseptikum fast ausschlieſslich das Toluol Benützung gefunden, welches z. B. von Emil

[1]) Thiel's landwirtschaftl. Jahrbücher 1894.

Fischer und P. Lindner angewandt wurde[1]); es ist ohne wesentlichen Einflufs auf die Wirkung des Prefssaftes und besitzt, wie zwei Kontrollversuche zeigten (s. S. 182), genügende antiseptische Kraft. Bemerkt sei, dafs auch Benzol bei einem qualitativen Versuch keine schädliche Wirkung auf die Gärkraft des Prefssaftes erkennen liefs.

Tabelle LII.

Gärung durch Prefssaft unter Toluolzusatz.

Je 20 cm Saft aus Münchner Unterhefe, 8 g Saccharose; 15°.

Nr.	Datum		Kohlendioxyd in g nach Stunden				
			16	24	40	64 Kohlendioxyd-verdrängung ohne	64 Kohlendioxyd-verdrängung mit
426	22. III. 98	1 % Toluol	0,40 0,37	— —	0,86 0,79	1,05 1,02	1,17 —
427	29. III. 98	Ohne Zusatz . . .	0,31	0,48	0,74	—	—
428	„	1 % Toluol	0,26	0,43	0,71	—	—
429	„	2 % As_2O_3 (als AsO_2K)	0,89	1,00	1,03	—	—

Beim Vergleich der Versuche 428 und 427 ergibt sich keine wesentliche Schädigung der Gärkraft durch den Toluolzusatz. Dagegen macht sich bei Versuch 429 die grofse Beschleunigung des Gärungsvorganges durch den Zusatz von Metarsenit bemerkbar, auf welche im Kapitel über Arsenit ausführlich zurückzukommen ist. Das makroskopische Aussehen der Versuche 427 und 428 nach 16 Stunden Gärdauer war: beide sind ganz mit Blasen und einer hohen Schaumschicht bedeckt; dabei ist die Flüssigkeit ebenso klar als anfangs. Auch in Nr. 429 war die Flüssigkeit klar, aber an den Wänden zeigte sich eine Ausscheidung von Gerinnsel; Blasen bedeckten die ganze Oberfläche.

Nachdem als Antiseptikum für die zellenfreie Gärung auch Thymol von R. Albert empfohlen worden war[2]), wurden ver-

[1]) Berichte d. d. chem. Ges. 28, 3035 (1895).
[2]) Wochenschrift für Brauerei 16, 487 (1899).

gleichende Versuche zwischen Toluol und Thymol angestellt; für Prefssaft aus Berliner Unterhefe S entschieden dieselben in eindeutiger Weise, dafs 1% Toluol unschädlich ist, wogegen dem Thymol ein bei kleinen Mengen geringer, bei gröfseren deutlich hervortretender schädigender Einflufs auf die Gärwirkung zukommt.

Mit der gleichen Frage haben sich kürzlich auch die Herren Macfadyen, Morris und Rowland[1]) experimentell beschäftigt; ihre Resultate widersprechen aber einander sehr; bald ist Toluol, bald Thymol besonders schädlich für die Gärwirkung.

Nach Ansicht von J. Behrens[2]) »sprechen die scheinbaren Widersprüche in den Versuchsresultaten von Macfadyen, Morris und Rowland gerade dafür, dafs bei der Wirkung des Prefssaftes mit dem komplexen Faktor Leben (lebendige Plasmateilchen) zu rechnen ist, nicht mit einer einfachen chemischen Reaktion, einem einfachen enzymatischen Prozefs.« Gibt man diese Folgerungen für den Augenblick als zutreffend zu, wie erklärt sich dann, dafs derartige »Widersprüche« bei meinen und meiner Mitarbeiter Versuchen mit Münchner und Berliner Hefeprefssaft niemals aufgetreten sind? Mir scheinen die Ergebnisse der genannten Forscher durch mangelhafte Anordnung der Versuche verursacht zu sein, bei welchen häufig Hefesäfte von sehr geringer Gärkraft unter völlig ungenügender Antiseptik zur Verwendung kamen; diese meine Einwände[3]) sind nunmehr zwei Jahre lang ohne Erwiderung geblieben.

Auf Grund der in Tab. LIII niedergelegten Erfahrungen halten wir Toluol für das günstigste Antiseptikum im vorliegenden Fall und haben es später immer in Anwendung gebracht.

Die Versuche der Tabelle zeigen auch, dafs bei Zusatz von 27% Rohrzucker zum Prefssaft die Gärungserscheinungen bei 22° selbst ohne Antiseptikum durch das Aufkommen von Mikroorganismen kaum gestört werden. Beim Vergleiche der Versuche 430 ohne antiseptisches Mittel und 431 mit Toluol er-

---

[1]) Berichte d. d. chem. Ges. 33, 2782 (1900).

[2]) Botan. Zeitung 59, 1 (1901).

[3]) Berichte d. d. chem. Ges. 33, 3312 (1900).

Tabelle LIII.

Gärwirkung bei Toluol-, sowie bei Thymolzusatz und ohne jedes Antiseptikum.

Je 20 ccm frischer Prefssaft + 8 g Rohrzucker mit oder ohne Zusatz von Toluol bezw. Thymol; 22°.

Nr.	Datum	Antiseptikum	Kohlendioxyd in g nach Stunden			
			20	44	68	92
430	10. XI. 00	ohne	0,43	0,98	1,19	1,24
431	»	0,2 ccm Toluol	0,31	0,77	0,96	1,00
432	»	1 » »	0,30	0,84	0,99	1,04
433	»	0,2 g Thymol	0,31	0,66	0,73	0,74
434	»	1 » »	0,29	0,56	0,61	0,62
435	13. XI. 00	ohne	{ 0,75 0,72	1,48 1,46	1,82 1,82	1,91 1,90
436	»	0,2 ccm Toluol	{ 0,79 0,73	1,54 1,46	1,85 1,79	1,93 1,90
437	»	1 » »	{ 0,76 0,74	1,43 1,40	1,65 1,63	1,68 1,68
438	»	einige Körnchen Thymol	{ 0,70 0,70	1,32 1,33	1,59 1,61	1,67 1,69
439	»	0,2 g Thymol	{ 0,64 0,66	1,12 1,18	1,34 1,39	1,40 1,45
440	»	1 » »	{ 0,54 0,55	0,96 0,96	1,08 1,12	1,10 1,15
441	17. XI. 00	ohne	{ 0,63 0,64	1,48 1,44	1,78 1,77	1,84 1,84
442	»	0,2 ccm Toluol	{ 0,65 0,68	1,49 1,51	1,79 1,83	1,85 1,90
443	»	1 » »	{ 0,63 0,67	1,43 1,45	1,62 1,66	1,68 1,70
444	»	einige Körnchen Thymol	{ 0,59 0,61	1,30 1,33	1,52 1,56	1,56 1,61
445	»	0,2 g Thymol	{ 0,55 0,53	1,01 1,02	1,10 1,18	1,13 1,23
446	»	1 » »	{ 0,37 0,36	0,70 0,67	0,70 0,69	0,72 0,70

gibt sich im ersteren Falle nur eine um 24% gesteigerte Gärkraft; beim Vergleiche der Doppelversuche 435 und 441 mit 436 und 442 ist überhaupt ein solcher Unterschied nicht zu bemerken. Die 27 proz. Zuckerlösung im Vereine mit den bakterienfeindlichen Eigenschaften des Hefepreſssaftes lassen es zu keiner für die Resultate bedenklichen Entwicklung von Mikroorganismen kommen, wenigstens nicht innerhalb einiger Tage.

Über die antiseptische Wirkung von Toluol auf lebende Hefe geben die zwei Versuchsreihen der Tab. LIV Aufschluſs; darnach genügen 0,7 % Toluol vollständig, um die Lebenstätigkeit von Hefe unter sonst günstigen Umständen bei 22° zu unterdrücken.

Tabelle LIV.

Wirkung von Toluol auf lebende Hefe.

Je 1 g lebende Berliner untergärige Hefe S (bei 50 Atm. Druck abgepreſst) + 4 bezw. 8 g Rohrzucker mit und ohne Toluol; 22°.

Nr.	Datum		Antiseptikum	Kohlendioxyd in g nach Stunden 24	48	72	96
447	18. X. 01	1 g Hefe + 4 g Saccharose + 15 ccm Wasser + 5 ccm Bierwürze	ohne	1,42 1,37	1,94 1,95	2,06 2,08	2,10 2,13
448	„	„ „	0,2 ccm Toluol	0,02 0,03	0,03 0,05	0,03 0,05	0,03 0,05
449	„	Vergleich: 20 ccm Saft + 4 g Saccharose + 0,2 ccm Toluol	„	0,79 0,70	0,98 0,88	0,99 0,90	1,01 0,91
450	1. V. 02	1 g Hefe + 8 g Rohrzucker + 15 ccm Wasser + 5 ccm Bierwürze	ohne	1,34 1,29	1,96 1,87	— —	2,54 2,45
451	„	„ „	0,2 ccm Toluol	0,02 0,03	0,03 0,04	— —	0,03 0,05
452	„	Vergleich: 20 ccm Preſssaft + 8 g Sacch. + 0,2 ccm Toluol	„	0,45 0,46	0,70 0,71	— —	0,79 0,80

Die Versuche 448 und 451 zeigen, daſs die lebende Hefe bei Toluolzusatz sofort ihre Gärtätigkeit einstellt; es bilden sich nur Spuren von Kohlendioxyd entsprechend dem in den Zellen vorhandenen Zymasevorrat. Dieselbe Hefe gab unter den gleichen Bedingungen, aber ohne Toluolzusatz, lebhafte Gärung, d. h. es fand fortwährend Neubildung von Zymase statt. Die Zahlen für das entwickelte Kohlendioxyd würden bei Versuch 447 schliefslich sicher noch höher ausgefallen sein, aber es war nach dreitägiger Dauer schon nahezu aller Zucker (4 g) vergoren, da bereits 2 g CO_2 gebildet worden. Bei den Versuchen 450—452 sind daher von Anfang an 8 g Rohrzucker zugesetzt. Charakteristisch fällt auch der Vergleich der Versuche 448 und 449, sowie von 451 und 452 aus. 449 ist mit Prefssaft aus derselben Hefepartie, welche in Nr. 448 verwendet worden war, angestellt; ebenso Nr. 452 mit Prefssaft aus der Hefe von Nr. 451. Während aber der Toluolzusatz die Gärung durch lebende Zellen unterdrückt, wirkt der Prefssaft trotz Toluolzugabe kräftig auf Zucker ein, infolge seines Zymasevorrates. Lebende Plasmastückchen im Prefssaft müfsten doch hier ebenso durch das Antiseptikum in ihrer Wirksamkeit gehindert werden, wie die lebenden Zellen selbst? Im Diagramm 7 sind die Versuche 450—452 noch graphisch dargestellt.

Diagramm 7.

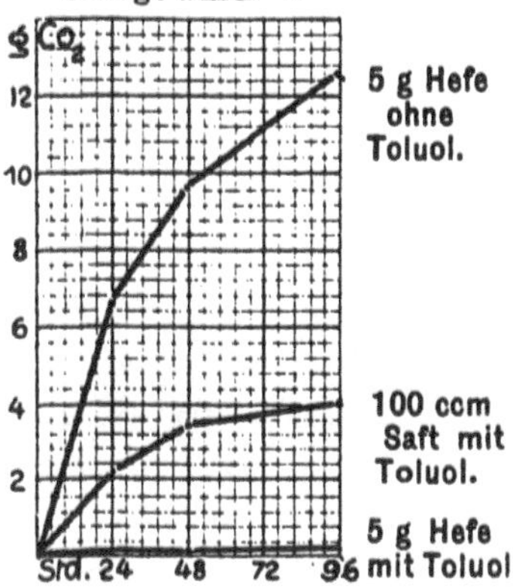

Fig. 13. Lebende Hefe mit und ohne Toluol und Prefssaft mit Toluol zum Vergleich.

Endlich wurde die antiseptische Wirkung des Toluols auch noch auf bakteriologischem Wege geprüft, durch Zählung der Keime bezw. Hefezellen, welche in altem Prefssaft vorhanden waren, vor und 18 Stunden nach Zusatz von 1% Toluol, mittels des Plattenkulturverfahrens. Es ergab sich in der verhältnismäfsig kurzen Zeit eine aufserordentliche Abnahme der Zahl von lebenden Organismen (s. Tab. LIVa, S. 182).

Es ist möglich, dafs die bakterienfeindliche Wirkung des Toluols in den vorliegenden Fällen durch die antiseptischen Eigenschaften des Hefeprefssaftes (s. über diese in einem früheren Kapitel S. 112) unterstützt wurden.

Einflufs von Blausäure auf die zellenfreie Gärung.

Fügt man zu Prefssaft Blausäure (Cyanwasserstoff), so wird die Zymase in unwirksamen Zustand versetzt. Ähnlich merk-

Tabelle LIVa.

Antiseptische Wirkung von Toluol.

Datum	Von altem Prefssaft aus Münchner Unterhefe wurde sofort und nachdem derselbe 18 Stunden bei 36 bezw. 24° unter Zusatz von 1% Toluol gestanden hatte, je 1 ccm übertragen	Prefssaft enthielt vor dem Toluolzusatz in 1 ccm	Temperatur, bei welcher die Toluolwirkung stattfand	Prefssaft enthielt nach 18stündiger Toluolwirkung in 1 ccm
10. IV. 98	in verflüssigte, sterile Fleischwasseragar und damit je eine Platte gegossen	4200 Keime	36°	10 Keime
»	in verflüssigte, sterile Bierwürzeagar und damit je eine Platte gegossen	3648 Hefezellen	24°	2 Hefezellen

würdig verhält sich die Blausäure bekanntlich gegenüber anderen Enzymen. 4 ccm frischer Hefeprefssaft aus Münchner Unterhefe wurden mit 6 ccm einer 2proz. wäfsrigen Blausäurelösung gemischt, dann die eine Hälfte (a) direkt mit 3 g Rohrzucker versetzt, die andere (b) aber erst, nachdem vorher eine Stunde lang Luft durchgeleitet worden; beide Flüssigkeiten kamen hierauf in kleine, auf einer Seite geschlossene U-Röhrchen. Bei a trat keine Gasentwicklung ein, auch nicht nach 24 Stunden Stehen bei Zimmertemperatur; bei b dagegen begann nach 5 Stunden eine geringe Blasenbildung und nach 20 Stunden war die eine Seite des U-Rohres mit Gas gefüllt. Es existiert demnach eine besondere Wirkung zwischen Blausäure und Zymase, welche die Gärkraft der letzteren aufhebt. Aber schon durch Überleiten von Luft gelingt es, die Blausäure zu verjagen, unter Regenerierung der zuckerspaltenden Eigenschaft des Gärungsagens. Ähnlich wie die Gärkraft, wird auch die Wirkung des Saftes auf Wasserstoffsuperoxyd durch Blausäure aufgehoben, beim Durchleiten von Luft aber wiederhergestellt (vgl. S. 76). Ebenso verhalten sich gegenüber Blausäure die meisten Enzyme und nach Bredig sogar colloïdal gelöstes Platin (bezüglich seiner Wirkung auf Hydroperoxyd). Wollte man die Hypothese von den lebenden Protoplasmasplittern als Agens im Prefssaft bevorzugen, so müfste also eine Tötung derselben durch die Blausäure und eine Wiedererweckung zum Leben durch das Lufteinleiten angenommen werden.

Bei der Einwirkung von Blausäure auf Organismen scheint sich nach E. Overton[1]) eine langsam verlaufende chemische Reaktion abzuwickeln zwischen diesem Gift und gewissen Bestandteilen des Protoplasma, welche allmählich zum Tode der Zellen führt.

Gärkräftiger Prefssaft und Natriumazoimid.

Die Salze der Stickstoffwasserstoffsäure sind, wie O. Loew[2]) und A. Schattenfroh[3]) gezeigt haben, ziemlich starke Antiseptica; so unterdrückt Natriumazoimid schon in Lösung von 0,1% das Wachstum von Sprofs- und Schimmelpilzen. Zunächst ergab ein qualitativer Versuch, dafs eine 10proz. Lösung von Rohrzucker in Prefssaft auch nach Zusatz von 0,55, von 1,1 und sogar von 2,2% Ammoniumazoimid nach drei Stunden in starke Gärung gerät, die auch nach 24 Stunden noch nicht beendet ist. Daraufhin wurde ein quantitativer Versuch mit 0,36 bezw. 0,71% Natriumazoimid angestellt (Tab. LV), welcher zwar eine beträchtliche Abnahme der Gärwirkung, aber auch bei der höheren Konzentration nur um etwa $^1/_3$ ihres Gesamtumfanges ergab. Trotzdem ist es fraglich, ob diese geringe schädigende Wirkung von Natriumazoimid als Beweis für die Enzymtheorie

Tabelle LV.
Wirkung von Natriumazoimid.
20 ccm Saft, 8 g Saccharose ohne, dann mit 0,1 bezw. 0,2 g Natriumazoimid; 15°.

Nr.	Datum	Natriumazoimid	Kohlendioxyd in g nach Stunden			
			16	24	40	64
453	5. IV. 98	—	0,32	0,47	0,75	1,12
454	»	0,36%	0,27	0,37	0,64	0,94
455	»	0,71 »	0,22	0,33	0,52	0,74

[1]) Vierteljahrschr. naturf. Ges. in Zürich 44, 129 (1895).
[2]) Berichte d. d. chem. Ges. 24, 2947.
[3]) Archiv f. Hygiene 27, 231.

herangezogen werden darf; denn dieser Stoff gehört vielleicht zu jener Klasse von Antisepticis, welche mit den Eiweifsstoffen direkt in chemische Bindung treten und ihre Giftwirkung daher nur entfalten können, wenn sie im Überschufs zugesetzt sind. Man vergleiche darüber das bei Besprechung der arsenigen Säure (siehe unten) Gesagte.

Wirkung von Ammoniumfluorid.

Bezüglich dieses Salzes hat ein qualitativer Versuch ergeben, dafs es im Hefeprefssaft starke Trübungen und Vernichtung der Gärkraft herbeiführt. Zu drei Gläschen mit je 6 ccm Prefssaft, in dem 10% Rohrzucker aufgelöst waren, wurden je 3 ccm Wasser mit 0,05 bezw. 0,1 bezw. 0,2 g Fluorammonium hinzugefügt. Die Flüssigkeit enthielt dann 0,55 bezw. 1,1 bezw. 2,2% von jenem Salz. Schon bei dem geringsten Zusatz war starke Trübung, beim stärksten sogar Ausscheidung von Gerinnsel eingetreten. Gasentwicklung fand in keinem der Röhrchen statt, auch nicht nach 24 Stunden. Dieses Ergebnis ist etwas auffallend, weil bekanntlich nach dem Verfahren von Effront Fluoride bei der Vergärung der Maische in der Spiritusindustrie sehr häufig zugesetzt werden.

Einwirkung von Arsenit.

Unter den antiseptischen Mitteln gebührt der arsenigen Säure ein hervorragender Platz. Nachdem Hans Buchner[1]) beobachtet hatte, dafs Zusätze von 1 und 2% Arsenit die Gärwirkung des Prefssaftes nicht vernichten, haben wir uns bei den älteren Versuchen über die zellenfreie Gärung vielfach dieses Antiseptikum bedient; indessen ging die Erwartung, dafs dieser Stoff das geeignetste Mittel sein werde, um bei den Arbeiten vor der Tätigkeit zufällig anwesender Mikroorganismen sicher zu sein, nicht in Erfüllung.

Zunächst hat sich eine unregelmäfsige Wirkung des Arsenitzusatzes ergeben[2]), d. h. Prefssaft aus länger gelagerter Hefe

[1]) Münchner medizin. Wochenschrift 1897, Nr. 12.

[2]) Berichte d. d. chemischen Gesellschaft 31, 1089 (1898); 32, 2092 (1899).

oder besonders vorbehandelter, z. B. mit Wasser verdünnter, Preſssaft zeigte auf Rohrzuckerzusatz nur dann starke Gärwirkung, wenn kein oder weniger als 2% Arsenit zugesetzt wurden. Ferner erwies es sich von Bedeutung, ob dem mit Arsenit versetzten Preſssaft dann Rohr- oder Traubenzucker zugefügt wurde; in letzterem Falle unterblieben die Gärungserscheinungen mehrmals völlig. Endlich hat Hans Abeles[1]) die Ansicht ausgesprochen, daſs dem Arsenit die erwartete sichere Wirkung als Antiseptikum nicht zukomme. Dies ist insoferne richtig, als ein Zusatz von 2% arseniger Säure in Form von Arsenit nicht immer genügt, alles Leben zu unterdrücken. Die Salze der arsenigen Säure scheinen zu jener zweiten Klasse von Antisepticis zu gehören (vgl. S. 169), welche mit den Eiweiſsstoffen des Preſssaftes direkt chemisch reagieren. Sie werden durch die eintretende chemische Bindung, welche meistens mit dem Entstehen eines Niederschlags einhergeht, ihrer Rolle als Gift gegen Mikroorganismen entzogen; man muſs daher einen Überschuſs von dergleichen Stoffen zusetzen, um antiseptische Wirkung zu erzielen. Beim Zusetzen von Arsenitlösungen zu gezuckertem Preſssaft tritt tatsächlich eine geringe Trübung auf, die besonders deutlich wird, wenn man durch Biskuitporzellan filtrierten, sehr klaren Saft verwendet.

Trotzdem lehren angestellte Versuche (Tab. LX), daſs 2% arsenige Säure, in überschüssiger Pottasche gelöst, die Gärwirkung selbst von 1 g lebender Hefe, welche in 40 ccm altem, unwirksam gewordenen Hefepreſssaft unter gleichzeitigem Zusatz von 27% Rohrzucker verteilt wurde, bei 12—14° beinahe vollständig unterdrücken. Sei es, daſs der notwendige Überschuſs an Arsenit bei dieser Dosis bereits vorhanden war, sei es, daſs die hochprozentige Zuckerlösung die Arsenitwirkung verstärkte, sei es, daſs die geringe Eignung des unverdünnten Preſssaftes als Nährmedium für Mikroorganismen dabei in's Spiel kam (vgl. das Kapitel: hemmender Einfluſs des Preſssaftes auf die Gärtätigkeit lebender Hefe, S. 112), die Gärwirkung der lebenden

[1]) Berichte der deutschen chem. Ges. 31, 2261 (1898). Vgl. Berichte d. d. chem. Ges. 32, 133 (1899).

Zellen wurde jedenfalls, besonders im Vergleich zu den Parallelversuchen ohne Arsenitzusatz, in sehr hohem Maſse unterbunden.

Um eine *Tötung der Hefezellen* wird es sich dabei allerdings kaum gehandelt haben, aber ihre Gärkraft war gelähmt. In der Tat haben spätere Versuche auch gezeigt[1]), daſs in Hefepreſssaft, der bei Gegenwart von 7 % Rohrzucker mit 2 % arseniger Säure (als Kaliummetarsenit) versetzt wurde, nach 22 Stunden bei 23° noch lebende Hefezellen durch das Plattenkulturverfahren nachzuweisen waren, allerdings verhältnismäſsig wenige, nur 25 in 1 ccm (s. V. Abschnitt, im Kapitel: Glycerin- und Bernsteinsäurebildung, S. 218). Eine vollständige Asepsis war durch den Zusatz von 2 % arseniger Säure aber nicht erreicht.

Wenn wir die Anwendung der arsenigen Säure als allgemeines Desinficiens bei den Versuchen über den Hefepreſssaft mehr und mehr verlassen und uns später meistens des Toluols bedient haben, so geschah es jedoch hauptsächlich wegen der als unregelmäſsige Wirkung des Arsenitzusatzes bezeichneten Erscheinungen.

Die Versuche mit Arsenit sollen aber ausführlich mitgeteilt werden, da sie zeigen, welch' mannigfache Gift- und Schutzwirkungen schon für einfache Enzyme bestehen. Wieviel kompliziertere derartige Vorgänge mögen sich erst bei lebenden Organismen, im Tierkörper, abspielen!

Gärung von Rohrzucker bei Arsenitzusatz.

Die arsenige Säure wurde in Form von Kaliumsalzen, in wenig Wasser gelöst, zugesetzt. Es ergab sich, daſs eine Lösung von Trikaliumarsenit AsO_3K_3, erhalten aus Arsentrioxyd und der berechneten Menge Kalilauge (1 As : 3 KOH), im Preſssaft sofort starke Fällungen erzeugt, wie hochprozentige Kalilauge. Meistens wurde die arsenige Säure mit Kaliumcarbonat und Wasser erhitzt und zwar 50 g As_2O_3 + 50 g K_2CO_3 mit 50 g Wasser und nach der Auflösung auf 150 ccm verdünnt; der Bil-

[1]) Berichte d. d. chem. Ges. 34, 1528 (1901).

dung von Monokaliummetarsenit (1 As : 1 K) nach der Gleichung

$$As_2O_3 + K_2CO_3 = 2\,AsO_2K + CO_2$$

würden auf 50 g As_2O_3 34,85 g K_2CO_3 entsprechen; es war also etwas K_2CO_3 überschüssig vorhanden (unter der Voraussetzung, dafs sich nur Kaliummetarsenit, AsO_2K, nicht auch teilweise AsO_3HK_2 in Lösung befindet). Mit dieser Lösung sind alle die Versuche mit Arsenitzusatz, »gelöst in überschüssiger Pottasche« (s. z. B. Tab. LVI), ausgeführt. Es wurden davon zu 20 ccm Prefssaft + 8 g Zucker gewöhnlich 1,7 ccm mittels Pipette zugefügt, was dann einen Gesamtgehalt von 2 % As_2O_3 gibt.

Später kam für die Versuche auch eine Lösung von Monokaliummetarsenit, erhalten durch Erhitzen von 50 g As_2O_3 mit 34,85 g K_2CO_3 (der für Bildung von AsO_2K berechneten Menge) und 100 Wasser und Auffüllen nach der Lösung auf 150 ccm zur Verwendung (vgl. Tab. LVI a).

Tabelle LVI. **Einflufs von Arsenit mit überschüssiger Pottasche.**

Je 40 ccm Saft aus Münchner Unterhefe + 16 g Rohrzucker; mit oder ohne Arsenit in überschüssiger Pottasche gelöst.

Nr.	Datum	Temperatur	As_2O_3 %	Kohlendioxyd in g nach Stunden 16	24	40	48 Kohlendioxydverdrängung ohne	48 mit	64 Kohlendioxydverdrängung ohne	64 mit
456	11. X. 97	16-18°	—	0,84	1,23	1,81	—	—	—	—
457	»	»	1	0,70	0,80	0,82	—	—	—	—
458	»	»	2	0,82	0,86	0,87	—	—	—	—
459	14. X. 97	12-14°	—	0,50	0,73	1,15	1,34	—	1,73	—
460	»	»	2	0,89	0,95	0,99	1,00	—	1,01	—
461	25. X. 97	»	—	0,40	0,61	0,96	1,10	—	1,31	1,46
462	»	»	2	0,95	1,11	1,26	1,29	—	1,31	1,41
463	13. X. 97	»	2	—	1,14	1,17	1,20	—	—	—
464	16. X. 97	»	2	0,90	1,02	1,07	—	—	—	—
465	22. X. 97	»	2	0,92	1,04	1,09	—	—	1,13	1,19
				0,91	1,02	1,07	—	—	1,11	1,18
466[1]	20. X. 97	»	2	0,59	0,66	0,70	0,72	0,79	—	—
				0,57	0,65	0,69	0,70	0,78	—	—

[1]) Der Saft zu diesem Versuche wurde aus Münchner Unterhefe einer anderen Bezugsquelle, wie sonst, hergestellt.

Aus dem Vergleiche der Resultate von Nr. 457 und 458 ergibt sich kein grofser Unterschied, ob 1 oder 2 % Arsenit zugesetzt wurden; die Kohlendioxydzahlen bei 2 % sind sogar zufällig (innerhalb der Fehlergrenzen?) etwas höher. Die Versuche ohne Arsenitzusatz (456, 459, 461) zeigen alle eine gröfsere Gesamtwirkung der Gärkraft am Schlusse als die mit 2 % Arsenitzusatz (besonders als 458, 460, in geringerem Grade 462). Diese Differenz ist nicht etwa dadurch bedingt, dafs bei den Experimenten ohne Antiseptikum die Resultate durch anwesende, lebende Organismen vollständig entstellt sind. Denn nach den genauen Versuchen der Tab. LIII (S. 179) ohne und mit Toluolzusatz (das nach Tab. LIV, S. 180, sicher alle Mikroorganismen unterdrückt) ist auch ohne Zusatz eines besonderen Antiseptikum infolge des starken Zuckergehaltes von 27 % und vielleicht infolge einer Art von gärungshemmender Wirkung des Prefssaftes auf Organismen ein störender Einflufs von lebenden Zellen auf die Hauptergebnisse nicht zu befürchten.

Es sind also die hohen Zahlen an Kohlendioxyd am Schlusse der Versuche 456 und 459 im Vergleich zu den Zahlen von 458 und 460 auf eine schädliche Einwirkung des Arsenits bei länger dauernder Gärung zurückzuführen, wodurch die Zymase früher unwirksam wird. Im Gegensatz dazu befördert aber der Zusatz von 2 % arseniger Säure, gelöst in überschüssiger Pottasche, für den Anfang die Zuckerspaltung meistens aufserordentlich und die Versuche 460 und 462 mit Arsenit weisen nach 16 Stunden aufserordentlich viel höhere Kohlendioxydzahlen auf als die entsprechenden Versuche ohne Arsenitzusatz (Nr. 459 und 461). Diese Beschleunigung der Anfangswirkung und Herabminderung der Gesamtgärleistung des Prefssaftes auf Rohrzucker durch Arsenit tritt besonders bei graphischer Darstellung, z. B. von Nr. 459 u. 460, hervor, wobei sich die beiden Kurven kreuzen (Diagramm 8).

Diagramm 8.

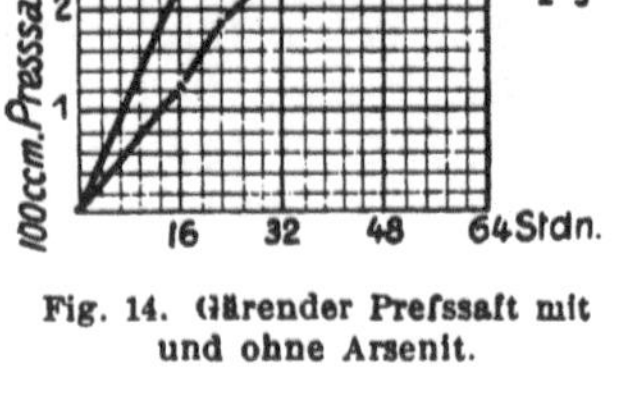

Fig. 14. Gärender Prefssaft mit und ohne Arsenit.

Die Versuche der Tabelle LVIa lassen erkennen, dafs für die Gärkraft ein gröfserer Pottaschezusatz zur arsenigen Säure als der Bildung von $KAsO_2$ entspricht (mehr als 1 K auf 1 As), günstig ist. Im Vergleich zu den Kontrolleversuchen ohne Arsenit zeigt sich bei jenen mit Zugabe des Arsenits wieder eine aufserordentliche Steigerung der Reaktion in den ersten 16 Stunden, aber als Gesamteffekt eher eine verminderte Gärleistung.

Tabelle LVIa.

Einflufs von Kaliummetarsenit auf die Gärkraft.

Je 20 ccm Saft + 8 g Rohrzucker + 2 % As_2O_3 als AsO_2K, aufserdem Kontrollversuche mit 2 % As_2O_3 gelöst in überschüssiger Pottasche und einige ohne Antisepticum; 12—14°.

Nr.	Datum	Hefe	As_2O_3 in % (zugesetzt als AsO_2K)	Aufserdem Zusatz von	Kohlendioxyd in g nach Stunden 16	24	40	64 Kohlendioxydverdrängung ohne	64 Kohlendioxydverdrängung mit	88
467	12. I. 98	Münchner Unterhefe	2	—	0,75	0,85	0,91	0,93	1,02	—
					0,70	0,81	0,87	0,90	—	—
468	30. XII. 97		2	—	0,59	0,67	0,69	—	—	—
469	»		2	0,6 % K_2CO_3	0,83	0,91	0,93	—	—	—
470[1])	»		—	—	0,17	0,26	0,42	—	—	—
471	3. I. 98		2	—	0,35	0,37	0,38	0,41	0,47	—
					0,34	0,36	0,36	0,38	—	—
472	»		2	0,6 % K_2CO_3	0,41	0,44	0,47	0,50	0,59	—
					0,43	0,46	0,48	0,51	—	—
473	»		—	—	0,16	0,24	0,42	0,73	—	—
474[2])	15. VI. 98		2	0,6 % K_2CO_3	0,42	0,44	0,46	—	—	0,48
475[2])	»		—	1 % Toluol	0,15	0,34	0,49	—	—	0,54

Über den Einflufs stärkerer Zusätze von Arsenit haben einige Versuche ergeben, dafs die schädliche Wirkung mit dem Prozentgehalt steigt und bei 5 % eine Gärkraft nicht mehr nach-

[1]) Dieser Versuch 470 war bei seiner Unterbrechung jedenfalls nicht beendet und würde bei längerer Beobachtung noch bedeutend mehr Kohlendioxyd geliefert haben, wie sich schon aus der hohen Differenz der zwei letzten Wägungen ergibt: innerhalb von 16 Stunden erfolgte noch die starke Abnahme von 0,16 g.

[2]) Nr. 474 und 475 sind bei 16° ausgeführt.

zuweisen ist. Die Versuche wurden zum Teil mit Traubenzucker ausgeführt.

Tabelle LVII. **Stärkerer Arsenitzusatz.**

Je 20 ccm Saft aus Münchner Unterhefe + 8 g Zucker + verschiedene Mengen As_2O_3, zugesetzt als AsO_2K (1 As : 1 K); 15–17°.

Nr.	Datum	Zucker	As_2O_3 in %	Kohlendioxyd in g nach Stunden 16	40
476	24. X. 98	Saccharose	5	0	0
477	»	»	10	0	0
478	18. IV. 99	Glucose	2,0	1,63	1,68
479	»	»	2,5	1,45	1,51
480	»	»	3,0	0,44	0,64

Infolge der Beobachtung, dafs in manchen Fällen auch schon Zusatz von 2% Kaliummetarsenit alle Gärwirkung vernichtet[1]), tauchte die Vermutung auf, es könnte sich dabei um eine teilweise Oxydation der arsenigen Säure zu Arsensäure, etwa durch Glucose oder durch Stoffe im Prefssaft handeln und dem so entstandenen Arsenat möchte eine spezifische, vernichtende Wirkung auf die Zymase zukommen. Direkte Versuche mit Zusatz von Kaliumarsenat (Tab. LVIII) haben diese Annahme aber widerlegt.

Tabelle LVIII. **Einflufs von Monokaliumarsenat.**

Je 20 ccm Saft aus Münchner Unterhefe + 8 g Saccharose; 12°.

Nr.	Datum		Kohlendioxyd in g nach Stunden 16	24	40	64
481	6. I. 98	ohne Zusatz	0,16	0,24	0,42	0,73
482	»	2% As_2O_3 (als AsO_2K)	0,35	0,37	0,38	0,40
483	»	2% As_2O_5 (als AsO_4H_2K)	0,19	0,31	0,57	1,01

Antiseptischer Wert des Arsenitzusatzes.

Die ersten Versuche in dieser Richtung erfolgten auf dem gewöhnlichen bakteriologischen Weg. Vier Röhrchen wurden

[1]) S. das Kapitel: Unregelmäfsige Wirkung von Arsenitzusatz. S. 193.

mit je 10 ccm Hefeabsud und 1—2 % arseniger Säure gelöst in überschüssiger Pottasche beschickt. In zwei Röhrchen kamen aufserdem noch 10 % Rohrzucker; alle vier wurden sodann mit alter, verdorbener, reichlich mit Bakterien durchsetzter Prefshefe infiziert. Durch Aussaat in sterile verflüssigte Fleischwasseragar und Plattenkulturen wurde dann sofort die Keimzahl in je 1 ccm bestimmt und ebenso nach 40stündigem Verweilen bei 37°. Es ergab sich in allen Fällen, auch mit nur 1 % Arsenit, eine starke Abnahme der lebenden Organismen.

Tabelle LIX. **Lebende Mikroorganismen und Arsenit.**

Datum: 10. X. 1897.

Nr.	Hefeabsud ccm	Rohrzucker g	As_2O_3 in % (gelöst in überschüssiger K_2CO_3)	Keimzahl pro 1 ccm resp. Kolonien anfangs	nach 40 Stunden bei 37°
484	10	—	1	3 150	110
485	10	—	2	750	30
486	10	1	1	18 000	20
487	10	1	2	17 400	50

Ebenso haben zwei Doppelversuche[1]), bei welchen je 1 g frische lebende Hefe zu gezuckertem, altem, nicht mehr gärwirksamem Hefeprefssaft zugesetzt wurde, je in einem Versuch ohne, im andern mit Zusatz von 2 % arseniger Säure (gelöst in überschüssiger Pottasche) eine recht gute gärungshemmende Wirkung des Arsenits gezeigt (s. Tab. LX).

Erst als bei einem weiteren Versuch gewaltige Mengen von lebender Hefe angewandt wurden (20 g), waren 2 % Natriumarsenit nicht mehr genügend; es erfolgte Wachstum der Zellen und Neubildung von Zymase. Die Hefe wurde dabei ganz sorgfältig verteilt und, um alle Klümpchen zu entfernen, durch Koliertuch filtriert, so dafs das Arsenit gleichmäfsig zur Einwirkung kam. Es ist nicht wahrscheinlich, dafs bei der eingetretenen Gärung

[1]) Berichte d. d. chem. Ges. 30, 2678 (1897), Nr. 32, 33, 35, 36.

Tabelle LX.

Lebende Hefe und Arsenit.

Je 40 ccm alter, unwirksamer Prefssaft + 16 g Rohrzucker mit und ohne Zusatz von 2 % As_2O_3 (in überschüssiger Pottasche gelöst); 12—14°

Nr.	Datum	Frische Hefe zugesetzt	As_2O_3 in % (gelöst in überschüssiger K_2CO_3)	Kohlendioxyd in g nach Stunden 16	24	48	64 Kohlendioxyd-verdrängung ohne	mit
488	14. X. 97	1 g	—	0,024	0,079	0,431	0,824	—
489	»	»	2	0,005	0,005	0,028	0,065	—
490	25. X. 97	»	—	0,020	0,093	0,622	1,133	1,513
491	»	»	2	0	0	0	0	0,018

nur die in den Zellen vorrätige Zymase in Tätigkeit trat, denn die Kohlendioxydzahlen sind dafür zu hohe.

Tabelle LXa.

Viel lebende Hefe und 2 % Natriumarsenit; 22°.

Nr.	Datum	Lebende Hefe	Rohr-zucker	Wasser	Natrium-met-arsenit	Kohlendioxyd in g nach Stunden 16	24
492	30. XII. 98	20 g	10 g	20 ccm	1 g	1,83	2,65

Bei ungemein grofsen Zusätzen von lebender Hefe tritt also tatsächlich das von Abeles beschriebene Phänomen ein, indem dafs 2 % arsenigsaures Natrium dann weder Wachstum noch Gärtätigkeit der Zellen hintanzuhalten vermögen. Dieses Ergebnis ist wohl so zu erklären, dafs von einer grofsen Hefemenge nach Festlegung des Arsenits immer noch ein Teil der Zellen lebensfähig bleibt.

Instruktiv ist noch folgende Versuchsreihe: In sechs Schalen wurden angerührt je 40 g Hefe mit 8 g Rohrzucker und steigenden Mengen einer 33 proz. Lösung von arseniger Säure in wäfsriger Pottasche (soviel von letzterer, dafs in Lösung das Salz AsO_2K anzunehmen war). Zum ersten Versuch wurden 3,4 ccm der Kaliummetarsenitlösung zugesetzt, so dafs in der Flüssigkeit schliefslich 2 % arsenige Säure vorhanden waren, beim zweiten 5,1 ccm, so dafs eine 3,5 proz. Lösung von As_2O_3 entstand, u. s. w. Beim dritten Versuch wurden 5 % As_2O_3, beim vierten 7, beim fünften 8 und beim letzten 10 % arsenige Säure zugegeben. Obwohl weiter kein Wasser zugefügt war, verflüssigten sich infolge von Plasmolyse baldigst sämtliche Proben; nun wurde, um alle noch vorhandenen Hefeklümpchen zu entfernen, durch ein feuchtes Tuch je in ein Kölbchen koliert. Bei 1 und 2 (mit 2 und 3,5 % As_2O_3) trat so lebhafte Gärung ein, dafs Überschäumen der Flüssigkeit aus den Kölbchen erfolgte, bei 3 und 4 (5 und 7 % arsenige Säure) war erst nach sechs bis acht Stunden Gärung zu bemerken, bei 5 (8 % As_2O_3) konnte erst nach 24 Stunden eine schwache Gasbildung wahrgenommen werden und bei 6 (mit 10 % As_2O_3) trat überhaupt keine Gasentwicklung ein. Erst beim letzten Versuch war Überschufs von Arsenit vorhanden, welcher die in den Zellen vorrätige Zymase und ebenso die noch lebend gebliebene Hefe vernichtete.

Unregelmäfsige Wirkung von Arsenitzusatz.

In diesem Kapitel sollen die Fälle besprochen werden, in denen, abweichend von der Regel, sich die arsenige Säure als aufserordentlich schädlich für die Gärwirkung des Prefssaftes erwies, indem schon ein Zusatz von 2 % dieselbe sehr herabsetzte und oftmals völlig unterdrückte[1]). Es besteht auch eine Vermutung, welche diesen merkwürdigen, interessanten Einflufs verständlich macht. Vorerst aber seien die Erscheinungen selbst beschrieben. Eine unregelmäfsige, d. h. die Gärleistung des Saftes unterdrückende Wirkung des Arsenits ist beobachtet bei:

1. Prefssaft aus gelagerter Hefe (drei Tage bei 8°),
2. dialysiertem Prefssaft (16 Stunden gegen Wasser),
3. über 35° eingetrocknetem Prefssaft,
4. verdünntem Prefssaft (mit 1 Raumteil Wasser versetzt),
5. unter Umständen bei ausschliefslichem Zusatz von Glucose zum Prefssaft (anstatt von Saccharose).

[1]) Berichte d. d. chem. Ges. 31, 1089 (1898); 32, 2092 (1899).

Tabelle LXI.

Prefssaft aus gelagerter Hefe und Arsenit.

Je 20 ccm Prefssaft + 8 g Saccharose; 15—16°.

Nr.	Datum	Münchner Unterhefe	As_2O_3 (als AsO_2K)	Kohlendioxyd in g nach Stunden 16	40	64 Kohlensäureverdrängung ohne	mit
493	22. X. 97	frisch auf Prefssaft verarbeitet	2 % As_2O_3	0,92	1,09	1,13	1,19
				0,91	1,07	1,11	1,18
494	25. X. 97	nach 3 Tagen Lagern bei 7,2—8° verarbeitet [1])	2 % As_2O_3	0	0	0	0
				0	0	0	—
495	22. II. 98	frisch auf Prefssaft verarbeitet	—	0,24	0,57	0,85	—
				0,25	0,57	0,86	—
496			2 %	0,87	0,95	0,96	1,05
				0,87	0,95	0,98	—
497	26. II. 98	nach 4 Tagen Lagern bei 5—10° verarbeitet	—	0,30	0,70	1,04	—
				0,30	0,71	1,05	—
498			2 %	0	0	0	0,006
				0	0	0	—
499	3. III. 98	frisch auf Prefssaft verarbeitet	—	0,20	0,51	0,77	—
				0,20	0,50	0,76	—
500			2 %	1,00	1,13	—	1,25
				1,00	1,13	—	—
501	11. III. 98	nach 8 Tagen Lagern bei 7—10° verarbeitet	—	0,17	0,37	0,43	0,50
				0,11	0,35	0,42	—
502			2 %	0	0	0	0,003
				0	0	0	—
503	11. IV. 99	frisch auf Prefssaft verarbeitet	1 % Toluol	0,20	0,53	0,81	—
504			2 % As_2O_3	1,04	1,07	1,07	—
505	15. IV. 99	nach 4 Tagen Lagern bei 6,5—7° verarbeitet	1 % Toluol	0,26	0,64	1,06	—
				0,30	0,68	1,12	—
506			2 % As_2O_3	0	0	0	—
				0	0	0	—

[1]) Hier wie in den anderen Fällen ist die Hefe im abgeprefsten Zustand bei der angegebenen Temperatur gelagert worden, im Innern der grofsen Kuchen mag daher eine bedeutend höhere Temperatur infolge Atmungserscheinungen etc. erreicht worden sein.

Dialysierter Prefssaft und Arsenit.

50 ccm Saft aus Münchener Unterhefe wurden bei 0° in dem bei den Dialysierversuchen erwähnten Apparat (S. 121) 16 Stunden lang dialysieren gelassen gegen vier Liter destilliertes Wasser, wobei das Volumen auf 60 ccm zunahm.

Tabelle LXII.
Je 20 ccm Saft + 8 g Rohrzucker; 17—19°.

Nr.	Datum	Prefssaft	As_2O_3 in Proz. (als AsO_2K)	Kohlendioxyd in g nach Stunden	
				48	120
507	12. VII. 99	dialysiert	—	0,48	0,83
508	»	»	2	0,01	0,01

Bei 35° getrockneter Prefssaft und Arsenit.

Während nach dem beschriebenen Verfahren (S. 132) im luftverdünnten Raum auf Syrupkonsistenz eingedampfter und dann völlig getrockneter Prefssaft, gleichgültig ob diese letztere Operation im Vakuum bei 35° oder an der Luft bei 35 oder 22° stattfindet, auf Zucker bei Toluolzusatz immer gute Gärwirkung ausübt, zeigt er sich bei Arsenitgegenwart unwirksam, wenn bei dem Eintrocknen die Temperatur 35° erreicht wurde (Tab. s. S. 196).

Verdünnter Prefssaft und Arsenit.

Durch 2% arsenige Säure, zugesetzt als Kaliummetarsenit, wird die zellenfreie Gärung für gewöhnlich nicht gehemmt, sofort aber bei Verdünnung des Prefssaftes mit einem Volumen Wasser. Derartige Versuche sind in der Tabelle LXIV, s. S. 197, zusammengestellt.

Nr. 516—519, 525 und 526, 528 und 529 zeigen, dafs die Gärkraft durch Verdünnen des Saftes ohne ein Antisepticum oder bei Zusatz von Toluol nicht wesentlich herabgedrückt wird, 520—522, dafs eben dasselbe für Zugabe von 1% arsenige Säure gilt. Setzt man aber gleichzeitig mit dem Verdünnen noch 2% arsenige Säure zu, so sinkt die Gärwirkung aufserordentlich

Tabelle LXIII. **Bei 35° getrockneter Prefssaft und Arsenit.**
Je 2,8 g getrockneter Saft aus Münchner Unterhefe + 19 ccm Wasser bezw. 20 ccm Prefssaft; Zugabe von je 8 g Rohrzucker; 17°.

Nr.	Datum	Nach Eindampfen auf Syrupkonsistenz weiter getrocknet	Antisepticum	Kohlendioxyd in g nach Stunden			
				16	40	64 Kohlendioxydverdrängung ohne	64 Kohlendioxydverdrängung mit
509	27.IV.98	Im Vakuum bei 35—38°	1 % Toluol	0,47	0,93	1,06	—
510	»	An der Luft bei 35—36°	» »	0,49	0,98	1,11	—
511	»	» » » » 22°	» »	0,48	0,92	1,04	—
512	»	Im Vakuum bei 35—38°	2 % As_2O_3 (als AsO_2K)	0	0	0	—
513	»	An der Luft bei 35—36°	» » (» »)	0	0	0	—
514	»	» » » » 22°	» » (» »)	0,86	0,93	0,95	1,05
515	»	Kontrollversuch mit demselben Prefssaft vor dem Eindicken	» » (» »)	0,94	0,98	0,99	1,09

(526 und 527, 529 und 530), manchmal sogar bis auf Null (523 und 524). Die Versuche 531—533 lassen endlich erkennen, dafs auch kleinere Wasserzusätze als ein Raumteil die Gärwirkung des Prefssaftes bei Zusatz von Glucose und Gegenwart von Arsenit stark herabdrücken.

Über den Einflufs, welchen Arsenitzusatz bei Vergärung von Glucose manchmal gezeigt hat, soll später noch ausführlicher berichtet werden (s. S. 200).

Erklärungsversuch für die unregelmäfsige Wirkung von Arsenitzusatz.

Unter den beschriebenen vier Fällen, bei welchen 2 % arsenige Säure hemmend auf die Prefssaftgärung wirken, sind die Verdünnungsversuche die am meisten übersichtlichen. Mit einem Volum Wasser vermischter Saft zeigt auf Zusatz von 2 % As_2O_3 — nur dann — keine oder fast keine Gärwirkung mehr. Bei Arsenitzusatz hängt demnach die Erhaltung der Gärkraft von dem quantitativen Verhältnis zwischen Prefssaftstoffen und Arsenit ab. Im unverdünnten Prefssaft sind Stoffe vorhanden, welche

Tabelle LXIV. **Verdünnungsversuche.**

Je 20 bezw. 10 ccm Prefssaft aus Münchner Unterhefe; As_2O_3 zugesetzt als AsO_2K; 15—17°.

Nr.	Datum	Prefs-saft ccm	Verdünnt mit ccm	Zucker g	Anti-septikum, Gesamt-gehalt in %	Kohlendioxyd in g nach Stunden 16	40	64 Kohlendioxyd-verdrängung ohne	mit
516	19. IV. 98	20	—	8 Sacch.	—	0,37	0,83	1,01	1,10
517	»	20	—	8 »	—	0,39	0,85	1,04	—
518	»	20	20 Wasser	16 »	—	0,27	0,60	0,64	0,71
519	»	20	20 »	16 »	—	0,28	0,61	0,65	—
520	»	10	—	4 »	2 As	0,45	0,48	0,50	0,52
521	»	10	10 Wasser	8 »	1 »	0,35	0,36	0,37	0,45
522	»	10	10 »	8 »	1 »	0,32	0,35	0,36	—
523	»	10	—	4 »	2 As	0,66	0,75	—	—
524	»	10	10 Wasser	8 »	2 »	0	0	0	0,01
525	28. III. 99	20	—	8 »	1 Toluol	0,30	0,74	1,01	—
526	»	20	20 Wasser	16 »	1 »	0,22	0,59	0,72	—
527	»	20	20 »	16 »	2 As_2O_3	0,07	0,12	0,14	—
528	8. IV. 99	20	—	8 »	1 Toluol	0,24	0,64	0,91	—
529	»	20	20 Wasser	16 »	1 »	0,16	0,49	0,67	—
530	»	20	20 »	16 »	2 As_2O_3	0,03	0,06	0,08	—
531	18. IV. 99	20	—	8 Glucose	2 As_2O_3	1,63	1,68	—	—
532	»	20	3 Wasser	8 »	2 »	1,47	1,51	—	—
533	»	20	8 »	8 »	2 »	1,05	1,10	—	—

die hemmende Wirkung des Arsenits auf die Zymase paralysieren, im verdünnten Prefssaft reicht ihre Zahl nicht mehr aus, um den Schutz zu vollziehen. Als Träger dieser Schutzwirkung mufsten in erster Linie die Eiweifskörper des Prefssaftes ins Auge gefafst werden. In der Tat stimmt diese Annahme mit den bisher ermittelten Tatsachen aufs Beste überein.

Zunächst lassen sich die übrigen drei beschriebenen Fälle von unregelmäfsiger Arsenitwirkung auf die gleiche Ursache zurückführen. Prefssaft aus gelagerter Hefe zeigt die Arsenitwirkung; beim Lagern der Hefe werden also die schützenden Stoffe vermindert; das deutet auf hochmolekulare Eiweifskörper hin, die in alternder Hefe bezw. in Pefssaft daraus durch die Endotryptase verdaut worden sind. Dialysierter Prefssaft verliert auf

Zusatz von 2% Arsenit die Gärwirkung; auch hier wird innerhalb 16 Stunden, die der Dialysierprozefs beansprucht, die Endotryptase des Prefssaftes die komplizierteren Eiweifskörper gespalten haben. Endlich liefert bei mehr als 35° eingetrockneter Prefssaft, selbst wenn das Trocknen im Vakuum geschehen ist, ein gegen Arsenit empfindliches Produkt; offenbar schadet die hohe Temperatur, so lange noch ziemlich viel Wasser vorhanden war. Erwärmt man frischen Prefssaft, so beginnt schon bei 35—40° die Bildung von unlöslichen Flocken; also werden gewisse Eiweifsstoffe schon bei so niederer Temperatur verändert; dieselben Substanzen scheinen die Träger der Schutzwirkung gegen Arsenit zu sein.

Aber auch auf umgekehrtem Wege läfst sich die Hypothese wahrscheinlich machen. Fügt man zu verdünntem Prefssaft Eiweifsstoffe, bezw. verdünnt man Hefesaft statt mit Wasser mit bestimmten Eiweifslösungen, so bleibt Zusatz von 2% Arsenit unschädlich für die Gärkraft. Gewisse Eiweifskörper bilden also einen Schutz gegen Arsenitwirkung. Die Versuche, welche dies beweisen, sind im nächsten Kapitel zusammengestellt.

Wie ist nun etwa diese Schutzwirkung zu denken? Ich habe früher vermutet, dafs der schädliche Einflufs des Arsenits auf die Zymase in einer Art von chemischer Bindung besteht[1]). Neuerdings scheint mir eine andere Auffassung den Vorzug zu verdienen.

Arsenige Säure schädigt die Wirkung der Zymase auf den Zucker und ebenso die von kolloïdalem Platin auf Hydroperoxyd[2]). Bei der geringen chemischen Energie des Natriumarsenits und bei der grofsen Verschiedenheit in der chemischen Natur zwischen Zymase und Platinsol ist es am wahrscheinlichsten, dafs der Angriff dort erfolgt, worin beide letzteren Körper Ähnlichkeit zeigen: in der Art ihrer Lösung. Ebenso wie dieser kolloïdale Zustand sich durch Zusatz von Elektrolyten und schon beim Erwärmen ändert in der Richtung, die schliefslich zu unlöslicher Abscheidung der Kolloïde führt, so wird auch Natrium-

---

[1]) Berichte d. d. chemischen Gesellschaft 32, 2092 (1899).

[2]) G. Bredig, Anorganische Fermente, Leipzig 1901, 77, 98; der hemmende Einflufs ist in beiden Fällen allerdings kein sehr grofser.

arsenit eine besonders geartete Veränderung und dadurch eine Beeinträchtigung der Wirksamkeit der Zymase und des Platinsols herbeiführen.

Nun erleidet bekanntlich die Ausscheidung der kolloïdal gelösten Stoffe in unlöslichem Zustand durch die Gegenwart anderer Kolloïde eine Verzögerung. C. Paal[1]) hat kürzlich derartige Fälle beschrieben und spricht von einer »spezifisch schützenden Wirkung« von Eiweifsderivaten für Silbersol. Ganz ähnlich kann man sich den Schutz gewisser Eiweifskörper auf Zymase vorstellen, welche infolge von Arsenitzusatz einer schädlichen Veränderung ihres kolloïdalen Lösungszustandes ausgesetzt ist. Der Einflufs zugefügter Kolloïde neutralisiert die bedenkliche Wirkung. Es wird also ein Enzym durch Zusatz von Kolloïden vor der Einwirkung eines zugefügten schädlichen Stoffes geschützt. Diese Vorgänge erinnern merkwürdig an manche Immunisierungsverfahren, wie sie zu der Bekämpfung von Infektionskrankheiten üblich sind.

Eiweifsstoffe als Schutz gegen Arsenitwirkung.

Zwei ausführliche Versuchsreihen, die in Tab. LXV zusammengestellt sind, zeigten, dafs es einen grofsen Unterschied bedingt, ob der Arsenitzusatz zu Prefssaft erfolgt, welcher mit Wasser verdünnt wurde oder mit gewissen eiweifshaltigen Flüssigkeiten. Als solche kamen zur Anwendung: 1. eine 12 proz. Lösung von getrocknetem Hühnereiweifs, die aber keine sehr starke Schutzwirkung aufwies, 2. erwärmter Hefeprefssaft, d. h. frischer Saft, der aber durch 10 Minuten dauerndes Erhitzen auf 50—55° seiner Gärkraft beraubt worden war, was jedesmal durch einen besonderen Versuch kontrolliert wurde, 3. alter Hefeprefssaft, der durch langes Stehen unwirksam auf Zucker geworden war, 4. Blutserum, durch 10 Minuten dauerndes Erwärmen auf 60° in inaktiven Zustand (gegen Blutkörperchen anderer Tiere und Bakterien) übergeführt, endlich 5. aktives, nicht erwärmtes Blutserum. Die unter 2—5 genannten Flüssigkeiten erwiesen

---

[1]) Berichte d. d. chem. Gesellschaft 35, 2209 (1902); s. dort auch weitere Literaturangaben.

sich alle von deutlicher, zum Teil von sehr starker Schutzwirkung gegen Arsenit. Theoretische Betrachtungen über diese Vorgänge finden sich im vorhergehenden Kapitel. Zur Kontrolle sind in der Tabelle auch immer noch die Gärkraftzahlen des unverdünnten und mit Wasser resp. erhitztem Preſssaft verdünnten Saftes bei Toluolzusatz vorangestellt.

Tabelle LXV.

Mit Eiweiſslösung verdünnter Preſssaft und Arsenit.

Preſssaft aus Münchner Unterhefe. As_2O_3 wurde in Lösung als AsO_2K zugefügt. 15—17°.

Nr.	Datum	Preſssaft	Verdünnungsmittel		Rohrzucker	Antiseptikum, Gesamtgehalt in %	Kohlendioxyd in g nach Stunden		
		ccm	ccm		g		16	40	64
534	28. III. 99	20	—	—	8	1 Toluol	0,30	0,74	1,01
535	»	20	20	destilliertes Wasser	16	1 »	0,22	0,59	0,72
536	»	20	20	erwärmter Preſssaft	16	1 »	0,31	0,67	0,77
537	»	20	20	destilliertes Wasser	16	2 As_2O_3	0,07	0,12	0,14
538	»	20	20	Eiweiſslösung	16	2 »	0,11	0,16	0,18
539	»	20	20	erwärmter Preſssaft	16	2 »	0,78	0,85	0,86
540	»	20	20	inaktives Blutserum	16	2 »	0,36	0,54	0,55
541	7. IV. 99	20		—	8	1 Toluol	0,24	0,64	0,91
542	»	20	20	destilliertes Wasser	16	1 »	0,16	0,49	0,67
543	»	20	20	erwärmter Preſssaft	16	1 »	0,37	0,90	1,27
544	»	20	20	destilliertes Wasser	16	2 As_2O_3	0,03	0,06	0,08
545	»	20	20	erwärmter Preſssaft	16	2 »	1,22	1,41	1,41
546	»	20	20	alter Preſssaft	16	2 »	0,93	1,00	1,00
547	»	20	20	inaktives Blutserum	16	2 »	0,64	0,96	0,98
548	»	20	20	aktives Blutserum	16	2 »	0,72	0,93	0,94

Hinderung der Glucosegärung durch Arsenit.

Im Winter 1897—1898 mit Preſssaft aus Münchner Hefe angestellte zahlreiche Versuche hatten ergeben, daſs die zellenfreie Gärung von Glucose, Galactose und den komplizierteren Zuckern, welche bei der Hydrolyse ausschlieſslich Glucose liefern, nämlich von Maltose und von Glycogen, durch Zusatz von 2% arseniger Säure als Arsenit gehemmt wird. Dagegen wurde unter gleichen Umständen Saccharose, dann ein äquimolekulares

Gemenge von Glucose und Fructose, aber auch von Saccharose und Glucose sehr rasch vergoren. Bei ausschliefslichem Fructosezusatz erfolgte die Gärung bei Arsenitgegenwart viel langsamer wie bei Saccharose, aber der Unterschied war nicht so grofs, wie bei Glucose. Es zeigte sich, dafs diese Angaben für 27- und für 12-proz. Zuckerlösungen gelten. Die Versuche selbst sind in den Tabellen XIV und XV an anderer Stelle bereits mitgeteilt (s. S. 103) und sollen hier nicht nochmals aufgeführt werden.

Bei Wiederholung dieser Untersuchungen im Frühjahr 1899 mit Saft des gleichen Ursprungs ergab sich aber die überraschende Tatsache, dafs jenen Ermittlungen keine allgemeine Gültigkeit zukommt. Nunmehr wurde Glucose und Maltose auch bei Gegenwart von 2% Arsenit lebhaft vergoren! Lediglich in zwei Fällen, bei denen nur 17% Traubenzucker zugesetzt waren (Nr. 570 und 585, welch' letzterer in Tab. LXVII Aufnahme gefunden hat), ist es noch gelungen, einen schädigenden Einflufs von 2% Arsenit auf die Glucosegärung nachzuweisen, bei allen andern war davon nichts zu verspüren. Die Versuche sind in Tab. LXVI zusammengestellt.

Zur Erklärung des Unterschiedes in den Ergebnissen der Versuche vom Winter 1897/98 und vom Frühjahr 1899 scheinen uns, nachdem ermittelt worden, dafs derselbe nicht in der Qualität des angewendeten Glucosepräparates begründet sein kann, zwei Möglichkeiten vorzuliegen. Zunächst ist die Methode der Prefssaftdarstellung allmählich vervollkommnet worden, und während in den ersten Jahren die Zertrümmerung der Hefe mit der Zerreibungsmaschine vorgenommen wurde, ist an deren Stelle später durchgehends die Handzerreibungsvorrichtung getreten, die bessere Resultate liefert; in der Tat hat nach der analytischen Untersuchung der normal hergestellten Hefeprefssäfte aus Münchner Unterhefe (s. Tab. IV, 5—6, S. 75) das spezifische Gewicht stetig zugenommen und auch der Trockenrückstand, sowie im allgemeinen der Stickstoffgehalt eine Steigerung erfahren. Sind aber im Prefssaft mehr hochmolekulare kolloïdalgelöste Eiweifskörper vorhanden, so wird nach dem vorhergehenden Kapitel der Arsenitzusatz weniger bedenklich sein. Eine zweite Möglichkeit der Erklärung liegt in der Annahme, dafs die im Frühjahr 1899 zur Verfügung stehende Hefe von besserer Qualität war, als die Hefe derselben Bezugsquelle im Winter 1897/98; dies erscheint um so eher möglich, als selbst innerhalb derselben Brauerei fast regelmäfsig im Laufe eines Jahres grofse Schwankungen in der Güte der verwendeten Hefe beobachtet werden.

Tabelle LXVI.

Zellenfreie Gärung von Glucose, Maltose und Saccharose bei Arsenitzusatz.

Je 20 ccm Prefssaft aus Münchner Unterhefe und 3—8 g Zucker + 1 % Toluol bezw. 1—2 % As_2O_3 (als AsO_2K); 15—17°.

Nr.	Datum	Kohlenhydrat		Antiseptikum	Kohlendioxyd in g nach Stunden		
		Art	Zusatz in g	%	16	40	64
549	28. III. 99	Glucose	8	1 Toluol	0,29	0,77	—
550	»	»	8	1 As_2O_3	1,42	1,47	—
551	»	»	8	2 »	1,28	1,33	—
552	»	»	4	2 »	1,71	1,81	—
553	11. IV. 99	»	8	1 Toluol	0,20	0,53	0,81
554	»	»	8	1 As_2O_3	1,05	1,09	1,09
555	»	»	8	2 »	1,04	1,07	1,07
556	14. IV. 99	»	8	1 Toluol	0,28	0,72	1,08
557	»	»	8	2 As_2O_3	1,93 1,91	2,13 2,09	2,14 2,11
558	»	Maltose	8	2 As_2O_3	2,14 1,92	2,39 2,18	2,39 2,20
559	18. V. 99	Glucose	3	1 Toluol	0,55	0,64	—
560	»	Saccharose	3	1 »	0,56	0,70	—
561	»	Glucose	8	2 As_2O_3	1,28	1,31	—
562	»	»	3	2 »	1,12	1,17	—
563	»	Saccharose	8	2 »	0,79	0,84	—
564	»	»	3	2 »	1,37	1,42	—
565	26. V. 99	Glucose	8	2 As_2O_3	1,60 1,62	1,63 1,66	1,64 1,67
566	»	»	3	2 »	1,26 1,27	1,29 1,30	1,30 1,31
567	»	Saccharose	8	2 »	0,98	1,03	1,04
568	»	»	3	2 »	1,17	1,19	1,20
569	4. IV. 99	Glucose	4	1 As_2O_3	1,21	1,26	—
570	»	»	4	2 »	0,01	0,02	—

Zur Beurteilung der Versuche mit nur 3 g Kohlenhydrat sei noch bemerkt, dafs hier nach Entweichen von 1,3 g Kohlendioxyd beinahe sämtlicher Zucker vergoren war.

Zucker als Schutz gegen Arsenitwirkung.

Während alle bisher beschriebenen Arsenitversuche in der Weise ausgeführt sind, dafs zu dem Prefssaft erst der Zucker und hernach dann das Antisepticum zugefügt wurden, haben Experimente mit umgekehrter Reihenfolge der Zusätze ein auffälliges Resultat ergeben. Es hängt nur von der Zeitdauer ab, welche nach Mischen von Saft und Arsenit bis zum Zusatz des Zuckers verstrichen ist, ob überhaupt Gärung noch eintritt. Durch Zusatz von 2% Kaliummetarsenit wird der Prefssaft vollständig unwirksam, sobald man den Zuckerzusatz 2—4 Stunden lang verzögert; bei gleichzeitigem Zucker- und Arsenitzusatz tritt dagegen lebhafte Gärung ein. Es existiert demnach eine ähnliche Schutzwirkung der Kohlenhydrate, welche die Zymase vor dem schädlichen Einflufs des Arsenits bewahrt, wie sie in den vorhergehenden Kapiteln für komplizierte Eiweifskörper wahrscheinlich gemacht ist.[1]) Der kolloïdale Zustand der Zymase scheint bei Gegenwart von viel Zucker durch Arsenit weniger verändert zu werden. Die zu dieser Auffassung berechtigenden Experimente sind in Tab. LXVII (Seite 204) enthalten.

Die Versuche beweisen einen schädigenden Einflufs des Arsenits auf das gärwirksame Agens, der ausgeglichen werden kann, wenn gleichzeitig mit dem Arsenit oder bald nachher grofse Mengen von Zucker zugefügt werden. Die Kohlenhydrate üben also eine Art von Schutz auf die Zymase aus und zwar ist, wie beim Vergleich der Versuche 593—595 mit 577—579 erhellt, Saccharose dabei viel wirksamer als Glucose. Dieses Ergebnis scheint auffallend, da doch die Saccharose durch die

---

[1]) Eine ähnliche Analogie zwischen konzentrierten Zuckerlösungen und Kolloïdallösungen haben Vaudin und kürzlich Lobry de Bruyn konstatieren können, Berichte d. d. chem. Ges. **35**, 3081 (1902).

Tabelle LXVII.

Prefssaft mit Arsenitzusatz, zeitlich vor dem Zufügen von Zucker.

Je 20 ccm Saft + 8 bezw. 4 g Zucker + 2 % As_2O_3 (als AsO_2K). Bei Nr. 575, 584, 585 und 592 wurde der Zucker in dem Saft gelöst und hernach das Arsenit zugegeben; bei allen übrigen wurde zuerst der Saft mit der Arsenitlösung vermengt, hierauf 0—4 Stunden in den Eisschrank gestellt und sodann erst der Zucker hinzugefügt. 15—17°.

Nr.	Datum	Zuckerart in g	Vom Mischen von Saft und Arsenit bis zum Zufügen des Zuckers verflossene Zeit	Kohlendioxyd in g nach Stund. 16	40	64
571	21. IV. 99	8 Glucose	4 Stunden	0	0	0
572	»	4 »	4 »	0	0	0
573	»	8 Saccharose	4 »	0	0	0
574 [1]	»	8 Glucose	20 ccm Saft + 8 g Glucose + 1 % Toluol zur Kontrolle	0,28	0,72	1,04
575	25. IV. 99	8 »	Zucker vor Arsenit zugesetzt	1,20	1,24	—
576	»	8 »	Zucker sogl. nach Arsenit zugesetzt	1,19	1,22	—
577	»	8 »	» 20 Min. » » »	0,62	0,83	—
578	»	8 »	» 1 Std. » » »	0,26	0,56	—
579	»	8 »	» 2 Std. » » »	0	0	—
			Kontrolle:			
580 [1]	»	8 »	nach Zuckerzusatz: 1,3 % K_2CO_3	0,63	0,77	—
581 [1]	»	8 »	Zucker 20 Min. nach 1,3 % K_2CO_3 zuges.	0,68	0,81	—
582 [1]	»	8 »	Zucker 1 Std. » » »	0,71	0,89	—
583 [1]	»	8 »	Zucker 2 Std. » » »	0,66	0,74	—
584	2. V. 99	8 »	Zucker vor Arsenit zugesetzt	0,30	0,32	—
585	»	3 »	» » » »	0	0,01	—
586	»	8 »	Zucker 20 Min. nach Arsenit zugesetzt	0,21	0,24	—
587	»	3 »	Zucker 20 » » » »	0	0	—
588	»	8 »	Zucker 1 Std. » » »	0,08	0,10	—
589	»	3 »	Zucker 1 » » » »	0	0	—
590	»	8 »	Zucker 2 Std. » » »	0,04	0,08	—
591	»	3 »	Zucker 2 » » » »	0	0	—
592	18. V. 99	8 Saccharose	Zucker vor Arsenit zugesetzt	0,79	0,84	—
593	»	8 »	Zucker 20 Min. nach Arsenit zugesetzt	0,98	1,04	—
594	»	8 »	Zucker 1 Std. » » »	0,97	1,03	—
595	»	8 »	Zucker 2 Std. » » »	1,05	1,11	—

[1] Die Versuche 574 (mit 1 % Toluol) und 580—583 (ohne Zusatz eines Antiseptikum) sind Kontrollversuche ohne Arsenit, letztere vier angestellt, um zu zeigen, dafs Prefssaft durch kleine Pottaschemengen auch bei längerem Stehen vor Zuckerzusatz nicht unwirksam wird, der Einflufs des Kaliumarsenits also ein diesem eigentümlicher ist.

Invertase des Prefssaftes auch in Monosaccharide gespalten wird, aber die letztere Hydrolyse dürfte in den konzentrierten Lösungen doch nur langsam und durchaus nicht vollständig vor sich gehen. Offenbar spielt bei dem hier konstatierten Unterschied zwischen Saccharose und Glucose dieselbe Ursache herein, welche überhaupt die zellenfreie Glucosegärung durch Arsenitzusatz leichter zum Stillstand kommen läfst, als die Spaltung von Saccharose (vgl. S. 200).

V. Abschnitt.

Die chemischen Vorgänge bei der zellenfreien Gärung.

Zum Beweise, dafs die auf Zuckerzusatz im frischen Hefepreſssaft auftretenden Erscheinungen identisch mit der alkoholischen Gärung des Zuckers sind, war es nötig, die chemischen Vorgänge festzustellen, die Kohlensäureentwicklung und die Alkoholbildung, sowie das Verschwinden des Zuckers quantitativ zu verfolgen. Die für Zuckergärung durch lebende Organismen charakteristische Wärmeentwicklung konnte auch bei der zellenfreien Gärung beobachtet werden. Dagegen scheint die bei der Zuckerspaltung durch Hefezellen als Nebenreaktion auftretende Glycerinbildung nur mit den Lebensvorgängen der Organismen, nicht aber mit dem Zerfall des Kohlenhydrats in Alkohol und Kohlensäure zusammenzuhängen. Ein Gleiches dürfte nach den vorliegenden Versuchen für die Entstehung von Bernsteinsäure wahrscheinlich gelten; doch ist die Bestimmung dieser Substanz bei Gegenwart der Eiweiſsstoffe des Preſssaftes derartig schwierig, dafs die Resultate noch nicht als endgültig betrachtet werden sollen. Die Bildung von Säuren und zwar von etwas flüchtiger Säure und von viel Milchsäure bei der zellenfreien Zuckergärung will F. B. Ahrens[1]) beobachtet haben. Nach unseren eigenen noch nicht abgeschlossenen Versuchen könnte es sich höchstens um sehr geringe Mengen handeln.

[1]) Zeitschrift f. angew. Chemie **1900**, 483 (Ref.: Chem. Centralblatt 1900, II, 52).

Es wäre hier auch der Ort, den Mechanismus der Zuckerspaltung durch die Zymase näher ins Auge zu fassen. Will man den Vorgang rein chemisch erklären, so wird das Auftreten eines Zwischenproduktes wahrscheinlich; es fehlen aber bisher alle Anhaltspunkte für die Existenz eines solchen.

Kohlendioxydbildung.

Das Gas, welches sich aus gezuckertem Prefssaft entwickelt, ist Kohlendioxyd, was zuerst[1]) durch Einleiten in Kalkwasser konstatiert wurde. Dafs nicht aufserdem noch irgend welche anderen Luftarten beigemengt sind, läfst sich leicht nachweisen; man beschickt ein mit Quecksilber vollständig gefülltes, in eine Quecksilberwanne gestülptes Eudiometerrohr mittels einer gekrümmten Pipette mit 15 ccm frischem Prefssaft, in welchem eben vorher 4 g Rohrzucker aufgelöst wurden. Bald beginnt die Gasentwicklung und nach 10 Stunden waren bei Zimmertemperatur in einem Falle z. B. 50 ccm Gas angesammelt. Läfst man nun starke Kalilauge zutreten, verschliefst mit dem Daumen, schüttelt und öffnet unter Quecksilber, so steigt letzteres sofort in die Röhre empor und das Gas ist völlig verschwunden; es war also reine Kohlensäure. Die quantitative Bestimmung des entstandenen Kohlendioxyds wurde durch Ermittlung des Gewichtsverlustes vorgenommen, bei den genaueren Versuchen über das Gewichtsverhältnis von Kohlensäure zu gebildetem Alkohol (s. d. übernächste Kap.) aber durch Absorption in gewogener Kalilauge oder Natronkalk.

Obgleich über den Ursprung der Kohlensäure kein Zweifel herrschen konnte, da eine beträchtliche Gasentbindung im Prefssaft nur auf Zusatz von Zucker, und zwar von auch für lebende Hefe gärungsfähigem Zucker, nicht aber von Milchzucker, erfolgt, gelangten doch einige Versuche zur Ausführung, welche beweisen, dafs die Entwicklung von Kohlendioxyd weder mit der Gerinnung von Eiweifskörpern noch mit Atmungsvorgängen zusammenhängt.

Frischer Hefeprefssaft wurde, um das gelöste Kohlendioxyd möglichst zu entfernen, viermal hintereinander evakuiert, dann

[1]) Berichte d. d. chem. Ges. 30, 123 (1897).

50 ccm davon in ein Erlenmeyer-Kölbchen gefüllt und letzteres durch einen doppelt durchbohrten Stopfen mit langem Gaseinleitungs- und kurzem Ableitungsrohr verschlossen. Durch das Kölbchen wurde hierauf ein kohlensäurefreier Luftstrom langsam geleitet, der schliefslich ein Chlorcalciumrohr und einen gewogenen Kaliapparat passieren mufste. Zugleich kam das Kölbchen in ein Wasserbad von 50° zu stehen, dessen Temperatur 15 Min. später langsam zum Kochen gesteigert wurde. Die Gewichtszunahme des Kaliapparates betrug schliefslich 0,036 g oder 0,014 g auf 20 ccm Saft. Das Auftreten dieser geringen Menge von Kohlensäure ist dadurch völlig erklärt, dafs sie im Prefssaft teils noch gelöst war, teils durch Vergärung von im Saft vorhandenem Glycogen, also durch die sog. Selbstgärung des Saftes gebildet wurde.

Bei einem zweiten Versuch tropften 50 ccm evakuierter Saft in ein auf 30° erwärmtes Erlenmeyer-Kölbchen, durch das beständig kohlensäurefreie Luft geleitet wurde. Der angeschlossene Kaliapparat zeigte nach $3^1/_2$ stündiger Dauer des Versuches eine Gewichtszunahme von 0,25 g. Nunmehr wurde der Saft auf 50° erwärmt und abermals eine Stunde Luft übergeleitet; der Kaliapparat wog hernach um abermals 0,03 g mehr. Im ganzen entwickelten also 20 ccm Saft 0,11 g Kohlendioxyd, eine Menge, welche die bei der Selbstgärung von Prefssaft beobachteten Zahlen (Tab. X, S. 93) von 0,08 g nur wenig überschreitet. Eine erhebliche Kohlensäurebildung infolge der Gerinnungsvorgänge war also in beiden Fällen nicht zu konstatieren.

Ein dritter Versuch sollte entscheiden, ob Atmungsvorgänge bei der beobachteten Kohlendioxydentwicklung eine Rolle spielen; dazu wurde durch zwei Gefäfse, U-Röhren, deren einer Schenkel birnförmig erweitert, deren anderer aber in eine enge Röhre verwandelt war, Luft bezw. Wasserstoff, beide kohlendioxydfrei, geleitet. Das Gas trat unter geringem Druck beim verengten Schenkel ein und mufste die ganze Flüssigkeit (je 50 ccm) passieren. Die Gewichtszunahme der angeschlossenen Kaliapparate betrug nach $3^1/_4$ Stunden:

für Luft: 0,31 g, für Wasserstoff 0,32 g.

Daraus ergibt sich für 20 ccm 0,12 bezw. ebenfalls 0,12 g Kohlendioxyd. Von Atmungsvorgängen kann demnach keine Rede sein, denn sonst hätte die Gasentwicklung bei Luftzufuhr gröfseren Umfang annehmen müssen als in Wasserstoffatmosphäre. Die Kohlensäuremenge dürfte wieder zum Teil im Prefssaft gelöstem Gas, zum Teil der Erscheinung der Selbstgärung entstammen.

Alkoholbildung.

Die Bestimmung des Äthylalkohols, welcher bei der zellenfreien Gärung entsteht, wird dadurch erschwert, dafs der Prefssaft seiner Herstellung aus Bierhefe zufolge immer eine geringe Alkoholmenge enthält, die durch Kontrollversuche festgestellt werden mufs. Zunächst wurde der Alkohol in zwei Versuchen bestimmt[1]); 50 ccm Prefssaft, gemischt mit 50 ccm einer 75 proz. Rohrzuckerlösung (A) und 150 ccm Saft ebenfalls gemischt mit einem Volum Saccharoselösung von 75% (B) wurden ohne Antisepticum bei niederer Temperatur (im Eisschrank) aufgestellt. Nach drei Tagen waren bei A 1,5 g, bei B 3,3 g Äthylalkohol vorhanden; hiervon sind die Mengen in Abzug zu bringen, welche der verwendeten Hefe noch von der Bierbereitung her anhafteten. Bei A war die Hefe vor Herstellung des Prefssaftes mit je 5 l Wasser noch viermal gewaschen worden; dann wurde in $^2/_3$ des Ganzen der Alkohol bestimmt, das übrige auf Prefssaft verarbeitet; nach den Ergebnissen war in der verwendeten Hefe 0,3 g Alkohol vorhanden. Bei B wurde für die Prefshefefabrikation gereinigte, aber noch nicht mit Stärke versetzte Bierhefe des Handels direkt verarbeitet; der Alkoholgehalt der zur Herstellung von 150 ccm Prefssaft nötigen Hefe betrug nach der ausgeführten Bestimmung 1,2 g. Sonach war bei A 1,2 g, bei B 2,1 g Alkohol durch Gärung entstanden. In allen Fällen wurde der Alkohol durch die Jodoformreaktion identifiziert und schliefslich mittels Pottasche aus der wäfsrigen Lösung ausgesalzen. Die bei B erhaltene Abscheidung ging vollständig zwischen 79—81° (734 mm) über; das Destillat war farblos, brennbar und besafs den Geruch des Äthylalkohols.

[1]) Berichte d. d. chem. Ges. **30**, 123 (1897).

Quantitative Alkohol- und Kohlensäurebestimmungen.

Bei dem ersten quantitativen Versuch wurde die Kohlensäure nur durch den Gewichtsverlust nach Meifsl bestimmt, nachdem sie auch aus dem Versuchskolben durch Luft verdrängt war. Von der gefundenen Menge Alkohol von 8,61 g ist die in der zugehörigen Prefshefe von vornherein vorhandene, experimentell ermittelte Quantität: 0,89 g abzuziehen.

1. 450 ccm Prefssaft + 90 g Rohrzucker + 2 % As_2O_3 in überschüssiger Pottasche gelöst. Zeitdauer: 40 Stunden. 12°.

Erhalten: 6,67 g CO_2; 7,72 g Alkohol.

Aus diesem Ergebnis folgt zunächst, dafs von dem Zucker nur ein kleiner Teil vergoren war, denn sonst müfste, entsprechend der Gärungsgleichung $C_{12}H_{22}O_{11} + H_2O = 4\,CO_2 + 4\,C_2H_6O$ die Summe der Produkte, da es sich um Rohrzuckerzerfall handelt, sogar das Gewicht des Zuckers etwas übersteigen. Ferner zeigt sich eine ziemliche Abweichung von der Angabe Pasteur's, dafs bei der alkoholischen Zuckergärung annähernd gleiche Gewichte Kohlensäure und Alkohol entstehen. Es ist kein Zweifel, dafs daran die mangelhafte Anordnung des Experimentes Schuld trägt. Die folgenden genaueren Versuche haben alle auch eine viel gröfsere Übereinstimmung mit der eben erwähnten Regel ergeben. Die hierbei verwendete Apparatur war ungefähr die von Soxhlet und Jodlbauer[1]) empfohlene. Das geräumige Gärgefäfs, in ein Wasserbad von 15—17° eingesenkt, steht durch einen Kühler mittels Quecksilberverschlusses mit einem grofsen U-Rohr in Verbindung, das mit konzentrierter Schwefelsäure befeuchtete Glasstücke enthält. Daran schliefst sich ein Erlenmeyer-Kolben mit 50 ccm einer Kalilauge (1 : 1), ferner ein Ätzkali- und ein Chlorcalcium-Rohr. Durch das ganze System wurde während der Versuchsdauer kohlendioxydfreie Luft geleitet. Bei Unterbrechung der Versuche erhitzte man auf 50°, unter gleichzeitigem Luftdurchleiten.

2. 100 ccm Prefssaft + 26 g Rohrzucker + 2 % As_2O_3 (als AsO_2K). Zeitdauer: 24 Stunden. 15—17,5°. Von den gefundenen 9,41 g Alkohol sind 0,5° als in dem Prefssaft von vornherein vorhanden abgezogen.

Erhalten: 8,94 g CO_2; 8,91 g Alkohol.

[1]) Zeitschr. f. d. ges. Brauwesen 1888, S. 252.

3. Wie 2. Zeitdauer: 17 Stunden. 15—17°. Von den gefundenen 8,77 g Alkohol sind 0,48 g abgezogen, welche in 100 ccm des frischen Prefssaftes laut besonderem Versuch vorhanden sind.

Erhalten: 8,38 g CO_2; 8,29 g Alkohol.

4. Wie 2. Zeitdauer: 23 Stunden, nach deren Ablauf die Gasentwicklung in der Flüssigkeit beendet schien. 14,5—15°.

Erhalten: 12,23 g CO_2; 12,36 g Alkohol

(davon sind bereits 0,61 g Alkohol abgezogen, welche in 100 ccm desselben frischen Saftes vor dem Gärversuch direkt ermittelt wurden).

5. 200 ccm Prefssaft + 33,4 g Zucker + 2% As_2O_3 (als AsO_2K). Zeitdauer: 40 Stunden. 15—15,5°.

Erhalten: 15,07 g CO_2; 14,86 g Alkohol

(wovon die im Prefssaft ursprünglich vorhandene Menge bereits abgezogen).

Die Versuche 2—5 zeigen, dafs auch bei der zellenfreien Gärung Kohlensäure und Alkohol zu ungefähr gleichen Teilen entstehen[1].

Ein Unterschied schien sich aber in folgendem bemerklich zu machen. Nach den Resultaten von Jodlbauer liefern 100 g Rohrzucker bei der Gärung mit lebender Hefe 49,0 g Kohlensäure und 51,1 g Alkohol, zusammen also 100,1% ihres eigenen Gewichtes. Bei den Versuchen 2 und 3 blieb die Summe der Gewichte der Gärprodukte bei weitem hinter dem Zuckergewichte zurück; es war offenbar lange nicht aller Zucker vergoren und liefsen sich tatsächlich noch grofse Mengen davon nachweisen. Bei Versuch 4, bei dessen Unterbrechung keine Gasentwicklung in der Flüssigkeit zu bemerken war, blieb die Summe der Gewichte der Gärprodukte doch noch um 1,4 g hinter dem Gewicht des zugesetzten Zuckers zurück, bei Versuch 5, bei welchem im Verhältnis zum Zucker sehr viel Prefssaft zur Anwendung gekommen war, um 3,5 g. Ferner ist dabei noch nicht einmal berücksichtigt, dafs der frische Hefesaft Glycogen enthält, welches auch unter Kohlensäure- und Alkoholbildung gespalten wird.

Es war demnach zu vermuten, dafs ein Teil des zugesetzten Zuckers unvergoren geblieben war. Leider scheiterten alle Versuche, denselben nach Allihn quantitativ zu bestimmen. Selbst

[1]) Die gegenteiligen Ergebnisse der Herren Macfadyen, Morris und Rowland, Berichte d. d. chem. Ges. 33 (1900), sind dadurch, wenigstens was Prefssaft aus untergäriger Bierhefe betrifft, widerlegt.

nach Entfernung des Hauptteiles der Eiweifsstoffe durch Zusatz von Salzsäure und Quecksilberchlorid wurden Zahlen erhalten, welche hinter der Differenz zwischen Zuckergewicht und der Summe der Gewichte der Gärprodukte beträchtlich zurückblieben.

Dagegen gelang es mit derselben Methode merkwürdigerweise sehr gut, als Kontrolle zu frischem Hefeprefssaft zugesetzten Rohrzucker quantitativ zu bestimmen. Im Prefssaft entstehen demnach, während er Gärwirkung ausübt, d. h. wohl überhaupt beim Lagern, Stoffe, welche die Zuckerbestimmung vereiteln, indem sie Kupferoxydul in Lösung halten. Wahrscheinlich handelt es sich dabei um Aminoverbindungen, die durch Einwirkung der Endotryptase auf die Eiweifsstoffe des frischen Prefssaftes gebildet werden.

Eine Lösung der Frage, ob der Zucker auch bei der zellenfreien Gärung quantitativ zerfällt, schien nunmehr möglich, indem man zu Zucker so viel Prefssaft setzte, dafs eine vollständige Vergärung zu erwarten war. Bei einem derartigen Versuch kam an Stelle von Hefesaft sogenannte Dauerhefe zur Anwendung, Hefe, welche durch Behandlung mit Aceton und Äther getötet und in ein trockenes, haltbares Pulver übergeführt worden ist; dabei bleiben die Enzyme unverändert und man kann mit Dauerhefe daher ebenso gut Zucker vergären als mit zymasehaltigem Prefssaft (näheres über Aceton-Dauerhefe s. im VII. Abschnitt). Das Präparat besitzt aufserdem auch noch eine ziemlich starke antiseptische Wirkung, welche den Zusatz eines besonderen Antiseptikum entbehrlich macht. Zunächst wurde in einem Vorversuch die Gärkraft der Aceton-Dauerhefe festgestellt.

Vorversuch. 2,2 g Dauerhefe + 4,4 g Rohrzucker + 11 ccm Wasser gaben nach zwei Tagen (bei 22°) 1,18 g CO_2, d. h. es waren etwa 2,36 g Rohrzucker oder etwas mehr als das Eigengewicht der Dauerhefe vergoren worden.

Es wurden die Mengenverhältnisse nun so gewählt, dafs man auf Grund des Vorversuches eine vollständige Zuckervergärung erwarten konnte. 22,5 g Aceton-Dauerhefe, welche Menge in Anwendung kommen sollte, sind nach dem Vorversuch imstande, 24 g Kohlenhydrat zu spalten; es wurden aber nur 18 g zugesetzt.

6. 22,5 g Aceton-Dauerhefe + 18 g Rohrzucker, aufgelöst in 90 ccm Wasser, lieferten bei 22° nach zwei Tagen 9,21 g Kohlendioxyd und 9,27 g Alkohol.

Von letzterem Gewicht war abzuziehen die Menge Alkohol, welche in der Dauerhefe von vornherein vorhanden war, und die Menge, welche bei Vergärung des in der Dauerhefe anwesenden Glycogens auftreten mufste. Zur gemeinsamen Ermittelung dieser Zahlen wurden 22,5 g derselben Dauerhefe mit 90 ccm Wasser versetzt, zwei Tage stehen gelassen und dann zur Alkoholbestimmung geschritten, die 1,22 g davon ergab. Durch Vergärung des zugesetzten Zuckers waren also 8,05 g Alkohol entstanden. Auch bei dem entwickelten Kohlendioxyd mufste noch die Menge in Abzug gebracht werden, welche der Glycogenvergärung entsprach; bei der geringen Quantität, um die es sich handelte, schien es am einfachsten, sie indirekt zu bestimmen. Da nach Pasteur und auch nach unseren Versuchen ungefähr gleichviel Alkohol und Kohlensäure entstehen, konnte man einfach die Menge Alkohol dafür setzen, welche bei der Glycogengärung gebildet wird. Diese liefs sich bestimmen, indem man von der Menge Alkohol, die 22,5 g Dauerhefe beim Stehen mit 90 ccm Wasser nach zwei Tagen liefern, nach obigem 1,22 g, die Menge abzieht, welche in 22,5 g Dauerhefe von vornherein vorhanden ist. Letztere wurde in einem besonderen Versuch zu 0,11 g gefunden. Von 9,21 g CO_2 sind also 1,22 — 0,11 = 1,11 g abzuziehen; die bei der Vergärung des zugegebenen Zuckers gebildete Menge Kohlendioxyd betrug demnach 8,10 g. Schliefslich wurde auch die Reinheit des angewandten Rohrzuckers dadurch kontrolliert, dafs 18 g in 90 ccm Wasser gelöst und eine Zuckerbestimmung nach Kjeldahl ausgeführt wurde; dieselbe ergab die Anwesenheit von 17,96 g Rohrzucker. Bei der Gärung durch Dauerhefe lieferten also

17,96 g Rohrzucker : 8,05 g CO_2 und 8,10 g Alkohol, zusammen 16,15 g,

während nach den oben gegebenen Werten von Jodlbauer lebende Hefe erzeugen würde aus

17,96 g Rohrzucker : 8,81 g CO_2 und 9,18 g Alkohol, zusammen 17,99 g.

Bei der Gärung durch lebende Hefe entstehen neben Alkohol und Kohlensäure auch noch etwas Glycerin und Bernsteinsäure. Wie im folgenden Kapitel gezeigt wird, tritt bei der zellenfreien Gärung kein Glycerin auf und wahrscheinlich auch keine Bernsteinsäure. Um zu berechnen, wieviel Alkohol und Kohlensäure theoretisch aus 17,96 g Rohrzucker durch zellenfreie Gärung entstehen können, wird man sich deshalb richtiger der oben angeführten Gleichung Gay-Lussac's bedienen, denn die Zahlen von Jodlbauer sind mit lebender Hefe erhalten. Nach dieser Weise berechnet, müfsten ergeben

17,96 g Rohrzucker : 9,24 g CO_2 und 9,66 g Alkohol, zusammen 18,9 g.

Die Summe der erhaltenen Produkte bleibt also um 2,75 g hinter der Theorie zurück, oder mit anderen Worten, die gefundene Menge Kohlendioxyd entspricht nur der Spaltung von 15,65 g, der gefundene Alkohol nur der Zerlegung von 15,06 g Rohrzucker. Es sind demnach 13—16 %, also rund 15 % des Zuckers nicht in die Gärprodukte übergegangen.

Dafs dieses Ergebnis die Folge von Versuchsfehlern sei, halten wir für wenig wahrscheinlich; es müfste ein Fehler sein, der die Alkohol- und die Kohlensäurebestimmung im gleichen Sinne beeinflufst hat.

Wenn man von einer solchen Annahme absieht, liegen drei Erklärungsversuche nahe. Zunächst könnte ein Teil des Zuckers der Spaltung in die Gärprodukte entzogen werden, infolge von Polymerisation oder von Bindung an irgendwelche Bestandteile der Hefezelle. Es wäre denkbar, dafs im Prefssaft z. B. synthetisierende Enzyme zur Wirkung gelangen, welche etwas Zucker in nur langsam vergärende Dextrine überführen. Man wird dabei an die Schwierigkeiten erinnert, welchen Jodlbauer[1]) begegnete, als er im Laboratorium Soxhlet's die alkoholische Gärung durch lebende Hefe zur quantitativen Zuckerbestimmung verwertete; insbesondere lieferte Hefe, welche eine, wenn auch geringe Selbstgärung erlitten hatte, zu niedere Kohlendioxydzahlen, weil sie beim Einbringen in eine Zuckerlösung vor allem ihren protoplasmatischen Zellsaft wieder auf den ursprünglichen Stand auf Kosten des Zuckers ergänzte.

---

[1]) Zeitschrift für das ges. Brauwesen 1888, S. 322.

Oder es könnten bei der alkoholischen Gärung des Zuckers immer zuerst Zwischenprodukte durch Anlagerung von Zymase an das Kohlenhydrat entstehen, welche normalerweise dann weiter zerfallen unter Bildung der Spaltprodukte und Regenerierung des Enzyms, bei der zellenfreien Gärung aber zum kleinen Teil unverändert zurückbleiben. Zu dieser Auffassung neigen die Herren Macfadyen, Morris und Rowland, welche nach ihren Angaben eine ähnliche Beobachtung, wie die oben beschriebene Differenz zwischen Zuckergewicht und Summe der Gärprodukte gemacht haben wollen[1]). Die verhältnismäſsig groſse Menge an verschwindendem Zucker scheint aber gegen diese Annahme zu sprechen, denn da im Safte resp. in der Hefe jedenfalls dem Gewichte nach nur eine minimale Menge Zymase vorhanden ist, könnte ein Anlagerungsprodukt derselben an Zucker auch nicht sehr in's Gewicht fallen.

Gröſsere Wahrscheinlichkeit dürfte endlich dem folgenden dritten Erklärungsversuch zukommen. Da die alkoholische Gärung als Wirkung eines Enzymes erkannt ist, bei Umsetzungen durch solche Stoffe nach Tammann, Duclaux und Hill aber Gleichgewichtserscheinungen auftreten und die Umwandlungen unvollständig bleiben, solange die Spaltprodukte nicht entfernt werden, ist es vielleicht unmöglich, durch eine bestimmte Menge Zymase allen vorhandenen Zucker zu vergären. Bei lebender Hefe dauert dagegen die Neubildung von Zymase an, der Vorrat daran steigt und die Zuckerspaltung kann vollständig werden.

Nach dieser Annahme müſste in der Gärflüssigkeit von Versuch 6 nach Unterbrechung desselben noch Zucker vorhanden gewesen sein. Leider ist es nicht gelungen, dafür den experimentellen Nachweis beizubringen. Die Fehling'sche Lösung läſst dabei, wie schon erwähnt, im Stich. Es wurde sodann versucht, den im Rückstand vermuteten Zucker durch Alkohol zu extrahieren. Der Rückstand wurde hierzu fast bis zur Trockne verdampft, dann mit 95proz. Alkohol dreimal extrahiert, das

---

[1]) Berichte d. d. chem. Ges. 33, S. 2786, 2790 (1900).

Extrakt filtriert, der Alkohol verdampft und mit Wasser aufgenommen. Zur einen Hälfte (a) dieser Lösung erfolgte nun Zusatz von lebender Hefe, zur anderen (b) von lebender Hefe und Rohrzucker; beide wurden darauf in einseitig geschlossene U-Röhrchen gefüllt. Bei b trat bei 22° Gärung ein, bei a nicht; es war daher in a kein Zucker nachzuweisen.

Wenn es somit auch nicht möglich war, die Richtigkeit des dritten Erklärungsversuches für die Tatsache, dafs bei der zellenfreien Gärung nicht aller zugesetzte Zucker als Alkohol und Kohlendioxyd wieder erscheint, experimentell zu bestätigen, so glauben wir doch, dafs er der Wahrheit am nächsten kommt.

Das Gesamtergebnis unserer Versuche über die quantitativen Verhältnisse der Alkohol- und Kohlensäurebildung ist also, dafs bei der zellenfreien Zuckergärung annähernd gleichviel Alkohol und Kohlensäure entstehen, und dafs die Summe dieser Gärungsprodukte nicht sehr weit zurückbleibt vom Gewicht des verschwundenen Zuckers. Eine Entscheidung darüber zu geben, was aus dem anscheinend vorhandenen Reste des Kohlenhydrates wird, darüber reichen die bisherigen Forschungen nicht aus, wir hoffen aber, diese sehr interessante Frage noch weiter verfolgen zu können.

Glycerin- und Bernsteinsäurebildung.

Bei der alkoholischen Gärung des Zuckers durch lebende Sprofshefe erscheinen 2,5—3,6 % vom Zuckergewicht als Glycerin, 0,5—0,7 % als Bernsteinsäure wieder. Obwohl Pasteur, dem wir diese Angaben verdanken[1]), das gleichmäfsige Auftreten jener Nebenprodukte der Gärung innerhalb obiger Grenzen im allgemeinen betont[2]), findet sich doch auch der Hinweis, dafs manchmal Ausnahmen auftreten; ein sehr langsamer Verlauf der Gärung soll Glycerin- und Bernsteinsäurebildung begünstigen[3]). Inzwischen ist eine Abhängigkeit des Entstehens der Neben-

---

[1]) Annales de Chimie et de Physique (3) 58, S. 355, 362 (1860).
[2]) Ebenda S. 362, 359.
[3]) Ebenda S. 363.

produkte von der Heferasse, Temperatur, Lüftung, Nährstoffanwesenheit, Zuckerart, Schnelligkeit und Phase des Gärungsvorganges u. s. w. durch Untersuchungen von Mach und Portele, Borgmann, Amthor, Effront, Hilger (mit Thylmann, Rau, Straub), Wortmann, Laborde u. a. festgestellt worden[1]).

Während Pasteur der Ansicht war, dafs Glycerin und Bernsteinsäure »konstante Produkte der Gärung« seien, »mit der gleichen Berechtigung wie der Alkohol und die Kohlensäure« d. h. also Nebenprodukte beim Zerfall des Zuckers[2]), eine Anschauung, der sich C. Nägeli[3]) und Sachs anschlossen, hat Müller-Thurgau zuerst auf Grund der Schwankungen in den Glycerin- und Bernsteinsäuremengen vermutet, dafs diese Substanzen überhaupt nicht direkt beim Zerfall des Zuckers entstehen, demnach keine eigentlichen Gärprodukte, sondern Stoffwechselprodukte der Hefezellen sind und sich zur Menge des vergorenen Zuckers bezw. des gebildeten Alkohols in gar keinem bestimmten Verhältnis befinden[4]). Durch Versuche von Julius Wortmann, welche ergaben, dafs schwach und kräftig vergärende Hefen aus dem gleichen Traubensaft, neben wenig bezw. viel Alkohol, unter Umständen die gleiche Menge Glycerin liefern[5]), wurde diese Ansicht sehr wahrscheinlich gemacht. Auch Laborde diskutiert die auf dasselbe hinauslaufende Annahme, das Glycerin sei ein Rückstand des Zuckers, der zum Aufbau der Hefezellen verwendet wurde[6]).

Eine Untersuchung über die Bildung von Glycerin und Bernsteinsäure bei der zellenfreien Gärung konnte Entscheidung bringen, da Störungen der Resultate durch die Assimilationsvorgänge der

---

[1]) Weitere Literatur s. a. C. Oppenheimer, Die Fermente, Leipzig 1900, S. 253.

[2]) Ann. Chim. Phys. (3) 58, 356 (1860).

[3]) Theorie der Gärung, München 1879, 15.

[4]) 10. Generalversammlung des Weinbauvereins, Geisenheim 1884.

[5]) Vergl.: Vorkommen und Wirkung lebender Organismen in fertigen Weinen. Berlin, Parey, 1898, S. 81 (Sonderabdruck aus Thiel's Landwirtschaftliche Jahrbücher 1898).

[6]) Chem. Centralbl. 70 (1899, II), 673.

lebenden Zellen dabei ausgeschlossen sind[1]). Eine Reihe von experimentellen Schwierigkeiten war aber zu überwinden. Pasteur hatte meistens nur Spuren von Hefe in mit wenig Nährsalzen versetzte Zuckerlösungen zur Aussaat gebracht; nach Vergärung des Kohlenhydrats blieben aufser Alkohol fast keine die Glycerin- und Bernsteinsäurebestimmung erschwerenden Beimengungen zurück. Da die Nebenprodukte überhaupt nur in geringer Menge entstehen, mufsten bei der zellenfreien Gärung 100 g Zucker vergoren werden; hierzu waren aber 1250 ccm Prefssaft nötig (entsprechend ca. 2400 g Hefe), mit einem Trockenrückstand von etwa 160 g, aus welchem dann schliefslich die geringen Mengen von Glycerin und Bernsteinsäure ausgezogen werden mufsten. Um den Versuch innerhalb eines Tages bei vollständiger Vergärung des Zuckers beenden zu können, benutzten wir eine Temperatur von 23° und setzten 2% arsenige Säure (25 g Arsentrioxyd gelöst mit 17,5 g Kaliumcarbonat zu Kaliummetarsenit) zu, wodurch erfahrungsgemäfs die Intensität des Gärungsvorganges beschleunigt wird. Durch die Untersuchungen von H. Abeles[2]) und unsere eigenen[3]) weifs man, dafs ein derartiger Arsenitzusatz in diesem Falle keine vollständige Antiseptik verbürgt; wir haben daher bei Unterbrechung des Versuches viermal je 0,5 ccm der Flüssigkeit in sterile Würzeagarplatten zur Aussaat gebracht und in der Tat die Anwesenheit von durchschnittlich 25 lebenden Hefezellen in 1 ccm oder von ungefähr 30000 im ganzen konstatieren können; die Gegenwart derselben wird die Resultate natürlich etwas beeinflufst haben. Der Zusatz eines anderen Antiseptikum, wie z. B. von Toluol oder Chloroform, unterblieb deshalb, damit die Menge des gebildeten Alkohols am Schlusse direkt ermittelt werden konnte. Zur Glycerinbestimmung kam die von Soxhlet-Graf Törring[4]) empfohlene Vakuumdestillation, kombiniert mit der Dietz-Baumann'schen Überführung

[1]) Darauf hat Duclaux, Annales Pasteur **11**, 349 (1897) bereits hingewiesen. Vgl. auch J. Effront, Les Enzymes, Paris 1899, S. 322.

[2]) Berichte d. d. chem. Ges. **31**, S. 2262 (1898).

[3]) Ebenda **32**, S. 133 (1899).

[4]) Zeitschr. f. analyt. Chemie **28**, S. 363 (1889).

in Di- und Tri-Benzoat[1]), zur Anwendung. Wegen der grofsen Menge der sonstigen anwesenden Stoffe war es geboten, bei einem Kontrollversuch durch künstlichen Glycerinzusatz zu Hefepreſssaft zu ermitteln, wie sich diese Methoden im vorliegenden Fall eignen; zu allererst aber haben wir uns überzeugt, dafs sie bei rein wäfsrigen Glycerinlösungen gute Resultate geben. Ähnliches galt für die Bestimmung der Bernsteinsäure, welche unter gewissen Abänderungen nach Straub, Rau und Hilger[2]) als Silbersalz gewogen wurde, ein Verfahren, das uns probeweise bei einer wäfsrigen Bernsteinsäurelösung richtige Zahlen gab; auch hier erfolgte sodann bei einem Kontrollversuch direkt Zusatz von Bernsteinsäure zu Hefepreſssaft und Bestimmung derselben. Selbstverständlich war es aufserdem noch nötig, die im angewandten Hefepreſssaft von vornherein vorhandene Menge von Glycerin und Bernsteinsäure durch einen Vorversuch zu ermitteln.

Bestimmungsverfahren. Nach Beendigung der Gärung wurde beim Hauptversuch wegen Anwesenheit des Arsenits mit Schwefelsäure neutralisiert, dann der Alkohol mit Wasserdampf übergetrieben (und mit dem in der Schwefelsäure, die zum Waschen des Kohlendioxyds verwendet worden war, zurückgebliebenen und ebenfalls überdestillierten Alkohol vereinigt). Der Destillationsrückstand wurde sodann eingedampft, mit Salpetersäure stark angesäuert und zur Extraktion der Nebenprodukte neunmal mit 86proz. Alkohol $^3/_4$ Stunden am Rückflufskühler ausgekocht (Anwendung eines Alkohol-Äther-Gemenges zur Extraktion nach Pasteur genügt nicht). Die alkoholische Lösung wird sodann mit Kalkmilch im Überschufs erhitzt und nach dem Erkalten filtriert. Das Filtrat enthält das Glycerin, zu dessen Bestimmung mit Salpetersäure schwach angesäuert, dann eingedampft und mit Alkohol-Äther-Mischung (1 Teil Alkohol von 86 %, $1^1/_2$ Teil Äther) extrahiert, hierauf abermals eingedampft und nach Graf Törring und Dietz verfahren wird. Zur Bernsteinsäurebestimmung wurde der Kalkniederschlag mit Alkohol von 86 % gewaschen, in Salpetersäure gelöst, dann mit der obigen Alkohol-Äther-Mischung erschöpft, das Lösungsmittel verdunstet, hierauf mit Kalilauge neutralisiert und durch Silbernitrat gefällt.

1. Vorversuch. Gehalt des Hefepreſssaftes: In 1250 ccm frischem Hefepreſssaft wurden gefunden: 6,6 g Alkohol, 1,2 g Glycerin (gewogen als Di- und Tri-Benzoat), 0,2 g Bernsteinsäure, als Silbersalz gewogen, das nachweislich noch mit Silberchlorid, etwas Silber und Spuren von Silberphosphat verunreinigt war).

---

[1]) Zeitschr. f. physiolog. Chemie 11, S. 472 (1887).

[2]) Forschungsberichte 2, S. 383 (1895); Archiv für Hygiene 14, S. 225.

2. Kontrollversuch mit direktem Zusatz. Zu 1250 ccm frischem Hefepreſssaft wurden gegeben: 3,4 g Glycerin und 0,7 g Bernsteinsäure. Gefunden bei der Bestimmung: 4,3 g Glycerin und 0,7 g Bernsteinsäure (gewogen als Silbersalz, das wie bei 1. verunreinigt war).

3. Hauptversuch. Zu 1250 ccm frischem Hefepreſssaft wurden 100 g Rohrzucker und 2 % arsenige Säure (als Kaliummetarsenit) zugesetzt. Nach Beendigung der Kohlendioxydentwicklung, nach 22 Stdn. bei 23°, wurden gefunden: 57,0 g Alkohol, 1,7 g Glycerin, 0,5 g Bernsteinsäure (gewogen als Silbersalz, das wie oben verunreinigt war).

Die eigentlichen Resultate ergeben sich bei Subtraktion der Zahlen des Vorversuches von denen des Kontrollversuches und denen des Hauptversuches, wobei, was die Bernsteinsäure betrifft, auch die durch Verunreinigung des bernsteinsauren Silbers mit Silber, Silber-Chlorid und -Phosphat entstehenden Fehler, da es sich jedesmal um die gleiche Menge Preſssaft handelt, wieder ausgeschaltet werden.

4. Kontrollversuch, abzüglich der Zahlen des Vorversuches. Von den zugesetzten 3,4 g Glycerin und 0,7 g Bernsteinsäure fanden sich bei der Bestimmung wieder: 3,1 g Glycerin und 0,5 g Bernsteinsäure; daraus ergeben sich die Genauigkeitsgrenzen der Bestimmungsmethoden.

5. Hauptversuch, abzüglich der Zahlen des Vorversuches. Bei der Gärung durch Preſssaft konnten nachgewiesen werden: 50,4 g Alkohol, 0,5 g Glycerin und 0,3 g Bernsteinsäure.

Nach Jodlbauer entstehen bei der Gärung durch Hefezellen aus 100 g Rohrzucker 51,1 g Alkohol; es dürften demnach bei dem Hauptversuch annähernd 100 g Kohlenhydrat vergoren sein, so daſs die erhaltenen Mengen von Glycerin und Bernsteinsäure ohne Fehler als Prozentzahlen, bezogen auf den vergorenen Zucker, betrachtet werden können.

Die bei der Gärung mit Preſssaft beobachteten Mengen von Nebenprodukten sind demnach niedriger, als sie Pasteur durch lebende Hefe erhielt; sie sind ungefähr ebenso niedrig als die Minima, welche unseres Wissens seither überhaupt aufgefunden wurden. Als geringste Glycerinzahlen wurden bei Rohr- und Trauben-Zuckergärungen durch Bier- oder Weinhefe 0,8[1]) und 1,9 %[2]) vom Zuckergewicht beob-

---

[1]) Thylmann und Hilger, Archiv f. Hygiene 8, 467a (1888); Vergärung einer 20proz. Rohrzuckerlösung bei Luftabschluſs, ohne Nährstoffzusatz.

[2]) Wortmann, Thiel's landwirtsch. Jahrbücher 1894, S. 566, gefunden in einem Wein.

achtet; von Bernsteinsäure sind in natürlichen Weinen und bei künstlichen Rohrzuckergärungsgemischen[1]) als Minimum 0,2—0,3 % vom Zuckergewicht angetroffen worden[2]). Dafs unsere ermittelten Zahlen nicht erheblich hinter der Wirklichkeit zurückbleiben, dafür bürgt der Kontrollversuch; wir halten es im Gegenteil für wahrscheinlich, dafs sie zu hoch ausgefallen sind, weil die Gärung nicht zellenfrei verlief, sondern, wie oben berichtet, bei Anwesenheit einer beträchtlichen Menge lebender Hefezellen. Insbesondere haben wir auch gegen die Bernsteinsäurebestimmung Bedenken, da es nicht gelang, aus dem »bernsteinsauren Silber« des Hauptversuches durch Zersetzen mit Schwefelwasserstoff und dreimaliges Ausschütteln mit je 120 ccm Äther krystallisierte Bernsteinsäure zu gewinnen; es blieben nur 5 mg eines bräunlichen, schmierigen Produktes zurück. Aus dem »bernsteinsauren Silber« des Kontrollversuches erhielten wir dagegen auf genau dieselbe unvollkommene Weise sofort 0,2 g Bernsteinsäure zurück.

Ein zweiter ausführlicher Versuch über die Bildung von Nebenprodukten wurde mit einer Zuckergärung mittels Aceton-Dauerhefe, demselben Präparat, welches zur 6. Alkohol- und Kohlendioxydbestimmung (s. das vorhergehende Kapitel) diente, unter Zusatz von Toluol ausgeführt. Wir hofften, dafs die Schwierigkeiten der Isolierung von Glycerin und Bernsteinsäure hier geringere wären, es hat sich aber leider das Gegenteil gezeigt. Wie beim Versuch mit frischem Prefssaft wurden in drei Kolben (mit je 225 g Aceton-Dauerhefe, 900 ccm Wasser und 18 g Toluol) wieder ein Vorversuch zur Ermittlung des Gehaltes der Dauerhefe an den gesuchten Produkten, ein Kontrollversuch mit direktem Zusatz von 3,1 g Glycerin und von 0,6 g Bernsteinsäure und ein Hauptversuch mit Zusatz von 180 g Rohrzucker zwei Tage bei 22° aufgestellt.

Der gebildete Alkohol im Hauptversuch sollte nicht bestimmt werden (deshalb war auch der Toluolzusatz zulässig gewesen).

---

[1]) Die bisher bekannt gewordenen Bernsteinsäurebestimmungen bei Maltosegärung, z. B. im Bier, erscheinen so wenig zuverlässig, dafs sie aufser Betracht bleiben sollen.

[2]) Rau, Arch. f. Hygiene 14, S. 228.

Das Verfahren zur Ermittlung des Glycerins und der Bernsteinsäure war ungefähr dasselbe, wie oben bei den Versuchen mit frischem Prefssaft beschrieben; es wurde je auf 500 g eingedampft und dann zehnmal mit starkem Alkohol ausgekocht. Aber da es im Kontrollversuch nicht gelang, Glycerin und Bernsteinsäure auch nur annähernd in der zugesetzten Menge wieder aufzufinden, mufste auf eine quantitative Bestimmung verzichtet werden. Aller Wahrscheinlichkeit nach wird an diesem negativen Ergebnis die Struktur der Hefezellen Schuld tragen, welche bei der Darstellung der Aceton-Dauerhefe natürlich unverändert bleibt und daher, im Gegensatz zu einem kompakten Niederschlag von geronnenem Eiweifs, aus lauter kleinen, nur schwer durchlässigen Bläschen mit ungeheuren Oberflächen bestehen. Aufserdem sind für die Bernsteinsäurebestimmung vielleicht die in grofser Zahl anwesenden Aminosäuren infolge Salzbildung hinderlich. Wir mufsten uns begnügen, die Extrakte aus den drei Versuchen, nachdem sie noch, um Beimischungen möglichst zu entfernen, im Vakuum destilliert waren, nur qualitativ auf die Anwesenheit von Glycerin mittels der Acroleïnmethode zu prüfen, welche L. Grünhut[1]) kürzlich empfohlen hat. Einige Dezigramme der Substanz werden mit Kaliumhydrosulfat im Reagensrohr erhitzt und der Gehalt an Acroleïn in den ersten übergehenden Tropfen durch den Geruch und das Reduktionsvermögen für ammoniakalische Silberlösung festgestellt. Die Prüfung, zweimal ausgeführt, ergab ein eindeutiges Resultat: weder im Vorversuch noch im Hauptversuch war Glycerin nachzuweisen, wohl aber sofort im Kontrollversuch, bei welchem Glycerin zugesetzt worden war.

Dieses Resultat, im Zusammenhalt mit dem Ergebnis des oben beschriebenen Versuches mit Hefeprefssaft, macht es sehr wahrscheinlich, dafs bei der zellenfreien Gärung des Zuckers überhaupt kein Glycerin entsteht. Bezüglich der Bernsteinsäure dürfte es sich wohl ähnlich verhalten; aber der experimentelle Nachweis ist wegen der Unsicherheit der Methoden bis jetzt nicht geführt.

---

[1]) Fresenius' Zeitschrift f. analyt. Chemie 38, S. 41 (1899).

Zwischen der zellenfreien Gärung und der alkoholischen Spaltung des Zuckers durch lebende Hefezellen besteht also insofern ein Unterschied, als nur bei letzterer Glycerinbildung eintritt. Dieser dreiwertige Alkohol hat demnach mit dem Zuckerzerfall in Alkohol und Kohlensäure direkt nichts zu tun, erscheint vielmehr als Stoffwechselprodukt bei Ernährung der Hefezellen durch Zucker.

Säurebildung bei der zellenfreien Gärung[1]).

Bei der alkoholischen Gärung des Zuckers durch lebende Hefe entstehen nach Bechamp und nach Duclaux geringe Mengen von Essigsäure; doch soll deren Menge in dem Augenblick, wo aller Zucker vergoren ist, nicht mehr als 0,05 % des Zuckers betragen[2]). Bei zellenfreier Zuckergärung durch Hefepreſssaft will F. B. Ahrens[3]) die Bildung von etwas flüchtiger Säure und viel Milchsäure beobachtet haben.

Unsere Versuche in dieser Richtung sind noch sehr spärliche. Mit frischem Preſssaft ausgeführte Zuckergärungen lieſsen eine recht beträchtliche Bildung von flüchtigen Säuren (2 % des Zuckers) erkennen; aber wir halten für möglich, daſs trotz Zusatz von 2% Toluol die Antiseptik keine genügende war, um die vorliegende Frage zu entscheiden, und daſs lebende Spaltpilze das Resultat sehr beeinträchtigt haben. Ähnliches vermuten wir auch bezüglich der obigen Angaben von Ahrens.

Einwandfreier erscheint uns folgender, mit Aceton-Dauerhefe (deren Herstellung s. im VII. Abschnitt) ausgeführter Versuch, der selbst eine gewisse antiseptische Wirkung zukommt[4]).

Vorversuch. 2,5 g Aceton-Dauerhefe aus Berliner Unterhefe S + 1,8 g Rohrzucker + 9 ccm Wasser + 0,18 ccm Toluol lieferten bei 22° nach einem Tag 0,7 g CO_2, und nach zwei Tagen war kein Zucker mehr nachzuweisen.

---

1) Über Bernsteinsäure s. das vorhergehende Kapitel.

2) Kayser, Die Hefe, deutsche Ausgabe von Meinecke, München 1898, S. 67.

3) Zeitschr. f. angewandte Chemie 1900, S. 483.

4) L. Geret, Münch. medicin. Wochenschr. 1901, Nr. 46.

Kontrollversuch. 25 g Aceton-Dauerhefe der gleichen Herkunft + 90 ccm Wasser + 1,8 ccm Toluol wurden zwei Tage bei 22° aufgestellt und hernach mit Wasserdampf destilliert. Das Destillat war neutral.

Hauptversuch. 250 g Aceton-Dauerhefe der gleichen Herkunft + 180 g Rohrzucker + 900 ccm Wasser + 18 ccm Toluol blieben zwei Tage bei 22° stehen; hernach wurde Wasserdampf eingeleitet. Das saure Destillat bedurfte zur Neutralisation 65 ccm $^1/_{10}$ Normal-Natronlauge.

Nach dem Vorversuch war auch für den Hauptversuch die Vergärung von nahezu allem zugesetzten Zucker anzunehmen; nach dem Kontrollversuch enthielt die Dauerhefe selbst keine flüchtige Säure. Es ist also bei der Vergärung von etwa 180 g Rohrzucker eine 65 ccm $^1/_{10}$ Normal-Natronlauge äquivalente Menge Säure entstanden. Die erhaltene Natronsalzlösung der Säure wurde eingedampft, dann partiell angesäuert, jedesmal mit Wasserdampf destilliert und auf diesem Wege zwei Fraktionen erhalten, die beide ins Silbersalz übergeführt wurden. Die Silberbestimmung ergab:

I. Fraktion 58,9 % Ag. II. Fraktion 72,3 % Ag.
Berechnet für Silberacetat 64,7 % Ag.

Es lag demnach in der Hauptsache Essigsäure, verunreinigt vielleicht durch etwas Milchsäure, die in Spuren auch flüchtig ist, und etwas Ameisensäure vor. Berechnet man die ganze Menge auf Essigsäure, so würden 0,39 g davon vorhanden gewesen sein oder etwa 0,2 % des vergorenen Zuckers.

Nach diesen Ergebnissen scheint es, dafs auch bei der zellenfreien Gärung geringe Mengen von Essigsäure entstehen, vielleicht gebildet aus Alkohol durch Einwirkung von Oxydasen der Hefe. Die Versuche müssen indessen nochmals wiederholt werden.

Wärmeentwicklung bei der zellenfreien Gärung.

Im Anschlufs an die chemischen Vorgänge soll hier über das Auftreten von Wärme bei der Spaltung von Zucker durch Hefeprefssaft berichtet werden. Es wurde bisher allerdings nur ein qualitativer Versuch ausgeführt (Tab. LXVIII). Die Wärmeentwicklung bei der Gärung verdient besonderes Interesse, da sie die bei den übrigen Enzymwirkungen auftretende positive Wärmetönung ganz beträchtlich übertrifft.

Zwei gleich grofse, weite Reagensröhren wurden beschickt mit 20 ccm frischem Prefssaft (Nr. 596) bezw. 20 ccm Wasser (Nr. 597), beide 14° warm, und darin zwei gleiche Thermometer getaucht, die in $^1/_{10}$ Grad eingeteilt waren und, wie ein eigener Versuch bewies, zwischen 13 und 16° gleichen Gang zeigten. In Versuch Nr. 596 kamen sodann 8 g Rohrzucker zur Auflösung und 2% As_2O_3 (als AsO_2K). Bei Beginn des Versuches (5 Uhr abends) war in Nr. 596 infolge der Auflösung des Zuckers noch eine bedeutende Temperaturdepression gegenüber Nr. 597 vorhanden. Beide Röhrchen wurden hierauf nebeneinander in dem Luftraum eines grofsen Wärmeschrankes von etwa 13—15° Temperatur aufgestellt. Die Gärungserscheinungen bezw. die Gasentwicklung waren nach 45 Minuten (5^h 45) stark, nach 70 Minuten (6^h 10) sehr stark, aber auch am nächsten Tage nach 16 und 23 Stunden noch lebhaft im Gange.

Tabelle LXVIII.

Wärmebildung bei der Gärung durch Prefssaft.

Nr.		Temperatur in Celsiusgraden							
		3. VI. 98						4. VI. 98	
		5^h 00	5^h 10	5^h 30	5^h 45	6^h 10	6^h 35	9^h 25	4^h 00
596	20 ccm Saft + 8 g Sacch. + 2% As_2O_3	13,5	14,2	15,5	16,5	15,7	14,9	14,05	13,9
597	20 ccm Wasser	14,0	14,2	14,7	14,6	14,4	14,2	13,95	13,8

Dieser immerhin primitive Versuch läfst doch die erwartete Wärmebildung deutlich erkennen.

VI. Abschnitt.

Versuche zur Isolierung der Zymase.

Wenn auch von einer wirklichen Isolierung der Zymase bisher ebenso wenig die Rede sein kann, wie bei irgend einem anderen Enzym, so ist es doch gelungen, den Zymasegehalt des Hefepreſssaftes durch Eindampfen im Vakuum oder durch Ausfrieren des Wassers (F. B. Ahrens) zu steigern, den Saft vollständig einzutrocknen, sowie endlich die Zymase durch Fällen mit Alkohol und Äther oder mit Aceton und Äther als trockenes, amorphes Pulver, allerdings noch verunreinigt durch eine Menge anderer Bestandteile des Saftes, niederzuschlagen. Das Eindampfen des Saftes, sowie die Herstellung von getrocknetem, stark wirksamem Preſssaft ist bereits im III. Abschnitt ausführlich beschrieben (S. 133). Hier sollen noch die Resultate der übrigen erwähnten Methoden mitgeteilt werden.

Konzentrieren des Saftes durch Ausfrieren.

F. B. Ahrens[1]) hat Hefepreſssaft mittels einer Kältemischung auf — 2° abgekühlt; beim Umrühren scheidet sich ein Eisbrei ab, von dem der Saft durch Aufgieſsen auf abgekühlte Tücher und schnelles Auspressen getrennt werden kann. Durch mehrfache Wiederholung dieses Verfahrens gelang es, einen Saft vom

[1]) Zeitschrift für angew. Chemie 1900, 483; Ref. Chemisches Centralblatt 1900, II. 52; Wochenschr. f. Brauerei 17, 283 (1900).

spezifischen Gewicht 1,0765 herzustellen (die in München und in Berlin direkt aus untergähriger Bierhefe gewonnenen Säfte zeigten ein solches von nur 1,032—1,050), der gute Gärwirkung besaſs. Diese Methode ist sehr zweckmäſsig, wie durch zwei Versuche bestätigt werden konnte, welche Herr Dr. J. Meisenheimer mit Berliner Bierunterhefe angestellt hat. Der Preſssaft wurde dabei in hohen Zylindergläsern durch Einsenken in eine Kältemischung zu vollständigem Gefrieren gebracht, das gebildete Eis aber dann nicht abgesaugt, sondern einfach die ganze Masse wieder langsam auftauen gelassen. Wenn alles wieder geschmolzen ist, erscheint eine mehr oder minder deutliche Schichtung in eine fast farblose obere Zone, bestehend hauptsächlich aus reinem Wasser, das aus den nach oben geschwommenen Eisstücken entstanden ist, und eine stark rotbraune untere Schicht, den konzentrierten Preſssaft. Während die Gärkraft der obersten Schicht im ersten Versuch sehr herabgedrückt, beim zweiten fast ganz verschwunden war, wies die unterste Partie dagegen beide Male eine sehr gesteigerte Wirksamkeit gegen Zucker auf; es war also hier eine starke Anreicherung an Zymase eingetreten. Die beiden Versuche wurden mit dem gleichen Preſssaft angestellt und dessen Gärkraft zur Kontrolle bestimmt (Nr. 598).

1. Versuch. 150 ccm frischer Preſssaft wurden in eine Kältemischung von Eis und Viehsalz in hohem Zylinderglas für 3 Stunden gestellt; hernach war alles fest erstarrt. Durch Eintauchen in Wasser von 3—5° wurde dann das Eis wieder langsam aufgetaut; nach 1½ Stunden war alles verflüssigt und die oberste Schicht weit heller als die unterste. Durch vorsichtiges Abheben mit Hilfe einer Pipette wurden nun die einzelnen Zonen getrennt und die Gärkraft wie gewöhnlich bestimmt. Die Einteilung der Zonen war dabei folgende: Zunächst wurden die obersten 20 ccm abgesaugt (Nr. 599 der LXIX. Tabelle), dann die zweitobersten 20 ccm (Nr. 600), hierauf 70 ccm, welche nicht zur Untersuchung kamen, sodann 20 ccm als vorletzte (Nr. 601) und endlich 20 ccm als letzte, unterste Schicht (Nr. 602).

2. Versuch. 100 ccm von dem nämlichen Preſssaft wurden in hohem Zylinderglas in eine Kältemischung wie oben gesetzt und über Nacht stehen gelassen. Zunächst war natürlich alles gefroren, im Laufe von etwa 15 Stunden aber schlieſslich wieder aufgetaut. Dabei war eine obere farblose und eine untere tiefbraune Schicht entstanden. Es wurden mit der Pipette zwei Proben von je 20 ccm entnommen, die eine von der obersten (Nr. 603), die andere von der untersten Schicht (Nr. 604).

Tabelle LXIX. **Konzentrieren des Prefssaftes durch Schichtenbildung beim Gefrieren und Auftauen.**

20. X. 02. Je 20 ccm Saft + 8 g Rohrzucker + 0,2 ccm Toluol; 22°.

Nr.	Entnommene Probe ccm	Herkunft der Probe	Kohlendioxyd in g nach Stunden			
			24	48	72	96
598	20	frischer Prefssaft (Kontrolle) . .	0,86 0,85	1,11 1,15	1,13 1,19	1,14 1,20
599	20	erste (oberste) Schicht	0,43	0,52	0,52	0,53
600	20	zweite Schicht	0,49	0,60	0,61	0,61
	70	dritte Schicht (nicht auf Gärkraft untersucht)				
601	20	vierte Schicht	1,04	1,40	1,46	1,48
602	20	fünfte (unterste) Schicht . . .	1,11	1,49	1,66	1,69
603	20	oberste Schicht	0,037	0,047	0,048	0,049
604	20	unterste Schicht	1,22	1,63	1,73	1,75

Die Versuche zeigen, dafs die beim Gefrieren und vorsichtigen Wiederauftauen entstehende oberste, fast farblose Schicht eine bedeutend verminderte (Nr. 599) oder fast gar keine Gärkraft mehr (Nr. 603) besitzt, wogegen die unterste, rotbraun gefärbte Zone viel stärkere Wirksamkeit aufweist als der frische Prefsfaft; es ist also eine beträchtliche Konzentrationserhöhung an Zymase erreicht worden. Der zweite Versuch gibt auch Auskunft, wie man Prefssaft zweckmäfsig über Nacht aufzubewahren vermag; wenn dann die oberste Schicht verworfen wird, steht Saft von stärkerer Gärwirkung zur Verfügung, als er in frischem Zustand gehabt hatte.

Hefeprefssaft und Fällungsmittel.

Von Fällungsmitteln sind bisher nur Ammoniumsulfat, Cholesterin, Äther, dann Alkohol und schliefslich Aceton geprüft worden. Während die Ergebnisse mit letzteren beiden Substanzen günstige waren, sind die wenigen mit den drei ersten ausgeführten Versuche vorläufig ohne besonderen Erfolg geblieben und sollen daher auch nur kurz erwähnt werden. Zur Fällung mit *Ammonsulfat* wurde Prefssaft unter Umrühren mit einer Turbine in eine 44proz. Lösung dieses Salzes eingetragen; es entstand eine starke Fällung, die abgesaugt und im Vakuum getrocknet wurde. Das Produkt, mit wäſsrigem Glycerin angerieben und von dem gröſsten Teil des Ammonsulfats durch Dialysieren in einem Pergamentpapierschlauch gegen viel Wasser bei sehr niederer Temperatur befreit, zeigte aber auf Zuckerzusatz keine Gärwirkung.

Die Versuche mit *Cholesterin* wurden nach der Methode von Brücke[1]) ausgeführt und in 100 ccm Preſssaft 5 g Cholesterin gelöst in 20 g warmem Alkohol und 5 g Äther, mittels eines langen, bis auf den Boden des Gefäſses reichenden Trichters eingetragen. Die dicke Fällung, abgesaugt und mit Alkohol und Äther gewaschen, stellte getrocknet ein grauweiſses Pulver dar (5 g), das mit Zuckerlösung aber nur spurenhafte Gärwirkung aufwies.

Äther (Äthyläther) erzeugt beim Schütteln mit Preſssaft eine Gallerte, wie H. Will[2]) zuerst beobachtet hat; die Gallerte ist ziemlich reich an Zymase, und man kann das Enzym auf diesem Wege isolieren, ähnlich wie Zulkowsky und König[3]) Diastase und Invertase dargestellt haben. Es liegt darüber bisher nur ein Versuch vor, welcher, von Herrn Dr. J. Meisenheimer ausgeführt, ein ziemlich wirksames Produkt ergab, aber mit sehr schlechter Ausbeute.

300 ccm frischer Preſssaft wurden neunmal mit je 50—100 ccm Äther durchgeschüttelt und von der oben abgeschiedenen Gallerte jedesmal die Flüssigkeit nach unten abgelassen. Die gesammelten Gallerten lieferten, in zwei Vol. Aceton eingetragen, eine Fällung, die nach dem Waschen mit Alkohol und Äther und Trocknen im Vakuum eine gelbliche, leicht zerreibbare Masse (3,9 g) darstellte.

Gärkraft: 2 g des Niederschlages gaben mit 10 ccm Wasser und 4 g Zucker bei 22° nach 96 Stunden 0,78 g CO_2.

Gärkraft des ursprünglichen Hefepreſssaftes: 20 ccm lieferten mit 8 g Rohrzucker und 0,2 ccm Toluol in 96 Stunden bei 22°: 0,90 g CO_2.

Nach diesem Ergebnis scheint die Methode keine Vorteile gegenüber den beiden noch zu beschreibenden zu besitzen, welche bei besserer Ausbeute Fällungen von höherer Gärkraft liefern.

---

[1]) Vgl. Green, the solubles ferments, deutsch von Windisch, Berlin 1901, S. 179.

[2]) Zeitschrift f. ges. Brauwesen 1897, S. 363.

[3]) Sitzungsberichte Wiener Akad. Wiss. 71, 453 (1875).

Fällung des Saftes durch Alkohol.

Payen und Persoz haben bereits im Jahre 1832 aus wäfsrigem Malzauszug durch Zusatz von Alkohol wirksame Diastase gefällt. Ähnliches gelingt auch bei den übrigen Enzymen. Meistens darf aber der Niederschlag nicht lange mit dem Weingeist in Berührung bleiben, da er sonst an Wirkung einbüfst; so verliert z. B. selbst die Invertase bei längerer Behandlung mit Alkohol ihre ganze Kraft[1]); es scheint, dafs die längere Berührung mit dem Fällungsmittel die Löslichkeit des Niederschlages in Wasser, welche für die Enzymwirkung nötig ist, vermindert.[2]) Die Vollständigkeit der Fällung hängt dabei nicht allein von der Alkoholmenge, sondern besonders auch von der Quantität im wäfsrigen Auszug vorhandener, durch Weingeist fällbarer Beimengungen ab, so dafs die Enzyme, welche in verdünntem Alkohol nicht ganz unlöslich sind, zum Teil durch die übrigen gefällten Stoffe mechanisch niedergerissen werden dürften[3]); infolge dieser Verhältnisse wird die Abscheidung eines Enzyms durch Alkohol um so schwieriger, je weiter seine Isolierung bereits gelungen ist; z. B. kann gereinigte Invertase durch Weingeist nicht gefällt werden.[4])

Alle diese bei den Enzymen gültigen Bedingungen der Fällung treffen genau auch für die Zymase zu.

Nachdem die ersten Versuche ergeben hatten, dafs beim Eintragen von wirksamem Prefssaft in drei Raumteile absoluten Alkohol ein Niederschlag ohne Gärkraft erhalten wird[5]), wurden bei Anwendung von bedeutend mehr Alkohol, nämlich zwölf Volumina, positive Resultate erzielt.[6]) Ausführliche Unter-

---

[1]) O'Sullivan und Tompson, nach Green, The solubles ferments, deutsch von Windisch, Berlin 1901, S. 410; E. Salkowski, Zeitschr. physiol. Chemie 31, 307, Anm., 319 (1900—1901).

[2]) Duclaux, Mikrobiologie, II, S. 100.

[3]) Duclaux, a. a. O.; ein Niederreifsen der Zymase aus dem Prefssaft durch ausfallende Eiweifsstoffe hat J. R. Green beobachtet, Annals of Botany 12, S. 496, 497 (1898).

[4]) O'Sullivan und Tompson, nach R. Green, a. a. O.

[5]) Berichte d. d. chem. Ges. 30, 119 (1897).

[6]) Ebenda 30, 1112, 2671 1897).

suchungen haben nun gezeigt, daſs es auf diesem Wege, insbesondere wenn an Stelle von Alkohol eine Alkohol-Äther-Mischung angewandt wird, gelingt, die gesamte Zymase ohne Verlust an Gärkraft in trockenen Zustand überzuführen.[1]) Allerdings geht das Enzym nach dieser Behandlung in Wasser nur langsam wieder in Lösung. Die volle Wirkung wird daher nur erzielt, wenn man den Niederschlag in Wasser aufschlämmt, ohne zu filtrieren, die trübe Flüssigkeit also mit Zucker versetzt. Wird aber von den unlöslich gebliebenen Flöckchen durch Papier abfiltriert, so treten mitunter nennenswerte Verluste an Gärkraft auf. Dieses Ergebnis ist einfach durch die Schwerlöslichkeit völlig getrockneter Zymase in Wasser zu erklären; denn durch Zusatz von Glycerin, von Wittich's bekanntem Lösungsmittel für Enzyme, wird in der Tat erreicht, daſs die Lösung des Alkohol-Äther-Niederschlages auch nach dem Filtrieren die frühere Gärkraft besitzt.

Der fördernde Einfluſs des Glycerinzusatzes beweist, daſs es sich um *Auflösung* des wirksamen Stoffes handelt; würde nur eine Suspendierung von Protoplasmastückchen eintreten, bliebe unverständlich, warum reines Wasser nicht ebenso günstig wirkt. Mit der Annahme von lebenden Protoplasmastückchen als Gärungsagens im Preſssaft ist übrigens auch die geringe Empfindlichkeit der wirksamen Substanz gegen Alkohol und besonders gegen Äther unvereinbar; lebende Plasmasplitter müſsten dadurch sogleich getötet werden.[2]) Zur experimentellen Prüfung dieser Verhältnisse wurden 100 g möglichst vom Wasser durch Abpressen befreite, frische, untergärige Bierhefe mit 45 ccm Wasser angerührt und durch ein Haarsieb unter Benutzung eines Rührwerkes in 400 ccm absoluten Alkohol und 200 ccm Äther eingetragen. Nach 3 Minuten wurde abgesaugt, mit wenig Alkohol und Äther gewaschen und im Vakuum über Schwefelsäure getrocknet. Die so behandelte Hefe erwies sich bei Aussaat in drei Kölbchen mit Bierwürze sowie bei Herstellung von drei Würzegelatineplatten als tot.

---

[1]) R. Albert und E. Buchner, Berichte d. d. chem. Ges. 33, S. 266, 971 (1900); Wochenschrift f. Brauerei 17, 49 (1900).

[2]) Ätherzusatz zu wäſsrigen Lösungen von Enzymen ist ziemlich unschädlich und vermindert die Aktivität z. B. von Invertase höchstens um ein Zehntel. Duclaux, Mikrobiologie II, S. 379.

Wird die Glycerinlösung der Alkohol-Äther-Fällung aus frischem Prefssaft abermals in Alkohol-Äther eingetropft, so resultiert ein Niederschlag von kaum verminderter Gärkraft; demnach ist zweimalige Fällung fast unschädlich für die Zymase; eine Anreicherung des Niederschlages an jenem Enzym findet dabei aber auch nicht statt, offenbar weil die Beimengungen ebenfalls mit herniedergerissen werden. Ebensowenig ist es bisher gelungen, ein zymasereicheres Produkt dadurch zu erlangen, dafs durch fraktioniertes Ausfällen zunächst mit wenig Alkohol die Hauptmasse der Eiweifskörper und schliefslich durch nochmalige starke Zusätze des Fällungsmittels erst nunmehr Zymase in konzentrierterer Form niedergeschlagen wird; bei der zweiten Fällung resultierten immer nur äufserst geringe Mengen eines Niederschlages, in welchem keine Gärwirkung mehr nachzuweisen war.

Dafs vom Gewicht des Alkoholniederschlages nur ein verschwindender Bruchteil auf die Zymase entfällt, liefs sich durch folgende Versuchsanordnung beweisen: Vom gleichen Prefssaft wurde ein Teil (A) in vier Volumina Sprit von 96%, ein Teil (B) in zwölf Volumina eingetragen; der Niederschlag zeigte beide Male dasselbe Gewicht, aber nach dem Auflösen in Wasser auf Zuckerzusatz im ersteren Falle (A) nur die halbe Gärkraft des zweiten Versuches (B). Bei B war also zweimal so viel Zymase vorhanden als bei A, trotzdem zeigten beide Niederschläge, auf Decigramme genau gewogen, dasselbe Gewicht. Das Gewicht der Zymase verschwindet also gegenüber der Menge der übrigen Stoffe.

Schliefslich sei noch erwähnt, dafs an Stelle von Äthylalkohol auch *Holzgeist* (Methylalkohol) als Fällungsmittel versucht wurde; durch diese Substanz scheint jedoch auffallenderweise die Zymase vollständig zerstört zu werden, denn Fällung wie Filtrat zeigten sich nachher indifferent gegen Rohrzucker.

Fällung nur durch Alkohol.

Trägt man 50 ccm Hefeprefssaft aus untergäriger Berliner Bierhefe N mittels einer Pipette in 600 ccm absoluten Alkohol (nicht in Sprit!) ein, während gleichzeitig durch ein Rührwerk für möglichst gleichmäſsige Verteilung gesorgt wird, so entsteht eine Fällung, die auf einer Nutsche auf gehärtetem Filtrierpapier abgesaugt werden kann. Der Niederschlag, einmal mit Alkohol absol. und zwei- bis dreimal mit Äther gewaschen und sodann im Vakuum über Schwefelsäure getrocknet, stellt eine weiſse, hornartige Masse dar, die nur mehr zum Teil in Wasser löslich ist. Die Ausbeute beträgt 10—14% des Saftes.

Zur Bestimmung der Gärkraft des Produktes wurde in einigen Fällen die 20 ccm Preſssaft entsprechende Menge Trockensubstanz (2,6 bezw. 2,9 g), nachdem sie, um die Auflösung zu erleichtern, mit der vier- bis fünffachen Gewichtsmenge Quarzsand zerrieben war, direkt in 18 ccm Wasser suspendiert und 8 g Rohrzucker zugesetzt. Nach kurzer Zeit beginnt eine regelmäſsige Kohlensäureentwicklung. Bestimmt man den Gewichtsverlust in Meisl'schen Gärkölbchen und vergleicht die Zahlen mit der Gärkraft des frischen Saftes, so ergibt sich, daſs keine wesentliche Abnahme der Wirkung, also keine Zerstörung der Zymase durch die Alkoholbehandlung stattgefunden hat (Versuche Nr. 605 u. 607 der Tab. LXX).

Digeriert man dagegen das Fällungsprodukt eine halbe Stunde mit Wasser und *filtriert* darauf von dem ungelöst gebliebenen Rückstand ab, so zeigt das klare, schwach gelb gefärbte Filtrat Rohrzucker gegenüber zwar auch deutliche Gärwirkung, dieselbe ist aber beträchtlich niederer als die des ursprünglichen Saftes (Nr. 609 u. 611). Ohne Erfolg bleibt auch, wenn die Dauer des Digerierens mit Wasser verlängert wird, vermutlich weil dann das schädliche proteolytische Enzym ebenfalls in Aktion tritt Nr. 613 u. 614), oder wenn zum Digerieren an Stelle von Wasser 10proz. Zuckerlösung zur Anwendung kommt (Nr. 618). Ähnlich verliefen Versuche, bei denen man die ganze, 50 ccm Saft entsprechende Menge Niederschlag mit 20 g Quarzsand und 20 g Saccharose im Mörser zerrieb, dann 45 ccm Wasser zusetzte und nach einer halben Stunde durch mehrere Faltenfilter filtrierte; vom klaren, gelblich gefärbten Filtrat kamen 25 ccm (statt wie sonst 20 ccm, weil die bei der Auflösung des Rohrzuckers eintretende Volumzunahme zu berücksichtigen ist) in Gärkölbchen zur Bestimmung der Gärkraft; dieselbe ergab eine wesentliche Abnahme gegenüber der Wirkung des frischen Saftes (Nr. 620 u. 622). Es ist merkwürdig, dafs bei diesem Versuche nach

Tabelle LXX.

Gärkraft der Alkoholfällungen verglichen mit frischem Saft.

Je 20 ccm Prefssaft bezw. die entsprechende Menge Alkoholfällung + 18 ccm Wasser + 8 g Rohrzucker + einige Körnchen Thymol. Temp.: ungefähr 20°.

Nr.	Datum		Kohlendioxyd in g nach Stunden		
			20	44	68
605	31. X. 99	Fällung *suspendiert* in Wasser . . .	0,27	0,36	0,53
606	»	Prefssaft vor Alkoholzusatz	0,39	0,53	0,54
607	17. XI. 99	Fällung *suspendiert* in Wasser . . .	0,36	0,77	1,28
608	»	Prefssaft vor Alkoholzusatz	0,53	1,24	1,33
609	4. XII. 99	Fällung mit Wasser 1/2 St. digeriert und *filtriert*	0,17	0,28	0,33
610	»	Prefssaft vor Alkoholzusatz	0,24	0,48	0,65
611	Dezember 1899	Fällung mit Wasser 1/2 St. digeriert und *filtriert*	0,22	0,58	0,66
612		Prefssaft vor Alkoholzusatz	0,47	0,83	1,10
613		Fällung mit Wasser 1 St. digeriert und *filtriert*	0,22	0,34	0,36
614		Fällung mit Wasser 2 St. digeriert und *filtriert*	0,13	0,27	0,33
615		Prefssaft vor dem Alkoholzusatz . .	0,67	0,71	0,72
616		Fällung mit 10proz. Zuckerlösg. 1/2 St. digeriert und *filtriert*	0,20	0,37	0,42
617		Prefssaft vor dem Alkoholzusatz . .	0,63	0,84	0,85
618		Fällung mit 10proz. Zuckerlösg. 1/2 St. digeriert und *filtriert*	0,11	0,21	0,26
619		Prefssaft vor dem Alkoholzusatz . .	0,18	0,38	0,65
620	11. XII. 99	Fällung mit Zucker, Sand und Wasser 1/2 St. angerieben, dann *filtriert* .	0,14	0,26	0,32
621	»	Prefssaft vor dem Alkoholzusatz . .	0,18	0,38	0,65
622	16. XII. 99	Fällung mit Zucker, Sand und Wasser 1/2 St. angerieben dann *filtriert* . .	0,20	0,37	0,41
623	»	Prefssaft vor dem Alkoholzusatz . .	0,63	0,83	0,85

dem Anreiben der Fällung mit Zucker unter Wasserzusatz noch Zeit zum Filtrieren bleibt; aber die Gärwirkung setzt auffallend langsam ein, geradeso als ob die Zymase durch die Alkoholbehandlung in eine Art von Anhydrid übergegangen wäre, welches sich erst allmählich wieder unter Wasseraufnahme in die wirksame Form zurückverwandelt.

Wird also die Alkoholfällung in Wasser nur aufgeschlämmt, so zeigt sie nach Zuckerzusatz die Gärkraft des ursprünglichen Saftes; wird aber von dem Ungelösten filtriert, so ist bei allen diesen Versuchen eine erhebliche Verminderung der Wirkung zu beobachten. Bessere Resultate wurden erst erzielt, als zur Auflösung Glycerin angewandt wurde, worüber unten bei den Fällungen durch Alkohol-Äther-Gemisch berichtet wird.

Längere Berührung mit Alkohol schädigt die Gärkraft.

Zweimal je 50 ccm frischer Prefssaft wurden in 600 ccm Sprit von 96 % eingetragen, in einem Falle sofort abgesaugt und getrocknet (erhalten 6,5 g Trockensubstanz), im anderen 15 Stunden stehen gelassen und nun erst abgesaugt und getrocknet (erhalten ebenfalls 6,5 g Trockensubstanz). Zur Ermittelung der Gärkraft suspendierte man je 2,6 g Trockensubstanz in 18 ccm Wasser unter Zusatz von einigen Körnchen Thymol und 8 g

Tabelle LXXI.

Schädigung der Gärkraft bei längerer Berührung mit Alkohol.

Je 20 ccm Saft bezw. die entsprechende Menge Fällung + 18 ccm Wasser + 8 g Saccharose; einige Körnchen Thymol; ca. 20°.

Nr.	Datum	50 ccm Prefssaft eingetragen in 600 ccm Sprit	gebildetes Kohlendioxyd in g nach Stunden		
			20	44	68
624	4. XI. 99	Alkoholfällung sogleich vom Sprit befreit, dann in Wasser suspendiert	0,28	0,33	0,52
625	»	Alkoholfällung 15 Std. mit Sprit gestanden, dann in Wasser suspendiert	0,09	0,19	0,20
246	»	Hefeprefssaft vor der Alkoholfällung	0,39	0,53	0,54

Saccharose; zum Vergleich wurde auch die Gärkraft der entsprechenden Menge des gleichen Prefssaftes vor dem Alkoholzusatz (20 ccm) festgestellt. Die Gärkraft des nur rasch gefällten Niederschlages war fast unverändert gegenüber dem frischen Safte geblieben, wogegen das 15 stündige Stehen mit Sprit sehr geschädigt hatte.

Vom Gewicht des Alkoholniederschlages entfällt nur ein verschwindender Bruchteil auf die Zymase.

Je 50 ccm frischer Prefssaft wurden in 200 ccm Sprit von 96% (Versuch A) bezw. 600 ccm Sprit (B) eingetragen; es resultierten je 6,7 g getrocknete Fällung. Beide Niederschläge wurden in 45 ccm Wasser gelöst und nach Zusatz von Thymol und 8 g Rohrzucker zu 20 ccm des Filtrats die Gärkraft bestimmt. Dieselbe war doppelt so grofs bei B (Fällung durch viel Sprit) als bei A (Fällung durch wenig Sprit). Der erstere Niederschlag enthielt also ungefähr zweimal so viel Zymase als der letztere; trotzdem zeigten beide Niederschläge dasselbe Gewicht; die Menge der Zymase in der Fällung ist demnach so gering, dafs sie nicht in Betracht kommt gegenüber dem Gewicht der übrigen Bestandteile. Die Versuche zeigen auch, dafs mehr als vier Volumina Sprit verwendet werden müssen, falls eine annähernd vollständige Fällung der Zymase beabsichtigt ist. Zum Vergleich wurde endlich die Gärkraft der entsprechenden Menge (20 ccm) desselben Prefssaftes vor dem Alkoholzusatz nach Zugabe von

Tabelle LXXII.

Fällung des Prefssaftes durch viel und wenig Alkohol.

Je 20 ccm Saft (bezw. die entsprechende Menge Fällung + 18 ccm Wasser) + 8 g Rohrzucker + etwas Thymol; Temp. ungefähr 20°.

Nr.	Datum	50 ccm Prefssaft eingetragen in ccm	gebildetes Kohlendioxyd in g nach Stunden		
			20	44	68
627	17.XI.99	200 Sprit } Alkoholfällung in Wasser gelöst und filtriert	0,09	0,13	0,26
628	›	600 Sprit } Alkoholfällung in Wasser gelöst und filtriert	0,22	0,43	0,58
629	›	Hefepresssaft vor Alkoholzusatz .	0,47	0,83	1,10

8 g Rohrzucker und Thymol festgestellt; das Resultat stimmt mit den oben veröffentlichten überein.

Fraktioniertes Ausfällen durch Alkohol.

Da zur völligen Abscheidung der Zymase aus dem Preſssaft ein Zusatz von zwölf Volumina absoluten Alkohols nötig ist, konnte man vermuten, daſs es durch fraktionierte Fällung möglich sein müsse, eine teilweise Trennung der Zymase von den übrigen Bestandteilen des Preſssaftes herbeizuführen. Dahin zielende Versuche sind aber bisher erfolglos geblieben. Je 50 ccm Saft wurden in 100 bezw. 200 ccm absoluten Alkohol eingetragen, die entstandenen Fällungen, welche schwache Gärkraft besaſsen, abfiltriert und das Filtrat von neuem mit 500 bezw. 400 ccm absolutem Alkohol versetzt. Es entstand dadurch zunächst nur eine Trübung, welche sich erst nach einigen Stunden am Boden des Gefäſses als äuſserst geringe Menge eines flockigen Niederschlages abgesetzt hatte. Nach dem Absaugen resultierte eine sehr zerflieſsliche Masse, welche im Wasser vollständig löslich war, sich aber sowohl gegen Saccharose wie gegen Glucose indifferent verhielt. Erwähnt sei noch, daſs einmal auch schon beim Eintragen von 50 ccm Saft in 100 ccm absoluten Alkohol ein Niederschlag erhalten wurde, der geringe, aber immerhin deutliche Gärwirkung aufwies; es gelang aber, selbst bei Zusatz von Äther, nicht, aus dem Filtrat jener Fällung noch weiter gärwirksame Substanz niederzuschlagen.

Fällung durch Gemische von Alkohol und Äther.

Bessere Resultate als bei der Fällung von Hefesaft lediglich nur durch Alkohol werden erhalten, wenn man sich dazu eines Gemisches von Alkohol und Äther bedient. Am vorteilhaftesten erwies es sich, 50 ccm Saft unter starkem Turbinieren einzutragen in ein Gemenge von 400 ccm Alkohol absol. und 200 ccm Äthyläther; der Niederschlag wird sofort abgesaugt, mit Alkohol und schlieſslich mit reinem Äther gründlich gewaschen und möglichst rasch, sechs Minuten nach Beginn des Eintragens, in einen

Vakuum-Exsiccator über Schwefelsäure gebracht. Man erhält so das Produkt, auch hier wieder etwa 14—15% des Saftes repräsentierend, nicht mehr in Form einer hornartigen Masse, sondern als fast weifses, krümelig-poröses Pulver, das in Wasser allerdings auch nur teilweise löslich ist. Der Wassergehalt dieses im Vakuum getrockneten Niederschlages wurde bei zwei verschiedenen Präparaten bei 105° ermittelt und einmal zu 7,6%, das andere Mal, bei vollkommenerer Methodik der Herstellung, zu 5,05% gefunden.

Um die Gärkraft der Alkohol-Äther-Fällung zu demonstrieren, werden 2 g davon mit 4 g Quarzsand, 18 ccm Wasser und 4 g Rohrzucker in einer kleinen Reibschale angerieben und, ohne zu filtrieren, das Ganze in ein etwa 25 cm langes, 1 cm weites, einseitig geschlossenes Glasrohr eingefüllt. Infolge der bald beginnenden Gasentwicklung tritt nach etwa einer Viertelstunde Überschäumen der Masse ein.

Zur Bestimmung der Gärkraft wurde entweder die 20 ccm Prefssaft entsprechende Menge Trockensubstanz mit der fünffachen Gewichtsmenge Quarzsand zerrieben und dann direkt 18 ccm Wasser nebst 8 g Saccharose und etwas Thymol oder Toluol zugesetzt, oder es wurden 7—7,5 g Trockensubstanz, entsprechend 50 ccm Saft, mit 20 g Sand und 20 g Saccharose im Mörser gepulvert, sodann 45 ccm Wasser zugefügt und nach halbstündigem Stehen bei Zimmertemperatur durch mehrere Faltenfilter filtriert; von der hellbraunen Lösung wurde dann die 20 ccm Saft korrespondierende Menge zur Kohlendioxydbestimmung verwendet.

Die Versuche der Tab. LXXIII zeigen, dafs Eintragen von 50 ccm Saft in 400 ccm Alkohol absol. + 200 ccm Äther bessere Resultate liefert als Anwendung eines Gemengverhältnisses von 500 ccm Alkohol und 100 ccm Äther und günstiger wirkt als absoluter Alkohol für sich. Wurde die Fällung blofs in Zuckerwasser suspendiert, ohne zu filtrieren, so war die Gärkraft in dem einen beobachteten Falle (Nr. 632) sogar etwas gröfser, als bei dem Saft vor Alkoholzusatz. Dieses auffällige Ergebnis, zu welchem unten bei den Versuchen über Gärkraft der Alkohol-Äther-Fällungen, aufgelöst unter Zusatz von Glycerin, indes ein Analogon beschrieben

Tabelle LXXIII.
Gärkraft der Alkohol-Äther-Fällungen.

Je 20 ccm Preſssaft (aus Berliner Unterhefe N und S) bezw. die entsprechende Menge Alkoholfällung (2,8—3 g) + 18 ccm Wasser + 8 g Rohrzucker + einige Körnchen Thymol (Versuche 633—636) oder 0,2 ccm Toluol (Nr. 630—632); 22°

Nr.	Datum	50 ccm Preſssaft eingetragen in ccm		Kohlendioxyd in g nach Stdn. 20	44	68
630	20. II. 01	400 Alk. + 200 Äther	Fällung in Wasser *aufgeschlämmt*	0,75	1,15	1,26
631	12. X. 01	400 Alk. + 200 Äther	Fällung in Wasser *aufgeschlämmt*	{0,86 0,83	0,96 0,94	0,98 0,96
632	7. I. 02.	400 Alk. + 200 Äther	Fällung in Wasser *aufgeschlämmt*	{0,59 0,64	1,06 1,12	1,23 1,29
	»	—	Hefesaft vor Alkoholzusatz	{0,48 0,49	0,80 0,81	0,90 0,91
633	11. XII. 99	600 Alk. ohne Äther	Fällung ½ St. mit Wasser digeriert und *filtriert*	0,14	0,26	0,32
	»	500 Alk. + 100 Äther		0,18	0,32	0,36
	»	—	Hefesaft vor Alkoholzusatz	0,18	0,38	0,65
634	12. XII. 99	500 Alk. + 100 Äther	Fällung ½ St. mit Wasser digeriert und *filtriert*	0,27	0,51	0,56
	»	400 Alk. + 200 Äther		0,32	0,64	0,75
	»	—	Hefesaft vor Alkoholzusatz	0,25	0,56	0,85
635	16. XII. 99	600 Alk. ohne Äther	Fällung ½ St. mit Wasser digeriert und dann *filtriert*	0,20	0,37	0,41
	»	500 Alk. + 100 Äther		0,24	0,42	0,44
	»	400 Alk. + 200 Äther		0,31	0,45	0,49
	»	—	Hefesaft vor Alkoholzusatz	0,63	0,83	0,85
636	17. XII. 99	500 Alk. + 100 Äther	Fällung ½ St. mit Wasser digeriert und *filtriert*	0,31	0,51	0,57
	»	400 Alk. + 200 Äther		0,39	0,59	0,62
	»	»	Hefesaft vor Alkoholzusatz	0,72	0,80	0,81

wird, könnte vielleicht dadurch hervorgerufen sein, daſs die Zymase gegen Behandlung mit Alkohol und Äther weniger empfindlich ist, als die Endotryptase.

Die Gärkraft der filtrierten wäſsrigen Auszüge aus den Fällungen war immer deutlich geringer als die des frischen Preſssaftes; es beruht dies auf ungenügender Löslichkeit des Niederschlages in Wasser, denn wie unten gezeigt wird, ändert sich dieses Resultat, wenn man an Stelle von Wasser Glycerin zur Auflösung benutzt.

Verhalten der Gärkraft beim Erhitzen der Alkohol-Äther-Fällung.

Der durch Alkohol und Äther gefällte amorphe Niederschlag ist sicher als tot zu betrachten. Trotzdem findet beim Erhitzen desselben auf 105—110° eine starke Schädigung der Gärkraft statt. Es handelt sich dabei offenbar um eine chemische Veränderung, hervorgerufen durch den verhältnismäfsig hohen Wassergehalt des verwendeten Präparates von 7,6%.

Tabelle LXXIV.

Gärkraft von erhitzter Alkohol-Äther-Fällung.

Je 3 g Niederschlag aufgeschlämmt in 18 ccm Wasser + 8 g Rohrzucker + 0,2 ccm Toluol; 22°.

Nr.	Datum	Alkohol-Äther-Fällung	Kohlendioxyd in g nach Stunden		
			20	44	68
637	20. II. 01.	4 Std. trocken erhitzt auf 105° bis 110°	0,08	0,09	0,10
	»	nicht erhitzt	0,75	1,15	1,26

Gärkraft der Alkohol-Äther-Fällungen, aufgelöst unter Zusatz von Glycerin.

Der Niederschlag, nach oben beschriebenem Verfahren durch Eintropfen von 100 ccm Prefssaft in 800 ccm absol. Alkohol und 400 ccm Äther hergestellt, wurde mit 90 ccm wäfsriger Glycerinlösung von $2^1/_2$—20% (spez. Gewicht des Glycerins: 1,26) übergossen, zur Entfernung der nach $^1/_2$stündigem Stehen ungelöst gebliebenen geringen Trübung mit 2—3 g Kieselgur geschüttelt und auf mehrere Papierfilter verteilt. Das Filtrat ist meist sofort klar und nicht opalescierend; eventuell wird nochmals zurückgegossen. Nach längstens $^1/_2$ Stunde sind 20 ccm durchgelaufen, die, mit 8 g Saccharose und etwas Thymol versetzt, zur Gärkraftbestimmung, wie früher, verwendet wurden. Zum Vergleich dienten Gärkraftbestimmungen mit 20 ccm des frischen, nicht gefällten Saftes.

Tabelle LXXV.

Alkohol-Äther-Fällung in Glycerin gelöst und filtriert.

Je 20 ccm Saft aus Berliner Unterhefe S resp. die entsprechende Menge Fällung (2,8—3 g) in 18 ccm wäſsrigem Glycerin gelöst + 8 g Saccharose + einige Körnchen Thymol; 22°.

Nr.	Datum	Die Fällung wieder aufgelöst in	gebildetes Kohlendioxyd in g nach Stunden		
			20	44	68
638	1. II. 1900	10 proz. Glycerinlösung	0,81	1,10	1,50
		20 » »	0,84	1,23	1,33
		Hefepreſssaft vor Alkoholzusatz .	0,90	0,98	1,00
639	22. II.	10 proz. Glycerinlösung	0,88	1,50	1,70
		Hefepreſssaft vor Alkoholzusatz .	0,88	1,40	1,53
640	23. II.	20 proz. Glycerinlösung	0,97	1,40	1,50
		Hefepreſssaft vor Alkoholzusatz .	1,09	1,26	1,28
641	1. III.	5 proz. Glycerinlösung	0,52	0,78	0,85
		10 » »	0,51	0,80	0,89
		Hefepreſssaft vor Alkoholzusatz .	0,60	0,77	0,82
642	2. III.	2,5 proz. Glycerinlösung	0,40	0,54	0,56
		5 » »	0,37	0,55	0,57
		Hefepreſssaft vor Alkoholzusatz .	0,38	0,50	0,53

Die Höhe des Glycerinzusatzes ist demnach ohne sehr groſse Bedeutung. In allen Fällen hat aber von Wittich's bewährtes Lösungsmittel für Enzyme, das Glycerin, einen auſserordentlich günstigen Einfluſs geübt, und wir dürfen schlieſsen, daſs wäſsrige Auszüge des Alkohol-Äther-Niederschlages lediglich deshalb weniger gut wirken als die aufgeschlämmte Fällung selbst, weil die Zymase im Wasser nur langsam und unvollkommen in Lösung geht.

Bei schwach gärkräftigem, wie bei gutem Preſssaft wurde durch Auflösen der Alkohol-Äther-Fällung in glycerinhaltigem Wasser auffallenderweise sogar etwas höhere Gärwirkung erzielt als mit dem frischen Saft selbst. Man wird annehmen müssen, daſs das proteolytische, die Zymase zerstörende Enzym des Preſssaftes entweder durch die Behandlung mit Alkohol-Äther oder durch den Glycerinzusatz in seiner schädlichen Wirkung gehemmt wird; für letztere Deutung spricht ein Versuch (Tab. LXXVI); vielleicht unterstützen sich beide Einflüsse.

Tabelle LXXVI.
Glycerinzusatz konserviert die Gärkraft.
Je 20 ccm Prefssaft + 8 g Rohrzucker; Thymolzusatz; 22°.

Nr.	Datum			gebildetes Kohlendioxyd in g nach Stunden		
				20	44	68
643	20. II. 1900	Frischer Hefepressaft	ohne Glycerinzusatz	0,75	0,99	1,02
644	»	Frischer Hefepressaft	mit 10 % Glycerin versetzt	0,63	0,92	1,10
645	»	Hefepreſssaft, nachdem 20 Stdn. bei Zimmertemp. gestanden	gestanden ohne Glycerinzusatz	0,44	0,53	0,55
646	»	Hefepreſssaft, nachdem 20 Stdn. bei Zimmertemp. gestanden	gestanden unter Zusatz von 10 % Glycerin	0,52	0,65	0,70

Zweimalige Fällung durch Alkohol-Äther.

Hierzu wurde die, wie beschrieben, erhaltene 1. Fällung in 10- bezw. 20proz. Glycerin gelöst und 20 ccm davon abermals eingetragen in 160 ccm absoluten Alkohol + 80 ccm Äther. Diese zweite Fällung wurde dann in 18 ccm Glycerinlösung nur suspendiert (Versuche vom 18. und 23. II.) oder die trübe Flüssigkeit abermals mit Kieselgur geschüttelt und filtriert (Versuche vom 1. und 2. III.). Zum Vergleich kam auch die Gärkraft des ursprünglichen Prefssaftes sowie der 1. Fällung zur Bestimmung. Überall wurden 8 g Rohrzucker und Thymol zugesetzt. Die Ergebnisse sind in Tab. LXXVII enthalten.

Auch durch die zweimalige Behandlung mit Alkohol-Äther ist demnach nur wenig von der Gärkraft verloren gegangen.

Eine Anreicherung des Niederschlages an Zymase, welche man vielleicht erhoffen konnte, findet aber nicht statt; die Gärkraft, bestimmt nach den Vorschlägen von Buchner und

Tabelle LXXVII.

Gärkraft des zweimal durch Alkohol-Äther gefällten Niederschlages.

Nr.	Datum		gebildetes Kohlendioxyd in g nach Stunden 20	44	68
647	18. II. 1900	Frischer Hefepreſssaft, 20 cm . .	0,64	0,70	0,71
648		I. Fällung, in 10proz. Glycerinlösung, filtriert	0,60	0,63	0,71
649		II. Fällung, in 10proz. Glycerin suspendiert	0,54	0,69	0,70
650	23. II.	Frischer Hefepreſssaft, 20 ccm . .	1,01	1,26	1,29
651		I. Fällung, in 20proz. Glycerinlösung, filtriert . . . . . , . .	0,97	1,40	1,50
652		II. Fällung, in 20proz. Glycerin suspendiert	0,84	1,38	1,57
653	1. III.	Frischer Hefepreſssaft, 20 ccm . .	0,60	0,77	0,81
654		I. Fällung, in 10proz. Glycerinlösung, filtriert	0,51	0,80	0,89
655		II. Fällung, in 10proz. Glycerinlösung, filtriert	0,39	0,69	0,75
656	2. III.	Frischer Hefepreſssaft, 20 ccm . .	0,38	0,50	0,53
657		I. Fällung, in 5proz. Glycerinlösung, filtriert	0,37	0,55	0,57
658		II. Fällung, in 5proz. Glycerinlösung, filtriert	0,31	0,47	0,51

Rapp[1]), betrug für die Versuche vom 23. II. bei der I. Fällung 0,24 (22°), bei der II. Fällung 0,23 (22°); es werden offenbar bei der zweiten Fällung alle die Beimengungen wieder mitherniedergerissen, welche schon die erste Fällung verunreinigten; eine Reindarstellung der Zymase auf diesem Wege ist kaum durchführbar.

Fällung des Preſssaftes durch Aceton.

Wie durch Alkohol, kann die wirksame Substanz des Hefepreſssaftes auch, natürlich gemengt mit anderen Stoffen, durch

[1]) Menge an Kohlendioxyd in g, welche 1 g des trockenen Niederschlages, aufgeschlemmt in 7 ccm Wasser mit 3,4 g Rohrzucker und Toluol- oder Thymolzusatz in 24 Stunden bei einer bestimmten Temperatur liefert (Berichte d. d. chem. Ges. 32, 2089).

Aceton niedergeschlagen werden. Es genügt aber, um alle Zymase in fester Form zu erhalten, nicht die zwei- bis vierfache Menge des Saftes an Aceton, sondern man mufs das zehnfache Volumen anwenden. Dann findet sich im Niederschlag die ganze Gärkraft des ursprünglichen Hefesaftes wieder. Ein Vorteil dieses Acetonverfahrens gegenüber der Fällung mit Alkohol und Äther war nicht zu beobachten. Die Anordnung der Versuche war folgende[1]:

Versuche I und II. Je 100 ccm Prefssaft aus Münchner Unterhefe wurden in 200 bezw. 400 ccm Aceton (Kahlbaum) eingetragen, der Niederschlag sofort abgesaugt und im Vakuumexsiccator über Schwefelsäure getrocknet; die Ausbeute betrug 10,4 bezw. 11,0 g. Zur Bestimmung der Gärkraft wurden 2,1 bezw. 2,2 g Trockensubstanz suspendiert in 18 ccm Wasser unter Zusatz von 8 g Rohrzucker und 0,2 ccm Toluol. Temperatur 13—14°. Als Kontrolle kam die entsprechende Menge (je 20 ccm) des frischen Hefepressaftes unter Zusatz von 8 g Rohrzucker und 0,2 ccm Toluol zur Aufstellung.

III. 100 ccm Prefssaft aus Berliner Unterhefe S wurden unter starkem Rühren eingetragen in 400 ccm Aceton, der Niederschlag sofort abgesaugt, mit 50 ccm Alkohol abs. und hernach mit 50 ccm Äther gewaschen und sogleich im Vakuumexsiccator über Schwefelsäure getrocknet. Ausbeute: 11 g. Gärkraftbestimmung: 2,2 g Substanz suspendiert in 18 ccm Wasser + 8 g Saccharose + 0,2 ccm Toluol; 22°.

IV. Ebenso wie III; Ausbeute: 10,4 g. Der Niederschlag war bräunlich gefärbt. Zur Kontrolle wurde auch die Gärkraft des ursprünglichen Saftes bestimmt.

V. 100 ccm Prefssaft aus Berliner Unterhefe S wurden in 1000 ccm Aceton, das auf —2° abgekühlt war, unter heftigem Turbinieren eingetragen. Der weifse, flockige Niederschlag wird abgesaugt, mit Äther gewaschen und dabei infolge Hygroskopizität etwas schmierig. Nach dem Trocknen im Vakuum hat er hornartige Beschaffenheit. Ausbeute 13,6 g. Zur Gärkraftbestimmung wurden 2,7 g, entsprechend 20 ccm Saft, in 19 ccm Wasser unter Zusatz von 9 g Zucker und etwas Toluol suspendiert; zum Vergleich ist auch die Gärkraft des frischen Saftes bestimmt worden. Temperatur: 22°.

VI. 100 ccm Prefssaft aus Berliner Unterhefe S wurden eingetragen in 1000 ccm Aceton von 15° unter Turbinieren; der Niederschlag, zweimal mit 50 ccm Alkohol und schliefslich mit Äther gewaschen, stellt ein staubfeines, fast farbloses Pulver dar. Ausbeute: 12 g. Die Gärkraftbestimmung wurde mit 2,4 g davon wie oben ausgeführt.

Bei den Versuchen IV und V war nach Tab. LXXVIII durch die Acetonbehandlung nur eine sehr geringe Schädigung der

---

[1]) Für Ausführung der Versuche I und II bin ich Herrn Dr. Rud. Rapp, von III und IV Herrn Dr. A. Spitta, der übrigen Herrn Dr. J. Meisenheimer zu Dank verpflichtet.

Tabelle LXXVIII.
Gärkraft der Aceton-Fällungen.

Je 20 ccm Saft (bezw. die entsprechende Menge Niederschlag + 19 ccm Wasser) + 9 g Saccharose + 0,02 ccm Toluol.

Nr.		100 ccm Preſssaft eingetragen in	Ausbeute an Niederschlag	Temperatur der Gärkraftbestimmung	Kohlendioxyd in g nach Stunden 24	48	72	96
659	I	200 ccm Aceton . .	10,4 g	13–14°	0,15	—	0,36	—
660		Saft vor Acetonzusatz	—	»	0,41	—	0,90	—
661	II	400 ccm Aceton . .	11,0 g	»	0,16	0,25	0,36	0,40
662		Saft vor Acetonzusatz	—	»	0,16	0,32	0,56	0,70
663	III	400 ccm Aceton . .	11,0 g	22°	0,31 0,31	0,35 0,37	0,35 0,37	— —
664	IV	400 ccm Aceton . .	10,4 g	22°	0,38 0,36	0,70 0,70	0,80 0,80	0,82 0,82
665		Saft vor Acetonzusatz	—	»	0,48 0,49	0,80 0,81	0,90 0,91	0,92 0,93
666	V	1000 ccm Aceton . .	13,6 g	22–23°	—	—	—	1,27
667		Saft vor Acetonzusatz	—	»	—	—	—	1,40
668	VI	1000 ccm Aceton . .	12,0 g	22–23°	—	—	—	1,20
669		Saft vor Acetonzusatz	—	»	—	—	—	0,96

Gärkraft eingetreten; bei VI besaſs die Fällung sogar etwas gröſsere Gärwirkung als der ursprüngliche Saft. Diese merkwürdige Beobachtung stimmt mit ähnlichen Wahrnehmungen bei Fällung des Saftes durch Alkohol-Äther überein (s. S. 238, 241) und dürfte damit zusammenhängen, daſs die Endotryptase gegen Aceton empfindlicher ist als die Zymase.

Über fraktioniertes Ausfällen durch Aceton.

Ähnlich wie mit Alkohol, wurde auch mit Aceton versucht, durch successives Zusetzen desselben zu Preſssaft besonders wirksame Fällungen zu erhalten, aber wie dort ohne Resultat. Es scheint, daſs auch hier die Fällbarkeit der Zymase mehr in einem Niederreiſsen durch die ausfallenden Beimengungen besteht als in einem Unlöslichwerden infolge des Acetonzusatzes. Die Versuche seien kurz beschrieben.

I. 100 ccm Prefssaft wurden in 200 ccm Aceton, das auf —4° abgekühlt war, unter Rühren eingetragen, der Niederschlag abgesaugt, was sehr langsam von statten ging, mit Alkohol und Äther gewaschen und im Vakuum getrocknet; es hinterblieb eine hornartige Masse, welche in Zuckerlösung suspendiert, auf die 20 ccm Saft entsprechende Menge berechnet, nur 0,04 g Kohlendioxyd lieferte.

Das Filtrat vom Niederschlag wurde nun in 800 ccm Aceton eingegossen; es entstand nur eine sehr geringe Fällung, welche beim Versuch zu filtrieren, völlig durchs Filter ging.

II. In 100 ccm Prefssaft wurden 200 ccm Aceton bei 14° einfliefsen gelassen. Der Niederschlag wurde abgesaugt, was sehr rasch verlief, mit Alkohol und Äther gewaschen und im Vakuum getrocknet; er wog 11,0 g. Die Gärkraftvon 2,2 g der Fällung wurde zu 1,16 g Kohlendioxyd gefunden, wogegen 20 ccm des ursprünglichen Saftes auf Zuckerzusatz nur 0,96 g dieses Gases lieferten.[1])

Die Mutterlauge der 1. Fällung wurde hierauf in ein Gemisch von 300 ccm Aceton und 200 ccm Alkohol absol. eingetragen, es entstand dadurch aber nur eine unfiltrierbare Trübung.

III. Anordnung wie bei II, das Filtrat vom ersten Niederschlag wurde jedoch im Vakuum bei sehr niederer Temperatur eingedampft. Der hinterbleibende Syrup zeigte aber keine Gärwirkung mehr.

[1]) Vgl. zu diesem Resultat das über Versuch VI der LXXVIII. Tabelle S. 245 Gesagte.

VII. Abschnitt.

Zymase in getöteter Hefe.

Wird Unterhefe, die von anhängendem Wasser sorgfältig befreit ist, an der Luft getrocknet und dann sechs Stunden auf 100° erhitzt, so erhält man wachstumsunfähige, also getötete Hefe, die auf Zuckerlösung aber noch Gärwirkung ausübt[1]). Das gleiche Ziel wird durch gelindes Erwärmen von Hefe im luftleeren Raum und darauffolgendes Sterilisieren durch vielstündiges Erhitzen im Wasserstoffstrom erreicht.[2]) Ferner hat R. Albert gezeigt, dafs man durch Eintragen von frischer Hefe in ein Gemenge von Alkohol und Äther zu einem ähnlichen Präparate gelangen kann[3]) und der Initiative von R. Rapp ist die Beobachtung zu verdanken, dafs sich für diesen Zweck noch besser ein Gemisch von Aceton und Äther eignet[4]).

In allen diesen Fällen resultiert also getötete Hefe, welche aber Zucker noch spaltet, auf Grund ihres Zymasevorrates. Solche, durch ihre Haltbarkeit ausgezeichnete Hefepräparate, welche keine vermehrungsfähigen, lebenden Zellen mehr aufweisen, trotzdem aber Gärkraft besitzen, sollen als *Dauerhefe* bezeichnet werden.

Die Darstellung von derartiger Dauerhefe begreift eine Trennung von Leben und Gärwirkung in sich; dafs eine derartige Scheidung möglich ist, darin scheint mir einer der wichtigsten

[1]) E. Buchner, Berichte d. d. chem. Ges. **30**, 1113 (1897).
[2]) Ebenda **33**, 3307 (1900).
[3]) R. Albert, Berichte d. d. chem. Ges. **33**, 3775 (1900).
[4]) R. Albert, E. Buchner und R. Rapp, ebenda **35**, 2376 (1902).

Beweise zu Gunsten der Annahme eines Gärung erregenden Enzymes in der Hefezelle und gegen die Zurückführung der Gärkraft des Preſssaftes auf die Anwesenheit lebender Protoplasmastückchen zu liegen.

Auf gewöhnlichem Wege abgestorbene Hefe enthält keine Zymase mehr. Die Fixierung dieses Enzymes gelingt dagegen, wenn die frischen Zellen bei niederer Temperatur getrocknet und erst nachher bis zur Sterilisierung erhitzt werden; dabei trocknet die Hefe in lebendem Zustand ein, und die relative Abwesenheit von Wasser verhindert hernach auch bei höheren Temperaturen jene chemischen Reaktionen, welche beim Absterben in feuchtem Zustande unfehlbar eine Zerstörung der Zymase veranlassen würden. Oder es müssen die den Tod der Zellen begleitenden chemischen Vorgänge dadurch hintangehalten werden, daſs der Chemismus in den Zellen augenblicklich unterbrochen wird durch Eintragen in Alkohol-Äther oder in Aceton.

Diese letzteren Mittel dürften das Gemeinsame an sich haben, daſs sie keine Plasmolyse der Zellen herbeiführen, sondern durch die Zellmembranen und die Grenzschichten des Protoplasma momentan eindringen[1]) und durch Wasserentziehung alle chemischen Reaktionen zum Stillstand bringen. Ein ähnliches Verfahren wird daher in allen Fällen einzuschlagen sein, wo es sich um Untersuchung labiler Inhaltsstoffe von lebenden Organismen handelt, deren Veränderung beim gewöhnlichen Absterben zu befürchten ist. Auſser der Zymase bleiben bei den erwähnten Verfahren auch sonstige Bestandteile der Hefe, die beim Tode der Zellen gewöhnlich zerstört werden, nachweislich unverändert. R. und W. Albert[2]) haben gezeigt, daſs das mikroskopische Bild von Dauerhefe bei Anwendung von Gram's Färbeverfahren (mit Safraninnachfärbung) tiefblauschwarz wird, ebenso wie von lebender Hefe, während auf natürlichem Wege abgestorbene Zellen sich mit den gleichen Farbstoffen nur schwach rot färben. Die tiefdunkle Farbe ist wahrscheinlich auf die Anwesenheit

---

[1]) E. Overton, Über die osmotischen Eigenschaften der lebenden Pflanzenzelle, Vierteljahrschrift d. naturf. Ges. in Zürich 40 S. 7 ff. (1895).

[2]) Centralbl. f. Bakteriologie, II. Abt. 7, 738 (1901).

komplizierter Eiweifsstoffe zurückzuführen, welche ähnlich wie Zymase durch proteolytische Enzyme zerstört werden, sobald das Absterben langsam und bei Gegenwart von Wasser erfolgt. R. Trommsdorff[1]) hat mit Recht darauf hingewiesen, dafs hier ein Unterschied zwischen »abgestorbenen« und durch die Alkohol-Äther-Behandlung »abgetöteten« Hefezellen zu machen ist; die Inhaltsstoffe der abgetöteten Hefe befinden sich mehr minder noch in dem Zustande, wie sie in den lebenden Zellen vorhanden waren.

Bleibt aber Dauerhefe mit Wasser befeuchtet einige Tage stehen, so treten jene Vorgänge ein, welche sonst beim Absterben stattzufinden pflegen, was man an der schrittweisen Änderung des nach Anwendung des obigen Färbeverfahrens erhaltenen mikroskopischen Bildes erkennen kann; schliefslich zeigen die nun veränderten Dauerhefezellen nur mehr die blafsrote Färbung der abgestorbenen Hefe. Es finden also nach Wasserzusatz noch chemische Vorgänge in der abgetöteten Hefezelle statt, da dieselbe noch wirksame Enzyme enthält.

Durch Dauerhefe wird eine beträchtlich gröfsere Gärwirkung ausgeübt als durch die Quantität Prefssaft, welche aus der entsprechenden Menge frischer Hefe gewonnen werden kann. In einem speziellen Fall hat R. Albert[2]) mit Dauerhefe die fünffache Menge Zucker vergären können, wie mit der entsprechenden Menge von Prefssaft. Es mufs demnach in dem Präparat viel mehr Zymase vorhanden sein und es zeigt sich, dafs, wie schon zu vermuten[3]), durch die Herstellungsmethode des Prefssaftes nur ein Teil der Zymase unverändert isoliert wird.

Aus Dauerhefe wird durch Wasser oder Zuckerlösungen direkt keine Zymase ausgezogen[4]); man mufs auch hier erst die unverletzten Zellmembranen durch Zerreiben mit Sand entfernen. Dann können insbesondere bei Glycerinzusatz sehr wirksame

---

[1]) Centralbl. f. Bakteriologie, II. Abt. 8, 87 (1902).

[2]) Berichte d. d. chem. Ges. 33, 3777 (1901).

[3]) Vergl. E. Duclaux, Microbiologie t. II, 562.

[4]) R. Albert, Berichte d. d. chem. Ges. 33, 3777 (1901); R. und W. Albert, Centralbl. f. Bakteriologie, II. Abt. 7, 742 (1901).

Extrakte hergestellt werden, aus denen das gärkräftige Agens durch Fällen mit Alkohol und Äther als strukturloses Pulver wieder niedergeschlagen wird. Wollte man auch hier noch an der Anwesenheit von lebenden Protoplasmastückchen als wirksames Prinzip festhalten, so müfsten dieselben nicht nur die Tötung der Zellen durch Alkohol und Äther überdauert, sondern sich hernach in wäfsrigem Glycerin gelöst und endlich die abermalige Behandlung mit Alkohol und Äther »überlebt« haben.

Es ist zu hoffen, dafs sich solch zwingenden Gründen auch die wenigen bisher noch gegnerisch gesinnten Pflanzenphysiologen nicht verschliefsen, welche, wie Herr M. W. Beijerinck[1]), die Möglichkeit der Darstellung von Dauerhefe allein bisher noch als keinen Beweis der Existenz der Zymase anerkannt haben, obwohl doch in der sterilisierten Hefe kein lebendes Protoplasma mehr vorhanden sein kann.

Hefe ist jedenfalls schon häufig von anderen Forschern getrocknet worden, ohne dafs dieselben der Zymase begegnet sind. Ausführliche »Untersuchungen über den Einflufs, welchen Zufuhr und Entziehung von Wasser auf die Lebenstätigkeit der Hefezellen äufsern«, hat z. B. J. Wiesner schon 1869 veröffentlicht[2]). »Trockene Hefe kann man auf 100° erwärmen und durch Stunden hindurch bei dieser Temperatur belassen, ohne dafs eine völlige Tötung der Hefe eintritt«[3]). Diese Angaben könnte man dahin deuten wollen, dafs in der erhitzten Hefe noch Zymase vorrätig war und dadurch Wiesner zu jener Behauptung verleitet wurde. Es handelt sich aber jedenfalls nur um ungenügende Sterilisierung der Gefäfse und Zuckerlösungen infolge der damals noch mangelhaften Kenntnisse über die Bakterien; denn auf derselben Seite[4]) wird mitgeteilt, dafs sogar auf 215° erhitzte trockene Hefe noch nicht völlig getötet sei, eine Angabe, die sicher unrichtig und durch Versuchsfehler herbeigeführt sein mufs.

---

1) Centralblatt f. Bakteriologie, II. Abt. 3, 454 (1897); 6, 11, Anm. 1 (1900).

2) Sitzungsber. der Akad. der Wiss, Wien 59, II, 495 (1869).

3) a. a. O. S. 500.

4) a. a. O. S. 500, Anm. 2.

Dauerhefe durch Trocknen an der Luft, schliefslich bei 100°.

Unter der Überschrift: »Neuer Beweis für die Existenz der Zymase« wurde bereits 1897 folgender Versuch beschrieben:[1])

Bierhefe, die mehrmals gewaschen, von oberflächlich anhaftendem Wasser in der hydraulischen Presse möglichst sorgfältig befreit und in sehr dünner Schicht ausgebreitet, ein bis zwei Tage an der Luft gelegen hat, kann hernach ohne Veränderung bei 37° getrocknet werden; man erhält ein gelbliches, angenehm hefeartig riechendes Pulver. Die eine Hälfte desselben (A, 18 g) wurde in mit Watte verschlossenem Kölbchen 6 Stunden auf 100° erhitzt; hierdurch geht die Hefe, wie Plattenkulturen und Aussaat gröfserer Mengen in sterile Bierwürze ergaben, zu Grunde. Die zweite Hälfte (B) wurde 1 Stunde auf 140—145° erhitzt, wobei erfahrungsgemäfs sämtliche Mikroorganismen getötet werden. Rührt man nun den Inhalt beider Kölbchen unter aseptischen Vorsichtsmafsregeln mit je dem doppelten Gewicht 37proz. steriler Saccharoselösung an und stellt in Wasser von 37°, so ist bei A nach 3 Stunden ein gewaltiges Schäumen infolge Kohlensäureentwickelung zu bemerken, welches nach 5 Stunden zum Überschäumen der Masse aus dem Kölbchen führt, das aber nach etwa 10 Stunden trotz süfsen Geschmacks des Rückstandes aufhört; bei B ist keine Veränderung, keine Gasentwickelung zu bemerken. Die tote Hefe im Versuche A besitzt demnach Gärwirkung, offenbar auf Grund ihres Zymasevorrates. Durch einstündiges Erhitzen auf 140—145° wird aber auch die Zymase vernichtet (Versuch B). Dieselbe steht demnach, was ihre Veränderlichkeit durch trockne Hitze betrifft, zwischen dem lebenden Hefenplasma und der Invertase, welch letztere, wie Versuche ergeben haben, der eine Stunde auf 145° erhitzten Hefe noch in wirksamem Zustand entzogen werden kann.

Durch diesen Versuch war der Nachweis erbracht, dafs auch getötete Hefe unter Umständen noch Gärwirkung auszuüben vermag; auf den Umfang derselben liefs sich aber noch kein Schlufs ziehen[2]).

---

[1]) E. Buchner, Berichte d. d. chem. Ges. 30, 1112 (1897).
[2]) Einen quantitativen Versuch s. Tab. LXXIX unter Nr. 674.

Dauerhefe durch Trocknen im Vakuum und Erhitzen im Wasserstoffstrom auf 110°.

Ausführlichere Versuche als der vorhergehende, bei welchen die Erhitzung der Hefe bei Luftabwesenheit erfolgte, das Gärung erregende Agens aus den getöteten Zellen mit Glycerinwasser extrahiert und die Gärkraft des erhaltenen Extraktes quantitativ bestimmt wurde, sollen im folgenden beschrieben werden.[1])

Je 150 g Unterhefe wurden in einem grofsen Vakuumtrockenapparat mit Warmwasserheizung von oben und unten, den mein Kollege, der Physiologe N. Zuntz, freundlichst zur Verfügung stellte, 2½—4 Stunden bei Temperaturen von 35—100° und bei 30 mm Druck getrocknet, hierauf durch vielstündiges Erhitzen im Wasserstoffstrom [8 Stunden auf 98—100° (Versuche 669 u. 670 der Tab. LXXIX), oder 4 Stunden auf 102°, 5 Stunden auf 110° und 10 Stunden auf 110° (Versuch 671), oder endlich 8 Stunden auf 100—101° und sodann 10 Stunden auf 110° (Versuche 672 u. 673)] getötet und, nachdem sorgfältige Kontrollversuche (Aussaat gröfserer Mengen in je 3 Kölbchen mit steriler Bierwürze und dreiwöchentliche Beobachtung) den sicheren Nachweis der Sterilität geliefert hatten, mit Sand und Kieselgur unter Zusatz einer 10 proz., wäfsrigen Glycerinlösung zerrieben. Die so erhaltene, teigförmige Masse lieferte in der hydraulischen Presse einen Saft, von dem 20 ccm, versetzt mit 8 g Rohrzucker und etwas Thymol, bei 22° innerhalb 68 Stunden bei 5 verschiedenen Versuchen 0,52, 0,74, 0,32, 0,31 und 0,51 g Kohlendioxyd entwickelten. Demnach war $^1/_5$—$^3/_4$ des gärkräftigen Agens, welches Prefssaft aus frischer Unterhefe enthält, trotz dem Sterilisieren und trotz dem jedenfalls mit Verlusten verknüpften, darauf folgenden Extrahieren wieder in Lösung erhalten worden.

Über Trocknen von Hefe an der Luft, also ohne Zuhilfenahme eines heizbaren Vakuumapparates, liegen auch einige quantitative Versuche vor. Beim günstigsten derselben (Versuch 674,

[1]) Vergl. Berichte d. d. chem. Ges. 33, 3308 (1900). Die Ausführung derselben verdanke ich Herrn Emil Jüngermann.

siehe Tab. LXXIX) wurde die von Wasser möglichst befreite Hefe zwei Tage in dünnster Schicht bei 20° auf Hürden ausgebreitet, hernach 10 Tage bei 37° getrocknet und endlich 6 Stunden im schwachen Kohlendioxydstrom auf 97° erhitzt; 20 ccm von dem daraus gewonnenen Auszug, der genau, wie oben mitgeteilt, hergestellt wurde, lieferten, mit Zucker und Thymol (wie oben) versetzt, bei 22° nach 68 Stunden 0,38 g Kohlendioxyd. Da indes bei diesem, zeitlich früher als die obigen angestellten Versuche die Sterilität der Hefe nach 6 stündigem Erhitzen auf 97° nicht eigens geprüft wurde, kann er nicht als vollkommen einwandsfrei betrachtet werden. Ein besseres Resultat hinsichtlich der Gärkraft wurde auch bei einigen späteren Versuchen nicht erzielt; die Anwendung des Vakuumapparates scheint demnach empfehlenswerter zu sein.

Vor einigen Jahren hat C. J. Lintner in München[1]) Versuche erwähnt, bei welchen Hefe getrocknet, gemahlen und mit Wasser ausgezogen wurde. »Man erzielt ein völlig klares Filtrat, das aber keine Gärwirkung ausübt, wenigstens bei den von mir ausgeführten Versuchen. Wenn die Zymase ein löslicher Körper ist, so müfste sie sich auf die eben beschriebene Weise der Hefe entziehen lassen.« Dieser Forderung des Herrn Lintner ist hiermit Genüge geleistet.

Interesse verdient noch die bei obigen Versuchen wiederholt gemachte Beobachtung, dafs durch vorhergehendes, sehr gründliches Trocknen die nachfolgende Sterilisation der Hefe durch trockene Hitze aufserordentlich erschwert wird. Während früher festgestellt worden war, dafs an der Luft und hernach im Trockenschrank bei 37° getrocknete Hefe, die nach dieser Operation immer noch etwas Wasser enthält, in mit Watte verschlossenen Kolben[2]) durch sechsstündiges Erhitzen auf 100° oder in Glasröhrchen eingeschmolzen[3]) durch sechsstündiges Erhitzen auf 95° getötet wird, zeigte sich, dafs bei im Vakuum bei höherer Tem-

[1]) Verhandlung. d. Ges. d. Naturforscher u. Ärzte 1899, II, 1, 166; Chemikerzeitung, Cöthen 23 (1899), 851.

[2]) Berichte d. d. chem. Ges. 30, S. 1113 (1897)

[3]) Ebenda 32, 135 (1899).

peratur sehr vollständig getrockneter Hefe unter Umständen achtstündiges Erhitzen im Wasserstoffstrom auf 100° zur Sterilisation nicht genügt. Diese höhere Widerstandskraft ist wahrscheinlich nicht durch das Erhitzen im Wasserstoffstrome, also bei Luftabwesenheit, veranlafst, denn ein Kontrollversuch ergab, dafs sorgfältig im Vakuum getrocknete Hefe auch nach achtstündigem Erhitzen auf 100° an der Luft noch lebensfähig sein kann.

Die genauere Anordnung der Versuche war folgende: Viermal gewaschene und gesiebte Unterhefe wurde bei 150 Atmosphären Druck (80 kg auf 1 qcm) zwei Stunden lang ausgeprefst, dann 150 g der weifsen, leicht zerbröckelnden Masse auf einem grofsen Blech von $^1/_4$ qm ausgebreitet und im Vakuumtrockenapparat erhitzt, wie unten näher beschrieben, wobei eine Gewichtsabnahme um $^2/_3$ erfolgte. Die getrocknete Hefe wurde hierauf in einem Erlenmeyer-Kolben unter Überleiten von Wasserstoff (gewaschen mit Kalilauge, Kaliumpermanganat- und Silbernitrat-Lösung, getrocknet durch Schwefelsäure und Chlorcalcium) in einen Trockenschrank gebracht, der mit einem Mantel von siedendem Wasser, bezw. kochender Chlorcalciumlösung umgeben war; dabei entwichen auf 50 g getrocknete Hefe nochmals 1—2 g Wasser. Nachdem hierauf die Sterilität konstatiert war, wurden 50 g der getöteten Hefe unter Zugabe von 100 g einer 10prozentigen wäfsrigen Glycerinlösung, was dem Wasserverlust beim Trocknen ungefähr entspricht, in einer Reibschale mit 150 g Quarzsand und 30 g Kieselgur zerrieben, bis eine gleichmäfsig plastische Masse entstanden war; dieselbe lieferte endlich, in ein Prefstuch eingeschlagen, bei einem Druck von 160 kg auf 1 qcm (300 Atmosphären) innerhalb zwei Stunden 45 ccm Saft.

Davon kamen 20 ccm bei der Gärkraftbestimmung zur Verwendung (vorletzte Spalte der Tabelle LXXIX). Zum Vergleiche kann direkt die Gärkraft von 20 ccm Prefssaft aus der verwendeten frischen Hefe dienen (letzte Spalte der Tabelle).

Dauerhefe durch Alkohol-Ätherbehandlung.

Nachdem es gelungen war, einerseits Hefe durch vorsichtiges Trocknen und darauffolgendes Erhitzen in ein steriles aber noch gärwirksames Produkt zu verwandeln, andererseits die Fällung des gärkräftigen Agens aus dem Hefepressaft durch Alkohol-Äther zu bewerkstelligen, ist R. Albert auf den glücklichen Gedanken gekommen, die Hefe selbst durch Eintragen in Alkohol und Äther in sterile, aber Zymase haltige Dauerhefe überzuführen.[1])

[1]) Berichte d. d. chem. Ges. 33, S. 3775 (1901).

Tabelle LXXIX.

Gärkraft der Auszüge aus Hefe, die durch Erhitzen getötet war.

Nr.	Datum	Hefe, getrocknet im Vakuum unter Erhitzen	Sterilisiert durch Erhitzen im H-Strom	Prüfung der Sterilität	20 ccm Saft + 8 g Rohrzucker + einige Körnchen Thymol bei 22° gaben Kohlendioxyd in g nach Stunden			Zum Vergleich: 20 ccm frischer Hefepreſssaft + 8 g Zucker + etwas Thymol gaben bei 22° nach 68 Std. g CO_2
					20	44	68	
669	27. VI. 00	3¼ Std. auf 35—70° [1])	8 Std. auf 98°	Je drei Kölbchen mit steriler Bierwürze blieben auf gröſsere Aussaat hin bei Zimmertemperatur 2½—3 Wochen steril.	0,41	0,49	0,52	1,20
670	29. VI. 00	4 Std. auf 40—80° [1])	8 Std. auf 100°		0,56	0,71	0,74	0,97
671	21. VI. 00	2½ Std. auf 40—60° [1])	4 Std. auf 102°, ferner 5 + 10 Std. auf 110°		0,09	0,21	0,32	—
672	5. VII. 00	4 Std. auf 45—100° [1])	8 Std. auf 101° und 10 Std. auf 110°		0,10	0,25	0,31	1,66
673	4. VII. 00	4 Std. auf 45—85° [1])	8 Std. auf 101° und 10 Std. auf 110°		0,26	0,35	0,51	1,45
674	4. V. 00	An der Luft: 2 Tage bei 20°, dann 10 Tage bei 37°	6 Std. auf 97° im CO_2-Strom	Nicht geprüft	0,21	0,35	0,38	1,00

[1]) Genauer, bei Versuch 669: 2¼ Std. auf 35—50°, ½ Std. auf 50—60°, ½ Std. auf 60—70°;
» » » 670: ¾ Std. auf 40°, 1¼ Std. auf 50°, 1 Std. auf 60°, ½ Std. auf 70°, ½ Std. auf 80°;
» » » 671: ½ Std. auf 40°, 1¼ Std. auf 50°, ¾ Std. auf 60°;
» » » 672: 1 Std. auf 45°, 1 Std. auf 55°, ½ Std. auf 70°, 1½ Std. auf 70—100°;
» » » 673: 1 Std. auf 45°, ½ Std. auf 50°, 1 Std. auf 70°, 1½ Std. auf 70—85°.

Die Methode, im chemischen Laboratorium der Berliner landwirtschaftlichen Hochschule ausgeprobt, ist folgende: Gewaschene und hernach möglichst entwässerte Hefe (z. B. bei 100 Atmosphären Druck in der hydraulischen Presse) wird durch ein Haarsieb hindurch eingetragen in ein Alkohol-Äthergemenge. Gut bewährt hat es sich, dabei auf 250 g trockene Hefe (gröſsere Posten können nur schwierig auf einmal verarbeitet werden) 3 l absoluten Alkohol und 1 l Äther anzuwenden. Nach 4—5 Minuten wird die Hauptmenge der Flüssigkeit von der zu Boden gesunkenen Hefe abgegossen und diese auf einer Nutsche mit gehärtetem Filter vom Rest der Flüssigkeit durch Absaugen mit der Pumpe befreit. Die letzten Spuren von Alkohol werden hierauf durch sorgfältiges Waschen mit $^1/_2$ l Äther entfernt und das Produkt auf Filtrierpapier an der Luft ausgebreitet, um den Äther rasch zu entfernen. Wie R. Albert in mehr als fünfzehn verschiedenen Versuchen feststellen konnte, überlebt keine einzige Hefezelle diese Behandlung mit Alkohol-Äther, man erhält vielmehr, wenn Luftkeime ferngehalten werden, ein *steriles* Präparat. Während früher das Produkt einfach einen Tag an der Luft liegen blieb und dann, nachdem einzelne, nicht zu Pulver zerfallene Krümmel durch Absieben entfernt waren, in Gläser gefüllt wurde, hat es sich später als viel zweckmäſsiger erwiesen, nach halbstündigem Lagern an der Luft die letzten Spuren von Äther noch durch eintägiges Erwärmen in einem Trockenschrank von 45° zu entfernen. Das längere Verweilen an der Luft scheint eine Aufnahme von Wasser aus derselben herbeizuführen und die so erhaltenen Produkte zeigen 12 bis 14% Wassergehalt, während nach kurzem Lagern an der Luft und darauffolgendem Erwärmen auf 45° nur 4,5 bis 5,6% Wasser haltige Präparate resultieren. Ein hoher Wassergehalt beeinträchtigt zwar zunächst die Wirksamkeit der Produkte nicht, ist aber für die Haltbarkeit derselben verderblich (s. Tab. LXXXI). Natürlich macht sich der verschiedene Wassergehalt auch in der Ausbeute bemerklich und die früher erzielten 36% (= 90 g aus 250 g entwässerter Hefe) sind nach Einführung des Trocknens bei 45° auf 29—32% Ausbeute zurückgegangen.

Das so erhaltene Produkt stellt ein staubtrockenes, fast reinweifses Pulver dar. Bezüglich der Gärkraft desselben berichtet R. Albert an der angeführten Stelle: »Suspendiert man auf solche Weise erhaltenes Hefepulver in der fünffachen Menge einer wäfsrigen zwanzigproz. Rohrzuckerlösung, so tritt bei Zimmertemperatur nach einer Stunde, bei 38—40° dagegen schon nach etwa 30 Minuten, Kohlendioxydentwicklung ein, welche rasch zunimmt und schliefslich geradezu stürmisch verläuft.«

Quantitative Gärkraftbestimmungen mit Hilfe des Meifslschen Gärkölbchens hat schon R. Albert mitgeteilt. In der Tabelle (s. S. 258) sind noch einige weitere, ausgehend von Berliner Unterhefe S, zusammengestellt, deren Durchführung ich fast ausschliefslich Herrn Dr. A. Spitta verdanke. Die Darstellung der Dauerhefen wurde dabei genau nach der oben beschriebenen Methodik bewerkstelligt, die Art des Trocknens nach dem Auswaschen mit Äther aber verschiedentlich modifiziert; hierdurch war dann ein sehr verschiedener Wassergehalt der Produkte bedingt, über welchen die fünfte Spalte Aufschlufs gibt.

Die Gärwirkung der untersuchten Alkohol-Äther-Dauerhefen führte bei den günstigeren Versuchen der umstehenden Tabelle zu einer Entwicklung von etwa 1 g Kohlendioxyd durch 2 g Hefe.

Haltbarkeit der Alkohol-Äther-Dauerhefe.

Die Experimente der Tabelle LXXXI haben beim Lagern bei erhöhter Temperatur, nämlich bei 28—30°, eine nur langsame Abnahme der Gärkraft von Alkohol-Äther-Dauerhefe ergeben, wofern ein Produkt mit geringem Wassergehalt (4,75%) in Untersuchung gezogen wurde, dagegen ein rasches Sinken derselben, wenn man sehr wasserreiche Dauerhefe (13,4% Wasser) dazu benutzt. Die verwendeten Präparate wurden aus derselben Berliner Unterhefe S am gleichen Tage nach zwei verschiedenen Verfahren hergestellt (sie sind auch in Tab. LXXX unter den Nr. 678 und 676 aufgeführt) und kamen in Glasstopfengläsern zur Aufbewahrung.

Tabelle LXXX.

Gärkraft der Alkohol-Äther-Dauerhefe.

Je 2 g Dauerhefe + 4 g Rohrzucker + 10 ccm Wasser + 0,2 g Toluol; 22°.

Nr.	Datum	Art des Trocknens: An der Luft bei 15—22° Stunden	Art des Trocknens: Hernach im Trockenschrank bei 45° Stunden	Wassergehalt (105°) Prozent	Kohlendioxyd in g nach Stunden: 24	48	72	96
675[1])	22. I. 01	24	—	12,5	0,41	0,66	0,72	—
676	21. X. 01	24	—	13,4	0,31 0,32	0,66 0,68	0,88 0,89	0,97 0,97
677	»	2	24	4,7	0,28 0,27	0,64 0,61	0,87 0,83	0,97 0,92
678	»	24	24	4,7	0,34 0,36	0,72 0,76	0,94 0,99	1,00 1,05
679[2])	22. X. 01	24	24	5,5	0,27 0,28	0,61 0,61	0,82 0,81	0,95 0,92
680[2])	»	48	24	5,6	0,23 0,23	0,51 0,49	0,70 0,68	0,82 0,80
681	12. XI. 01	$^1/_2$	24	4,5	0,23 0,25	0,35 0,38	0,55 0,59	0,70 0,75
682	»	24	24	4,4	0,18	0,31	0,49	0,65
683	«	72	24	5,1	0,14 0,14	0,21 0,21	0,31 0,30	0,40 0,38
684	31. I. 02	$^1/_2$	24	—	0,31 0,31	— —	0,80 0,80	0,98 0,99
685	22. XI. 01	1	24	5,5	0,19 0,18	0,53 0,52	0,80 0,78	0,90 0,88
686[3])	»	1	24	7,1	0,04 0,07	0,20 0,26	0,40 0 44	0,49 0,54

Bemerkungen. 1) Hier waren nur 2 g Rohrzucker zugesetzt worden, was nach Versuchen von R. Albert (Berichte d. d. chem. Ges. 33, S. 3776) eine Verminderung der Gärwirkung um etwa 30 % bedingt.

2) Bei 679 wie bei 680 war die 2. oben aufgeführte Gärkraftbestimmung 1 Monat nach der ersten erfolgt, also nach einmonatlichem Lagern der Dauerhefe; der geringe Unterschied zwischen den erhaltenen Zahlen liegt innerhalb der Fehlergrenzen; es läfst sich daraus auf ziemlich grofse Haltbarkeit der Dauerhefe bei gewöhnlicher Temperatur schliefsen.

3) Für Versuch 686 war die Dauerhefe von 685 (90 g trocknes Produkt) nochmals in 1½ l Alkohol absol. und ½ l Äther eingetragen, abgesaugt und mit ¼ l Äther ausgewaschen worden. Dieses zweimalige Behandeln mit Alkohol-Äther-Gemisch hatte durchaus keine höhere Trockenheit des Präparates herbeigeführt (der Wassergehalt war sogar von 5,5 auf 7,1 % gestiegen, offenbar infolge Hygroskopizität), und die Gärwirkung war sehr stark zurückgegangen; es ist dadurch bewiesen, daſs die Alkohol-Äther-Behandlung der Zymase schadet.

Tabelle LXXXI. **Abnahme der Gärkraft beim Aufbewahren bei 28—30°.** Je 2 g Alkohol-Äther-Dauerhefe + 4 g Rohrzucker + 10 ccm H_2O + 0,2 ccm Toluol; 22°.

Nr.	Datum	Wassergehalt des Präparates	Dauer des Lagerns	Kohlendioxyd in g nach Stunden			
				24	48	72	96
687	21. X. 01	4,7 %	sofort nach Herstellung	0,34 0,36	0,72 0,76	0,94 0,99	1,00 1,05
		»	nach 1 Woche Lagern	0,32 0,30	0,72 0,69	0,92 0,90	0,97 0,96
		»	nach 2 Wochen »	0,26 0,28	0,63 0,61	0,86 0,85	0,96 0,97
		»	nach 3 Wochen »	0,33	0,61	0,83	0,95
		»	nach 5 Wochen »	0,30 0,29	0,61 0,59	0,79 0,78	0,84 0,84
		»	nach 11 Wochen »	0,23 0,24	0,49 0,53	0,65 0,68	0,74 0,77
		»	nach 20 Wochen »	0,16 0,16	0,37 0,37	— —	0,52 0,52
688	21. X. 01	13,4 %	sofort nach Herstellung	0,31 0,32	0,66 0,68	0,88 0,89	0,97 0,97
		»	nach 1 Woche Lagern	0,17 0,17	0,39 0,41	0,55 0,56	0,66 0,62
		»	nach 2 Wochen »	0,08 0,07	0,20 0,19	0,31 0,29	0,38 0,36
		»	nach 3 Wochen »	0,05 0,08	0,10 0,13	0,11 0,15	0,24 0,22
		»	nach 5 Wochen »	0,003 0,002	0,01 0,01	0,02 0,02	0,02 0,02

Wäſsrige Auszüge aus Alkohol-Äther-Dauerhefe.

R. Albert[1]) hat gezeigt, daſs man aus Dauerhefe durch direktes Extrahieren mit Wasser oder Glycerin ebenso wenig

[1]) Berichte d. d. chem. Ges. 33, 3777 (1901).

einen gärkräftigen Auszug erhalten kann, wie aus frischer Hefe. Dagegen gelingt der Versuch sofort, wenn eine Zerstörung der Zellwände und des geronnenen Protoplasmaschlauches vorausgegangen ist. 50 g Dauerhefe werden mit 100 g möglichst feinem Quarzsand zunächst trocken gepulvert, dann mit 100 ccm Wasser angefeuchtet und abermals 10 Minuten im Mörser zerrieben. Mittels der hydraulischen Presse oder selbst mittels einer Nutsche durch Absaugen auf gehärtetem Filtrierpapier lassen sich daraus in kurzer Zeit 50 ccm eines dunkelbraunen Auszuges gewinnen, der gärkräftig ist, aber wegen der grofsen Verdünnung des wirksamen Bestandteiles am besten einer Fällung durch Alkohol und Äther in der im VI. Abschnitt beschriebenen Weise unterworfen wird; es resultieren »2—3 g eines gelbweifsen, pulverigen Niederschlages, welche sich in 10—15 ccm Wasser leicht auflösen und nach Zusatz von wenig Kieselgur klar filtrieren lassen. Löst man in dem Filtrat 4 g Rohrzucker auf, so tritt schon bei gewöhnlicher Temperatur fast augenblicklich eine lebhafte Gärung ein, welche viele Tage anhält, ohne dafs die Lösung sich trübt«.

Da die unter Wasserzusatz mit Sand zerriebene Dauerhefe, wie erwähnt, schon beim einfachen Absaugen mit der Wasserstrahlpumpe zymasehaltigen Saft in guter Ausbeute liefert, ist hiermit ein Verfahren gegeben, welches die Isolierung des Gärungsagens aus den Hefezellen ohne Anwendung einer hydraulischen Presse und ohne Anwendung von Kieselgur gestattet.

Der beschriebene qualitative Versuch wurde inzwischen durch einige quantitative Gärkraftbestimmungen ergänzt. Aus vier verschiedenen Partien Alkohol-Äther-Dauerhefe sind auf folgende Weise wäfsrige Auszüge hergestellt worden: Je 200 g Dauerhefe wurden mit 400 g Quarzsand und 70 g Kieselgur in der grofsen Reibschale erst trocken, dann unter Zusatz von 400 ccm Wasser 20 Minuten lang zerrieben, bei 300 Atmosphären Druck abgeprefst und das Zerreiben und Pressen ohne weiteren Wasserzusatz wiederholt; im ganzen dauerten diese Operationen 2—3 Stunden; von den erhaltenen Säften wurde dann das spezifische Gewicht, die Gärkraft und die Ausbeute bestimmt (s. die folgende Tabelle).

Tabelle LXXXII. **Wäfsrige Auszüge aus Alkohol-Äther-Dauerhefe.**
Zur Gärkraftbestimmung wurden je 20 ccm Extrakt + 8 g Rohrzucker + 0,2 ccm Toluol verwendet; 22°.

Nr.	Datum	Extrakt aus je 200 g Dauerhefe					Kohlendioxyd in g nach Stunden			
		Ausbeute ccm	Spezif. Gewicht (15°)	Trocken-rückstand	Glüh-rückstand	Stickstoff-gehalt	24	48	72	96
689	27. XI. 01	180	—	—	—	—	0,25	0,47	0,62	0,66
690	9. XII. 01	260	1,039	7,78	2,14	0,686	0,15 0,14	0,34 0,36	0,51 0,52	0,60 0,62
691	22. I. 02	210	1,060	—	—	—	0,42 0,41	0,78 0,75	0,85 0,82	0,86 0,85
692	24. I. 02	260	1,054	—	—	—	0,44 0,38	0,80 0,68	— —	1,05 0,93
693[1]	25. I. 02	270	1,059	—	—	—	0,44 0,41	— —	0,88 0,84	0,90 0,87

Die Gärkraft der erhaltenen Auszüge war stets eine ziemlich gute und erreichte in Nr. 692 ein Maximum, welches so hoch liegt als die Durchschnittsleistung eines Prefssaftes aus frischer Hefe. Das spezifische Gewicht der Auszüge war ungefähr dasselbe, wie es bei Hefeprefssäften gefunden wird (vgl. Tab. IV, S. 75), der Glührückstand in dem einen Falle, wo er bestimmt wurde, ein hoher, wahrscheinlich infolge Anwesenheit grofser Menge von Kieselgursplittern, dagegen Trockenrückstand und Stickstoffgehalt im Vergleich zu frischem Hefeprefssaft gering, was mit geringerem Gehalt an hochmolekularen Eiweifskörpern zusammenhängen dürfte, die durch die Alkohol-Äther-Behandlung der Hefe in geronnenen Zustand übergeführt und daher nicht mehr in Lösung gegangen sind.

Von den Auszügen wurden endlich auch noch Alkohol-Äther-Fällungen dargestellt, indem z. B. 75 ccm davon in ein Gemenge von 600 ccm Alkohol absol. und 300 ccm Äther unter

[1]) Bei diesem Versuch war die Alkohol-Äther-Dauerhefe nach dem Zerreiben und Anfeuchten 24 Stunden in Eis verpackt aufbewahrt worden, um den Lösungsvorgang zu begünstigen, dann nochmals zerrieben und erst hierauf ausgeprefst worden.

starkem Rühren eingetragen, die Niederschläge sofort abgesaugt, mit 30 ccm Alkohol und hernach mit 30 ccm Äther gewaschen, und im Vakuum über Schwefelsäure getrocknet wurden; von dieser Fällung erfolgte dann Gärkraftbestimmung, indem je 1 g mit 10 ccm Wasser, 3,4 g Rohrzucker und 0,07 ccm Toluol angerührt wurden, wobei *vollständige* Lösung unter Bildung einer ganz klaren, dunkelbraunen Flüssigkeit eintrat. Die Kohlensäureproduktion wurde in gewöhnlicher Weise durch den Gewichtsverlust bestimmt. Die in Tabelle LXXXIII aufgeführten fünf Versuche bilden eigentlich die Fortsetzung der Versuche der vorhergehenden Tabelle, indem Nr. 694 über die Fällung berichtet, welche in dem Extrakt des Versuches Nr. 689 durch Alkohol-Äther erzeugt wurde, Nr. 695 über den Niederschlag in dem wäſsrigen Auszug von Nr. 690 u. s. w.

Tabelle LXXXIII.

Alkohol-Äther-Fällungen der Auszüge aus Alkohol-Äther-Dauerhefe.

Zur Gärkraftbestimmung: je 1 g Niederschlag + 7 ccm Wasser + 3,4 g Rohrzucker + 0,07 ccm Toluol; 22°.

Nr.	Datum	Niederschlag aus 100 ccm Auszug		Kohlendioxyd in g nach Stunden			
		Ausbeute g	Wassergehalt %	24	48	72	96
694	29. XI. 01	7,0	—	0,20	—	0,50	0,59
695	9. XII. 01	7,3	—	0,15 0,17	0,31 0,32	0,41 0,43	0,49 0,51
696	23. I. 02	12,6	5,9	0,18 0,21	0,33 0,31	0,39 0,32	0,39 0,32
697	24. I. 02	10,0	7,0	0,12 0,11	— —	0,43 0,42	0,45 0,44
698	25. I. 02	13,0	6,1	0,11 0,11	— —	0,37 0,37	0,37 0,38

Die Gärkraft der Niederschläge war demnach in einigen Fällen, besonders bei Nr. 694, eine sehr gute, stärker als die des besten getrockneten Preſssaftes (vgl. Tab. XXXIVa Nr. 243, S. 135), gröſser als die Wirksamkeit der günstigsten Alkohol-Ätherfällungen aus frischem Hefesaft bei Anwendung von Wasser als Lösungsmittel (vgl. Tab. LXXIII, S. 239) und ebenso günstig als bei den besten Resultaten mit Alkohol-Ätherfällungen aus frischem Saft und nachherigem Glycerinzusatz als Lösungsmittel (vgl. Tab. LXXV, S. 241); sie lassen Hoffnung, dafs es vielleicht doch auf diesem Wege möglich sein wird, zymasereichere, trockene Produkte zukünftig zu gewinnen.

Aufserdem scheinen mir diese Versuche auch geeignet, die hartnäckigsten Verfechter vitalistischer Anschauungen[1]) zu überzeugen; denn lebende Protoplasmastückchen, aus getöteten Zellen durch Wasser extrahiert und darauf wieder durch Alkohol und Äther ausgefällt, sind doch kaum denkbar. Für die letzten Zweifler sei übrigens hier noch ein Experiment angeführt, bei welchem das Produkt des Versuches Nr. 698 wieder in Wasser gelöst und sodann mit Alkohol-Äther zum zweitenmal gefällt wurde. Da müfsten die lebend gedachten Protoplasmastückchen doch endlich getötet worden sein? Die Fällung besafs aber immer noch beträchtliche Gärwirkung!

Die Anordnung des Versuches war folgende: 6,5 g der Fällung, deren Gärkraft unter Nr. 698 der Tabelle LXXXIII wiedergegeben ist, wurden unter Zerreiben mit 3 g Kieselgur in 70 ccm Wasser gelöst und sodann filtriert; es resultierte eine klare, hellbraune Flüssigkeit. Davon tropfte man 50 ccm in 400 ccm Alkohol absol. und 200 ccm Äther. Der Niederschlag wurde sofort abgesaugt, mit Alkohol und Äther gewaschen und im Vakuum über Schwefelsäure getrocknet. Die Gärkraft ist in der folgenden Tabelle wiedergegeben.

Tabelle LXXXIV.

Zweimalige Alkohol-Ätherfällung eines Auszuges aus Dauerhefe.

1 g Niederschlag + 7 ccm Wasser + 3,4 g Rohrzucker + 0,07 ccm Toluol; 22°.

Nr.	Datum		Kohlendioxyd in g nach Stunden			
			24	48	72	96
699	7. II. 02	1 g zum zweitenmal durch Alkohol-Äther gefällt	0,13 0,14	0,27 0,28	0,33 0,34	0,33 0,34

[1]) Vgl. z. B. C. Wehmer, Botanische Zeitung 56, II. Abt., 53 (1898); J. Behrens, Botanische Zeitung 58, II. Abt., 181 (1900), 59, II. Abt., 4 (1901); 60, II. Abt., 274 (1902).

Chemische Vorgänge in der abgetöteten Hefezelle.

Unter dieser Überschrift haben R. und W. Albert[1]) bemerkenswerte Versuche mit Alkohol-Äther-Dauerhefe veröffentlicht, welche zeigen, dafs nach dem Übergiefsen des Präparates mit Wasser chemische Reaktionen eintreten, sehr ähnlich jenen, die beim natürlichen Absterben der Zellen verlaufen. Man kann diese Vorgänge durch das chemische Verhalten der wäfsrigen Extrakte oder auch in den Zellen mit Hilfe von Färbungen unter dem Mikroskop verfolgen, und es ergibt sich, dafs sie mit dem Leben direkt nichts zu tun haben, sondern auf die Wirkungen vorrätiger Enzyme, wahrscheinlich hauptsächlich von Endotryptase, zurückzuführen sind. Manche Einzelheiten der Struktur lassen sich ferner in Dauerhefe leichter sichtbar machen, als in frischen, lebenden Zellen; so gelingt es beispielsweise leicht, den Zellkern in jeder Hefezelle nachzuweisen.

Die Mitteilungen von R. und W. Albert haben durch R. Trommsdorff[2]) eine erwünschte Bestätigung und in einigen Richtungen weiteren Ausbau erhalten. Hier sei nur auf einen Punkt eingegangen, welcher näherer Aufklärung bedarf. Nach Trommsdorff[3]) soll »die Wirkung der in der sterilen Dauerhefe vorhandenen Enzyme anscheinend in gewissen Grenzen abhängig von der Quantität« sein. »Setzt man 1 Teil sterile Dauerhefe an zu 1 Teil Rohrzucker und 5 Teilen Wasser, so geht die Gärung prompt . . . Nimmt man das Verhältnis aber 1 : 4 : 20, so tritt überhaupt keine Gärung ein . . . Dasselbe ist der Fall bei einer Konzentration 1 : 5 : 5 und 1 : 10 : 5« Dieses merkwürdige Ergebnis hat sich bei unserer Nachprüfung nicht bestätigt; wir haben dabei allerdings nicht Alkohol-Äther-Dauerhefe, wie R. Trommsdorff, sondern Aceton-Dauerhefe, deren Darstellung im nächsten Kapitel beschrieben wird, angewandt. Das letztere Präparat zeigt gegenüber Alkohol-Äther-Dauerhefe auch bei gewöhnlichen Zuckerkonzentrationen eine merkwürdig beschleunigte Gärwirkung (s. das nächste Kapitel), was auf leichterer

[1]) Centralblatt f. Bakteriologie II. Abt., 7, 737 (1901).
[2]) Centralblatt f. Bakteriologie II. Abt., 8, 82 (1902).
[3]) A. a. O. S. 87.

Benetzbarkeit, auf gröfserer Durchlässigkeit der Zellmembranen für das Kohlenhydrat oder auf gröfserer Löslichkeit der mit Aceton behandelten Zymase in Wasser beruhen dürfte. Diese Aceton-Dauerhefe zeigt nun das von Trommsdorff beschriebene auffallende Verhalten nicht (s. Tab. LXXXV); das Phänomen wird daher, auch wenn es für Alkohol-Äther-Dauerhefe gültig sein sollte, seiner allgemeinen Bedeutung entkleidet. Dafs die Gärung in sehr konzentrierter Zuckerlösung etwas langsamer verläuft, wegen der zähflüssigen Beschaffenheit und geringeren Dialysierbarkeit, ist selbstverständlich; dafs beim Zusatz sehr grofser Mengen von Zuckerlösung weniger Kohlendioxyd gasförmig entweicht, ist von vornherein zu erwarten, denn nun bleibt mehr in der Flüssigkeit gelöst. Bemerkt sei noch, dafs bei allen drei Versuchen der Tabelle LXXXV nach 16 Stunden schon direkt Schaumbildung und Aufsteigen von Gasblasen zu beobachten waren.

Tabelle LXXXV.
Gärkraft bei verschiedener Zuckerkonzentration.
Je 2 g Aceton-Dauerhefe + verschiedene Mengen von Rohrzucker und Wasser; Antiseptikum: Toluol; 22°.

Nr.	Datum	Je 2 g Aceton-Dauerhefe angesetzt mit	Kohlendioxyd in g nach Tagen						
			$^2/_3$	1	2	3	4	6	9
700	22. V. 02	2 g Rohrzucker + 10 ccm Wasser + 0,2 ccm Toluol	0,38	0,58	0,67	0,73	0,76	—	—
701	»	8 g Rohrzucker + 40 ccm Wasser + 0,8 ccm Toluol	0,07	—	0,23	0,26	0,27	—	—
702	»	10 g Rohrzucker + 10 ccm Wasser + 0,2 ccm Toluol	0,09	0,14	0,25	0,41	0,55	0,67	0,74

Aceton-Dauerhefe.

R. Albert's oben beschriebenes Verfahren zur Herstellung von Dauerhefe mittels Alkohol-Äther hat in über 60 Einzelfällen sowohl mit Berliner, wie mit Münchner Bierunterhefe gute Resultate ergeben. Es zeigte sich aber, dafs es dazu genauer

Einhaltung der Vorschrift und raschen Arbeitens bedarf; insbesondere mufs der Alkohol vollständig abgesaugt und mit Äther schliefslich sorgfältig ausgewaschen werden, denn er besitzt bei längerer Einwirkung einen deutlich schädigenden Einflufs auf die Zymase. Ähnliches gilt bekanntlich für andere Enzyme, selbst für die Invertase[1]), die eines der einfachsten Enzyme vorstellt. Es wurde deshalb versucht, die Anwendung von Alkohol zu umgehen, und nach einem Vorschlag von R. Rapp im Aceton ein sehr geeigneter Ersatz gefunden.[2])

Das Verfahren zur Herstellung von »Aceton-Dauerhefe,« welches vermutlich auch zur Fixierung anderer einfacher Organismen dienen kann und dessen Anwendbarkeit für Bakterien geprüft werden soll[3]), ist folgendes:

Frische, ausgewaschene Brauereiunterhefe wird bei einem Druck von 15—30 kg auf 1 qcm entwässert, was bei der verwendeten hydraulischen Presse 50—100 Atmosphären Druck und einem Wassergehalt der Hefe von 72—66 % (bestimmt durch Trocknen bei 105°) entspricht. 500 g davon, zwischen den Händen zu einem groben Pulver zerrieben, werden auf einem Sieb (100 Maschen auf 1 qcm) in einer flachen Schale in 3 l Aceton eingetaucht und durch Heben und Senken des Siebes in der Flüssigkeit unter Nachhilfe mit einem Bürstchen in 3—4 Minuten durch die engen Maschen geschwemmt. Man könnte dabei einen ungünstigen Einflufs der beim Zusammentreffen von Aceton mit Wasser eintretenden Erwärmung befürchten; die Messung ergab aber nur eine Temperaturerhöhung von 2°, die kaum von Nachteil sein dürfte. Die Hefe bleibt nach dem Eintragen unter

---

[1]) O'Sullivan und Tompson; ferner E. Salkowski, Zeitschr. für physiolog. Chem. 31, 307, Anm., 319, (1900—1901).

[2]) R. Albert, E. Buchner und R. Rapp, Berichte d. d. chemischen Ges. 35, 2376 (1902). Es sei hier noch auf zwei Druckfehler in jener Veröffentlichung besonders hingewiesen:

S. 2378 Z. 8 v. o. statt Sieb (10 Maschen auf 1 qcm) liefs: Sieb (100 Maschen auf 1 qcm).

S. 2378 Z. 3 v. u. statt 5,5—5,6 % Wasser liefs: 5,5—6,5 %.

[3]) Einige Versuche darüber s. M. Hahn und E. Cathcart, Münch. medizin. Wochenschr. 49, 597 (1902).

häufigem Umrühren noch 10 Minuten im Aceton liegen. Hierauf wird nach kurzem Absetzen die Flüssigkeit gröfstenteils abgegossen und die Hefe in einer Nutsche auf gehärtetem Filtrierpapier unter kräftigem Anpressen mit einem geeigneten Stempel möglichst trocken abgesaugt. Den nunmehr grob zerkleinerten Hefekuchen übergiefst man aufs neue in der Schale mit einem Liter Aceton, rührt 2 Minuten damit durch und saugt die Flüssigkeit abermals unter Anpressen der Masse an die Nutsche möglichst vollständig ab. Die Masse wird sodann grob gepulvert und in einer kleinen Schale mit 250 ccm Äther übergossen; nach 3 Min. dauernder Einwirkung, die durch Durchkneten unterstützt wird, filtriert man vom Äther auf der Nutsche unter kräftigem Saugen ab und breitet die zu feinem Pulver zerriebene Hefe direkt oder noch besser, nachdem man sie durch ein mittelfeines Sieb geschlagen hat, in dünner Schicht auf mit Filtrierpapier belegten Hürden aus. Nach $^1/_2$—1 Stunde Lagern an der Luft, wobei der Äther gröfstenteils verdampft, schiebt man die Hürden, weil sonst die Hefe wieder Wasser aus der Luft anziehen würde, in einen Trockenschrank von 45° C. Nach 24stündigem Verweilen ist das Präparat fertig.

Dieses Verfahren wird nunmehr auch in gröfserem Mafsstabe ausgeführt und kommt das Produkt unter dem Namen »Zymin« in den Handel[1]). Näheres darüber siehe in dem Kapitel: Anwendung der Dauerhefe.

Die so gewonnene Aceton-Dauerhefe stellt ein fast weifses, staubtrockenes Pulver dar, dessen Geschmack im ersten Augenblick wenig ausgeprägt ist, dann aber intensiv an Hefe erinnert. Das Produkt enthält meistens noch 5,5—6,5% Wasser; die Ausbeute beträgt 30—32% vom Gewichte der (bei 15—30 kg Druck auf 1 qcm) entwässerten Hefe.

Demonstrationsversuch zur Gärwirkung der Aceton-Dauerhefe.

2 g Aceton-Dauerhefe werden in einer Reibschale mit einer 30° warmen Lösung von 1 g Rohrzucker in 10 ccm Wasser angerührt und der erhaltene, gleichmäfsige Brei in ein 32 cm langes,

[1]) Käuflich bei Anton Schroder, München, Landwehrstrafse 45.

einseitig zugeschmolzenes Glasrohr von 1 cm Durchmesser im Lichten eingefüllt. Bei Zimmertemperatur beginnt in der anfangs ruhigen Flüssigkeit nach 20 Minuten eine Gasentwicklung, die so stürmisch verläuft, dafs die oberste Schaumschicht innerhalb 1 Minute um 1 cm höher steigt und innerhalb 40 Minuten vom Beginn des Versuches an Überschäumen aus dem Glasrohr stattfindet. Die hierzu verwendete Aceton-Dauerhefe war nicht besonders gärkräftig, denn 2 g davon lieferten bei der Gärkraftbestimmung (s. nächstes Kapitel) nur 0,90 g Kohlendioxyd.

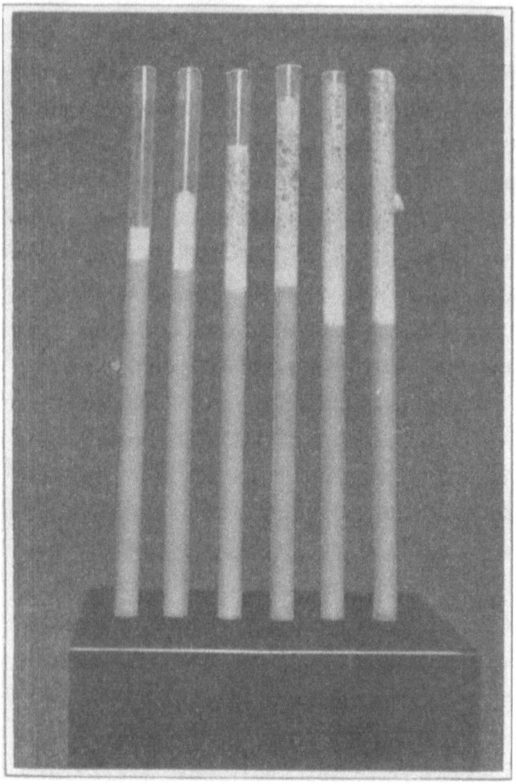

Fig. 15. Gärwirkung von Aceton-Dauerhefe in zehnprozentiger Rohrzuckerlösung.

Den Verlauf des Experimentes zeigt Fig. 15, welche die photographische Aufnahme[1]) von sechs Röhren wiedergibt, die mit obiger Mischung in solchen Zeiträumen hintereinander beschickt wurden, dafs die Flüssigkeit in der sechsten Röhre gerade überschäumte, als die Gasentwicklung in der ersten begann.

Gärkraft der Aceton-Dauerhefe.

Zur Bestimmung der Gärkraft wurden je 2 g in Erlenmeyer-Kölbchen mit Schwefelsäureverschlufs nach Meifsl vermischt mit 4 g Rohrzucker, 10 ccm Wasser, 0,2 ccm Toluol,

[1]) Von Herrn Dr. A. Spitta freundlichst ausgeführt.

bei 22° aufgestellt und der Verlust an Kohlendioxyd nach 72 Stunden, ohne dafs die Kohlensäure aus dem Luftraum der Kölbchen verdrängt wird, durch Wägung bestimmt.

Tabelle LXXXVI.

Aceton-Dauerhefe aus Münchner untergäriger Bierhefe						
Datum der Hefelieferung	29.XI.01	24.XII.01	18.I.02	14.II.02	14.III.02	4.IV.02
CO_2 in g in 72 Stunden	0,98	1,07	1,09	1,02	1,05	0,96

Tabelle LXXXVII.

Gärkraft von Aceton-Dauerhefe, dargestellt aus Berliner untergäriger Bierhefe S. Je 2 g Dauerhefe + 4 g Rohrzucker + 10 ccm Wasser + 0,2ccm Toluol; 22°.

Nr.	Datum	Wassergehalt der Dauerhefe	Kohlendioxyd in g nach Stunden 24	48	72	96
703	22. XI. 01	6,1 %	0,49 0,47	0,94 0,90	1,01 0,98	1,01 0,98
704	28. XI. 01	5,8 »	0,40 0,39	0,67 0,68	0,70 0,74	0,71 0,75
705	13. XII. 01	4,7 »	0,41 0,41	0,76 0,76	0,84 0,85	0,84 0,85
706	9. I. 02	5,2 »	0,34 0,34	0,67 0,63	0,86 0,80	0,89 0,83
707	16. I. 02	—	0,53 0,54	— —	0,92 0,90	0,96 0,95
708	21. I. 02	—	0,44 0,43	0,81 0,78	0,86 0,82	0,86 0,82
709	31. I. 02	—	0,56 0,55	— —	1,21 1,21	1,22 1,22
710	11. II. 02	—	0,35 0,34	0,72 0,69	— —	0,86 0,86
711	25. II. 02	—	0,32 0,32	0,61 0,64	0,68 0,76	0,68 0,76
712	30. IV. 02	6,7 %	0,40 0,41	0,76 0,77	0,93 0,93	0,95 0,94
713	6. VI. 02	—	0,24 0,24	0,47 0,46	0,52 0,53	0,53 0,53
714	11. VI. 02	5,9 »	0,42 0,41	0,75 0,76	0,86 0,87	0,86 0,88
715	20. VI. 02	6,0 »	0,40 0,38	0,74 0,72	0,77 0,76	0,78 0,76

Im Durchschnitt aller Versuche, die in der kühleren Jahreszeit ausgeführt wurden, lieferten also 2 g Dauerhefe gegen 1 g Kohlendioxyd, was etwa 2 g zerlegtem Zucker entspricht.

Die Haltbarkeit der Aceton-Dauerhefe

beim Lagern wurde durch Bestimmen der Gärkraft sofort nach der Herstellung und nach Aufbewahren in gut schliefsenden Glasstopfengläsern bei Zimmertemperatur oder im Wärmeschrank bei 25—28° geprüft; die Methodik war dabei die oben beschriebene; die Zahlen sind Durchschnittszahlen von je zwei Parallelversuchen.

Tabelle LXXXVIII.

Gärkraft gelagerter Aceton-Dauerhefe.

Je 2 g Dauerhefe, 4 g Rohrzucker, 10 ccm Wasser, 0,2 ccm Toluol entwickelten bei 22° nach 72 Stunden Kohlendioxyd:

Nr.	Wassergehalt in %	Gärkraftbestimmung							
		sofort	nach Lagern						
			bei Zimmertemperatur		im Thermostaten bei 25—28°				
			nach 4 Woch.	nach 6 Mon.	nach 1 Woch.	nach 2 Woch.	nach 1 Mon.	nach 2 Mon.	nach 6 Mon.
716	6,1	0,99	—	0,90	—	—	—	—	—
717	5,9	1,10	—	—	—	1,07	0,97	0,88	0,63
718	6,1	1,00	0,91	0,81	0,90	0,84	0,84	—	0,78

Nach halbjährigem Lagern bei gewöhnlicher Temperatur hat demnach die Dauerhefe in einem Fall 10, im andern 19 % ihrer Gärwirkung eingebüfst und noch mehr in der Wärme. Es ist aber wohl eine allgemeine Eigenschaft der Enzyme, dafs sie beim Aufbewahren an Wirksamkeit verlieren. Auch steht zu hoffen, dafs sich die Haltbarkeit der Aceton-Dauerhefe durch Verminderung des ziemlich beträchtlichen Wassergehaltes (s. die 2. Spalte der Tab.) steigern läfst.

Aceton-Dauerhefe mit geringerem Wassergehalt

kann erhalten werden, indem man das nach obiger Vorschrift (s. S. 266) hergestellte Produkt nach dem Waschen mit Äther nicht an der Luft ausbreitet, sondern sogleich in einen Vakuumexsiccator bei Zimmertemperatur oder bei 35—40° bringt. Es liegen darüber bisher nur zwei Versuche vor; aber die Eigenschaften der so erhaltenen Aceton-Dauerhefen scheinen sehr günstige zu sein, wie sich besonders beim Vergleiche mit aus derselben Hefe nach dem gewöhnlichen Verfahren dargestellten Präparaten ergibt (s. die folgende Tabelle).

Tabelle LXXXIX.

Aceton-Dauerhefe, im Vakuum getrocknet.

Je 2 g Dauerhefe aus Berliner Unterhefe S + 4 g Rohrzucker + 10 ccm H_2O + 0.2 ccm Toluol; 22°.

Nr.	Datum	Vom Äther befreit	Wassergehalt %	Kohlendioxyd in g nach Stunden 24	48	72	96
719	11. VI. 02	Im Vakuum (bei Zimmertemperatur)	2,6	0,46 0,45	0,82 0,80	0,93 0,90	0,93 0,92
720	»	Durch Liegen an der Luft	5,9	0,42 0,41	0,75 0,76	0,86 0,87	0,86 0,88
721	16. VII. 02	Im Vakuum (35—40°)	3,3	0,47 0,46	0,86 0,85	1,01 1,01	1,03 1,02
722	»	Durch Liegen an der Luft	6,8	0,26 0,25	0,46 0,46	0,54 0,54	0,55 0,55

Sterilität der Aceton-Dauerhefe.

Von drei Partien an verschiedenen Tagen hergestellter Aceton-Dauerhefe wurde eine grofse Platindrahtöse voll ausgesät in je sechs Röhrchen mit sterilisierter Bierwürzeagar. Nach vierzehntägiger Beobachtung zeigte unter allen 18 Röhrchen nur eines Schimmelbildung, alle übrigen blieben steril und ohne Gärungserscheinungen. Es ist dadurch bewiesen, dafs die Aceton-Dauerhefe, ebenso wie die Alkohol-Äther-Dauerhefe von R. Albert, nicht mehr wachstumsfähig, d. h. also tot ist, und dafs es in allen Fällen mit Ausnahme von einem auch gelungen war, eine Infektion des Präparates nach der Aceton-Behandlung durch Keime von Hefen und Mycelpilzen aus der Luft zu verhindern.

Vergleich der Gärkraft von Aceton- und von Alkohol-Äther-Dauerhefe.

Um die beiden Verfahren zur Herstellung von Dauerhefe, die eben beschriebene Aceton-Methode und das Alkohol-Äther-Verfahren von R. Albert auf ihren Wert zu prüfen, wurden nach beiden von derselben Hefe Präparate dargestellt. Tabelle LXXXX gibt den Vergleich der Gärkraft dieser Produkte in zwei verschiedenen Fällen.

Tabelle LXXXX.

Aceton-Dauerhefe und Alkohol-Äther-Dauerhefe.

Je 2 g Dauerhefe + 4 g Rohrzucker + 10 ccm Wasser + 0,2 ccm Toluol; 22°.

Nr.	Datum	Bezeichnung des Herstellungsverfahrens	Kohlendioxyd in g nach Stunden			
			24	48	72	96
723	28. XI. 01	Aceton-Verfahren	0,40 0,39	0,67 0,68	0,70 0,74	0,71 0,75
724	»	Alkohol-Äther-Verfahren	0,16 0,18	0,41 0,43	0,55 0,56	0,57 0,57
725	11. VI. 02	Aceton-Verfahren	0,42 0,41	0,75 0,76	0,86 0,87	0,86 0,88
726	»	Alkohol-Äther-Verfahren	0,07 0,02	0,29 0,19	0,47 0,39	0,50 0,46

Die Versuche zeigen eine bedeutende Überlegenheit des Aceton-Verfahrens, wahrscheinlich verursacht zum Teil durch die direkt schädliche Wirkung des Alkohols auf die Zymase, zum Teil durch die merkwürdige Erscheinung, dafs die Gärung mit Aceton-Dauerhefe viel rascher einsetzt als mit Alkohol-Äther-Dauerhefe; bis auch bei Anwendung von letzterer die Zymase zur vollen Wirkung auf den Zucker gelangt, hat das proteolytische Enzym bereits einen Teil derselben zerstört und das Resultat ist ein Zuckerzerfall von geringerem Umfang.

Worauf der auffallende Unterschied in der Zeitdauer bis zum Eintritt der Gärung beruht, mufs vorläufig unentschieden bleiben; es könnte z. B. die Zellmembran durch die Alkohol-Ather-Behandlung in einer Weise schrumpfen, dafs sie sich schwer benetzt oder für konzentrierte Zuckerlösung schlecht durchlässig wird, oder es könnte die Zymase durch dieses Verfahren in einen schwer löslichen Zustand übergehen. Die Tatsache, dafs ein solcher Unterschied besteht, haben wir noch durch einige weitere Experimente bestätigt. Zu den Versuchen der Tab. LXXXXI wurden Proben von Aceton- und von Alkohol-Äther-Dauerhefe ausgewählt, welche nach 96 Stunden gleiche Mengen von Kohlendioxyd entwickelten; auch hier zeigte sich die Aceton-Dauerhefe jedesmal am ersten und zweiten Tag von beträchtlich gröfserer Wirksamkeit; die Zahlen sind Mittelwerte von je zwei Versuchen.

Tabelle LXXXXI.

Tempo des Gärungsverlaufes mit Aceton- und Alkohol-Äther-Dauerhefen von gleicher Gärkraft, gewichtsanalytisch bestimmt.

Je 2 g Dauerhefe, 4 g Zucker, 10 ccm Wasser, 0,2 ccm Toluol; 22°.

Nr.		Kohlendioxyd in g nach Stunden			
		24	48	72	96
727	Aceton-Dauerhefe . . .	0,40	0,76	0,93	0,94
728	Alkohol-Äther-Dauerhefe .	0,35	0,59	0,78	0,94
729	Aceton-Dauerhefe . . .	0,41	0,75	0,86	0,87
730	Alkohol-Äther-Dauerhefe .	0,31	0,66	0,83	0,88

Noch deutlicher tritt das gleiche Phänomen, das raschere Einsetzen des Gärungsvorganges bei Aceton-Dauerhefe, hervor, wenn das entwickelte Kohlendioxyd volumetrisch gemessen wird (Tab. LXXXXII). Zu diesem Zwecke wurden die Dauerhefen (zur Anwendung kamen dieselben Präparate wie oben bei den Versuchen der Tab. LXXXXI) mit der Zuckerlösung in einseitig geschlossene kalibrierte Röhrchen gebracht, welche sodann mit Quecksilber vollständig angefüllt und in eine Wanne mit Quecksilber umgestülpt wurden. Zuckerlösungen, Quecksilber und die Glasröhren waren vorher auf 28° erwärmt und die Apparate kamen während der Versuche in einen Wärmeschrank von 28° zu stehen.

Tabelle LXXXXII. **Tempo des Gärungsverlaufes mit Aceton- und Alkohol-Äther-Dauerhefen, volumetrisch gemessen.**
Je 1 g Dauerhefe, 3,4 g Rohrzucker, 7 ccm Wasser, 0,07 ccm Toluol; 28°.

Nr.		gaben Kohlendioxyd					
		5 ccm	10 ccm	15 ccm	20 ccm	25 ccm	30 ccm
		nach Stunden (1^{25} bedeutet z. B. 1 Std. 25 Min.)					
731	Aceton-Dauerhefe . . .	0^{55}	1^{25}	2^{00}	2^{40}	3^{20}	3^{55}
732	Alkohol-Äther-Dauerhefe .	3^{30}	3^{50}	4^{05}	4^{25}	5^{00}	5^{35}
733	Aceton-Dauerhefe . . .	1^{15}	1^{45}	2^{10}	2^{40}	3^{10}	4^{00}
734	Alkohol-Äther-Dauerhefe .	3^{05}	3^{35}	4^{25}	5^{00}	5^{35}	6^{35}

Die Aceton-Dauerhefe hatte demnach schon in 55 Minuten bezw. $1^1/_4$ Stunde 5 ccm Kohlendioxyd entwickelt, wozu die Alkohol-Äther-Dauerhefe über drei Stunden benötigte.

Anwendung der Dauerhefe.

Die Herstellung von Aceton-Dauerhefe ist patentgesetzlich geschützt; das Präparat kann unter dem Namen *Zymin* von Anton Schroder in München, Landwehrstraſse 45, bezogen werden. Hierdurch ist die Forderung von C. Wehmer[1]) erfüllt, welcher bei der alkoholischen Gärung nicht eher an einen enzymatischen Vorgang glauben will, als bis ein käufliches Präparat geschaffen ist, das jedem die Nachprüfung gestattet.

Die Aceton-Dauerhefe besitzt bakterienfeindliche Wirkung[2]) und hat medizinische Verwendung gefunden[3]). Im Handel befinden sich neuestens noch verschiedene andere Hefepräparate, die jedoch meistens keine Gärkraft aufweisen oder lebende Hefezellen bezw. Ascosporen von solchen enthalten.[4])

[1]) Chemikerzeitung, Cöthen, **24**, 604 (1900).

[2]) L. Geret, Einwirkung steriler Dauerhefe auf Bakterien, Münchner medizin. Wochenschr. 1901, Nr. 46.

[3]) W. Albert, Sterile Dauerhefe und ihre Verwertung in der Gynäkologie, Centralbl. f. Gynäkologie **1901**, Nr. 17; Sterile Dauerhefe und ihre vaginale Verwertung, ebenda **1902**, Nr. 33; ferner H. Paschkis, Die Hefe als Heilmittel, Wiener klin. Wochenschr. **15**, 791 (1902, Nr. 31).

[4]) R. Rapp, Die Dauerhefepräparate des Handels, Münchner medizin. Wochenschr. 1902, Nr. 36.

VIII. Abschnitt.

Zymasebildung in der Hefe.

Nachdem erkannt war, dafs als gärwirksames Agens der Hefe ein Enzym zu betrachten ist, schien ein schwankender Gehalt daran, je nach dem physiologischen Zustand der Zellen, wahrscheinlich.[1]) In diesem Sinne mufste wohl gedeutet werden, dafs Grünwinkler Getreidepreſshefe, welche ihrer Triebkraft wegen bei den Bäckern sehr geschätzt ist, nur Preſssaft ohne deutliche Gärwirkung gegeben hatte[2]) und dafs mehrere Nachprüfer der Zymaseentdeckung, selbst aus untergäriger Bierhefe, nur zu unwirksamem Saft gekommen waren. Auch J. Reynolds Green hatte die Überzeugung gewonnen, dafs die Bildung des Enzymes intermittierend erfolgt.[3]) Für einen veränderlichen Zymasegehalt der Hefezellen sprach ferner eine Erfahrung aus dem Brauereibetriebe. Die Hefe wird häufig nach einer wechselnden Anzahl von Gärungen unbrauchbar, d. h. sie vergärt die Bierwürze nicht mehr in normaler Weise, ohne dafs etwa Störungen durch das Auftreten von Spaltpilzen oder anderen Heferassen eintreten würden. In solchem Falle ermöglicht das Regenerierungs- oder Herführungsverfahren von M. Hayduck[4]), die degenerierte Hefe durch Umzüchten in gelüfteter, stickstoffarmer Zuckerlösung bei 15° wieder gärkräftig und für den Betrieb geeignet zu machen.

[1]) Berichte d. d. chem. Ges. **31**, 573 (1898). Eben diese Möglichkeit hat H. Will diskutiert; Zeitschrift f. d. ges. Brauwesen **20**, 363 (1897).

[2]) Berichte d. d. chem. Ges. **30**, 1110, 2670 (1897).

[3]) Annals of Botany **12**, 497 (1898).

[4]) Wochenschrift f. Brauerei **1**, 697 (1884).

Auf Grund dieser Erfahrungen konnte man hoffen, daſs es möglich sei, durch geeignete Behandlung den Zymasegehalt der Hefe zu steigern, eine Vermutung, die sich mit gewissen Einschränkungen als richtig erwiesen hat. Die ersten in dieser Absicht unternommenen Versuche liegen aus dem chemischen Laboratorium der landwirtschaftlichen Hochschule zu Berlin, ausgeführt von R. Albert[1]), vor, welcher Hefe nach der Hayduck'schen Methode regenerierte und vor- und nachher auf Preſssaft verarbeitete. Nach der Regenerierung wurde gärwirksamerer Saft erhalten, woraus man auf eine Erhöhung des Zymasegehaltes schloſs; im Augenblick der höchsten Schaumschichtbildung auf Preſssaft verarbeitete Hefe ergab jedoch dabei ein Produkt von erheblich verminderter Gärkraft. »Zur Zeit der höchsten Gärtätigkeit ist daher ein geringerer Zymasevorrat in der Hefezelle anzunehmen, als nach Überschreitung des Höhepunktes.« Weitergehende Versuche sind von Max Delbrück, Lange, König und Haymann[2]) veröffentlicht worden, wonach der Zymasegehalt ruhender, abgepreſster Hefe ziemlich wechselt, beim Lagern in der Wärme abnimmt, dagegen in der Kälte auch ansteigen kann.

Diese wichtigen Resultate erschienen nur in einer Richtung nicht einwandfrei; als Maſs des Zymasegehaltes wurde einfach die sogen. Triebkraft der Hefe bestimmt, d. h. festgestellt, wie viel Kubikzentimeter Kohlendioxyd 10 g der lebenden Hefe in einer 10proz. Zuckerlösung bei 30° nach Verlauf einer ½-, 1- und 1½stündigen Gärdauer nunmehr während einer halben Stunde entwickelten. Wechselt der Zymasegehalt der Hefe rasch, so war diese Methode nicht exakt, weil während der Versuchsdauer Änderungen desselben möglich blieben. Auch die Ergebnisse von Albert muſsten, da aus der Hefe Preſssaft hergestellt wurde, was Zeit erfordert, aus dem gleichen Grunde nachgeprüft werden.

---

[1]) Berichte d. d. chem. Ges. **32**, 2372 (1899).

[2]) Jahrb. der Versuchs- u. Lehranst. für Brauerei, Berlin, **4**, 16, 158, 298 (1901); die ausführlichere Mitteilung von Lange, Brauereizeitung 18, Nr. 405, 2412 (1901), ist mir leider erst nach Drucklegung dieses Buches bekannt geworden. B.

Einwandfrei ist nur ein Verfahren, welches gestattet, die Hefe im Augenblick festzulegen, unter Sistierung aller Lebensvorgänge; ein solches stellt die Behandlung mit Alkohol-Äther nach Albert oder mit Aceton nach Methoden vor, wie sie im vorhergehenden Abschnitt beschrieben sind. Die Hefe wird dabei augenblicklich getötet und getrocknet, sie geht in *Dauerhefe* über, die monatelang unverändert aufbewahrt werden kann. Mit Hilfe dieser Verfahren wurde der Zymasegehalt von Unterhefe beim Lagern bei niederer Temperatur an der Luft und unter Wasser, sowie während des Regenerierungsvorganges verfolgt.[1])

Lagern von Hefe unter Eiswasser.

Zwei Versuche über Aufbewahren von Berliner Unterhefe S unter Wasser bei niederer Temperatur haben ergeben, daſs wenigstens innerhalb 24 Stunden keine Veränderung des Zymasegehaltes, also weder Neubildung, noch Zerstörung dieses Enzymes, eintritt. Die verwendeten Hefen, frisch aus der Brauerei bezogen, zeigten von vornherein einen mittleren Zymasevorrat, der weder zu- noch abnahm. Man kann also auf diese Weise Hefe einen Tag unverändert, wenigstens was den Zymasegehalt betrifft, aufbewahren.

Tabelle LXXXXIII.

Zymasegehalt beim Lagern von Hefe unter Eiswasser.

Je 2 g Dauerhefe + 4 g Rohrzucker + 10 ccm Wasser + 0,2 ccm Toluol; 22°

Nr.	Datum	Vorbehandlung der Hefe	Dauerhefe hergestellt mittels	Kohlendioxyd in g nach Stunden 24	48	72	96
735	26. XI. 01	Frisch aus der Brauerei	Alkohol-Äther	0,31	—	0,77	0,86
				0,31	—	0,76	0,80
736	»	1 Tag unter Eiswasser gelagert	» »	0,29	—	0,78	0,90
				0,29	—	0,75	0,81
737	11. II. 02	Frisch aus der Brauerei	Aceton	0,34	0,70	—	0,84
				0,32	0,66	—	0,81
738	»	1 Tag unter Eiswasser gelagert	»	0,39	0,76	0,81	0,83
				0,42	0,74	0,82	0,82

[1]) E. Buchner u. A. Spitta, Berichte d. d. chem. Ges. 35, S. 1703 (1902).

Die Anordnung der Versuche war folgende: Frisch aus der Brauerei bezogene Unterhefe wurde nach mehrmaligem Waschen mit Wasser bei 100 Atmosphären-Druck abgeprefst, sodann die eine Hälfte direkt in Dauerhefe verwandelt, die andere aber unter viel Eiswasser (15 l), also bei 0°, aufbewahrt. Nach 24 Stunden sammelte man die zweite Hälfte auf einem Coliertuch, entwässerte sie ebenfalls bei 100 Atmosphären und führte sie nach demselben Verfahren, welches bei der ersten Hälfte zur Verwendung kam, in Dauerhefe über. Hernach wurde die Gärkraft in gewöhnlicher Weise gewichtsanalytisch bestimmt (s. Tab. LXXXXIII).

Lagern von abgeprefster Hefe an der Luft.

Durch die oben erwähnten Versuche von Delbrück und seinen Mitarbeitern[1]) ist wahrscheinlich gemacht worden, dafs der Zymasegehalt an der Luft lagernder Hefe ziemlich rasche Veränderungen erleiden kann und dafs man durch Anwendung niederer Temperatur ein Mittel besitzt, die Zellen zur Neubildung von Zymase anzuregen. Es sollen hier zwei Experimente mit frisch aus der Brauerei bezogener Hefe beschrieben werden, bei welchen diese Resultate unter Überführung der Hefe vor und nach dem Lagern in Aceton-Dauerhefe bestätigt werden konnten. Eine gröfsere Anzahl derartiger Versuche, bei denen sich das Lagern der Hefe an die vorhergehende Regenerierung nach Hayduck anschlofs, sind im nächsten Kapitel beschrieben.

Eben von der Brauerei gelieferte, sorgfältig gewaschene Berliner Unterhefe S wurde bei 100 Atm. Druck entwässert, durch ein Sieb getrieben und nun die eine Hälfte (250 g) mittels des Aceton-Verfahrens direkt in Dauerhefe übergeführt, die zweite Hälfte (250 g) aber im einen Fall (Nr. 740) 3 ½ Stunden in grofser, offener Porzellanschale vor dem Fenster bei 0° stehen gelassen, im andern in gut schliefsenden Blechbüchsen 10 Stunden bei 8—10° (Nr. 742) bezw. 20 Stunden bei 0° (Nr. 743) aufbewahrt. Sodann verwandelte man die Proben in gleicher Weise in Dauerhefe.

[1]) Jahrbuch der Versuchs- und Lehranstalt für Brauerei, Berlin, 4, S. 16, 158, 298 (1901).

Die Bestimmungen ergaben eine beträchtliche Zunahme der Gärkraft beim Lagern bei niederer Temperatur (bei 740 um 19%, bei 742 um 16%, bei 743 um 19%).

Tabelle LXXXXIV.
Zymasegehalt der Hefe beim Lagern an der Luft.
Je 2 g Dauerhefe + 4 g Rohrzucker + 10 ccm Wasser + 0,2 ccm Toluol; 22°.

Nr.	Datum	Vorbehandlung der Hefe	Dauerhefe hergestellt mittels	Kohlendioxyd in g nach Stunden 24	48	72	96
739	11. II. 02	Frisch aus der Brauerei	Aceton	0,34 0,32	0,70 0,66	— —	0,84 0,81
740	»	3½ St. an der Luft bei 0° gelagert	»	0,43 0,41	0,86 0,82	— —	1,02 0,96
741	7. VIII. 02	Frisch aus der Brauerei	Aceton	0,37 0,37	0,68 0,67	0,86 0,85	0,97 0,95
742	»	10 Std. in Büchse gelagert bei 8—10°	»	0,48 0,49	0,79 0,83	0,97 0,93	1,09 1,13
743	»	20 Std. in Büchse gelagert bei 0°	»	0,47 0,47	0,83 0,83	1,03 1,04	1,13 1,14

Regenerierungsversuche.

Die Regenerierung nach Hayduck besteht im wesentlichen darin, daſs die Hefe in eine starke Zuckerlösung unter Zugabe von mineralischen Nährsalzen und von Hopfenauszug gebracht wird. Da der letztere nur wenig Stickstoffverbindungen enthält, wird die Hefe also veranlaſst, bei mangelhafter Stickstoffnahrung starke Gärtätigkeit auszuüben. Bezüglich Veränderungen des Zymasegehaltes der Hefe während der Regenerierung haben Versuche von R. Albert[1]) wahrscheinlich gemacht, daſs im Augenblick höchster Schaumbildung, also intensivster Gärtätigkeit, zwischen der 4. und 8. Stunde nach Beginn der Regeneration, der Zymasevorrat in den Hefezellen ein verhältnismäſsig geringer ist. Diese auffallende Beobachtung konnten wir nunmehr in einer Reihe von Versuchen bestätigen, bei welchen die Hefe nicht

[1]) Berichte d. d. chem. Ges. 32, 2372 (1899).

erst auf Preſssaft verarbeitet, sondern unmittelbar als Aceton-Dauerhefe fixiert wurde. Als Hefematerial fand dabei ausschlieſslich Berliner Unterhefe S Anwendung und die Regenerierungen wurden bei verhältnismäſsig hohen Temperaturen (15°) durchgeführt. Es besteht die Absicht, noch andere Heferassen in dieser Hinsicht und auch bei niedereren Temperaturen zu untersuchen, da die Beobachtung ziemliches Interesse verdient.

Man wird sich nämlich doch vorstellen müssen, daſs bei der Regenerierung, im Zeitpunkt der stärksten Schaumbildung, auch die Zymaseproduktion in den Zellen ein Maximum erreicht, sonst wäre die gesteigerte Gärungsintensität nicht verständlich. Die Zymase wird aber offenbar nicht aufgespeichert, sondern wieder zerstört, entweder durch proteolytisches Enzym, oder, was nach dem Verhalten der übrigen Enzyme zu schlieſsen gar nicht wahrscheinlich ist, durch die Gärungserregung selbst. Um die erhöhte Fähigkeit zur Produktion von Zymase nachzuweisen, haben wir uns der Versuche von Delbrück und seiner Mitarbeiter erinnert und die Hälfte jeder Hefenprobe vor der Verarbeitung auf Dauerhefe einige Stunden in ausgewaschenem und abgepreſstem Zustand bei niederer Temperatur gelagert. Der Erfolg war der erwartete; der Zymasegehalt stieg bei Hefe, die während der höchsten Gärtätigkeit entnommen und nachher gelagert war, schon innerhalb weniger Stunden ganz erheblich. Eine derartige Anreicherung an Enzym tritt durch einfaches Lagern von Hefe vor der Regenerierung, wie auch nach Überschreitung des Höhepunktes derselben (nach 24 und 48 Stunden) meistens nicht ein. Verständlich ist nun auch die Vorschrift des Hayduck'schen Verfahrens[1]: »Sobald sich der gröſste Teil der Hefe abgesetzt hat«, d. h. sobald der Höhepunkt der Gärung überschritten ist, »muſs man die Gärflüssigkeit sofort von der Hefe entfernen«, sonst büſst dieselbe eben von ihrer Fähigkeit zur Enzymbildung wieder ein. »Regenerierte« Hefe ist demnach nicht solche, welche viel Zymase vorrätig enthält, sondern solche, welche dieses Enzym schnell zu produzieren vermag. Die An-

[1]) Wochenschr. f. Brauerei 1, 698 (1884).

reicherung an Zymase überschritt auch beim Lagern nach dem Regenerieren nicht eine gewisse Grenze, die vielleicht von der Rasse der Saccharomyceten abhängen dürfte.

In einigen Fällen zeigte die frisch aus der Brauerei bezogene Hefe nach dem Lagern direkt sehr starke Zunahme des Zymasegehaltes, so dafs nach dem Regenerieren durch Lagern bei niederer Temperatur keine gröfsere Zunahme an Gärungsagens zu erzielen war; diese Hefe verhielt sich demnach so, wie wenn sie schon vor Beginn des Versuches, also bereits in der Brauerei, regeneriert worden wäre (vgl. Nr. 782—786). Oder mit anderen Worten: Ist die Gärkraft der angewandten Hefe von vornherein eine sehr gute, so kann auch durch Regenerieren und Lagern kaum mehr eine Steigerung herbeigeführt werden (Nr. 782—786).

Die Beurteilung der Resultate wird durch die Anwesenheit von Endotryptase in den Hefezellen, welche dort unter gewissen Bedingungen neu entstehen oder allenfalls auch wieder verschwinden kann, aufserordentlich erschwert. Im allgemeinen scheint hauptsächlich höhere Temperatur die Entwicklung und Wirkung des proteolytischen Enzymes zu befördern. Es ist auch möglich, dafs der Reichtum des Nährmediums an Stickstoffverbindungen für die Produktion der Endotryptase in den Zellen mafsgebend wird und beim Regenerierungsvorgang infolge Stickstoffmangels die Abscheidung des proteolytischen Enzymes in den Zellen auf ein Minimum herabsinkt, was zu einem relativen Anwachsen des Zymasegehaltes führt. In diesem Sinne könnte man die Ergebnisse eines Versuches über Regenerierung unter Asparaginzusatz (vgl. Tab. LXXXXVII, Nr. 800 u. 802) deuten.

Wie dem auch sei, das eine folgt jedenfalls mit Sicherheit aus den Versuchen, dafs die Gärkraft aufserordentlich schwanken und schon innerhalb weniger Stunden um mehr als 50% zunehmen kann (Nr. 745, 747, 756, 775, 778), eine Tatsache, die schwer verständlich wäre, falls das lebende Protoplasma in seiner Gesamtheit als Gärungsagens in Frage käme.

In den ersten beiden zu beschreibenden Versuchen (Tab. LXXXXV) kamen je 4 kg bei 100 Atmosphären abgeprefste Unterhefe zum Ansatz mit 4 kg Rohrzucker (aufgekocht mit 4 l Wasser), Extrakt aus 120 g Hopfen (ausgekocht mit 4 l Wasser), 40 g Dikaliumphosphat und 12 g ($MgSO_4 + 7\,aq$)

unter Auffüllung auf 48 l. Die Temperatur während der Gärung betrug beim 1. Versuch 10—17°, beim 2. 15—20°; es wurde 24 Stdn. lang Luft durchgeleitet. Die höchste Schaumschicht zeigte sich nach 6—8 Stdn.; nach 12 Stdn. hatte sich die Hefe gröfstenteils zu Boden gesetzt. Proben der Hefe wurden vor dem Beginn, dann nach 4, 8, 12, 24 und 48 Stdn. entnommen, die Nährlösung abgegossen, dann einmal mit 10 l Wasser durchgewaschen, bei 100 Atmosphären abgeprefst, und hierauf entweder direkt oder nach $3^1/_2$ Stdn. Lagern bei 0—2° (Versuche Nr. 744—754), bezw. 2 Stdn. bei 4—8° (Nr. 755 bis 766), nach dem oben erwähnten Verfahren auf Dauerhefe verarbeitet. Zur Bestimmung der Gärkraft der Dauerhefe wurden je 2 g derselben mit 4 g Rohrzucker, 10 ccm Wasser und 0,2 ccm Toluol in Erlenmeyer-Kolben von 80 ccm Inhalt mit dem Meifsl'schen Schwefelsäureverschlufs und Bunsen-Gummischlauchventilen bei 22° angesetzt und der Gewichtsverlust nach 24, 48, 72 und 96 Stdn. ermittelt; das in dem Kölbchen angesammelte Kohlendioxyd wurde nicht verdrängt; die Gärung war schon nach 72 Stdn. so gut wie beendet.

Die beiden Versuchsreihen der Tabelle LXXXXV zeigen eine beträchtliche Herabminderung der Gärkraft nach 4- und 8stündiger Regenerierung, wenn die Hefe dann sofort in Aceton-Dauerhefe verwandelt, eine deutliche Steigerung aber, wenn nach 4- und 8stündiger Regenerierung die Hefe bei niederer Temperatur gelagert wurde. Beide Erscheinungen treten nach 12-, 24- und 48-stündiger Dauer des Regenerierungsvorganges mehr und mehr zurück. Bei den späteren Versuchen mit 8proz. Rohrzuckerlösung (Tab. LXXXXVI), die im übrigen genau nach der oben beschriebenen Anordnung zur Ausführung gelangten, wurde daher nur mehr 4—8 Stunden lang regeneriert.

Die Versuche der Tab. LXXXXVI lassen sämtlich wieder eine Herabminderung der Gärkraft erkennen, wenn die Hefe nach 4 bis 8stündiger Regenerierung sofort in das Dauerpräparat übergeführt, eine Zunahme mindestens auf den ursprünglichen Stand aber, sobald nach dem Regenerieren bei niederer Temperatur gelagert wurde. Das Zuleiten von Sauerstoff während des letzteren Vorganges ist nach Nr. 769 ohne Bedeutung; eine Neubildung von Zymase wird dadurch wenigstens nicht angeregt. Lagern unter Wasser ist dagegen direkt ungünstig für die Entwickelung jenes Enzymes (Nr. 784), wie sich Ähnliches auch aus den Versuchen der Tab. LXXXXIII ergibt. Vermutlich mufs dies darauf zurückgeführt werden, dafs die Temperatur der von Eiswasser umspülten Zelle wirklich 0° beträgt, während beim

Tabelle LXXXXV. **Regenerierung in achtprozentiger Zuckerlösung.**

Je 2 g Aceton-Dauerhefe + 4 g Rohrzucker + 10 ccm Wasser + 0,2 ccm Toluol; 22°.

Nr	Datum	Entnommen nach einer Regenerierungsdauer von	Hernach noch gelagert	Kohlendioxyd in g nach Stunden 24	48	72	96
744	26. II. 02	4 Stunden	sofort verarbeitet . . .	0,30	0,55	0,62	0,63
				0,29	0,53	0,59	0,60
745	»	4 »	3½ Std. gelagert bei 0—2°	0,47	0,88	1,00	1,01
				0,47	0,89	1,00	1,01
746	»	8 »	sofort verarbeitet . . .	0,34	0,63	0,67	0,70
				0,32	0,60	0,66	0,67
747	»	8 »	3½ Std. gelagert bei 0—2°	0,51	0,93	1,03	1,03
				0,49	0,92	1,03	1,04
748	»	12 »	sofort verarbeitet . . .	0,31	0,53	0,57	0,58
				0,30	0,52	0,57	0,57
749	»	12 »	3½ Std. gelagert bei 0—2°	0,46	0,82	0,86	0,86
				0,43	0,79	0,85	0,85
750	»	24 »	sofort verarbeitet . . .	0,40	0,65	0,66	0,66
				0,41	0,69	0,72	0,72
751	»	24 »	3½ Std. gelagert bei 0—2°	0,42	0,72	0,75	0,75
				0,44	0,72	0,74	0,74
752	»	48 »	sofort verarbeitet . . .	0,37	0,61	0,65	0,65
				0,35	0,59	0,64	0,65
753	»	48 »	3½ Std. gelagert bei 0—2°	0,35	0,60	0,61	0,62
				0,37	0,62	0,65	0,65
754	»	Nicht regeneriert	sofort verarbeitet . . .	0,37	0,71	0,84	0,85
				0,37	0,71	0,83	0,84
755	5. III. 02	4 Stunden	sofort verarbeitet . . .	0,33	0,57	0,70	0,70
				0,33	0,57	0,71	0,71
756	»	4 »	2 Std. gelagert bei 4—8°	0,49	0,89	0,97	0,98
				0,48	0,87	0,94	0,95
757	»	8 »	sofort verarbeitet . . .	0,33	0,64	0,74	0,74
				0,35	0,63	0,76	0,77
758	»	8 »	2 Std. gelagert bei 4—8°	0,48	0,90	0,98	0,98
				0,46	0,88	0,96	0,97
759	»	12 »	sofort verarbeitet . . .	0,34	0,58	0,66	0,66
				0,33	0,57	0,63	0,63
760	»	12 »	2 Std. gelagert bei 4—8°	0,39	0,68	0,76	0,76
				0,38	0,63	0,70	0,71
761	»	24 »	sofort verarbeitet . . .	0,36	0,65	0,72	0,71
				0,36	0,64	0,72	0,73
762	»	24 »	2 Std. gelagert bei 4—8°	0,37	0,64	0,69	0,70
				0,37	0,70	0,75	0,77
763	»	48 »	sofort verarbeitet . . .	0,34	0,59	—	—
				0,31	0,58	0,67	0,68
764	»	48 »	2 Std. gelagert bei 4—8°	0,31	0,53	0,57	0,58
				0,28	0,47	—	—
765	»	Nicht regeneriert	sofort verarbeitet . . .	0,40	0,79	0,96	0,97
				0,40	0,80	0,94	0,95
766	»	»	2 Std. gelagert bei 4—8°	0,42	0,84	0,98	0,99
				0,42	0,82	0,98	0,99

Tabelle LXXXXVI. Regenerierung in achtprozentiger Zuckerlösung.
Je 2 g Aceton-Dauerhefe + 4 g Rohrzucker + 10 ccm Wasser + 0,2 ccm Toluol; 22°.

Nr.	Datum	Regenerierung Temp.	Regenerierung Dauer	Hernach noch gelagert	Kohlendioxyd in g nach Stunden 24	48	72	96
767	7. V. 02	15°	4 Std.	sofort verarbeitet . . .	0,35 0,35	— —	0,84 0,84	0,87 0,86
768	»	»	4 »	6 Stunden gelagert bei 0°	0,44 0,45	— —	0,92 0,97	0,93 0,99
769	»	»	4 »	6 Stunden gelagert bei 0° u. Sauerstoff zugeleitet	0,44 0,44	— —	0,97 0,91	0,98 0,93
770	»	—	Nicht regeneriert	sofort verarbeitet . . .	0,41 0,40	— —	0,95 0,95	0,97 0,97
771	14. V. 02	15°	4 Std.	sofort verarbeitet . . .	0,14 0,13	0,22 0,22	0,24 0,23	0,24 0,23
772	»	»	4 »	24 Std. gelagert bei 0°	0,32 0,31	0,54 0,52	0,58 0,55	0,58 0,56
773	»	—	Nicht regeneriert	sofort verarbeitet . . .	0,22 0,23	0,42 0,43	0,49 0,51	0,49 0,51
774[1]	28. V. 02	15°	4 Std.	sofort verarbeitet . . .	0,28 0,27	0,39 0,38	0,40 0,38	— —
775	»	»	4 »	6 Std. gelagert bei 7—8°	0,55 0,54	0,64 0,66	0,65 0,68	— —
776	»	»	4 »	24 Std. gelagert bei 0° .	0,61 0,61	0,74 0,73	0,74 0,74	— —
777	»	»	8 »	sofort verarbeitet . . .	0,22 0,22	0,27 0,26	0,27 0,27	— —
778	»	»	8 »	6 Std. gelagert bei 7—8°	0,48 0,48	0,57 0,56	0,58 0,56	— —
779	»	»	8 »	24 Std. gelagert bei 0° .	0,56 0,54	0,65 0,60	0,65 0,61	— —
780	»	—	Nicht regeneriert	sofort verarbeitet . . .	0,51 0,50	0,64 0,64	0,65 0,64	— —
781	»	—	»	6 Std. gelagert bei 7—8°	0,53 0,54	0,64 0,65	0,64 0,66	— —
782	13. VI. 02	15°	4 Std.	sofort verarbeitet . . .	0,30 0,31	0,52 0,55	0,65 0,66	0,73 0,76
783	»	»	4 »	24 Std. trocken gelagert bei 0°	0,50 0,50	0,88 0,87	1,05 1,03	1,07 1,05
784	»	»	4 »	24 Std. unter Wasser gelagert bei 0° . . .	0,30 0,30	0,56 0,57	0,78 0,73	0,83 0,82
785	»	—	Nicht regeneriert	sofort verarbeitet . . .	0,39 0,43	0,76 0,81	0,92 0,97	0,97 1,03
786	»	—	»	24 Std. trocken gelagert bei 0°	0,56 0,52	1,00 0,96	1,16 1,13	1,20 1,18

[1]) Bei diesem und den folgenden Versuchen bis einschließlich 781 wurde die Gärkraftbestimmung bei 23—25° vorgenommen.

Tabelle LXXXXVII. **Regenerierung in zwanzigprozentiger Zuckerlösung.** Je 2 g Aceton-Dauerhefe + 4 g Rohrzucker + 10 ccm Wasser + 0,2 ccm Toluol; 22°.

Nr.	Datum	Regenerierung			Hernach noch gelagert	Kohlendioxyd in g nach Stunden			
		Temp.	Zucker	Dauer		24	48	72	96
787	18. VI. 02	15°	8%	4 St.	sofort verarbeitet	0,32 0,31	0,61 0,60	0,79 0,77	0,83 0,81
788	»	»	»	4 »	24 St. gelagert bei 0°	0,51 0,53	0,93 0,95	1,02 1,03	1,03 1,03
789	»	»	20%	4 »	sofort verarbeitet	0,34 0,33	0,61 0,63	0,77 0,78	0,82 0,83
790	»	»	»	4 »	24 St. gelagert bei 0°	0,58 0,56	0,98 0,95	1,07 1,04	1,08 1,05
791	»	nicht regeneriert			sofort verarbeitet	0,32 0,32	0,60 0,60	0,69 0,67	0,69 0,67
792	»	nicht regeneriert			24 St. gelagert bei 0°	0,44 0,43	0,79 0,77	0,86 0,85	0,86 0,85
793	23. VII. 02	15°	20%	4 St.	sofort verarbeitet	0,41 0,40	0,67 0,66	0,76 0,75	0,76 0,75
794	»	»	»	4 »	10 St. gelagert bei 8°	0,63 0,62	0,94 0,92	0,98 0,96	0,98 0,96
795	»	»	»	12 »	sofort verarbeitet	0,18 0,18	0,23 0,25	0,24 0,25	0,24 0,25
796	»	»	»	12 »	12 St. gelagert bei 8°	0,26 0,25	0,35 0,33	0,36 0,34	0,36 0,34
797	»	nicht regeneriert			sofort verarbeitet	0,50 0,50	0,82 0,81	0,90 0,89	0,90 0,89
798	»	nicht regeneriert			6 St. gelagert bei 8°	0,43 0,42	0,65 0,65	0,68 0,69	0,68 0,69
799	30. VII. 02	15°	20%	6 St.	sofort verarbeitet	0,15 0,16	0,26 0,28	0,32 0,32	0,32 0,32
800[1]	»	»	»	6 »	sofort verarbeitet	0,28 0,29	0,52 0,52	0,56 0,56	0,56 0,56
801	»	»	»	6 »	10 St. gelagert bei 8°	0,39 0,38	0,65 0,64	0,75 0,72	0,75 0,72
802[1]	»	»	»	6 »	10 St. gelagert bei 8°	0,32 0,33	0,56 0,58	0,58 0,60	0,58 0,60
803	»	nicht regeneriert			sofort verarbeitet	0,31 0,32	0,65 0,66	0,80 0,82	0,80 0,82
804	»	nicht regeneriert			10 St. gelagert bei 8°	0,42 0,41	0,80 0,78	0,90 0,88	0,90 0,88

1) Bei 800 und 802 erfolgte während der Regenerierung ein Zusatz von 1% Asparagin.

trocknen Lagern, obwohl die Blechbüchsen, in welchen die Hefenproben eingeschlossen waren, auch in Eiswasser tauchten, in der Hefeschicht doch eine etwas höhere Temperatur, nach einer Bestimmung 2—4 °, herrschte.

Die Versuche von R. Albert[1]) über Anreicherung des Zymasegehaltes der Hefe durch Regenerieren hatten besonders günstige Resultate bei Anwendung hochprozentiger Zuckerlösungen ergeben; es wurden daher auch noch einige Regenerierungen in 20 proz. Saccharoselösung ausgeführt.

Die Tabelle LXXXXVII zeigt, dafs bei Regenerierung in 20 proz. Zuckerlösung dieselben Erscheinungen wie bei Anwendung von 8 proz. Lösung eintreten, Herabminderung der Gärkraft, wenn das Leben hernach momentan unterbrochen, Steigerung, wenn nach dem Regenerieren bei niederer Temperatur trocken aufbewahrt wird. Bei 20 proz. Zuckerlösung empfiehlt sich eine 4 oder 6 stündige Dauer der Regeneration, wogegen 12 Stunden ungünstiger sind. Bei zwei Versuchen (Nr. 800 und 802) wurde zur Hayduck'schen Regenerierungsflüssigkeit, die sonst fast stickstofffrei ist, 1 % Asparagin zugefügt, welches ein gutes Nährmittel für Hefe bildet. Hierdurch wurden die ganzen Vorgänge verändert; beim sofortigen Verarbeiten der regenerierten Hefe war nunmehr nur geringe Herabminderung des Zymasegehaltes nachweisbar, beim Lagern aber dann auch kaum ein Ansteigen zu beobachten.

Besonders gärkräftige Produkte waren durch das Regenerieren in 20 proz. Zuckerlösung nicht erzielt worden; gegenüber Anwendung von 8 proz. Lösung trat nur eine geringe Steigerung der Gärwirkung ein (vgl. Nr. 787—790). Vielleicht ist darauf von Einflufs gewesen, dafs die Versuche gerade in die heifse Jahreszeit fielen, während welcher die Qualität der verfügbaren Bierhefe manchmal zu wünschen übrig läfst.

---

[1]) Berichte d. d. chem. Ges. 32, 2372 (1899).

II. TEIL.

Über die Hefe-Endotryptase.[1]

Von Prof. Dr. **Martin Hahn** und Dr. **Ludwig Geret.**

(Aus dem hygienischen Institut der Universität München.)

Die Nutzbarmachung von Eiweifskörpern als organische Nahrung, speziell als Stickstoffquelle, hat für chlorophyllfreie Pflanzen und die noch auf Reservestoffe angewiesenen Keimlinge der chlorophyllhaltigen Pflanzen besondere Bedeutung; sie ist auch bei vielen grünen niederen und höheren Individuen des Pflanzenreiches bekannt. Zahlreiche Untersuchungen haben gezeigt, in wie mannigfacher Weise die verschiedenen pflanzlichen Organismen diesen Teil der Assimilation vollziehen. Viele heterotrophe und auch wenige autotrophe Pflanzen verdauen Eiweifsnahrung, indem sie bestimmte und unter sich wieder verschiedene Enzyme sezernieren und dadurch unlösliche Eiweifskörper extracellulär löslich machen oder lösliche kolloidale in diffusible, zur Aufnahme durch die Pflanzen geeignete Stoffe umwandeln. Bei anderen hingegen sind nur bestimmte, oft in einer begrenzten Wachstumsperiode auftretende Körper isoliert, deren Vorhandensein den Schlufs auf die (intracelluläre) Wirkung

[1]) Die Arbeit stellt eine Umarbeitung unserer früheren Publikation in der Zeitschr. f. Biologie Bd. XL S. 117 dar, die unter Berücksichtigung der neueren Literatur erfolgt ist. Frühere Publikationen finden sich in den Berichten d. d. chem. Gesellsch. 1897/1898.

eines verdauenden Enzymes zuläſst, in vielen genauer untersuchten Fällen auch unbedingt erfordert. Forscher wie Green, E. Schulze, Fermi, Neumeister u. a., haben in letzter Zeit dieses Gebiet eifrig bearbeitet und immer mehr eine weite Verbreitung eiweiſslösender Enzyme in der Pflanzenzelle konstatiert.

Eine willkommene Gelegenheit, diese Vorgänge an der Hefe in übersichtlicher und einwandfreier Weise zu studieren, bot sich, als das von E. Buchner und M. Hahn ausgebildete Verfahren die Gewinnung eines klaren, an Inhaltstoffen der Hefezellen sehr reichen, dabei von lebenden Zellen fast völlig befreiten Preſssaftes möglich machte, in welchem M. Hahn alsbald die Anwesenheit eines proteolytischen Enzymes konstatieren konnte. Der auſserordentlich hohe Gehalt der Hefe an Proteïnstoffen im Vergleich zu dem der meisten höheren Pflanzen (er beträgt mehr als die Hälfte des Hefetrockengewichtes) machte sie zu einem besonders geeigneten Objekte.

Historisches.

In der früheren Literatur sind zahlreiche Beobachtungen, meist nur gelegentliche, verzeichnet, daſs ältere Hefezellen von selbst fast den ganzen Inhalt verlieren. Sie weisen die Hefe in diejenige oben gekennzeichnete Kategorie, bei der nur das Vorhandensein typischer Verdauungsprodukte konstatiert und aus diesem Nachweis auf die intracelluläre Wirkung eines proteolytischen Enzymes geschlossen wurde.

Thenard[1]) schon bemerkte, daſs Hefe während des Gärungsaktes nach und nach stickstoffärmer wird, indem sie sich in lösliche Produkte umwandelt.

Pasteur[2]) gibt genauer an, daſs Hefe beim Vergären von reiner Zuckerlösung an Gewicht abnimmt, wenn das Gewicht der zugesetzten Hefe mehr als 15 % des Zuckers beträgt, also Nahrungsmangel eintritt. In solcher Hefe sank der Stickstoffgehalt von 9,7 % auf 5,5 %.

---

[1]) Annales de chimie T. 46 p. 294.

[2]) Ann. de chimie et phys. T. 58 p. 401.

Duclaux[1]) machte die gleiche Beobachtung, nur mit wesentlich höheren Zahlen, für das Verhältnis von Hefe zum Zucker; er benutzte aber eine Hefe mit geringerem Gehalt an Trockensubstanz.

Mayer[2]) führt diese Beobachtungen an mit dem Bemerken, dafs nach Addition der Extraktmenge aus der vergorenen Flüssigkeit (abzüglich Glycerin und Bernsteinsäure) zum Gewicht der nach der Gärung erhaltenen trockenen Hefe doch immer ein Plus zu konstatieren ist gegen die Menge trockener Hefe vor der Gärung und zwar annähernd proportional der vergorenen Zuckermenge, dem einzigen gebotenen und wohl namentlich zur Bildung von Cellulose verwendeten Nahrungsmittel, während die Extraktmenge fast proportional war der angewendeten Hefemenge, d. h. der Menge der Zellen, welche wegen Mangels an Stickstoff und anderen Hefebestandteilen hungern und deren Nahrungsbedürfnis mit steigendem Hefezusatz vermehrt werden mufste.

Béchamp und nach ihm Schützenberger haben eine Reihe von Stoffen im Auswaschwasser erweichter Hefe gefunden, die als typische Produkte der Hydratation von Eiweifskörpern gelten.

Béchamp[3]) gaben diese Befunde sogar Anlafs zu seiner physiologischen Gärungstheorie: »An der Hefe, gleichwie an jedem lebenden Organismus, beobachten wir eine doppelte Reihe von Erscheinungen. Zuerst die Erscheinungen der Ernährung und Assimilation, bedingt durch die Anwesenheit ihrer Nährstoffe (Zucker, stickstoffhaltige Substanzen, mineralische Salze); diese verschiedenen Substanzen nämlich treten endosmotisch in die Zellen über, werden hier umgewandelt und zur Neubildung von Geweben für die neu entsprossenden Zellen verwendet. Parallel diesen Nutritionsvorgängen verlaufen aber umgekehrt die Desassimilationsvorgänge, wodurch die Gewebe in exkrementielle Stoffe umgewandelt werden, die dem Leben der Zelle nicht mehr zuträglich sind

[1]) Thèses prés. à la fac. de Sciences de Paris 1865, p. 44.

[2]) A. Mayer, Gärungschemie 1895, S. 118.

[3]) P. Schützenberger, Gärungschemie 1876, S. 116.

und ausgestoſsen werden. Alkohol und Kohlensäure rechnete er ebenfalls dazu.

Nach Schützenberger[1]) lassen sich aus Hefe, die einen feuchten Brei bildet und bei 25—30° mit kreosothaltigem Wasser aufbewahrt wurde, mit warmem Wasser weit mehr lösliche und diffusible Substanzen extrahieren als aus frischer, ebenso behandelter Hefe. Er bezeichnete solche Hefe als der Inanition (Entkräftung, Erschöpfung aus Mangel an Nahrung) überlassene. Je 100 g Hefe, bei 100° getrocknet, gaben Rückstand:

frische, direkt	30 g
frische, ausgewaschen	23 »
nach zweitägiger freiwilliger Erweichung, gewaschen	14 »

Ein zweiter Versuch ergab aus je 100 g Hefe:

frisch, direkt	bei 30%	Trockensubstanz	2,78 g	Stickstoff
frisch, ausgewaschen	» 20%	»	2,03 »	»
nach 15 stündigem Stehen bei 37° ausgewaschen	» 12,5%	»	0,94 »	»

Also während der Digestion ein Verlust von 7,5% Trockensubstanz und 1,09% Stickstoff, das sind 53,7% des vorher vorhandenen Stickstoffes. Aus der Differenz des Stickstoffgehaltes vor und nach der Erweichung berechnete er, daſs »die festen Körper, welche im Extrakte der mit kaltem Wasser ausgewaschenen und der Erweichung überlassenen Hefe vorkommen, zum gröſsten Teile, wenn nicht vollständig, Derivate der Proteïnsubstanzen sein müssen«. Im wäſsrigen Auszug frischer Hefe fand er die nämlichen Bestandteile und kam dadurch zu dem Schlusse, daſs »diese Erscheinungen der Effekt einer kontinuierlich wirkenden Ursache seien, welcher durch die Versuchsbedingungen nur gesteigert werde«.

Nägeli[2]) fand bei seinen Untersuchungen über die chemische Zusammensetzung der Hefe, als er dieselbe mit genügend Wasser unter Zusatz von 1% Phosphorsäure während eines Jahres aufbewahrte, Abnahme der Trockensubstanz um 37,4%. Bei dieser

[1]) P. Schützenberger, a. a. O. S. 108.

[2]) Nägeli u. O. Löw, Journ. f. prakt. Chemie 1878, S. 404.

»Involution der Zellen« würde nach ihm die ganze oder fast die ganze Menge der Albuminate (?) als Peptone ausgeschieden. Die gefundenen Mengen von Leucin, Xanthin etc. erklärte er[1]) als durch die Einwirkung des Sauerstoffes entstanden, als Produkte der Respiration.

E. Salkowski[2]) digerierte Hefe mit Chloroformwasser zwei bis drei Tage bei 37° und fand u. a. nach dieser Zeit den Leucin- und Tyrosingehalt beträchtlich vermehrt. Er führte die Bildung dieser Stoffe auf einen fermentativen Prozeſs zurück, da sie nicht stattfindet in genau ebenso angestellten Kontrollversuchen, bei denen die Hefe vorher sterilisiert war.

Boullanger[3]), Beyerinck[4]), Artari[5]), Wehmer[6]) und besonders Will[7]) haben in neuester Zeit die proteolytischen Erscheinungen bei der Hefe eingehender studiert und auch die physiologischen und biologischen Bedingungen der Enzymbildung in Erwägung gezogen. Auf diese Arbeiten soll später näher eingegangen werden.

Endlich hat M. Hahn im Preſssafte der Bierhefe durch Überschichten desselben auf Karbolgelatine das Vorhandensein des proteolytischen Enzymes nachgewiesen.

Während also die früheren Untersucher nur aus der kontinuirlichen Zunahme gewisser Spaltungsprodukte auf die Anwesenheit eines von den toten oder überlebenden Hefezellen ausgesonderten Enzymes geschlossen hatten, war hier zuerst eine stark wirksame, zellfreie Lösung des Enzymes gwonnen. Damit war auch der Nachweis einer Trennbarkeit des Enzymes von der Struktur der Zelle gegeben und zugleich die Möglichkeit, die Eigenschaften und Wirkungen des Enzymes in einwandsfreier Weise näher zu studieren.

---

1) a. a. O. S. 411.
2) Zeitschr. f. physiol. Chemie Bd. 13, S. 506.
3) Ann. Pasteur 1897, S. 722.
4) Centralbl. f. Bakt. u. Parasitenkunde 1897, II. Abt. S. 521.
5) Wochenschr. f. Brauerei 1897, S. 602.
6) Ref. v. Will, Centralbl. f. Bakt. 1896, II. Abt. S. 92.
7) Zeitschr. f. d. ges. Brauwesen 1898, No. 11—15.

Eigenschaften des Hefeprefssaftes.

Der nach der Buchner-Hahn'schen Methode dargestellte Hefeprefssaft (s. Teil I.) reagierte, auch frisch immer sauer, entgegen einer Bemerkung A. Wroblewski's[1]), der in frischem Safte eine schwach alkalische Reaktion konstatierte. Der klare Prefssaft enthält nur noch wenige Hefezellen, welche sich nach wiederholter Filtration durch mit Kieselgur gedichtete Papierfilter fast ganz beseitigen lassen. Er ist überaus eiweifsreich, so dafs er beim Erwärmen auf 40° schon eine Gerinnung zeigt und bei Siedetemperatur zu einer förmlichen Gallerte erstarrt, welche oft ein Umstürzen des Reagenzglases ermöglicht, ohne dafs etwas von der Flüssigkeit ausfliefsen kann.

Von den Eiweifsstoffen der Hefezellen ist durch das Prefs-Verfahren der vierte Teil in Lösung gebracht, wie die folgende Tabelle I beweist, und die Trockensubstanz des Prefssaftes besteht bei Berechnung des Stickstoffes auf Eiweifs fast ganz aus dieser Substanz und deren Derivaten[2]), so dafs man annehmen kann, dafs von der Trockensubstanz der Hefe aufser der des Zellsaftes fast nur Eiweifs und Eiweifsderivate in Lösung gebracht wurden.

Tabelle I.

	Pro 100 g feuchte Hefe	Pro 100 ccm Prefssaft	Im Auszug enthalten in % der Hefebestandteile
A. Trockenrückstand . .	25,9	9,82	17
Stickstoff	2,225	0,982	22
B. Trockenrückstand . .	25,6	10,91	21,3
Stickstoff	2,28	1,167	25,6
Phosphor	0,38	0,228	29,9
Schwefel	0,14	0,065	23,2

Betreffs des Stickstoffs konnte das gleiche Verhältnis auch bei der Bereitung von Tuberkuloplasmin, gewonnen durch Verreiben und Auspressen von feuchten Tuberkelbacillen, erreicht

[1]) Anzeiger d. Akad. d. Wiss. zu Krakau. Nov. 1898.

[2]) Siehe auch Tabellen II und III.

werden. Es waren im Prefssaft enthalten 16, 23 und 26 % des Stickstoffs der verwendeten Tuberkelbacillen.

Im frischen Hefeprefssaft verhält sich nach der Koagulation die Menge des Filtratstickstoffs zu der des Stickstoffs im koagulierten Eiweifs ziemlich übereinstimmend wie 6 : 10.

Schichtet man einige Kubikzentimeter des Prefssaftes unter Zusatz weniger Tropfen Chloroform auf Karbol- oder Thymolgelatine in einem Reagenzrohr, so beginnt nach sechs bis zehn Stunden bei Zimmertemperatur deren Verflüssigung, die dann so rasch fortschreitet, dafs nach zwei bis drei Tagen die ganze hohe Gelatineschicht (ca. 20 ccm) verflüssigt ist. Absolute Sterilität der Flüssigkeit und Gelatine garantiert der Zusatz der Antiseptica, sie wurde aufserdem wiederholt konstatiert. Unter den gleichen Kautelen und unter Beschleunigung der Enzymwirkung durch höhere Temperatur, — die Proben wurden im Brutschrank aufgestellt, — konnte auch Carminfibrin in 24 Stunden gelöst werden, und ebenso war Eieralbumin, wenn auch etwas weniger leicht der Proteolyse durch Hefeprefssaft zugänglich.

Selbstverdauung.

Wird Hefeprefssaft unter genügendem Chloroform- oder Toluolzusatz entweder im Eisschrank oder bei Zimmertemperatur aufbewahrt, so ist bei ersterem nach ca. drei Wochen, bei letzterem schon nach 10—14 Tagen beim Kochen keine Koagulation mehr hervorzurufen, während der Saft gelb und fast klar bleibt und beinahe unverändert scheint. Anders während der Digestion im Thermostaten bei 37°; hier tritt in der Regel schon nach zwei Stunden ein starkes Gerinnsel, zum Teil wohl aus Nucleïnen und Globulinen bestehend, auf, fast analog dem durch Labwirkung in der Milch zu erhaltenden, das sich bald zu Boden setzt. Es löst sich zum gröfseren Teil in 10 proz. Chlornatrium- und 10 proz. Sodalösung. Der anfangs rein weifse Niederschlag vermindert sich im Laufe der folgenden vier bis fünf Tage bis auf einen geringen grauen Rest, während die darüberstehende klare Flüssigkeit dunkler wird und nach acht Tagen rotbraun erscheint.

Im Sediment lassen sich bei mikroskopischer Beobachtung nach sechs bis acht Tagen Krystallbüschel von der charakteristischen Form des Tyrosins unterscheiden, später durch Filtration in gröfserer Menge isolieren und durch die Hofmannsche und Piria'sche Reaktion identifizieren. In sehr vielen Fällen waren auch mit blofsem Auge reichliche, bis linsengrofse weifse Kugeln im Sediment zu bemerken oder an den Wänden des Glases halbkugelig auskrystallisiert; sie gaben ebenfalls Tyrosinreaktion und schlossen auch Xanthinkörper ein.

Dampft man solchen, bei niederer oder höherer Temperatur verdauten Prefssaft ein, so resultiert ein dichter Krystallbrei, aus dem leicht grofse Mengen von Leucin isoliert werden können. Es tritt in der charakteristischen Kugelform auf, läfst sich in Leucinkupfer überführen und in den bekannten, flockig-wolligen Massen sublimieren, eine einfache und billige Darstellungsmethode. Aufserdem ist es Kutscher[1]) gelungen, unter den Verdauungsprodukten der mit Chloroformwasser digerierten Hefe reichlich Asparaginsäure nachzuweisen.

Zunächst seien einige Versuchsreihen angeführt, welche das Verschwinden des koagulierbaren Eiweifses und die Zunahme des Stickstoffs im Filtrate für den bei 37° digerierten Prefssaft dartun. Die Versuche wurden in der Weise angestellt, dafs von einer gröfseren Menge des Hefeprefssaftes, der dauernd bei 37° gehalten wurde, in verschiedenen Zwischenräumen nach gutem Durchschütteln Proben entnommen wurden. Hier, wie bei allen folgenden Versuchen, wurden selbstverständlich als Antiseptica Chloroform oder Toluol zugesetzt und bei diesen und vielen anderen Versuchsreihen die Sterilität der Flüssigkeit wiederholt durch aërobe und anaërobe Kultur kontrolliert.

In einer Probe wurde der Trockenrückstand nach Trocknung bei 100° und der Aschengehalt bestimmt.

Eine andere Portion von je 10 ccm wurde mit 50 ccm Wasser verdünnt und dann durch Aufkochen unter Zusatz von 5 ccm gesättigter Kochsalzlösung und einigen Tropfen 1 proz.

[1]) Zeitschr. f. physiol. Chemie Bd. 32, S. 59.

Essigsäure das Eiweifs koaguliert, abfiltriert, mit Wasser, Alkohol und Äther gewaschen, bei 100° getrocknet und gewogen. In zwei Reihen wurde auch noch in dem gewonnenen Koagulat der Stickstoff nach Kjeldahl bestimmt. Nach sechs bis acht Tagen enthält freilich die Flüssigkeit kaum noch koagulierbares Eiweifs, der Niederschlag besteht vielmehr gröfstenteils aus Leucin, Tyrosin, und nur um vergleichbare Resultate zu gewinnen, wurde das gleiche Verfahren weiter angewendet.

Tabelle II.

Datum	In Prozenten der Flüssigkeit		Bemerkungen
	Koagulat, gewogen	Stickstoff des Filtrats	
13. VII.	4,15	0,398	frisch
17. »	0,165	1,03	nach 4 Tagen
19. »	0,05	0,98	» 6 »

Tabelle III.

Datum	In Prozenten der Flüssigkeit					Bemerkungen
	Gesamtrückstand	Gesamtstickstoff	Koagulat, gewogen	Koagulatstickstoff	Filtratstickstoff	
20. X.	9,3	1,03	4,38	0,64	0,42	frisch
21. »	—	—	1,43	0,19	0,85	nach 1 Tag
26. »	—	—	0,14	0,02	1,03	» 6 Tagen

Tabelle IV.

Datum	In Prozenten der Flüssigkeit						Bemerkungen
	Gesamtrückstand	Gesamtasche	Gesamtstickstoff	Koagulat gewogen	Koagulatstickstoff	Filtratstickstoff	
4. XI	12,12	1,82	1,44	5,99	0,93	0,52	frisch
5. »	—	—	—	1,87	0,25	1,19	nach 1. Tag
6. »	—	—	—	0,5	0,05	1,4	nach 2 Tagen
8. »	—	—	—	0,28	0,025	1,42	nach 4 Tagen, Sediment ungeformt, mikrosk. kein Leucin oder Tyrosin nachweisbar
10. »	—	—	—	0,21	0,02	1,44	9.—10. XI. Saft trübe, steril; 10. XI. Tyrosinbüschel im Sediment
4. XII.	—	—	1,44	—	0,16	1,26	nach 30 Tagen

In einer dritten Probe wurde, nachdem sie gleichfalls durch Kochen vom koagulierbaren Eiweifs befreit war, der Stickstoffgehalt eines abgemessenen Teiles des Filtrats bestimmt.

Eine vierte Portion diente zur Bestimmung des Gesamtstickstoffs im frischen Prefssaft.

Bei allen drei Versuchen betrug nach zwei Tagen das Koagulat nur noch den zehnten Teil, der Filtrat-Stickstoff mehr als das Doppelte.

Die gleichen Resultate bezüglich der Abnahme des Koagulates ergaben Prefssäfte, welche aus zwei verschiedenen Getreidehefen gewonnen waren und nur schwache Gärwirkung zeigten.

Tabelle V.

Koagulat in Prozenten der Flüssigkeit		
	vor der Digestion	nach 20 stündiger Digestion bei 37°
1. Prefssaft aus Hefe . . . Lechner	2,72	0,87
2. Prefssaft aus Hefe . . . Wieninger	3,4	0,69

Um von der Verteilung des Stickstoffs auf die verschiedenen Produkte der Verdauung eine Vorstellung zu gewinnen, wurde die Fällung mit Phosphorwolframsäure angewandt: Durch die Phosphorwolframsäure werden bekanntlich zum gröfsten Teil die stickstoffhaltigen Basen gefällt, die Amidosäuren dagegen nicht; Albumosen und Peptone kommen nicht in Betracht, wie weiter unten gezeigt wird. 50 ccm Prefssaft wurden mit Wasser verdünnt, koaguliert und die Mischung zu 250 ccm aufgefüllt. Vom Filtrate wurden 50 ccm zur direkten Stickstoffbestimmung nach Kjeldahl verwendet, 50 ccm dagegen mit einem Überschufs von Phosphorwolframsäure, die mit Schwefelsäure versetzt war, gefällt. Nach 24 Stunden wurde abfiltriert, der Niederschlag mit verdünnter Schwefelsäure gewaschen und sodann zur Stickstoffbestimmung, gleichfalls nach Kjeldahl, verbrannt. Der Niederschlag enthielt die stickstoffhaltigen Basen, die Differenz zwischen dem Stickstoffgehalt des Gesamtfiltrats und demjenigen des Niederschlags ist auf die Amidosäuren zu beziehen.

Tabelle VI.

Gesamtstickstoff = 1,308 % des Prefssaftes.

Datum	Filtrat-N		PWo-Fällung = Basen-N		Differenz = Säuren-N	
	Prozent des Saftes	Proz. des Gesamt-N	Prozent des Saftes	Proz. des Filtrat-N	Proz. des Saftes	Proz. des Filtrat-N
7. III.	0,434	33,3	0,141	32,4	0,293	67,6
8. »	1,117	85,8	0,447	40,0	0,670	60,0
9. »	1,292	99,2	0,473	36,3	0,819	63,7
10. »	1,304	100	0,451	34,6	0,853	65,4
21. »	1,302	100	0,433	33,2	0,869	66,8
22. IV.	1,300	100	0,341	26,2	0,859	73,8

Die Versuchsreihe, die, wie bereits hervorgehoben, nur zur Orientierung über die Verteilung des Stickstoffs dienen sollte und nicht, wie Kutscher[1]) anzunehmen scheint, eine streng quantitative Trennung der Spaltungsprodukte bezweckte, hat jedenfalls das eine — auch mit Bezug auf die später veröffentlichten Untersuchungen Kutscher's[2]) nicht uninteressante Ergebnis geliefert, dafs die Menge des Basen-N bis ca. 40 % des Filtrat-N betragen kann. Die Bestimmungen der Xanthinkörper gaben keine Erklärung hierfür, denn ihre Menge ist (s. u.) zu gering. So haben wir es mit besonderer Freude begrüfst, als Kutscher[3]) später mit Hilfe der Kossel'schen Methoden neben den Alloxurkörpern (Guanin, Adenin) noch Histidin, Arginin, Lysin sowie eine Substanz von der Formel $C_6 H_6 N_4 O_4$ aus den Spaltungsprodukten der mit Chloroformwasser digerierten Hefe isolieren konnte. Für eine bemerkenswerte Erscheinung aber, die in der obigen — allerdings nur für den Prefssaft geltenden — Tabelle zum Ausdruck kommt, haben selbst die sonst

[1]) Zeitschr. f. physiol. Chemie, Bd. 34, S. 522.

[2]) Die Tabelle wurde im September 1898 in den Berichten der Deutschen chem. Gesellschaft publiziert, Kutscher's erste Mitteilungen wurden von ihm als Vortrag am 20. Juni 1900 gegeben.

[3]) Zeitschr. f. physiol. Chemie Bd. 32, S. 59.

so ergebnisreichen Versuche Kutscher's keinen Aufschlufs gebracht: anfänglich steigt die Menge der stickstoffhaltigen Basen an, später aber sinkt sie wieder, und schliefslich nach zwei Wochen ist das Verhältnis des Amidosäurenstickstoffs zum Basenstickstoff das gleiche, wie zu Beginn des Versuches. Für diese Erscheinung kann das weiter unten zu besprechende Verhalten der Xanthinkörper nicht zur Erklärung herangezogen werden, denn ihre Quantität ist nicht ausreichend, um den Gesamtwert des in den Basen enthaltenen Stickstoffs wesentlich zu beeinflussen, und der Xanthinwert bleibt, wie die folgenden Versuche zeigen, auch nach längerer Zeit konstant. Zum Teil wird die vorübergehende Vermehrung des Basenstickstoffs bedingt durch mitgefällte Albumosen, die aber nur ganz zu Anfang der Verdauung und in geringen Mengen auftreten. Pepton im Sinne Kühne's wird auch intermediär nicht gebildet, wie unten besprochen werden soll.

Das Verhalten der Xanthinkörper in den einzelnen Bestimmungen auf Hypoxanthin berechnet, ist in frischem und verdautem Prefssaft sehr bemerkenswert. Schon Salkowski[1]) hatte die Beobachtung gemacht, dafs sich die Xanthinkörper in den Filtraten solcher Hefe, die vor der Digestion sterilisiert war und nachher mit Chloroformwasser längere Zeit digeriert wurde, nicht direkt mit ammoniakalischer Silberlösung fällen liefsen, während diejenigen Hefeproben, die zuerst mit Chloroformwasser längere Zeit digeriert und dann erst gekocht wurden, die Xanthinkörper manifest, d. h. direkt durch Silberlösung fällbar enthielten. In den sofort sterilisierten Proben konnten aber die Xanthinkörper der Silberfällung zugänglich gemacht werden, wenn die Lösung mit 1 proz. Schwefelsäure eine Stunde lang gekocht wurde. Sie waren also, wie Salkowski sagt, in latenter Form vorhanden. Er schliefst aus diesen Versuchen, dafs hier die Wirkung eines Fermentes vorliegt, welche erstens auf Spaltung des Nucleïns, zweitens auf die Beseitigung störender Substanzen gerichtet ist.

Ein ähnliches Verhalten zeigten die Xanthinkörper auch im verdauten Prefssafte. Zum Nachweis und zur Bestimmung[2])

[1]) Zeitschr. f. phys. Chemie Bd. 13, S. 506 u. ff.

[2]) Nach Salkowski's Verfahren.

wurden 40 ccm Prefssaft koaguliert und auf 100 ccm aufgefüllt. Davon wurden 50 ccm mit Ammoniak versetzt, der Niederschlag nach 24 Stunden abfiltriert und das Filtrat mit 3 proz. ammoniakalischer Silberlösung versetzt. Der entstandene Niederschlag wurde abfiltriert, mit verdünntem Ammoniak gewaschen, getrocknet, verascht und in Salpetersäure gelöst. Der Silbergehalt dieser Lösung liefs sich durch Titration mit Rhodanammonlösung ermitteln und wurde auf Hypoxanthin berechnet.

Verfährt man mit dem frischen Prefssafte in dieser Weise, so erhält man gar keinen Silberniederschlag, und selbst nach dem Kochen des Filtrats mit Schwefelsäure treten nur Spuren eines solchen auf. Aber auch der längere Zeit mit Chloroform digerierte, also verdaute Prefssaft gibt für gewöhnlich, direkt mit ammoniakalischer Silberlösung versetzt, keinen wägbaren Niederschlag, sondern erst nach dem Kochen mit Schwefelsäure. Der Niederschlag variiert dann in seiner Quantität und entspricht 30—60 mg Hypoxanthin in 100 ccm. So wurden in einem elf Tage lang digerierten Prefssafte 56 mg pro 100 ccm Saft ermittelt, in einem drei Wochen alten 63 mg, in einem sechs Wochen alten 40 mg. Sehr auffallend war es daher, als in einer Probe von Prefssaft schon nach eintägiger Digestion 41 mg Hypoxanthin pro 100 ccm direkt, ohne Kochen mit Schwefelsäure fällbar waren und die Menge noch bedeutend stieg.

Tabelle VII.

Zeit der Digestion	Hypoxanthin pro 100 ccm in mg
1 Tag	0,0414
3 Tage	0,0728
7 Tage	0,0675
5 Wochen	0,1092

Es hatte dieser Prefssaft eine starke Selbstgärung gezeigt. Doch enthielt ein anderer Saft, der mit einer vergärbaren Menge von Rohrzucker versetzt wurde, nach der Gärung bei Zimmertemperatur und darauffolgendem Stehen im Brutschrank ebenso wenig Xanthin in manifester Form wie die Kontrollprobe ohne Zucker.

Trotzdem war damals noch nicht die Annahme von der Hand zu weisen, dafs bei dem einen Fall weniger der chemische Einflufs der Gärung oder der entstandenen Kohlensäure als vielmehr die mechanische Wirkung der aufsteigenden Gasblasen in Betracht kommen könne. Es wurde deshalb Luft und Wasserstoff in der Weise 24 Stunden durch zwei Proben geleitet, dafs diese in zwei Chudiakow'schen Gärgefäfsen in einem Wasserbade von 37° aufgestellt waren. Diese Gärgefäfse, umgekehrte Erlenmeyerkolben, deren Hals in die Gaszuleitungsröhre ausgezogen ist, während am Boden eine angeschmolzene Halsöffnung für den Gasabzug dient, ermöglichen eine vollständige Durchlüftung der Flüssigkeit.

Als dann die Xanthinreaktion negativ ausfiel, wurden die zwei Proben noch 14 Tage lang bei 37° digeriert, während eine dritte Portion zunächst 14 Tage lang bei 37° digeriert und dann erst mit Luft bezw. Wasserstoff behandelt wurde; jede der Proben, auch die Kontrolle, wurde aufserdem zur Hälfte vor der Fällung mit 1 proz. Schwefelsäure gekocht.

Der Versuch ergab pro 100 ccm Prefssaft folgende Mengen in Milligramm Hypoxanthin, wobei die Resultate unter A durch direkte Fällung, die unter B nach vorausgegangenem Kochen mit Schwefelsäure erhalten waren:

Tabelle VIII.

	Frisch		nach 24 Stunden		nach 14 Tagen	
	A	B	A	B	A	B
1. mit Luftdurchleitung	0	0	Spur	Spur	99	100
2. » H Durchleitung	0	0	Spur	Spur	93	89
3. Kontrolle	0	0	0	0	30	96
4. Kontrolle mit nachträglicher Luftdurchleitung	0	0	0	0	30	96
5. Kontrolle mit nachträglicher Wasserstoffdurchleitung	0	0	0	0	26	96

Es ergibt sich also, dafs die der Digestion vorangehende Luft- und Wasserstoffdurchleitung in ihrer Wirkung nicht vollkommen jenem aufsergewöhnlichen Verhalten des Prefssaftes entsprach, da nach 24 Stunden noch keine wägbaren Hypoxanthinmengen vorhanden waren, dafs sie aber den Prozefs der Hypoxanthinabspaltung doch begünstigt haben mufs, da nach 14 Tagen direkt grofse Mengen von Hypoxanthinsilber fällbar waren. Die in der Kontrollprobe der Digestion erst folgende Luft- bezw. Wasserstoffdurchleitung vermehrt die Menge der Xanthinkörper nicht mehr; erst nach dem Kochen mit Schwefelsäure gelingt es, auch in diesen Proben gröfsere Mengen der Xanthinkörper zu fällen.

War die Wirkung der Gärung und der Gasdurchleitung nur eine mechanische, so mufste schon blofses Schütteln erfolgreich die Abspaltung der Xanthinkörper beeinflussen. Je 40 ccm Hefeprefssaft wurden daher in zwei Röhren gefüllt und diese evakuiert, um den Einflufs der Luft beim Schütteln auszuschliefsen, darauf zugeschmolzen. In die Kontrollröhre war beim Zuschmelzen Luft geraten. Die eine Röhre wurde bei 15° zwölf Stunden geschüttelt und zwar in einer Maschine, welche nach der Berechnung pro Stunde 25000 Touren machte, die andere Röhre ohne Schütteln als Kontrolle bei gleicher Temperatur aufgestellt. Darauf wurden beide geöffnet und sieben Tage bei 37° in Stöpselgläsern aufbewahrt.

Tabelle IX.

	Hypoxanthin in 100 ccm in mg	
	A	B
Geschüttelte Probe	40	99
Kontrollprobe . .	0	95

Es läfst sich wohl annehmen, dafs bei längerer Dauer des Schüttelns die ganze Menge der Xanthinkörper in den manifesten Zustand (A) übergegangen wäre. Sicher festgestellt schien danach ein begünstigender Einflufs der mechanischen Einwirkung durch Gaseinleitung oder durch Schütteln.

Dennoch konnte man zur Erklärung dieser Erscheinungen noch keiner der beiden, schon von Salkowski vertretenen Annahmen den Vorzug geben. Es lag einerseits die Möglichkeit vor, dafs die Latenz der Xanthinkörper auf der Gegenwart störender Substanzen beruht, welche vielleicht unter dem mechanischen Einflufs der Gasdurchleitung den Angriffen des Fermentes eher zugänglich gemacht werden; anderseits konnte man annehmen, dafs zunächst ein Zwischenprodukt der Xanthinkörper auftritt, aus welchem erst durch Säuren diese abgespalten werden. Schon Salkowski neigte mehr der ersteren Erklärung zu und hatte auch den störenden Einflufs von Leimsubstanzen erkannt.[1]) Auch in den vorliegenden Versuchen ist die zweite Erklärung nicht mit allen zu Tage tretenden Erscheinungen vereinbar.

Weitere Versuche sprechen nun für die erstere Annahme, für die Gegenwart einer störenden Substanz und zwar meist der Kohlensäure, und nötigen zugleich zu einer anderen Erklärung der bisher erhaltenen Resultate.

Es wurde, anfangs lediglich zur Vervollständigung der Versuchsreihe, im gleichen Apparate wie bei den anderen Versuchen durch eine Probe Kohlensäuregas geleitet, durch die andere Sauerstoff, beide in Mengen von je 40 l in acht Stunden, worauf die Proben zwei Monate bei 37° aufbewahrt waren. Die Zahlen bedeuten stets mg Hypoxanthin %.

Tabelle X.

	A	B
1. mit CO_2-Durchleitung . . .	47	107
2. mit Sauerstoffdurchleitung . .	80	—

Der Versuch wiederholt ergab nach 14 tägigem Stehen:

Tabelle XI.

	A	B
1. mit CO_2-Durchleitung . . .	53	112
2. mit Sauerstoffdurchleitung . .	80	112

[1]) Pflüger's Archiv 1871, Bd. 5, S. 95.

Bei CO_2-Durchleitung waren also nur halb so viel Xanthinkörper manifest geworden als beim Durchleiten der anderen indifferenten Gase.

Wenn nun die Gasdurchleitung nur insofern gewirkt hat, als sie die entstehende Kohlensäure entfernte, mufste auch ein einfaches Aufstellen im Vakuum den gleichen Erfolg haben und zugleich für den oben angeführten Schüttelversuch eine Erklärung geben; dies gelang auch in folgender Versuchsreihe:

Probe I mit Kohlensäuredurchleitung,

» II mit (kohlensäurefreier) Luftdurchleitung,

» III war in einer starken, mit Schlauch und Klemmschraube verschliefsbaren Röhre völlig evakuiert, wurde so konstant bei 37° gehalten und zur Vorsicht täglich nachevakuiert, da auch nach mehreren Tagen noch Gasblasen aufstiegen, wenn die Flüssigkeit vorsichtig bewegt wurde. Ein Schütteln wurde dabei möglichst vermieden. Das Antiseptikum (Toluol) wurde einmal erneuert

Probe IV wurde unter Zusatz von 0,2% Essigsäure,

» V als Kontrolle aufgestellt.

Nach sieben Tagen ergab die Bestimmung mg Hypoxanthin in je 100 ccm:

Tabelle XII.

	A	B
I. mit CO_2-Durchleitung . . .	69	103
II. mit Luftdurchleitung . . .	107	112
III. evakuiert	109	—
IV. mit Essigsäure	15	—
V. Kontrolle	66	96

Bei den Versuchen zu Tabellen X, XI und XII war ein älterer Trockenprefssaft benutzt worden. Die Ausbeute an Trockenprefssaft aus dem frischen Produkt betrug durchschnittlich 14%; doch wurde zu den Versuchen stets eine Lösung 1 : 10 benutzt, welche alle Eigenschaften des ursprünglichen Prefssaftes aufwies. Nur scheinen beim Lagern des Trockenprefssaftes gerade die eine Latenz der Xanthinkörper bedingenden Eigenschaften abzunehmen, wie aus den Tabellen X—XII hervorgeht, in welchen die Kontrollprobe resp. die Probe mit CO_2-Durchleitung immer gröfsere Mengen direkt manifester Xanthinkörper aufweisen.

Da in diesem Prefssaft auch die Zymase in gleicher Zeit zu Grunde ging, kann man das Fehlen einer Selbstgärung zu Anfang der Digestion, also eine verminderte Kohlensäureentwicklung, sehr gut mit den obigen Versuchen in Einklang bringen. Für die ganz aufsergewöhnliche Tabelle VII bleibt dann nur die Erklärung übrig, dafs durch die heftige Selbstgärung zu Anfang des Versuches, in Folge deren der Saft im offenen Gefäfs sogar überschäumte, die Kohlensäure bei 37° entfernt war, bevor die Verdauung einsetzte.

Aufmerksam gemacht auf den eigentümlichen Einflufs der Essigsäure im vorigen Versuch, welcher der erwarteten, Kohlensäure austreibenden Wirkung nicht entsprach, wurde noch ein Versuch unter Zusatz verschiedener Agentien gemacht: In Proben frischen Prefssaftes mit Essigsäure, Weinsäure, Oxalsäure, Schwefelsäure in Mengen von je 0,2%, Kaliumhydroxyd 0,1% und der Kontrolle wurden nach siebentägiger Digestion bei 37° die Xanthinkörper direkt bestimmt, bei der mit Essigsäure versetzten und der Kontrollprobe aufserdem auch nach Kochen mit Schwefelsäure. Man hätte bei Annahme einer ausschliefslichen Beeinflussung durch Kohlensäure erwarten müssen, dafs in allen diesen Proben diese durch die zugesetzten Agentien ausgetrieben oder gebunden und so der Gehalt an manifesten Xanthinkörpern vermehrt werde. Es trat aber der entgegengesetzte Fall ein. Die Kontrollprobe ergab 11 mg Hypoxanthin in Prozenten des Prefssaftes, mit Schwefelsäure gekocht 32 mg, die Probe mit Essigsäure nach dem Kochen mit Schwefelsäure 28 mg, direkt aber ebenso wie sämtliche andere Proben gar keine Reaktion. Aufserdem gelang es nicht, in einer mit Schwefelsäure gekochten Probe die manifest gewordenen Xanthinkörper durch Sättigen mit Kohlensäure bei Neutralisation der erkalteten Lösung mit Natriumcarbonat wieder latent zu machen.

Trotzdem dürfte die Summe der bisher erhaltenen Resultate wohl zu dem Schlusse berechtigen, dafs die Kohlensäure, so wie sie im Prefssafte allmählich sich entwickelt, eine der Substanzen ist, welche die direkte Fällbarkeit der Xanthinkörper verhindern und deren Entfernung durch Gasdurchleitung bezw. Schütteln im evakuierten Gefäfs die Manifestierung begünstigt. Ebenso richtig ist aber wohl die Annahme, dafs noch andere Substanzen, vielleicht auch physikalische Ursachen eine Latenz der Xanthinkörper bedingen. Es haben diese Untersuchungen eine solche Ausdehnung angenommen, weil von Versuch zu Versuch neue Tatsachen einer einheitlichen Erklärung des Vorganges entgegentraten.

Schon Béchamp[1]) zeigte, wie Kossel[2]) hervorhebt, dafs das alle 24 Stunden gewechselte kreosothaltige Waschwasser der Hefe steigende Mengen von Phosphaten liefert, eine Angabe, die von Schützenberger[3]) bestätigt wurde. Unsere hierauf bezüglichen Untersuchungen mit dem Hefeprefssaft ergaben das gleiche Resultat.

Der Phosphor, welcher im Hefeprefssaft zum gröfsten Teil, bis auf 5 %, organisch gebunden ist, wird bei der Digestion schon nach wenigen Stunden fast vollständig als Phosphorsäure abgespalten. Bei den diesbezüglichen Versuchen wurde die Phosphorsäure nach einem Verfahren bestimmt, das sich bezüglich der Enteiweifsung an die Zuckerbestimmungsmethode anschlofs, welche F. Schenk[4]) für das Blut angegeben hat.

Das einfache Kochen des Prefssaftes oder die Fällung mit Alkohol geben ungenaue Resultate für die Phosphorsäure. Das Schenk'sche Verfahren hat den Vorzug, dafs die Entfernung des Eiweifses auf kaltem Wege, d. h. durch Fällung mit Quecksilberchlorid und Salzsäure, geschieht und somit eine beim Erhitzen leicht mögliche Abspaltung von Phosphor aus Hefenucleïn vermieden wird. 30 ccm Prefssaft wurden auf 50 ccm verdünnt,

---

[1]) Compt. rend. des séances de l'Academie des sciences Bd. 61., p. 689.
[2]) Zeitschr. f. physiol. Chemie Bd. IV.
[3]) Bulletin de la société chimique de Paris 1874, S. 205.
[4]) Pflüger's Archiv Bd. 56 u. 57.

dazu 50 ccm 2 proz. Salzsäure und 50 ccm 5 proz. Quecksilberchloridlösung gegeben. Das Filtrat wird durch Schwefelwasserstoff vom Quecksilber, durch Lufteinleiten vom Schwefelwasserstoff befreit. 100 ccm des Filtrats wurden mit Ammoniak übersättigt, mit Magnesiamischung die Phosphorsäure gefällt, der Niederschlag in Essigsäure gelöst und mit Uranlösung titriert, von welcher 1 ccm 5 mg P_2O_5 entsprach.

Tabelle XIII.

P_2O_5 in Prozenten des Prefssaftes. Gesamtphosphor als P_2O_5 = 0,528.[1])

Dauer	Filtrat P_2O_5	Dauer	Filtrat P_2O_5
frisch	0,040	frisch	0,024
nach 12 Stunden .	0,380	nach 6 Stunden . .	0,360
» 4 Tagen . .	0,392	» 20 Tagen . . .	0,416
» 9 » . .	0,400	» 2 » . . .	0,412

Gesamtphosphor als P_2O_5 = 0,600[1]).

Dauer	Filtrat P_2O_5
frisch	0,020
nach 1 h 10′ bei 39°	0,384
» 9 Tagen . . .	0,506

Schon nach einer Stunde ist also mehr als die Hälfte der gesamten Phosphormenge in der Lösung als Phosphorsäure vorhanden, wieder ein Beweis, wie eine viel stärkere Fermentaktion vom Prefssafte ausgeht, als sie bei der Digestion der Hefe mit Kreosot- oder Chloroformwasser je beobachtet wurde: Béchamp erreichte das gleiche Resultat erst am 5.—6. Tage bei 20—30°. Vollständig wird der organisch gebundene Phosphor, wie es scheint, überhaupt nicht in Phosphorsäure umgewandelt, sondern $^1/_5$—$^1/_6$ bleibt in organischer Bindung.

Mit demselben Verfahren der Enteiweifsung wurde auch die Schwefelsäure bestimmt:

[1]) Gesamtphosphor durch Veraschen mit Na_2CO_3 und KNO_3 bestimmt.

Tabelle XIV.

SO_3 in Prozenten des Preſssaftes. Gesamtschwefel als SO_3 = 0,077[1]).

Dauer der Digestion bei 37°	Filtrat SO_3	Dauer	Filtrat SO_3
frisch	0,033	frisch	0,0225
nach 12 Stunden . .	0,050	nach 24 Stunden .	0,0237
» 2 Tagen . . .	0,056	» 3 Tagen .	0,0267
» 4 » . . .	0,060	» 6 Wochen .	0,0266
» 9 » . . .	0,059		

Hiernach steigt die Menge der Schwefelsäure nur unwesentlich an, und der organisch gebundene Schwefel geht jedenfalls nur zum kleinen Teil in Schwefelsäure über. In Übereinstimmung damit ist Tryptophan, ein bis 2,2 % Schwefel[2]) enthaltender Farbstoff, in nicht unerheblicher Menge unter den Verdauungsprodukten enthalten, und alkalische Bleiacetatlösung scheidet beim Kochen mit altem Preſssaft noch Bleisulfid aus.

Albumosen treten während des ganzen Spaltungsprozesses nur vorübergehend auf und in geringer Menge; Pepton im Sinne Kühne's nachzuweisen, gelang bei der Verdauung im Brutschrank niemals. Selbst wenn man schon nach einstündiger Digestion bei 37° den Verdauungsprozeſs durch Erhitzen abbricht, sind im Filtrate wohl schon Leucin und Tyrosin mikroskopisch nachweisbar, dagegen nur Spuren von Albumosen und kein Pepton Bei einer im Eisschrank, also bei ca. 5°, verlangsamten Verdauung konnten zwar in 100 ccm nach 14 Tagen aus dem eingedampften und von dem ausgeschiedenen Krystallbrei befreiten Filtrate durch Sättigung mit Ammoniumsulfat ca. 0,5 g Albumosen gefällt und isoliert werden, in dem vom Ammonsulfat durch Kochen mit Baryumcarbonat befreiten Filtrate aber fiel schon die Biuretreaktion negativ aus; der Gehalt an koagulierbarem Eiweiſs war in dieser Zeit von 5,3 % auf 1,3 % gesunken.

Ein zweites Mal wurden 500 ccm Preſssaft drei Wochen im Eisschrank aufbewahrt, wonach das koagulierbare Eiweiſs (7,2 %)

[1]) Gesamtschwefel durch Veraschen mit Na_2CO_3 und KNO_3 bestimmt.

[2]) Nencki, Ber. d. d. chem. Ges. 1895, S. 560.

ganz verschwunden war. Die Flüssigkeit wurde eingedampft, nach dem Erkalten von den zum gröfsten Teil aus Leucin bestehenden krystallinischen Ausscheidungen abfiltriert, mit Ammonsulfat gesättigt und so ca. 0,4 g Albumosen erhalten. Diese charakterisierten sich zum grofsen Teil als Deuteroalbumose, da sie bis auf einen minimalen Rest von konzentrierter Chlornatriumlösung aufgenommen wurden und durch Essigsäure, welche mit Chlornatrium gesättigt war, in dieser Lösung ein Niederschlag entstand.

Im Filtrate von den Albumosen fiel dieses Mal die Biuretreaktion schwach positiv aus, so dafs eine weitere Behandlung nötig ward. Diese wurde nach Kühne's neuerer Trennungsmethode der Peptone von den Albumosen[1]) durchgeführt und war von dem Erfolge begleitet, dafs nun nach Entfernung des Ammonsulfates keine Biuretreaktion mehr erhalten werden konnte, trotzdem möglichst quantitativ gearbeitet worden war.

In der Literatur finden sich gelegentlich Notizen, dafs in Hefe Pepton gefunden wurde, doch ist fast stets eine weitere Angabe der Isolierungsmethode unterlassen. Bei den Untersuchungen Nägeli's und Löw's über die chemische Zusammensetzung der Hefe[2]) fand letzerer zwar 2% Peptone, differenziert diese aber noch in a-, b und c-Pepton Meissner's, in drei Fraktionen erhältlich durch Bleiacetat, darauf Mercurinitratfällung; die letztere Fällung (c) zerlegt und mit Alkohol ausgezogen, lieferte einen darin unlöslichen, nach der Gewichtsmenge nicht bestimmten Rückstand, der Millons- und Biuretreaktion gab, mit Salpetersäure und durch Essigsäure-Ferrocyankalium aber nicht fällbar war, also wohl echtes Pepton gewesen sein dürfte. Zu bemerken ist dabei aber, dafs diese Untersuchung in einem, durch elfmaliges langes Kochen gewonnenen, wässerigen Hefeauszug angestellt wurde und Nägeli selbst die Möglichkeit einer hydratisierenden Einwirkung des siedenden Wassers zugibt. a- und b-Pepton Meissner's haben sich bekanntlich später durch Kühne's Untersuchungen als Albumosen qualifiziert.

---

[1]) Zeitschr. f. Biol. 1892, S. 1.

[2]) Journ. f. praktische Chemie 1878.

Auf diese, heute nicht mehr stichhaltigen Untersuchungen wird in der Literatur bei Erwähnung des Peptongehaltes der Hefe öfter hingewiesen.[1])

Um auch diese Frage hier zu entscheiden, wurden 800 g frische Hefe mit Quarzsand und Kieselgur verrieben, dann allmählich Wasser zugefügt und der auf solche Weise kalt gewonnene Auszug bei niederer Temperatur abfiltriert. Das klare Filtrat wurde von den reichlichen koagulierbaren Eiweifsstoffen befreit und eingedampft, darauf heifs mit Ammoniumsulfat gesättigt. Es fanden sich wenig Albumosen und kein Pepton, so dafs man annehmen mufs, dafs dieses unter normalen Umständen auch in der Hefe nicht enthalten ist.

Dafs die geringe, resp. überhaupt nicht nachweisbare Menge dieser Zwischenprodukte bei der Verdauung durch die Eigentümlichkeit des proteolytischen Enzymes, nicht durch eine solche der zerlegten Eiweifsstoffe bedingt wird, zeigen folgende Versuche:

Setzte man dem Hefeplasmin Pepton (puriss. Grübler) oder Albumose (aus Fibrin dargestellt) zu, im Verhältnis von 2 %, so fiel die Anfangs sehr starke Biuretreaktion nach drei Tagen schon negativ aus.

Ferner wurden vier Proben zur Verdauung aufgestellt, welche in folgender Weise vorbereitet waren:

A-Koagulat aus 20 ccm Prefssaft, gewaschen + 10 ccm frischer Prefssaft,

B-Koagulat aus 30 ccm Prefssaft, gewaschen + 30 ccm H_2O + 0,3 Trypsin + 0,06 Na_2CO_3,

C-Koagulat aus 30 ccm Prefssaft, gewaschen + 30 ccm H_2O + 0,3 Pepsin + 0,06 HCl,

D-Koagulat aus 30 ccm Prefssaft, gewaschen + 30 ccm H_2O + 0,3 Papajotin + 0,03 HCl.

Nach zehntägigem Stehen bei 37° war in allen Proben das Eiweifs verdaut und zwar bei Trypsin am schnellsten. Sie gaben im Filtrate von den Albumosenfällungen folgende Reaktionen:

Millonsreaktion: A, B, C und D positiv,

[1]) z. B. Mayer, Gärungschemie 1895, S. 114 u. 115.

Reaktion mit Ferrocyankalium und Essigsäure: A, B, C und D negativ,

Biuretreaktion: A negativ, B, C und D positiv,

Albumosen waren nur bei C und D in geringer Menge nachweisbar.

Außerdem fiel auch in einer Probe, welche die Verdauungsprodukte von Fibrin durch Hefepreſssaft enthielt, die Biuretreaktion negativ aus. Wenn Kutscher bei der Chloroformwasserdigestion der Hefe Biuretreaktion 8—14 Tage lang auftreten sah, so erklärt sich diese Differenz wohl vor allem dadurch, daſs bei den Chloroformwasserversuchen die Abgabe des Enzyms aus den Zellen und somit die Wirkung eine viel allmählichere ist als in dem Preſssaft, wo gleich die ganze Menge des vorhandenen Enzyms in Wirkung tritt.

Verdauung anderer Eiweiſskörper durch Hefepreſssaft.

Wie schon eingangs erwähnt, werden zugesetzte Fibrinflocken gewöhnlich in 24 Stunden gelöst, nachdem sie in sechs Stunden schon zerfallen waren.

Auch Eieralbumin in Lösung wird zerlegt: Zu 20 ccm Preſssaft mit 5,2 % Koagulat wurden 20 ccm Eieralbuminlösung mit 3,5 % koagulierbarem Eiweiſs gegeben, so daſs die Menge des Koagulates in der Mischung im ganzen 4,35 % betrug. Nach dreitägigem Stehen bei 37° wurden nur noch 2 %, nach sechs Tagen nur noch 1,38 % Koagulat gefunden. Da die Menge des koagulierbaren Hefeeiweiſses nur 2,6 % betrug, aber im ganzen 2,97 % verdaut waren, muſs 0,37 % Eiereiweiſs zerlegt worden sein oder 21 % der zugesetzten Eiereiweiſsmenge.

Noch besser fiel ein zweiter Versuch aus: Es wurde eine filtrierte Eiweiſslösung aus trockenem Eiereiweiſs hergestellt von 1,64 % Koagulatgehalt; der Hefepreſssaft enthielt frisch 4,83 %.

Nun wurden folgende Proben bei 37° aufgestellt:

A 5 ccm Preſssaft + 5 ccm Wasser,

B 10 » » + Eiweiſs, aus 10 ccm Eieralbuminlösung durch Koagulation erhalten und gewaschen,

C 10 ccm Prefssaft + 10 ccm Eieralbuminlösung,
D 10 » » + 10 » »

nach 14 Tagen ergaben in Prozenten der Proben:

A 0,04 Koagulat 1,03 Filtratstickstoff (= 6,44 Eiweifs)[1],
B 0,08 » 1,245 » (= 7,81 Eiweifs)
C 0,56 »
D 1,57 »

Als Differenz des aus dem Filtratstickstoff zu berechnenden, in Lösung gegangenen Eiweifses bei A und B ergibt sich 1,37 %, also annähernd die ganze Koagulatmenge der Eieralbuminlösung. Auch Probe C (Albuminlösung + Prefssaft) zeigt gegen Probe D (Albuminlösung allein) eine Abnahme von 1,0 % oder 60 % der Eieralbuminmenge.

Des weiteren wurden noch folgende Eiweifsstoffe der Verdauung durch Hefeprefssaft unterworfen: Caseïn, Glutencaseïn und Legumin (Präparate von Grübler), in Mengen von je 0,5 g zu je 10 ccm Trockenprefssaftlösung (1 : 10) zugesetzt, ergaben nach sieben Tagen: die Probe mit Caseïn 0,1 g Koagulat, die mit Glutencaseïn 0,14 g, die mit Legumin noch 0,18 g, so dafs auch diese Körper als der Verdauung durch Hefeprefssaft zugänglich erachtet werden müssen. Nucleïn im Verhältnis von 2 % zu Hefeprefssaft zugesetzt, ergab nach sieben Tagen nur mehr Spuren von Koagulat. Die durch Magnesiamischung direkt fällbare und dann mit Uranacetatlösung titrierte Phosphorsäuremenge im Filtrate war von 40 mg auf 390 mg gestiegen, während sie in der ebenso behandelten Kontrollprobe mit Nucleïn allein nur 10 mg betrug und für eine Trockenprefssaftlösung 1 : 20 nach früheren Bestimmungen ca. 280 mg sich berechnen lassen.

Caseïnverdauung durch Hefe hat schon Boulanger und Beyerinck[2]) konstatiert, letzterer auch betreffs Gluten, Albumin und Fibrin das gleiche Resultat erhalten.

[1]) Durch Multiplikation des Filtratstickstoffs mit 6,25 erhalten.

[2]) a. a. O.

Begünstigende und hemmende Einflüsse.

Um über die Natur des proteolytischen Enzymes Aufschlüsse zu erhalten, mufste es von besonderem Werte sein, dessen Wirkungsweise unter den verschiedensten Bedingungen zu studieren und die dabei gewonnenen Erfahrungen mit denen zu vergleichen, welche an anderen Verdauungsenzymen erhalten waren. Zu beachten ist dabei allerdings, dafs bei allen Versuchen die Eiweifsstoffe des Prefssaftes zugegen waren und dem Enzym einen gewissen, wenn auch sicher geringen Schutz gegen Beeinflussung gewährten.

Das Temperatur-Optimum und Maximum für die Digestion sollen folgende Versuche demonstrieren:

Tabelle XV.

Temperatur	Koagulat in Prozenten	
	vor der Digestion	nach 20 stündiger Digestion
1. bei + 3°—7°	2,72	2,57
2. » + 22°	4,71	3,93
3. » + 37°	4,71	2,71
4. » + 48°	4,71	2,42

Niedere Temperatur hemmt also die Verdauung; doch kann diese in genügend langer Zeit auch bei + 3° bis + 7° zu Ende geführt werden, wie die Versuche zum Nachweis des Peptons beweisen[1].)

Die günstigste Temperatur scheint zwischen 40—45° zu liegen. Verlangsamend wirkt schon eine Temperatur von 50°, vernichtet wird das Enzym bei einstündigem Erhitzen auf 60° s. Tab. XVI. Aus praktischen Gründen wurden in der Regel die Versuche bei einer Temperatur von 37° ausgeführt. Als bei dieser Temperatur stehende Prefssäfte in ihrer Wirkung auf Fibrin und Thymolgelatine von Zeit zu Zeit geprüft wurden, zeigte sich auffallenderweise, dafs das proteolytische Enzym, allmählich schwächer werdend, nur 9—15 Tage seiner Wirksamkeit bewahrte.

[1]) S. 307.

Nachdem im Jahre 1898 H. Will[1]) auf Grund eingehender Versuche die Behauptung aufgestellt hatte, dafs die Proteolyse der lebenden Hefezellen neben dem Mangel an gelöster Nahrung überhaupt, speziell an stickstoffhaltiger, durch den Sauerstoffmangel begünstigt werde, erschien es notwendig, auch den

Tabelle XVI.

nach einstündigem Erhitzen auf	Koagulat in Prozenten vor der Digestion	nach 20stündiger Digestion bei 37°
1. 50°	3,4	1,36
2. 55°	3,4	1,99
3. 60°	3,4	3,36
4. nicht erhitzte Kontrollprobe zu 1—3	3,4	0,69
5. 65°	2,72	2,57
6. nicht erhitzte Kontrollprobe zu 5	2,74	0,87

Einflufs der Luft auf die Proteolyse festzustellen, um zu erfahren, ob ein reichlicher Luftzutritt die Tätigkeit des Fermentes hindernd beeinflufst. Es wurden im allgemeinen drei Proben angesetzt: Die eine wurde ohne Gasdurchleitung bei 37° digeriert (Kontrolle), durch die zweite wurde während der Digestion bei gleicher Temperatur Luft geleitet, durch die dritte Wasserstoff. Die Menge der durchgeleiteten Gase war annähernd gleich: Bei Versuch I (Tabelle XVII) betrug sie 12 l auf zwölf Stunden verteilt, bei Versuch II wurden 20 l in der ersten Stunde und 20 l auf die folgenden 23 Stunden verteilt durchgeleitet. Die Zahlen in den Tabellen entsprechen dem Koagulat in Prozenten des Prefssaftes.

Wie ersichtlich, hatte der Sauerstoff eher fördernd als hindernd auf den Ablauf der Proteolyse gewirkt: Das Koagulat ist nach 8—24 Stunden in den mit Luft oder reinem Sauerstoff behandelten Proben immer geringer als in den mit Wasserstoff oder Kohlensäure behandelten, in einem Falle, wo allerdings die Temperatur um einige Grade höher gestiegen war, auch ge-

[1]) Zeitschr. f. d. ges. Brauwesen 1898, Nr 21.

Tabelle XVII.

Probe	I. frisch	nach 12 stünd. Digestion	II. frisch	nach 24 stünd. Digestion
1. Kontrolle	5,2	2,77	7,05	1,17
2. bei Luftdurchleitung	5,2	2,03	7,05	1,91
3. bei Wasserstoffdurchleitung	5,2	2,44	7,05	2,43

IV. Probe	frisch	nach 8 stünd. Digestion
1. mit Sauerstoffdurchleitung	4,7	2,6
2. mit Kohlensäuredurchleitung . . .	4,7	2,83

ringer als in der Kontrollprobe. Demnach ist also jedenfalls für das einmal vorhandene Ferment die direkte Einwirkung des Sauerstoffes belanglos. Die Möglichkeit des indirekten Einflusses des Sauerstoffes auf die Proteolyse soll weiter unten erörtert werden.

Verschiedene Antiseptica wirkten bei Zusatz der gewöhnlich angewendeten Mengen nicht hemmend, wenigstens trat ein bemerkenswerter Unterschied zwischen den einzelnen Proben im Vergleich zu der mit Chloroform versetzten nicht auf.

Tabelle XVIII.

frisch	Koagulat nach 2 Tagen bei 37°			
	0,5 % Chloroform	0,5 % Thymol	5 % Toluol	0,2 % Salicylsäure
5,0	0,2	0,49	0,25	0,2

Phenol 3 % und Sublimat 1 ‰ hoben natürlich infolge der starken Fällungen die Verdauung auf. Formaldehyd beeinflufst in einer Menge von 0,5 % die Proteolyse schon nachteilig (0,6 % Koagulat), bei 0,1 % dagegen war noch kein Unterschied von dem Ergebnis der Kontrollprobe (0,29 % Koagulat zu verzeichnen.

Als diagnostisches Hilfsmittel zur Erkennung von Fermenten hat Schär[1]) in Bestätigung früherer Versuche Schönbein's angegeben, dafs Blausäure in Mengen von 1—2 ‰ eine hemmende Wirkung auf das katalytische Vermögen einiger Fermente ausübt. Dafs die proteolytische Wirksamkeit der Fermente einer so starken Beeinflussung durch Blausäure nicht unterliegt, geht unter anderem aus den Mitteilungen von Vines[2]) über das proteolytische Enzym von Nepenthes hervor, das noch in Gegenwart von 1 % Blausäure verdaut. Weiter hat Schützenberger[3]) konstatiert, dafs bei Zusatz von 0,7 ‰ Blausäure Pepsin die zehnfache (trocken) Menge Fibrin in fünf Tagen bis auf 4 % verdaut. Auch das proteolytische Enzym des Hefeprefssaftes wird durch 1 % Blausäure in seiner Wirksamkeit nur geschwächt, aber nicht völlig gehemmt, und selbst diese Schwächung kann auf die Wirkung der in verhältnismäfsig grofser Menge zugesetzten Säure als solcher zurückgeführt werden. Während in einer Kontrollprobe ohne Blausäure nach 24 stündiger Digestion von 6,4 % Koagulat nur noch 1,3 % unverdaut vorhanden waren, sank in einer zweiten Probe mit 1 % Blausäure die Menge des Koagulates immerhin noch auf 2,44 % und in einer dritten Probe, aus welcher die Blausäure durch Erwärmen und Luftdurchleiten völlig entfernt war, auf 1,23 %.

Neutralsalze wirken begünstigend auf die Wirkung des proteolytischen Enzymes, und es ist beachtenswert, dafs sie auch in konzentrierterer Lösung, ohne übrigens die Reaktion zu beeinflussen, diesen günstigen Einflufs beibehalten. Das Koagulat betrug nach der Digestion bei 37° in Prozenten des aus frischem Prefssaft erhaltenen Koagulates:

Versuch I nach 20 stündiger Digestion,	Kontrolle	9,1
	Na Cl 0,7 %	7,5
	Na Cl 3 %	7,3
Versuch II nach 36 stünd. Digestion,	Kontrolle	4,6
	KNO_3 1 %	2,2
	KNO_3 10 %	0,2

[1]) s. u. a. Festschrift 1891, Zürich, Alb. Müller.

[2]) Annales of botany 1897.

[3]) Compt. rend. T. 115 p. 208.

	KNO_3 fast gesättigt	2,5 [1])
	NH_4 Fl 1 %	2,5
	Na Fl 1 %	21,8
Versuch III nach 17stünd. Digestion,	Kontrolle	33,2
	KNO_3 gesättigt	72,2 [1])
	NaCl »	78,5
	$(NH_4)_2SO_4$ gesättigt	78,5
Versuch IV nach 18stünd. Digestion,	Kontrolle	23,6
	KJ 2 %	10,3 [2].)
	KJ 5 »	4,3

Glycerin und Rohrzucker hemmen bei Zusatz gröfserer Mengen die Verdauung:

nach 20stündiger Verdauung,	Kontrolle	9,1
	Glycerin 50 %	63,6
	Rohrzucker 50 %	30,7.

Die konservierende Wirkung dieser Agentien, sonst als antibakterielle vielfach in Anwendung gezogen, beruht also im Prefssaft auf einer erheblichen Behinderung der Proteolyse; für Rohrzucker, in gröfserer Menge zugesetzt, hat aufserdem Hans Buchner[3]) eine spezifisch erhaltende Wirkung auf die Zymase angenommen.

Die Behinderung der Proteolyse, der Hydratisierung der Eiweifsstoffe, ist in diesem Falle wohl auf Beschlagnahme des nötigen Wassers durch den gelösten Zucker oder das hygroskopische Glycerin zurückzuführen. Es spricht dafür der Umstand, dafs schon blofses Konzentrieren des Prefssaftes den gleichen Effekt zur Folge hat.

750 ccm frischer Prefssaft wurden im Vakuum zu einem anderen Zwecke auf 250 ccm, also auf $^1/_3$ Volumen, konzentriert und hatten infolgedessen immer noch die Konsistenz eines dünnen Syrups. Eine Probe davon, 18 Stunden bei 37° aufgestellt, lieferte noch 70 % des ursprünglichen Koagulates, während

[1]) Übereinstimmend mit Beobachtungen an Bakterien und Trypsin von Ph. Limbourg, Zeitschr. f. physiol. Chemie 1889, S. 454, und Neumeister, Lehrbuch f. physiol. Chemie S. 76 u. 198.

[2]) Also begünstigend, während beim Magensaft durch dieselben Mengen eine verdauungshemmende Wirkung beobachtet wurde von S. Fabini und G. M. Fiori, Moleschott's Unters. Bd. 12, S. 462. Sansoni e Battistini Riv. chim T. 90, p. 575.

[3]) Münch. med. Wochenschr. 1897, S. 299.

die wieder auf das ursprüngliche Volumen verdünnte Kontrollprobe unter den sonst gleichen Bedingungen nur mehr 20 % des ersten Koagulates aufwies.

Anderseits enthielt ein Prefssaft, im Verhältnis 1 : 10 mit destilliertem Wasser verdünnt, nach 24 Stunden noch 1,7 % Koagulat, 1 : 20 verdünnt noch 1,6 %, während der Gehalt an koagulierbarem Eiweifs in der Kontrollprobe von 7,05 % auf 1,2 % gesunken war, so dafs also auch bei starker Verdünnung eine Herabminderung der Proteolyse nur in sehr geringem Grade stattfindet.

Bei der steten Gegenwart von Alkohol in Hefekulturen mufste auch die Frage interessieren, ob und in welchem Grade der Alkohol das proteolytische Enzym beeinflufst. Im allgemeinen konnte eine hemmende Wirkung vorausgesetzt werden; doch ist anderseits auch von einigen Verdauungsenzymen bekannt, dafs sie noch bei gröfserem Alkoholgehalt der Verdauungsflüssigkeit eine Wirkung zeigen. Die folgende Versuchsreihe beantwortet diese Frage dahin, dafs ein Alkoholgehalt von 5 % die Proteolyse schwach hemmt, ein solcher von 10—20 % schon erheblich behindert und 30 % Alkoholzusatz die Proteolyse aufhebt.

Die Koagulate betrugen in Prozenten des Koagulates im frischen Prefssafte nach 20stündiger Verdauung in den einzelnen Proben:

Kontrolle	14,8
Alkohol 5 %	26,3
» 10 »	70,3
» 20 »	85,0
» 30 »	100,0

Weitaus das meiste Interesse bei einem Versuche zur Charakterisierung des Enzymes mufsten aber die Ergebnisse der folgenden Versuchsreihen beanspruchen, bei denen der Einflufs von Säuren und Alkalien berücksichtigt wurde; die erhaltenen Resultate sind auch hier angegeben in Prozenten des vor der Verdauung im frischen Prefssafte erhaltenen Koagulates und waren alle mit Lösungen des nämlichen Trockenprefssaftes erhalten worden. Es braucht wohl nicht erwähnt zu werden,

dafs sämtliche Proben vor der Koagulation neutralisiert und sodann mit wenigen Tropfen 1 proz. Essigsäure angesäuert im Wasserbade koaguliert wurden.

Versuch I nach 18 stünd. Digestion:	Kontrolle	32,1
	HCl 0,1 %	14,1
	HCl 0,5 »	57,6
	HCl 1,0 »	90,0
Versuch II nach 17 stünd. Digestion:	Kontrolle	38,1
	HCl 0,05 %	19,2
	HCl 0,1 »	13,8
	HCl 0,2 »	11,2
Versuch III nach 18 stünd. Digestion:	Kontrolle	31,6
	HCl 0,2 %	7,8
	HCl 0,3 »	21,2
Versuch IV nach 18 stündiger Digestion mit 0,2 % HCl äquimolekularen Mengen von:	Essigsäure	5,0
	Schwefelsäure	8,0
	Phosphorsäure	13,6
	Metaphosphorsäure	13,0
	Kontrolle	31,6
Versuch V nach 16 stünd. Digestion:	Kontrolle	37,4
	HCl 0,3 % (tot. 0,6 %)	65,4 [1]
	HCl 0,4 » (» 0,8 »)	84,5
Versuch VI nach 16 stünd. Digestion:	Kontrolle	37,4
	Borsäure 1 %	35,6
	Natriumborat neutral 1 %	24,7
	Borax 1 %	75,6

Es geht aus diesen Versuchen hervor, dafs saure Reaktion die Proteolyse begünstigt; das Optimum des Säurezusatzes wird geboten durch 0,2 % Salzsäure; Schwefelsäure in äquimolekularer Menge wirkt gleich günstig, Essigsäure sogar in höherem Grade.

Versuch V soll eine fehlerhafte Anordnung A. Wroblewski's[2]) zur Anschauung bringen. Wroblewski glaubte, in seinen Untersuchungen »über den Hefeprefssaft« auf Grund eines ebensolchen Versuches eine nachteilige Wirkung der Salzsäure auf die Proteolyse feststellen zu müssen. Eine seiner Proben zwecks Carminfibrinverdauung war mit dem gleichen Volumen 0,56 proz. Salzsäure versetzt, so dafs wohl eine 0,28 proz. Lösung entstand,

---

[1]) Durch Mischen von 10 ccm Saft und 10 ccm 0,6 resp 0,8 proz. HCl.

[2]) Journ. f. prakt. Chemie Bd. 64, S. 49.

aber die doppelte Menge der Säure in ihrer Wirkung auf das im gleichen Volumen Prefssaft enthaltene Enzym zur Geltung kam. Er konstatierte daher, analog dem vorliegenden Versuchsresultate, eine nachteilige Wirkung. Es wurde überdies auch bei einem Versuche mit Carminfibrin und 0,2 proz. Salzsäure ein den Versuchen II und III analoges Resultat erhalten.

Versuch VI ist insofern sehr instruktiv, als er mit den Verbindungen des gleichen Elementes (Bor) die Wirkung der Säure, des Neutralsalzes und des basischen Salzes demonstriert. Die hemmende Wirkung des letzteren steht im Einklang mit folgenden, unter Zusatz von Alkalien erhaltenen Resultaten; die Zahlen entsprechen ebenfalls dem Koagulatrest nach der Verdauung, ausgedrückt in Prozenten des Koagulates vor der Verdauung.

Versuch I nach 20 stünd. Digestion:	Kontrolle	22,6
	neutralisiert mit Soda (0,4 % nötig) . .	40,4
	Soda 1 %	66,6[2]).
Versuch II nach 17 stünd. Digestion:	Kontrole	28,1
	neutralisiert mit Soda	43,0
	Soda 0,2 % . . .	59,2
	Soda 0,5 » . . .	72,3
Versuch III nach 22 stünd. Digestion:	Kontrolle	15,6
	neutralisiert m. KOH (3,7 ccm $^1/_{10}$ N	40,0
	KOH 0,1 % . . .	53,8
	KOH 0,5 » . . .	70,1
Versuch IV nach 19 stünd. Digestion:	Kontrolle	25,0
	neutralisiert m. NH_3	34,0
	NH_3 0,05 % . . .	61,8
	NH_3 0,1 % . . .	82,7

Schon eine Neutralisation des stets schwach sauren Prefssaftes bedingt eine Hemmung und noch mehr einen Zusatz der Alkalien von 0,1—0,2 %. Ammoniak und Kaliumhydroxyd entsprechen sich in ihrer Wirkung, Natriumcarbonat wirkt etwas weniger schädlich. Das proteolytische Enzym wird also in schwach saurer Lösung begünstigt, in neutraler oder schwach alkalischer gehemmt. Beyerinck[3]) hat bei seinen Versuchen

[2]) Die Alkalien wurden in der angegebenen Menge zu dem neutralisierten Prefssafte zugesetzt.

[3]) Centralbl. f. Bakt. 1897, II. Abt. S. 521.

mit Hefekulturen auf verschieden reagierender Gelatine gerade entgegengesetzte Resultate erhalten. Doch ist dieser Gegensatz nur ein scheinbarer. An der Unzweideutigkeit der vorliegenden Resultate wird dadurch nichts geändert. Eine Erklärung ergibt sich aus dem weiter unten über die Beyerinck'sche Hypothese der Enzymbildung Gesagten. Kutscher fand bei seinen Versuchen mit Chloroformwasser und Prefshefe, dafs schwache Alkalisierung die Spaltung durch Selbstverdauung nicht ändert. Diese Angabe ist vermutlich nur auf die »qualitativen« Verhältnisse zu beziehen.

Charakterisierung des proteolytischen Enzymes der Hefe.

Die letzten Versuche, zusammen mit mehreren früheren Beobachtungen, lassen es wünschenswert erscheinen, die gefundenen Resultate im Vergleich mit den bei anderen Verdauungsfermenten schon bekannten zu einer Charakterisierung des proteolytischen Enzymes der Hefe zu verwerten; gerade die Beeinflussung der Fermente durch Säuren und Alkalien ist ja stets wesentlich für die Charakterisierung derselben verwertet worden.

Man hat Fermente unterschieden, die bei einem Optimum von 0,2—0,4% Salzsäure die kräftigste Wirkung entfalten, und als der typische Repräsentant dieser Gruppe wurde das Pepsin betrachtet, welches schon durch die verdünntesten Lösungen der Alkalicarbonate nicht nur in seiner Wirkung behindert, sondern schnell zerstört wird. Den pepsinartigen Fermenten gegenüber stehen die tryptischen, deren Wirksamkeit durch schwach alkalische Lösungen gefördert wird, und als deren typischer Vertreter das Pancreastrypsin betrachtet werden konnte. Die neueren Untersuchungen haben allerdings eine Reihe von Tatsachen zu Tage gefördert, welche die Durchführung einer Einteilung nach diesem Prinzipe schwierig und eine gröfsere Rücksichtnahme auf die von den Enzymen gelieferten Spaltungsprodukte — soweit müssen wir Kutscher zustimmen — zweckmäfsiger erscheinen lassen. Vines hat für das Enzym der Insektivoren, Green für das der keimenden Samen nachgewiesen, dafs sie durch Säuren in ihrer

Wirkung begünstigt werden und dabei Spaltungsprodukte liefern, die denjenigen der tryptischen Fermente entsprechen. Der Milchsaft von Ficus Carica verdaut in schwach saurer, neutraler und schwach alkalischer Lösung gleich gut und würde sonach, wenn nur die Reaktion in Betracht käme, keiner der beiden Gruppen anzureihen sein. Nur fragt es sich, welchen Spaltungsprodukten soll man eine entscheidende Bedeutung für die Einteilung einräumen? Bisher hat man, wie Salkowski hervorhebt[1]), als charakteristische Spaltungsprodukte des Trypsins die Monoamidosäuren (Leucin, Tyrosin) angesehen, weil eine Abspaltuug dieser Säuren ohne »Zertrümmerung« des Eiweifsmoleküls kaum denkbar ist, während die Spaltungsprodukte des Pepsins durch einfache Hydratisierung entstanden gedacht wurden. Seitdem Kutscher mit Hilfe der Kossel'schen Metoden im sogenannten Antipepton Kühne's die Hexonbasen gefunden hat und anderseits Lawrow[2]) bei Verdauung zerschnittener Schweinemagen, also eines pepsinhaltigen Gemenges, auch Leucin, Amidovaleriansäure, Asparaginsäure, Putrescin, Cadaverin festgestellt hat, sind nach Kutscher für die Charakterisierung eines tryptischen Enzyms nicht mehr die Monoamidosäuren mafsgebend, sondern die Hexonbasen vor allem. Deshalb sieht Kutscher auch das proteolytische Enzym der Hefe erst jetzt als ein Trypsin an, nachdem es ihm gelungen ist, die Hexonbasen aus den Spaltungsprodukten zu isolieren, während Salkowski und wir es schon früher als solches betrachtet hatten und wir nur auf einige Unterschiede vom tierischen Trypsin aufmerksam gemacht hatten.

Wir möchten uns dem Gedankengange Salkowski's, der den Nachweis der Monoamidosäuren als genügend für die Charakterisierung eines tryptischen Enzyms ansieht, anschliefsen: Die Untersuchungen Lawrows können hier nicht als mafsgebend erachtet werden, denn es ist bei seiner Versuchsanordnung nicht ausgeschlossen, dafs ein in den Zellen des Magens enthaltenes proteolytisches Enzym, wie es bei der Autolyse sich in anderen Organen hat nachweisen lassen, neben dem Pepsin tätig war,

[1]) Zeitschrift für physiol. Chemie Bd. 34. S. 158 und Bd. 35 S. 545.

[2]) Ebenda. Bd. 33, S. 312.

und erst eine Untersuchung mit möglichst gereinigtem Pepsin könnte hier die Entscheidung liefern. Der Nachweis der Monoamidosäuren allein beweist aber, dafs eine Zertrümmerung des Eiweifsmoleküls stattgefunden hat, und mehr ist durch den Namen »Trypsin« nicht ausgedrückt. Es ist nicht damit gesagt, dafs die Eiweifsspaltung bei allen Fermenten, die Monoamidosäuren liefern, gleichartig verlaufen mufs: es können sowohl bezüglich der begünstigenden Reaktion wie bezüglich der weiteren Spaltungsprodukte Unterschiede zwischen solchen tryptischen Fermenten bestehen. Wir möchten daher vorschlagen, als Gruppenbezeichnung für solche Fermente, welche nur eine Hydratation der genuinen Eiweifskörper bewirken, keine weiteren Spaltungsprodukte als Albumosen und Peptone liefern, »Peptasen« für solche dagegen, welche Monoamidosäuren ergeben, »Tryptasen« zu wählen.

Hiernach wäre es klar, dafs das proteolytische Enzym der Hefe zu den Tryptasen gehört. Vom Pancreas-Trypsin unterscheidet es sich dadurch, dafs seine Wirkung durch saure Reaktion entschieden begünstigt, durch alkalische gehemmt wird. Ein weiterer Unterschied vom Trypsin liegt darin, dafs die Biuretreaktion gebenden Körper, in unserem Prefssaft wenigstens, nur ganz vorübergehend oder gar nicht auftraten, dafs ferner auch bei Zusatz von Pepton und Albumosen die Biuretreaktion schnell verschwindet. Eine so rasche und tiefgreifende Spaltung ist bisher in keiner proteolytisch wirkenden Enzymlösung gefunden worden. Am nächsten scheinen dem proteolytischen Hefeenzym die von Salkowski, Biondi und in jüngster Zeit von Jacobi[1]) untersuchten Enzyme zu stehen, welche die Autolyse der animalischen Organe bewirken. Auch diese wird man zu den Tryptasen rechnen müssen, ohne sie mit dem Hefeenzym oder dem Pancreas-Trypsin völlig identifizieren zu können, worauf auch schon Jacobi hinweist. Den proteolytischen Enzymen, wie sie in pflanzlichen und tierischen Zellen beobachtet wurden, gemeinsam ist wahrscheinlich die Bestimmung, nur im Innern der Zellen zu wirken oder höchstens auf ganz bestimmte Reize

[1]) Zeitschrift für physiol. Chemie Bd. 30, S. 149.

hin ihre Wirkung auch aufserhalb zu äufsern. Um diese Stellung der Zelltryptasen gegenüber dem Pancreas-Trypsin, das ja aufserhalb der Zelle seine Wirkung entfaltet, zum Ausdruck zu bringen, möchten wir sie als Endotryptasen bezeichnen und das proteolytische Enzym der Hefezellen im besonderen als Hefe-Endotryptase.

Versuche zur Isolierung des Enzymes.

Durch die achtfache Menge absoluten Alkohols kann das proteolytische Enzym, zugleich mit dem Eiweis, ausgefällt werden. Der Niederschlag beträgt 10—12% des Saftes; er löst sich nur zum kleineren Teile wieder in Wasser. Aus dieser Lösung kann wiederum mit der achtfachen Menge Alkohols ein Niederschlag erhalten werden, der nun ziemlich übereinstimmend 2% des angewendeten Saftes beträgt. Soll das Enzym so lange seine Wirksamkeit bewahren, so mufs der Niederschlag jedes Mal mit absolutem Alkohol mehrmals gewaschen und dadurch völlig entwässert, darauf möglichst schnell abgeprefst, durch Abreiben im Mörser gepulvert und sogleich im Vakuumexsiccator getrocknet werden. Bei der nochmaligen Aufnahme mit Wasser bleibt wiederum ein kleiner Teil unlöslich. Die Möglichkeit, nach der Selbstverdauung dieses oder des ersten Niederschlages kleinere Mengen des Enzymes in relativ reinem Zustande zu isolieren, scheitert an der Widerstandsfähigkeit des Invertins, welches der Verdauung ebenso lange widersteht, als das proteolytische Enzym seine Wirksamkeit bewahrt, also ein bis zwei Wochen.

Eine Reihe von Versuchen zur Trennung des Invertins und Verdauungsenzymes waren erfolglos. So waren noch in Auszügen von Trockenprefssaft mittels 50 proz. Alkohol proteolytisches Enzym und Invertin nachweisbar, als diese Auszüge mit absolutem Alkohol gefällt und der Niederschlag mit Wasser aufgenommen war. Fraktionierte Behandlung mit Essigsäure führt ebenfalls nicht zum Ziele. Die Vernichtungstemperaturen der beiden Enzyme liegen auch zu nahe beieinander (nach A. Mayer[1])

[1]) Lehre von den chem. Fermenten, Heidelberg 1882.

52° für Invertin), um für Beseitigung des einen ohne Schwächung des anderen anwendbar zu sein. Es wurde ferner der Versuch gemacht, den lebenden Hefezellen durch öfteres Auslaugen das Invertin zu entziehen, bis die Auszüge keine invertierenden Eigenschaften mehr aufwiesen. Doch besafs auch der aus dieser Hefe gewonnene Prefssaft noch starke Invertinwirkung neben der besonders starken proteolytischen Wirkung; der sehr hohe Eiweifsgehalt von 7,6% war in 18 Stunden auf 1,7% gesunken. In der Lösung des zweiten Alkoholniederschlages wird durch Sättigung mit Ammonsulfat eine Fällung erzeugt, welche abfiltriert und mit gesättigter Ammonsulfatlösung gewaschen, darauf wieder in Wasser gelöst, ebenfalls proteolytische und invertierende Eigenschaften besafs. Es gelang bisher nur einmal, eine sehr geringe Menge einer gut verdauenden und nicht invertierenden hygroskopischen Substanz zu erhalten, als die Alkoholfällung mit der von Hammarsten zur Trennung des Labfermentes und Pepsins benutzten fraktionierten Bleiacetatfällung kombiniert wurde. Das Verfahren war folgendes:

700 ccm Prefssaft wurden im Vakuum auf ca. 200 ccm eingedampft und diese langsam unter Umrühren in eine Mischung von 1800 ccm 95 proz. Alkohols und 200 ccm Äthers gegossen. Der Niederschlag wurde sogleich abfiltriert, zweimal mit absolutem Alkohol gewaschen, nach dem Abtropfen desselben in ein Leintuch gegeben und (ohne Filter) bei 150 Atmosphären abgeprefst, sogleich in einer erwärmten Reibschale zu einem trockenen Pulver verrieben und im Vakuumexsiccator aufbewahrt. Ausbeute 80 g. Am anderen Tage wurde das gelblichweifse leichte Pulver mit der fünffachen Menge Wassers angerieben, eine Stunde bei 37° aufgestellt und die Flüssigkeit sofort im Eisschrank abfiltriert; nach Wiederholung dieses Verfahrens und dem Nachwaschen des Rückstandes mit Wasser resultierte eine grünlichgelbe Lösung, welche, im Vakuum konzentriert und wieder mit acht Teilen Alkohol und einem Teil Äther gefällt, einen reichlichen Niederschlag gab; nur war es dieses Mal nötig, sechs- bis achtmal mit absolutem Alkohol nachzuwaschen, um statt des sonst zähen hygroskopischen ein sprödes, körniges Präparat zu

erhalten, welches abgepreſst, getrocknet und darauf verrieben, 14 g eines weiſsen lockeren Pulvers darstellte. Es löst sich in Wasser zum gröſsten Teil wieder auf. Diese Lösung wurde in vier Fraktionen mit neutraler Bleiacetatlösung gefällt, die Niederschläge gewaschen und einzeln in viel Wasser aufgeschwemmt, um den Einfluſs der nun frei werdenden Essigsäure möglichst zu mildern, darauf mit Schwefelwassertsoff zerlegt und die Filtrate durch Lufteinleiten vom Schwefelwasserstoff befreit. Die von dem geringen Niederschlag IV so erhaltene Lösung verdaute Fibrin, ohne Rohrzucker zu invertieren, die anderen drei Niederschläge aber enthielten ebenso wenig, wie bei früheren und späteren Versuchen alle Fällungen, das proteolytische oder invertierende Enzym allein, sondern stets gemengt.

Filtrat IV wurde also im Vakuum konzentriert, mit der zehnfachen Menge absoluten Alkohols gefällt, die geringe äuſserst hygroskopische Fällung durch ein dichtes Filter abgesaugt, aus dem abgepreſsten und getrockneten Filter mit wenig destilliertem Wasser das Enzym ausgezogen und im Vakuum bei 37—40° zur Trockne gebracht. So wurde ca. 0,1 g einer zähen hygroskopischen gelben Substanz gewonnen.

Ein kleiner Teil davon, in 5 ccm Wasser gelöst, brachte 0,73 g feuchtes Fibrin (= 0,226 trockenes), welches mit der Enzymlösung einen dicken Brei bildete, nach 16 Stunden in Lösung. Die Ränder der Fibrinflocken waren schon nach drei Stunden deutlich angegriffen. Die Verdauungsflüssigkeit blieb aber milchig trübe und ergab beim Koagulieren nach fünf Tagen noch 0,127 Koagulat, so daſs 50% obigen Fibrinquantums von der minimalen Enzymmenge verdaut waren. Auſserdem ergab eine quantitative Bestimmung in 0,500 Rohrzucker + 5 ccm Wasser und 0,5 ccm der gleich starken Enzymlösung nach 24 Stunden bei 37° nur 0,018 Invertzucker.

Die Substanz stellte also das proteolytische Enzym mit einer verschwindend geringen Beimengung von Invertin dar und gab folgende Reaktionen:

Gerbsäure . . . . kaum erkennbare Trübung,
Phosphorwolframsäure . . kaum erkennbare Opaleszenz,

Ammoniummolybdat . . .	deutliche Opaleszenz, beim Erhitzen erst gelbgrüne Lösung, dann ebensolche Trübung,
Salpetersäure	farblos klar,
Jodjodkalium	keine Reaktion,
Quecksilberjodidjodkalium .	keine Reaktion,
Biuretreaktion	negativ,
Millonsreaktion	negativ,
$HgCl_2$ (5%)	starke Opaleszenz,
Bleiacetat	weiſse undurchsichtige Fällung,
Mercurinitrat	weiſse undurchsichtige Fällung,
Ätheralkohol	undurchsichtige Trübung,
Erhitzen	Trübung und dann deutlich flockiges Koagulat.

Es war also eine beim Erhitzen noch gerinnende, nur mehr mit Alkohol, Bleiacetat, Mercurichlorid, Mercurinitrat und Sättigen mit Ammonsulfat (siehe oben) fällbare Substanz, welche keine Millon'sche und keine Biuretreaktion mehr gab, verdaute und nicht invertierte.

In drei übereinstimmenden Versuchen wurde die konzentrierte und kräftig verdauende Lösung des zweiten Alkoholniederschlages in Pergamentpapier von 0,15 mm Dicke der zwei- bis dreitägigen Dialyse gegen destilliertes Wasser und einmal gegen 5% Salpeterlösung unterworfen. Das Dialysat invertierte Rohrzucker immer stark, ohne proteolytische Eigenschaften gegen Fibrin oder Thymolgelatine zu besitzen, so daſs dieser Versuch zu gleicher Zeit ein Beweis ist für die Dialysierbarkeit des Invertins und dafür, daſs das proteolytische Enzym durch Pergamentpapier nicht dialysiert.

Im Gegensatze dazu fand Beyerinck, daſs »das ‚Hefetrypsin' durch Agarplatten und Pergamentpapier sehr leicht diffundiere und im Substrate sich ungefähr mit der Geschwindigkeit der reinen Peptone fortbewegt«. Eine Erklärung dieser entgegengesetzten Resultate zu geben, ist ohne weiteres nicht möglich, um so mehr da Beyerinck keine näheren Angaben über die Versuchsanordnung gemacht hat.

Unter welchen Bedingungen bildet sich das Enzym bezw. tritt es in Wirkung?

Die Beantwortung dieser Frage wurde, wie eingangs erwähnt, schon von verschiedenen Forschern versucht und zeigte, daſs deren Ansichten durchaus nicht übereinstimmen.

Besonders eingehende Versuche hat H. Will in der schon öfters zitierten Abhandlung veröffentlicht und zugleich eine Anschauung geäuſsert, welcher auf Grund der bei den vorliegenden Arbeiten gesammelten Erfahrungen nicht beigepflichtet werden kann. Die Widerlegung seiner Anschauungen läſst sich am besten an der Hand der Resultate durchführen, welche Will mit groſser Sorgfalt aus sehr zahlreichen Versuchen für seine Theorie gesammelt hat, die deshalb auch zunächst näher dargelegt werden sollen.

Will machte seine Studien anfangs an Stichkulturen in 10 proz. Bierwürzegelatine und dehnte die Versuche auf möglichst zahlreiche Saccharomycesarten aus. Bei 20° C. trat eine Verflüssigung innerhalb 18—80 Tagen, bei 13° innerhalb 45—240 Tagen ein und zwar in der Regel im Stichkanal beginnend. Eine Zusammenstellung seiner Versuche führte zu dem Ergebnis, daſs allgemein die schneller verflüssigenden Arten (Mycoderma und Anomalusarten) auch sauerstoffbedürftigere sind. Bei späteren Versuchen hat Will die Zeit bis zum Beginn der Verflüssigung dadurch abgekürzt, daſs er eine innige Mischung der zu verimpfenden Saccharomycesarten mit der durch schwaches Erwärmen flüssig gemachten Bierwürzegelatine bewerkstelligte. So sah er in 7—55 Tagen die Proteolyse beginnen, und zwar war diese Zeitdauer ebenfalls proportional dem Sauerstoffbedürfnis.

Die Vermehrung war an den oberflächlich gelegenen Schichten am stärksten, die Breite dieser Schichten variierte je nach dem Sauerstoffbedürfnis der Hefearten.

Die Verflüssigung begann unmittelbar unterhalb der Zone des stärksten Wachstums, nach abwärts fortschreitend. Die Verflüssigungszone zeigte ausschlieſslich oder am stärksten die Gärungserscheinungen, am geringsten eine Vermehrung, so daſs, wenn die oberste Schichte fest blieb, in den unteren schneller verflüssigten in der Regel nur ein sehr geringer Hefeabsatz erkennbar war.

Die oberste, dicht mit Hefezellen durchsetzte Wachstumszone wurde von unten her sehr langsam verflüssigt, ebenso langsam von auſsen nach innen, wenn sie untersank.

Bei Zerklüftung der Gelatine durch Gärungserscheinungen waren entweder die Zonen um die Tiefe der Spalten nach abwärts verschoben, oder es trat eine Verflüssigung überhaupt nicht ein.

Auf Grund dieser Ergebnisse kam Will zu dem Schlusse, daſs die Luft direkt oder indirekt bei der Proteolyse durch die Hefen eine Rolle spielt und zwar dadurch, daſs ihre Gegenwart der Bildung eines proteolytischen Enzymes hinderlich ist oder gebildetes wieder zerstört. Er sagt ferner: Soviel sich bis jetzt übersehen läſst, scheint die Verflüssigung der Gelatine eine Funktion nicht langsam absterbender und sich auflösender, sondern normaler Zellen zu sein, hervorgerufen durch Mangel an Nahrung und zwar nicht nur Mangel an gelöster Substanz überhaupt, speziell stickstoffhaltiger, sondern auch an Sauerstoff.

Die hiernach vorhandenen Möglichkeiten, dafs die Gegenwart von Sauerstoff erstens das proteolytische Enzym zerstört, zweitens der Bildung eines solchen hinderlich wäre, oder drittens dessen Ausscheidung hintanhält (resp. umgekehrt, dafs Mangel an Sauerstoff die Ausscheidung auslöst), sollen im folgenden erörtert werden. Eine weitere Annahme, die Beyerinck's, dafs das Enzym nur aus Hefezellen stammt, welche aus Mangel an Sauerstoff zu Grunde gegangen sind, überhaupt ein Zusammenhang zwischen toten Zellen und der Proteolyse, wird von Will bestritten. Er hält die abgestorbenen Zellen nur für eine ständige Begleiterscheinung, hat aber auch bei neueren Untersuchungen[1]) keine Korrelation zwischen der Anzahl der toten Zellen und dem Grad des Abbaüs der Gelatine finden können.

Dafs die erste Erklärung nicht zutreffend ist, ja Sauerstoff auf die Proteolyse selbst eher begünstigend einwirkt, zeigt die Tabelle XVII.

Um die zweite Möglichkeit festzustellen, wurden in 80 Kolleschen Schalen auf Bierwürzeagar Oberflächenkulturen angelegt mit Stamm 24, einer Reinkultur untergäriger Bierhefe aus der wissenschaftlichen Station für Brauerei in München; die zum Impfen verwendete Kultur war ebenfalls schon vorher auf zwei Kolle'schen Schalen herangezüchtet worden. Nach 48 Stunden wurden die ziemlich reichlich gewachsenen Kulturen mittels eines Platinspatels abgehoben und 55 g einer teigartigen, gelblichweifsen, sauer reagierenden Mafse gewonnen, welche, sogleich mit 65 g Quarzsand und 10 g Kieselgur verrieben, beim Auspressen 22 ccm eines deutlich sauer reagierenden, klaren, gelbbraunen Saftes ergab. Der Eiweifsgehalt betrug nur 2,47 % (wohl infolge der sauren Reaktion); es wurden 5 ccm bei 37° im Thermostaten aufgestellt, eine Probe über Thymolgelatine geschichtet und eine Probe mit Karminfibrin versetzt. Nach

---

[1]) Zeitschrift f. d. ges. Brauwesen 1901.

24 Stunden war im Preſssaft überhaupt kein Koagulat mehr zu erhalten, das Karminfibrin war gelöst, ebenso von der Gelatine nach 24 Stunden das gleiche Volumen, nach 48 Stunden das dreifache Volumen des Preſssaftes in Lösung gegangen. Diese, doch sicher im Vollgenuſs des Sauerstoffes und ohne Mangel an diffusibler Nahrung gezüchtete und möglichst jung und kräftig eingeerntete Hefe enthielt also reichliches und kräftig wirkendes Verdauungsenzym oder, was nach weiter unten folgenden Darlegungen das Wahrscheinlichere ist, dessen Zymogen. Sie lieferte zugleich den Beweis, daſs es in einer der beiden Formen auch in dieser Periode unter den günstigsten Umständen und ohne äuſseren Anlaſs in den Hefezellen enthalten ist.

Auſserdem können, wie früher erwähnt, aus frischer Hefe von jedem Wachstumsstadium Leucin und andere Spaltungsprodukte des Eiweiſses erhalten werden, so daſs schon Schützenberger auf »eine kontinuierlich wirkende Ursache« dieser Spaltung hinweisen konnte, »welche bei der Selbstverdauung der Hefe unter günstigeren Bedingungen nur gesteigert ist«. Auch sind die Eiweiſsderivate in frischen Hefezellen im gleichen Verhältnis auf Basen und Amidosäuren verteilt wie in dem der völligen Verdauung unterworfenen Preſssafte[1]). Proteolytisches Enzym oder vielmehr dessen Zymogen ist also unter allen Bedingungen in den Hefezellen vorhanden und in kontinuierlicher, wie wir annehmen dürfen, sehr gemäſsigter Wirkung, so daſs ein Einfluſs des Sauerstoffmangels auf die Bildung des Enzymes höchstens insofern anzunehmen ist, als unter den dadurch bedingten pathologischen Vorgängen intracellulär Enzym in gröſserer Menge aus einem Zymogen (s. unten) gebildet wird, ohne aber extracellulär zunächst in Wirkung kommen zu können.

Was schlieſslich die dritte Möglichkeit, die Verhinderung resp. Begünstigung einer Ausscheidung desselben betrifft, so sprechen vor allem die Erfahrungen dafür, daſs die lebenden Hefezellen auch bei Mangel an diffusibler Nahrung, wodurch doch gewöhnlich die Sekretion ausgelöst werden kann, gar kein proteolytisches Enzym sezernieren: Die Zellen können nur solche

[1]) S. Tabelle Nr. VI.

Eiweißkörper verwenden, welche in das Innere der Zellen gelangen; außerhalb derselben in der Lösung vorhandene colloidale Eiweißkörper sind für das Enzym der normalen Hefezellen unerreichbar.

Auch hierzu existieren schon Beobachtungen von Ténard und Pasteur, dahingehend, daß Hefe bei Zusatz von Eiereiweiß als einziger Stickstoffquelle Zuckerlösung nicht zu vergären vermag, also auch Vermehrung und Entwickelung der Hefezellen nicht stattfindet. Mayers[1]) eingehende Versuche bewiesen ebenfalls, daß die verschiedenartigsten Proteïnstoffe fast nur in derselben Proportion zur Hefeernährung sich eignen, als sie durch Pergamentpapier diffundieren, und daß z. B. mit Albumin oder Kaseïn ganz negative Resultate erhalten wurden. Es wäre ein sonderbarer und ohne Beispiel dastehender Fall, daß ein Pflanzenorganismus bei Gegenwart von kolloidalen Eiweißstoffen als einziger Stickstoffquelle kein Verdauungsenzym auszuscheiden vermag, durch einfachen Sauerstoffentzug aber, auch bei Gegenwart von diffusibler Stickstoffnahrung dazu veranlaßt würde. Will muß deshalb auch in gezwungener Weise als Zweck der Verflüssigung annehmen[2]), daß das Nährsubstrat der Diffusion des Sauerstoffes zugänglich gemacht werden soll.

Es ist ferner nach mehreren zu diesem Zwecke angestellten Versuchen beim wiederholten Waschen und Auslaugen lebender Hefezellen mit destilliertem Wasser ein proteolytisches Enzym nie zu erhalten, während der Auszug energisch invertierende Wirkung besitzt; dabei sind die unteren Zellen bei 12 stündigem Stehen bis zum Absetzen sicher ohne Sauerstoff, da, wie unten besprochen werden soll, Wasser durch lebende Hefezellen leicht völlig sauerstofffrei wird. Der im vorigen Abschnitt erwähnte Versuch einer Dialyse von invertierender und verdauender Enzymlösung stimmt mit diesen Beobachtungen überein. Invertin wird auch im Waschwasser gesunder Hefe gefunden, ist von dieser sezernirt als verhältnismäßig leicht diffusible Substanz; das proteolytische Enzym ist wenigstens nach unseren Beobachtungen,

[1]) Gärungschemie S. 129.

[2]) a. a. O. S. 182.

denen Will neuerdings auf Grund von Untersuchungen an Stichkulturen in Gelatine, also nicht auf Grund von Dialyse mit Pergamentmembranen widerspricht, nicht dialysierbar, kann demnach von normalen oder nur hungernden Zellen nicht sezerniert werden.

Die Hefezellen stehen übrigens nicht vereinzelt da mit ihrer Eigenschaft, das reichlich in ihnen in irgend einer Form enthaltene, also wohl für eine intracelluläre Wirkung bestimmte proteolytische Enzym nicht sezernieren zu können. Denn es ist uns gelungen, auch in solchen Bakterienarten ein proteolytisches Enzym zu konstatieren, bei welchem durch ihr Verhalten in der Kultur die Gegenwart desselben bisher nicht nachgewiesen werden konnte. In den zu anderen Zwecken nach der für die Hefe benutzten Methode hergestellten Prefssäften aus Massenkulturen von Tuberkel- und Typhusbazillen war das Stattfinden einer Proteolyse unverkennbar. Die betreffenden Resultate, die wir auch gegenüber den Angaben Kutscher's[1]), der in den Tuberkelbazillen überhaupt kein proteolytisches Enzym nachweisen konnte, aufrecht erhalten müssen, mögen hier noch angefügt sein:

Tabelle XIX.

Koagulat in Prozenten d. Prefssaftes aus Tuberkelbazillen (3—4 Wochen alt)

frisch	nach Digestion bei 37°		
	nach 2 Wochen	nach 4 Wochen	nach 7 Wochen
I 0,86	0,39	—	—
II 0,54	—	0,43	—
III 0,95	—	—	0,75

Bei Versuch III wurde auch der Stickstoff des Filtrates nach dem Koagulieren bestimmt und vor der Digestion 0,297 % Stickstoff, nach derselben 0,455 % gefunden. Die gröfsere Abnahme des Koagulates im Versuch I erklärt sich wohl dadurch, dafs hier der Prefssaft nur durch Papier, nicht durch Kieselgurkerze filtriert war, während in Versuch II und III die Kiesel-

[1]) Sitzungsber. d. Gesellsch. z. Beförderung d. gesamten Nährwissenschaften, Marburg 1901. Nr. 6 und Zeitschr. f. physiol. Chem. Bd. 34. S. 523.

gurfiltration die Menge des Enzyms oder derjenigen Stoffe, welche der Enzymwirkung zugänglich sind, verminderte. Es erscheint nicht ausgeschlossen, dafs auch das Alter der Tuberkelbazillen hier eine Rolle spielt, weil bei den älteren Tuberkelbazillen die wachsartige Hülle stärker ausgesprochen ist und man einen schwächer eiweifshaltigen Saft erhält; auch das proteolytische Enzym könnte hier schon mehr verbraucht oder sein Übergang in den Prefssaft erschwert sein. Dieser wachsartigen Hülle wegen eignen sich die Tuberkelbazillen auch wenig zu Selbstverdauungsversuchen mit der Salkowski'schen Chloroformwassermethode, wie sie Kutscher angestellt hat. Die Hülle, wenn auch teilweise gelöst, mufs dem Austritt der Spaltungsprodukte, die sich im Innern der Bakterien durch Enzymwirkung gebildet haben, hinderlich sein. Es zeigt sich also auch hier, dafs die zellfreien Prefssäfte zum Nachweis eines Enzyms unter Umständen geeigneter sind als die Suspensionen von Zellen in Flüssigkeiten.

Das Plasmin aus Typhusbazillen enthielt an koagulierbarer Substanz vor der Digestion 0,26 %, nach achtwöchentlicher Digestion bei 37° 0,14 %, liefs also ebenfalls eine Abnahme erkennen. Selbstverständlich fand die Digestion unter Chloroformzusatz statt.

Nach diesen Ausführungen ist eine nachteilige Beeinflussung der Ausscheidung des Enzymes oder eine Zerstörung des gebildeten Enzymes durch Sauerstoff nicht möglich. Die Beobachtungen, die Will neuerdings wieder an Stichkulturen von S. anomalus III und IV Steuber gemacht hat, scheinen allerdings dafür zu sprechen, dafs nicht nur, wie Beyerinck annimmt, abgestorbene Zellen das proteolytische Enzym abgeben, sondern dafs bei einzelnen Hefearten auch lebende, normale Zellen unter gewissen Bedingungen dazu im stande sind. Welcher Art diese Bedingungen sind, mufs freilich vorläufig unentschieden bleiben: dafs sie jedenfalls nicht mit dem Sauerstoffeinflufs in Verbindung stehen, glauben wir bewiesen zu haben. Im allgemeinen möchten wir noch immer eher der Beyerinck'schen Ansicht beipflichten, welche wir folgendermafsen resumieren:

»Das nur für intercelluläre Wirkung bestimmte proteolytische Enzym wird durch normale Zellen nicht sezerniert, sondern dessen Freiwerden ist nur möglich nach vorhergehendem Absterben der Zellen.« Wir möchten allerdings darin nicht beistimmen, dafs das Freiwerden nur nach Absterben der Zelle möglich sei, wenngleich das der gewöhnliche Vorgang sein dürfte, sondern hinzufügen, dafs nach unserer Ansicht durchaus nicht etwa alle Zellen einer Kultur oder Gelatineschicht völlig abgestorben zu sein brauchen, um eine stärkere Proteolyse hervorzurufen. Man kann sich sehr wohl vorstellen, dafs das Absterben relativ weniger Zellen und das von ihnen abgegebene Enzym zu einer Veränderung des Nährmediums oder der Zellmembran der noch lebenden Zellen führt, welche diese nunmehr zu einer teilweisen Sekretion des Enzyms veranlafst. Darauf weisen namentlich die Beobachtungen hin, welche der eine von uns in Teil III bezüglich der Reduktionswirkung von Hefe in inaktivem Prefssaft niedergelegt hat: die reduzierende Wirkung des gleichfalls im Innern der Zelle eingeschlossenen enzymatösen Agens steigt, wahrscheinlich, weil das im gärungsunfähigen Prefssaft noch vorhandene proteolytische Enzym den Austritt aus der Zelle erleichtert. Mit einer solchen Annahme würden die Beobachtungen Will's nicht im Widerspruch stehen: denn die hier in Frage kommenden Veränderungen der Hefezellen brauchen der mikroskopischen Analyse durchaus nicht zugänglich zu sein.

Überhaupt jeder äufsere Faktor, welcher eine Schädigung der Lebensenergie der Hefezellen bedingt, wird auch eine intracelluläre Bildung resp. Vermehrung und Abgabe des proteolytischen Enzymes der Hefe zur Folge haben. Darin dürfte auch die Erklärung für Beyerinck's S. 149 zitierten Versuch zu suchen sein, in welchem er daraus auf eine völlig tryptische Natur des Hefeenzymes schlofs, dafs Hefe auf alkalischer Gelatine ($= 0{,}2\,\%$ Na_2CO_3) schneller eine Verflüssigung herbeiführte als auf sauerer ($= 0{,}2$ $HCl\,\%$). Die Alkalinität wirkte zwar schädigend auf die Wirkung des Enzymes, das nach den vorliegenden Untersuchungen durch alkalische Reaktion gehemmt, wenn auch nicht vernichtet wird, aber begünstigend auf die Menge des freiwerdenden Enzymes und zwar dadurch, daſs die Entwickelung der Hefezellen auf alkalischer Gelatine, wie man annehmen darf, bedeutend gehemmt ist, und mehr Zellen und diese in kürzerer Zeit zu Grunde gehen; die alkalische Reaktion in dem angegebenen Grade wird überdies bald durch den Hefestoffwechsel, besonders wenn die Proteolyse beginnt, in eine saure, für die Wirkung nunmehr günstige umgewandelt sein. Auf mäſsig saurer Gelatine gedeiht Hefe sehr gut und bewirkte infolgedessen ebenso wenig eine Verflüssigung wie normale Oberflächenkulturen der meisten Hefearten; allenfalls aus abgestorbenen alten Zellen stammendes spärliches Enzym kann begreiflicherweise durch die Acidität, die infolge des Hefewachstums über das vorhandene eben noch zulässige Maſs gesteigert ist, bedeutend gehemmt werden.

Das Zerreiben der Hefezellen mit Quarzsand wäre als eine jener Todesarten zu erachten, welche das proteolytische Enzym wirksam werden lassen. Beyerinck bemerkt in seiner wiederholt zitierten Abhandlung, daſs das Absterben der Hefe auf eine bestimmte Weise stattfinden müsse (siehe S. 47), wenn die Proteolyse deutlich in Erscheinung treten solle. In negativem Sinne trifft dies zu bei sehr langsam, z. B. aus Altersschwäche absterbenden Zellen, die, wie schon erwähnt, sehr geringe oder keine Verflüssigung mehr hervorrufen.

Allerdings können wir einem Versuchsresultat, das Beyerinck zur Stütze obiger Ansicht anführt, nicht beistimmen. Beyerinck gibt an, daſs in frischer Hefe, welche durch Einwerfen in Alkohol plötzlich getötet wurde, das Verdauungsenzym ebenso sicher verloren sei als bei den gleichen Versuchen mit Pankreasdrüse. Abgesehen davon, daſs z. B. nach Kühne[1]) Alkohol eine Spaltung des Trypsinogens und Auftreten des Trypsins verursacht, so konnten auch diese Resultate bei einer Nachprüfung des Versuches nicht bestätigt werden. Frische Hefe wurde mit dem doppelten Gewichte absoluten Alkohols verrührt, die Mischung blieb eine Stunde stehen, dann wurde die Hefe durch starkes Abpressen und Trocknen bei 37° von dem Alkohol befreit. Als sie darauf mit

[1]) Zit. Gamgee, Chemie der Verdauung, 1896, S. 231.

der fünffachen Menge Chloroformwassers bei 37° aufgestellt wurde, war eine Verdauung allerdings erst einige Tage später als sonst durch Bräunung der Flüssigkeit bemerkbar, trat aber dann (auch nach der Stickstoffbestimmung zu schliefsen) fast im selben Grade wie sonst ein. Ein Teil, als Kontrollprobe aufgekocht, blieb unverdaut. Durch Verreiben der mit Alkohol getöteten und getrockneten Hefe gelang es allerdings nicht, unter Wasserzusatz einen wirksamen Prefssaft zu erhalten. Aber dieser Mifserfolg ist viel eher dadurch erklärbar, dafs das Wasser nicht in genügender Menge und nicht genügend lange Zeit mit den durch Alkohol gehärteten Zellen in Kontakt war, um eine Extraktion des Enzyms bezw. Überführung des Zymogens in Enzym zu bewirken.

Es ist jedoch vollkommen zutreffend, wenn Beyerinck die Todesart der Hefe als wichtig für die Stärke der beobachteten Verdauung hervorhebt. Der Tod durch Ersticken, sei es infolge Sauerstoff und zugleich Zuckermangels oder in der Chloroformatmosphäre, scheint diejenigen pathologischen Zustände in den eiweifsreichen, noch kräftigen Zellen zu bedingen, welche die ausgiebigste Bildung von Enzym zur Folge haben.

Nach manchen Analogien mit anderen, in saurer Lösung wirksamen pflanzlichen und tierischen Verdauungsenzymen darf man folgern, dafs bei allen diesen krankhaften Erscheinungen die Bildung des proteolytischen Enzymes dadurch eingeleitet wird, dafs zunächst organische und unorganische Säuren oder saure Salze die Reaktion des Hefeplasmas beeinflussen und weiterhin eine Umwandlung des Zymogens in Enzym verursachen. Ein Versuch, der diese Annahme beweisen sollte, gab insofern nicht das erwartete Resultat, als ein unter Zusatz von Magnesiumoxyd zum Quarzsand und Kieselgur hergestellter, alkalisch reagierender Prefssaft deutliche, wenn auch natürlich gehemmte proteolytische Wirkung zeigte, wobei anderseits die Möglichkeit besteht, dafs beim Zerreifsen der Zellen der saure Zellsaft zunächst mit dem Plasma in Berührung kam, bevor er durch das Magnesiumoxyd neutralisiert wurde.

Das beim Herstellen des Hefeprefssaftes nötige Zerreiben würde sonach eine Mischung des sauren Zellsaftes mit dem alkalischen Plasma und infolgedessen die Abspaltung und die besonders starke Anhäufung des proteolytischen Enzymes in dem Safte bedingen.

Daſs die Art der Abtötung übrigens auch bei anderen Zellen für die Menge des in Erscheinung tretenden Enzymes wichtig ist, bewiesen uns Versuche, in denen wir die Organe von Hunden, Rindern, Kälbern und Pferden der Preſsmethode unterwarfen und den erzielten Preſssaft der Selbstverdauung bei 37° C. unter Chloroformzusatz überlieſsen.

Durch die Versuche Salkowski's[1]) über die Autodigestion der Organe ist es bekannt, daſs man eine ganz erhebliche Selbstverdauung nachweisen kann, wenn man den fein zerkleinerten Brei tierischer Organe längere Zeit bei 37—40° mit Chloroformwasser digeriert. Wir erwarteten mit unserer Methode mindestens die gleichen, wenn nicht höhere Werte, wie bei Anwendung des Salkowski'schen Verfahrens zu erhalten, sahen uns aber durch die Ergebnisse der Analysen enttäuscht.

Bei den Versuchen wurde die Menge des zugesetzten Quarzsandes und Kieselgurs variiert, um die anfänglich erhaltene geringe Ausbeute an Saft zu steigern. Auch wurde in einem Falle etwas Wasser zugefügt.

Versuch I. 200 g Hundeleber wird zerkleinert, mit 800 g Quarzsand und 40 g Kieselgur verrieben und unter 50 ccm Wasserzusatz zweimal gepreſst. Ausbeute: 50 ccm eines trüben, schwach alkalisch reagierenden, rot gefärbten Saftes, der in der Hitze koaguliert.

20 ccm sogleich koaguliert ergaben 0,703 g Koagulat,
nach zwei Tagen bei 37° . . . 0,665 » »
Abnahme des Koagulates = 6 %.

Versuch II. 400 g Kalbsleber mit 400 g Quarzsand und 50 g Kieselgur verrieben, gepreſst. Ausbeute: 40 ccm Saft.

15 ccm sogleich koaguliert ergaben 1,1905 g Koagulat,
15 » drei Tage bei 37° . . . 0,945 » »
Abnahme des Koagulates = 20,6 %

Versuch III. 250 g Rindsleber wie in Versuch II behandelt.

20 ccm sogleich koaguliert ergaben 0,496 g Koagulat,
20 » fünf Tage bei 37° (neutral) 0,472 » »
Abnahme des Koagulates = 4,9 %.

---

[1]) Virchow's Archiv Bd. 144, S. 373—400.

Versuch IV. 250 g Hundeleber wie in Versuch II u. III behandelt.
20 ccm sogleich koaguliert ergaben 0,4192 g Koagulat,
20 » nach 28 Tagen bei 37° . 0,4250 g »

Die Resultate waren also jedenfalls höchst schwankende, z. T. völlig negative. Ebenso fielen Versuche aus, in welchen die aus Gehirn, Hoden, Milchdrüsen gewonnenen Preſssäfte der Selbstverdauung unterworfen wurden: auch hier ergab sich entweder gar keine Abnahme des Koagulats bezw. Zunahme des Filtratstickstoffes oder nur ganz unbedeutende Änderungen in den betreffenden Werten. Bei dem gleichmäſsig positiven Ausfall der Resultate, welche sich in den von Salkowski und Biondi[1]) gegebenen Werten für die Autodigestion der Organe unter Benutzung von Chloroformwasser kundgibt, kann es keinem Zweifel unterliegen, daſs es vornehmlich die von uns befolgte Methode ist, welche die Bildung bezw. Wirkung solcher Enzyme aus tierischen Organen hinderlich ist. Auch Jacobi hat bei seinen Versuchen über die Autolyse der Organe, bei deren Publikation er übersehen zu haben scheint, daſs wir bereits 1898 (Ber. d. d. chem. Ges. S. 2343) die autolytische Wirkung des Leberpreſssaftes konstatiert hatten, augenscheinlich die Wirkung des mit Chloroformwasser digerierten Leberbreis kräftiger gefunden als die des Leberpreſssaftes, wenigstens soweit seine Angaben einen Vergleich zulassen. Es geht daraus hervor, daſs die Art der Abtötung der Zellen von entscheidendem Einfluſs auf die Enzymbildung bezw. -Wirkung sein muſs. Schon in dieser Tatsache ist also eine gewisse Spezifität für solche Enzyme gegeben, die überdies in der Art und Menge der durch sie gebildeten Verdauungsprodukte auch ihren Ausdruck findet.

Schluſsfolgerungen.

1. Der aus Hefezellen nach Zertrümmerung derselben mittels geeigneter Reibmethode durch hohen Druck ausgepreſste Zellinhalt schlieſst auch ein kräftig wirkendes, proteolytisches Enzym ein, welches nicht nur das reichlich vorhandene Eiweiſs des

[1]) Virchows Archiv Bd. 144, S. 373—400.

Preſssaftes selbst, sondern auch andere Eiweiſsstoffe zu hydratisieren vermag.

2. Die stickstoffhaltigen Substanzen werden dabei in der Weise zerlegt, daſs am Schlusse von dem Stickstoff der Verdauungsprodukte ungefähr 30% auf die Basen und 70% auf die Amidosäuren verteilt sind, im gleichen Verhältnis, wie diese Körper auch in dem vom Eiweiſs befreiten frischen Preſssafte gefunden werden.

3. Die Xanthinkörper, welche in geringer Menge (50 bis 100 mg pro 100 ccm Preſssaft) auftreten, zeigen insofern ein interessantes Verhalten, als sie unter normalen Umständen nach der Verdauung noch in latenter Form vorhanden sind und nur durch Kochen mit Säuren manifest werden. Bei Gasdurchleitung (auſser Kohlensäure) zu Anfang der Verdauung und beim Evakuieren des Saftes während der ganzen Dauer der Proteolyse werden die Xanthinkörper direkt fällbar. Die Wirkung dieser Manipulationen muſs zurückgeführt werden auf Entfernung der infolge der Gärungsvorgänge auftretenden Kohlensäure. Doch bleibt die Möglichkeit bestehen, daſs auſser der Kohlensäure noch andere chemische Substanzen oder physikalische Bedingungen eine Latenz der Xanthinkörper zur Folge haben können.

4. Der gröſstenteils organisch gebundene Phosphor wird bei der Digestion zu $^4/_5$ bis $^5/_6$ in Phosphorsäure übergeführt und zwar kann der gröſste Teil schon nach einstündiger Digestion bei 37° in dieser Form nachgewiesen werden.

5. Die Menge der Schwefelsäure, deren Schwefel in frischem Preſssaft $^1/_4$ des Gesamtschwefels beträgt, steigt nur unwesentlich an.

6. Albumosen treten während des ganzen Spaltungsprozesses nur vorübergehend in geringer Menge auf; Pepton im Sinne Kühne's ist auch intermediär nicht nachzuweisen: ebensowenig ist Pepton unter normalen Umständen in der Hefe zu finden.

7. Das Optimum der Temperatur für die Wirksamkeit des Enzymes befindet sich zwischen 40° und 45° C.

Die Tötungstemperatur wird durch 60° erreicht.

Die Dauer der Wirksamkeit beträgt bei 37° nur 9 bis 15 Tage.

8. Zufuhr von Sauerstoff wirkt eher fördernd als nachteilig auf die Proteolyse ein.

Antiseptica wirken bei Zusatz der gewöhnlich gebrauchten Mengen nicht hemmend, ausgenommen Sublimat und Phenol,

Blausäure hebt die Wirkung des Enzymes nicht auf, übt aber, in gröfserer Menge zugesetzt, einen geringen nachteiligen Einflufs aus.

Neutralsalze wirken, auch in konzentrierterer Lösung, begünstigend.

Glycerin und Rohrzucker wirken bei höherer Konzentration hemmend.

Säuren begünstigen die Wirkung des Enzymes; das Optimum entspricht 0,2 % Salzsäure.

Alkalien üben schon bei Neutralisation des schwach sauren Prefssaftes einen stark nachteiligen Einflufs aus.

Alkohol wirkt bei 5 % schon nachteilig, ebenso ist die Verdauung eines im Vakuum konzentrierten Prefssaftes gehemmt.

9. Das proteolytische Enzym der Hefe stellt einen neuen Typus der Verdauungsenzyme insofern dar, als es bezüglich der nötigen Reaktion den peptischen, in Bezug auf die Verdauungsprodukte den tryptischen Enzymen entspricht, in seinem Verhalten gegen die Peptone aber mit keinem der bekannten Enzyme übereinstimmt.

10. Das Enzym läfst sich in verhältnismäfsig reinem Zustande isolieren und dann nur mehr mit Alkohol, Bleiacetat, Mercurinitrat und Mercurichlorid fällen, ist koagulierbar, gibt aber keine Millon'sche und keine Biuretreaktion. Es dialysiert nicht durch Pergament.

11. Das proteolytische Enzym ist, vermutlich in Form eines Zymogens, unter allen Umständen in den Hefezellen enthalten; das Enzym kann aber von völlig normalen Zellen zum Zwecke

der Nutzbarmachung (Tryptonisierung) extracellulärer kolloidaler Eiweißstoffe nicht sezerniert werden; es gelangt auf diese im allgemeinen zur Wirkung, wenn es durch ein in bestimmter Weise erfolgtes Absterben oder pathologische Veränderung der Hefe gebildet und zum Austritt gebracht wird.

12. Im normalen Plasma scheint aus dem Zymogen kontinuierlich durch Säurezutritt proteolytisches Enzym gebildet zu werden. Dieses bewerkstelligt in minimaler Menge und in einer durch chemische und physikalische Eigenschaften des Plasmas sehr gemäßigten Weise die intracellulären »Desassimilationsvorgänge«, den kontinuierlichen Abbau des Hefeplasmas, dessen Verhältnis zum Aufbau wiederum abhängig ist von der Menge der gebotenen Nahrungs- und Energiequellen und dem Alter der Zellen.

13. Wie im Hefeplasma sind höchst wahrscheinlich in einer großen Zahl, wenn nicht in allen pflanzlichen und tierischen Zellen proteolytische Enzyme z. T. nur in der Form von Zymogenen vorhanden, die für die Desassimilationsvorgänge der pflanzlichen und tierischen Organismen eine wichtige Rolle spielen, aber auch bei pathologischen Prozessen zur Wirkung kommen (Necrose). Für diese Enzyme, welche intracellulär zu wirken bestimmt sind, möchten wir den Namen Endoenzyme vorschlagen und im Besonderen das proteolytische Enzym der Hefe als Hefeendotryptase bezeichnen.

III. TEIL.

Zur Kenntnis der reduzierenden Eigenschaften der Hefe.

Von Prof. **Martin Hahn.**

Reduzierende Eigenschaften sind an der Hefe schon mehrfach beobachtet worden. Dahin gehört, die von Salkowski im Hefeauszug gefundene Entfärbung der Fehling'schen Lösung ohne Bildung eines Niederschlages, eine Erscheinung, die Wroblewski[1]) auch im Hefepreſssaft beobachtet hat und die er auf eine oder mehrere in Alkohol lösliche Substanzen, die auch amoniakalische Silberlösung reduzieren, zurückführt. Auch die Zersetzung der Nitrite unter N-Entwicklung (s. T. I.), die von E. Buchner und Rapp sowie von Wroblewski beobachtet wurde, sowie die von Wroblewski gefundene Reduktion von Jod zu Jodwasserstoff, ist hier zu erwähnen. Bei allen diesen Vorgängen handelt es sich um rein chemische, nicht um enzymatöse Vorgänge, die durch das Lagern des Saftes oder durch Erhitzen auf höhere Temperatur nicht wesentlich beeinfluſst werden. Anzureihen wäre hier auch eine andere Beobachtung über die reduzierende Wirkung auf Schwefel und Natriumthiosulfat, die sich in dem bei 37° digerierten Preſssaft bemerkbar macht.

Mischt man 10 ccm Preſssaft mit $^1/_{20}$% $Na_2S_2O_3$, so tritt fast momentan eine starke SH_2-Entwicklung ein, die sich durch

[1]) Journal f. prakt. Chemie Bd. 64.

die allmähliche Schwärzung eines in den Hals des Gefäfses geklemmten Bleipapiers zu erkennen gibt. Bei Zusatz von Schwefelblumen erfordert die Reaktion längere Zeit. Nach 24 Stunden ist die Reaktion aber auch hier vollendet. Meist nimmt der Prefssaft, der mit Schwefelblumen oder mit $Na_2S_2O_3$, versetzt worden war, nach 1—3 Tagen eine grauschwarze Färbung an, wohl infolge des Eisengehaltes. Von der Gärtätigkeit des Prefssaftes ist die reduzierende Wirkung in keiner Weise abhängig: Man kann alten, nicht mehr gärfähigen, flüssigen oder trockenen Prefssaft fast mit gleich starkem Erfolge verwenden, und ebenso verliert der Prefssaft durch Erhitzen auf 55°, wodurch die Zymase bekanntlich zerstört wird, seine reduzierende Wirkung nicht. Sie wird allerdings etwas vermindert, aber erst durch Erhitzen auf 65° wesentlich beinträchtigt. Durch Alkohol ist die Schwefel reduzierende Substanz ohne bemerkbare Schädigung fällbar; ja es zeigt sogar bei der Fällung durch ein gleiches Volumen Alkohol auch das Filtrat, also eine Lösung in ca. 50 proz. Alkohol noch deutliche reduzierende Wirkung. Luft- und Sauerstoffzutritt sind für den Eintritt der Reaktion ohne Belang. Die Digestion des Prefssaftes mit $Na_2S_2O_3$ in zugeschmolzenen oder durch Pyrogallol vom Sauerstoff befreiten Gefäfsen ergab gleich starke Schwärzung des Bleipapiers. Von den Prefssäften aus anderen Bakterienarten (Cholera-, Typhus-, Tuberkelbacillen, Sarcina rosea, Vibrio phosphorescens) ergab der Tuberkelbacillus und V. phosphorescens eine schwache SH_2-Entwicklung, die übrigen Bakterienarten gar keine. Die Tatsache, dafs der Hefeprefssaft aus Schwefel und Natriumthiosulfat Schwefelwasserstoff entwickelt, ist gleichfalls schon durch frühere Beobachtungen gestützt. Dumas[1]) stellte die Entwicklung von Schwefelwasserstoff fest, wenn er Hefe mit Schwefel in Zuckerwasser digerirte. Rey Pailhade[2]) digerierte Oberhefe mit dem gleichen Gewicht 86 proz. Alkohol zwei Tage unter öfterem Schütteln und erhielt so eine schwach saure Flüssigkeit, welche die Entwicklung von

[1]) Annal. de chim. et de physiol. vol. 3 p. 92.

[2]) Compt. rend. 106, 1683—1684.

Schwefelwasserstoff aus Schwefel bewirkte. Rubner[1]) beobachtete beim Zusatz von Schwefelblumen zu gärender Hefe auch das Auftreten von Mercaptan. Mir ist es bei strenger Befolgung der Rubner'schen Methode zum Nachweis des Mercaptan nicht gelungen, in 250 ccm Hefepreſssaft, der 14 Tage bei 37° unter Zusatz von Chloroform und Schwefelblume digeriert worden war, Mercaptan nachzuweisen, während Schwefelwasserstoff reichlich vorhanden war, worauf auch schon das völlig schwarze Aussehen des Quecksilberniederschlages hinwies. Der Geruch, der sich im digerierten Hefepreſssaft und dessen Destillaten auch ohne Zusatz von Schwefel bemerkbar macht, steigt allerdings auf Zufügen von Schwefelblumen beträchtlich. Aus dem sauren Destillat des mit Schwefel digerierten Preſssaftes sowie aus dem Filtrat des Quecksilberniederschlages lieſs sich mit Äther eine sauer reagierende, in Ather und Alkohol lösliche Verbindung extrahieren, die in abgestumpften Nadeln krystallisierte und mit Bleiacetat und Natronlauge Schwefelreaktion gab, aber bis jetzt nicht näher untersucht wurde.

Bei den bisher genannten reduzierenden Wirkungen des Hefepreſssaftes handelt es sich also entweder um rein chemische Vorgänge wie bei der Nitritbildung oder um jedenfalls relativ thermostabile Prozesse, die erst beim Erhitzen des Saftes auf 65° eine deutliche Abschwächung erfahren, die auch im gelagerten Preſssaft eintreten und die also nicht ohne weiteres als enzymatös anzusprechen sind. Dies trifft auf die Schwefelwasserstoffbildung zu.

Ganz anderer Natur sind dagegen die Reduktionswirkungen, welche der Hefepreſssaft und die nach dem Albert'schen Verfahren hergestellte Dauerhefe auf Methylenblau auszuüben vermögen.

Die Fähigkeit zahlreicher Bakterienarten, Farbstofflösungen zu reduzieren, ist seit langem bekannt und hat den Gegenstand zahlreicher Untersuchungen gebildet. Da die Literatur in zwei neuerdings erschienenen Arbeiten ausführlich behandelt und zu-

[1]) Archiv f. Hygiene Bd. 19 S. 136—193.

sammengestellt ist[1], [2], so erscheint es überflüssig, hier noch einmal des näheren darauf einzugehen.

Eine Frage war es, die auch nach den jüngst erschienenen Untersuchungen noch immer als nicht völlig entschieden geltend konnte: Ist die reduzierende Wirkung an die Bakterienzelle selbst gebunden oder wird sie von den Stoffwechselprodukten derselben verursacht? Roszaheghyi, Baginsky, Müller hatten sich für die ursächliche Beziehung der Stoffwechselprodukte zur Reduktion ausgesprochen, während Cahen, Spina, Smith, Rothenberger, Klett der Bakterienzelle selbst die reduzierende Wirkung zuschreiben.

Der nach der in Teil I beschriebenen Methode aus Prefshefe gewonnene Prefssaft gestattet nun mit aller Sicherheit den Nachweis, dafs in der Tat die Zellsubstanz der Hefe die reduzierende Wirkung ausübt, und ermöglicht auch, gerade bei Benutzung von Methylenblau ein genaues Studium derjenigen Momente, welche die Reduktion begünstigen oder hemmen. Mischt man 10 ccm eines frischen Hefeprefssaftes mit 0,5 ccm einer 1 proz. Lösung von Methylenblau medizinale Höchst, so erfolgt die Entfärbung der stark blauen Lösung bei 38° in 1 bis 4 Minuten. Im ganzen können durch 10 ccm Prefssaft etwa 0,14 g Methylenblau bei allmähligem Zufügen der Lösung reduziert werden. Dabei betrug die Reduktionsdauer, die hier sich als der beste Vergleichsfaktor erwiesen hat, während der ersten 7 ccm der 1 proz. Lösung 1—2 Minuten pro 0,5 ccm, bei den zweiten 7 ccm 2—4 Minuten pro 0,5 ccm. Diese Reduktionsfähigkeit zeigte sich, wenn auch in bedeutend abgemindertem Grad, auch in Emulsionen von Prefshefe sowie von Dauerhefe, die nach dem Verfahren von Albert hergestellt war. So brauchte 1 g Prefshefe, in 10 ccm Wasser aufgeschwemmt, 11 Minuten, um 0,5 ccm obiger Lösung zu entfärben, 4 g Dauerhefe unter den gleichen Bedingungen 5 Minuten. Zum Teil erklärt sich die längere Reduktionszeit, die für die Entfärbung der ganzen

---

[1]) A. Klett, Zeitschr. f. Hygiene Bd. 33. S. 137.

[2]) A. Wolff, Baumgarten's Arbeiten aus dem pathol. Institut d. Univers. Tübingen 1901.

Flüssigkeit beansprucht wird, aus der Tatsache, dafs die suspendierten Zellen hier sehr schnell zn Boden sinken. Gegenüber dem Prefssaft zeigt aber die Dauerhefe auch insofern ein anderes Verhalten, als bei allmählichem Zufügen von Methylenblaulösung die Zeitdauer, welche zur Reduktion von 0,5 ccm beansprucht wird, nicht wächst, sondern für weitere Zusätze die gleiche bleibt.

Der Einwand, dafs auch hier Stoffwechselprodukte der Hefezellen eine Rolle spielen könnten, ist, da die Prefshefe bekanntlich vor der Pressung mehrfach gewaschen wird, schon an sich sehr wenig begründet. Er wird aber auch durch folgende Beobachtung noch widerlegt:

1. Das Reduktionsvermögen des Hefeprefssaftes für Methylenblau geht beim Aufbewahren in fest verschlossenen Gefäfsen mit Toluolzusatz im Eisschrank innerhalb weniger Tage verloren.

2. Der Toluolzusatz kann dabei nicht von wesentlicher Bedeutung sein, den auch ohne Toluol zeigt sich dieser Verlust an Wirksamkeit bei der Aufbewahrung im Eisschrank, ohne dafs dabei Fäulniserscheinungen auftreten.

3. Das Reduktionsvermögen des Hefeprefssaftes geht durch einstündiges Erhitzen auf 55—60° fast völlig verloren. 10 ccm Prefssaft reduzierten frisch 0,5 ccm 1 proz. Methylenblaulösung in 1—3 Minuten. 10 ccm desselben Stoffes, auf 55—60° erhitzt, brauchen 15—30 Minuten. Danach kann man sagen, dafs jedenfalls das Reduktionsvermögen des Hefeprefssaftes für Methylenblau nur zum kleinsten Teil auf stabilen Verbindungen beruht, die etwa in der Form von Stoffwechselprodukten in ihm enthalten sein könnten, dafs vielmehr die wesentliche Rolle hier die labilen Eigenschaften der Bakterienleibessubstanz spielen.

Als optimale Temperatur für die Reduktion erwies sich unter Innehaltung der übrigen obenerwähnten Versuchsbedingungen, die Temperatur von 40°.

10 ccm frischer Hefeprefssaft reduzierte 1 ccm 1 proz. Methylenblaulösung

Temperatur:	Zeit:		
4—5°	30 Min.	—	Sek.
16—18°	11 »	—	»
25°	5 »	10	»
40°	3 »	50	»
50°	6 »	—	»

Bei Verdünnung des Peſssaftes mit Wasser leidet die Reduktionswirkung mehr, als es nach dem Gehalt der Proben an Preſssaft der Fall sein dürfte.

0,5 ccm 1 proz. Methylenblaulösung wurden reduziert.

Inhalt der Proben:		Zeit:	
2,5 ccm Preſssaft + 7,5 H_2O		17 Min.	— Sek.
5 » » + 5 »		12 »	20 »
7,5 » » + 2,5 »		8 »	— »
10 » »		4 »	30 »

Gleiche Teile Preſssaft und Wasser hätten nach dem Reduktionswert des unverdünnten Preſssaftes in 9 Minuten reduzieren müssen; tatsächlich reduzierten sie in 12 Min. 20 Sek.

Anders dagegen gestaltet sich der Ablauf der Reduktion, wenn man den Preſssaft mit Peptonbouillon statt mit Wasser verdünnt.

0,5 ccm 1 proz. Methylenblaulösung.

Inhalt der Proben:		Zeit:	
2,5 ccm Preſssaft + 7,5 ccm Bouillon		7 Min.	— Sek.
5 » » + 5 » »		6 »	30 »
7,5 » » + 2,5 » »		6 »	— »
10 » »		4 »	30 »

Hier sehen wir also sogar eine begünstigende Wirkung der Verdünnung mit Peptonbouillon insofern, als der berechnete Wert von 9 Min. für gleiche Teile Preſssaft und Verdünnungsflüssigkeit nicht erreicht wird, sondern die Reduktion nur 6 Min. 30 Sek. beansprucht.

Dieselbe begünstigende Wirkung der Peptonbouillon zeigte sich auch, wenn man die Dauerhefe statt in Wasser, in Bouillon suspendierte. Wie man aus der untenstehenden Tabelle ersieht, kann das Pepton hier nicht wesentlich in Betracht kommen. Starke Konzentrationen von Amphopepton verlangsamen sogar die Reduktion: dagegen übt der Fleischextrakt in 1 proz. Lösung die gleiche beschleunigende Wirkung aus wie die Bouillon, während wieder eiweiſsfreie Hefe-Nährlösung anscheinend kein günstiges Medium darstellt, gleichviel ob sie Zucker enthält oder nicht. Ferner ist aus diesen Versuchen zu entnehmen, daſs die Reduktion am schnellsten verläuft, wenn man als Medium alten Preſssaft wählt, der vier Tage alt war und an sich erst in

13 Min. reduzierte. Durch diese Beobachtung ist vielleicht die zwar langsamere, aber dafür auch gleichmäfsigere Reduktion, wie sie durch die Dauerhefe (siehe oben) im Gegensatz zum Prefssaft ausgeübt wird, zu erklären. Die Endotryptase, also das proteolytische Ferment des Hefeprefssaftes hat zwar mit der reduzierenden Wirkung desselben nichts zu tun; denn im Eis aufbewahrte Prefssäfte, die noch tryptische Wirkung besitzen, reduzieren nach einigen Tagen schon fast gar nicht mehr; aber es ist denkbar, dafs für die Reduktion der Dauerhefe die Endotryptase, welches in dem alten Prefssaft enthalten ist, insofern von Bedeutung sein könnte, als es eine schnellere Abgabe der reduzierenden Substanzen aus den Dauerhefezellen auslöst, die bei Suspension der Dauerhefe in Wasser anscheinend nur sehr allmählich erfolgt.

Tabelle I.

1 g Dauerhefe in 5 ccm Flüssigkeit reduziert 0,5 ccm 1 proz. Methylenblaulösung:

		Min.	Sek.
1.	Destilliertes Wasser	7	—
2.	Bouillon	5	45
3.	Fleischextrakt	5	—
4.	Amphopepton 0,5 %	7	—
5.	» 1 %	8	—
6.	» 2 %	9	—
7.	Alter Prefssaft	4	—
8.	Pasteur'sche Hefe-Nährlösung mit Zucker	14	—
9.	Wie 8. ohne Zucker	9	—

Bei weiteren Untersuchungen hat sich nun aber auch immer mehr herausgestellt, dafs ein gewisser Parallelismus besteht zwischen der Gärwirkung und der Reduktionswirkung des Hefeprefssaftes und der Dauerhefe für Methylenblau. Zunächst sinkt bei Aufbewahrung des Prefssaftes in Eis die Gärwirkung vollkommen parallel der Reduktionswirkung ab.

Wie man sieht, ist hier (Tab. II S. 348) nach 72 Stunden ein fast vollkommenes Sistieren der Gärwirkung erfolgt; gleichzeitig ist aber auch die Reduktionszeit des Prefssaftes so verlängert, wie sie sonst nur bei erhitztem Prefssaft beobachtet wird. Derselbe Parallelismus zwischen Gärwirkung und Reduktion zeigte sich.

Tabelle II.

	20 ccm Prefssaft + 4 g Rohrzucker bilden CO_2 in 24 Stunden	10 ccm Prefssaft reduzieren 0,5 ccm 1 proz. Methylenblaulösung in
Prefssaft frisch . .	0,503	2 Minuten
» 24 Std. alt.	0,201	4 »
» 48 » » .	0,093	6 »
» 72 » » .	0,071	20 »

nun auch bei Prefssäften[1]), die im Vakuum eingedickt und getrocknet aufbewahrt waren. Solche Trockenpräparate, die beim Lagern ihre Gärkraft verloren hatten, wirkten auch nicht mehr reduzierend. Ebenso war auch die Reduktionszeit für Dauerhefen, welche schlecht gärten, eine bedeutend verlängerte. Die begünstigende Wirkung, welche die Suspension in Bouillon auf die Reduktion der Dauerhefe ausübt, tritt auch bei der Gärung hervor, wenn auch lange nicht in dem Maafse, wie bei der Reduktion.

Es soll hierdurch nicht etwa bewiesen werden, dafs Gärung und Reduktion durch das gleiche Enzym hervorgerufen wird. Aber die Tatsache, dafs die beiden Erscheinungen augenscheinlich durch dieselben Momente beeinflufst werden, legt jedenfalls den Gedanken sehr nahe, dafs auch die Reduktion, ebenso wie Gärung durch die Zymase (E. Buchner) hervorgerufen wird, auf der Wirkung eines enzymartigen Körpers beruht, der für gewöhnlich in der Leibessubstanz der Zellen eingeschlossen ist, der höchstens auf bestimmte Reize hin, die man sich als chemische (Reaktion der umgebenden Flüssigkeit?) oder physikalische (Osmose?) denken kann, an die umgebende Flüssigkeit in gelöstem Zustande abgegeben wird, aber in den unmittelbar die Zelle umgebenden Flüssigkeitsteilchen bereits zur Wirkung gelangt und dabei verbraucht wird.

Die mit dem Hefeprefssaft gewonnenen Resultate und namentlich die starken, reduzierenden Wirkungen, welche immerhin auch die Dauerhefe entfaltet hatte, legten den Gedanken

[1]) Herstellung s. Teil I.

nahe, auch die reduzierenden Eigenschaften der Bakterien von neuem zu untersuchen, um auch hier den gleichen Nachweis wie für die Hefezellen zu ermöglichen, nämlich, dafs diese Wirkungen von Bakterienleibessubstanz ausgehen.

Die hierher gehörigen Versuche wurden in Gemeinschaft mit Dr. Cathcart[1]) ausgeführt und haben im allgemeinen eine Bestätigung der Resultate gebracht, die hier mit der Hefe erhalten wurden.

---

[1]) Archiv f. Hygiene Bd. 54 S. 295.

IV. TEIL.

Beziehungen des Sauerstoffs zur Gärtätigkeit der lebenden Hefezellen.[1]

Von **Hans Buchner** und **Rudolph Rapp**.

(Aus dem hygienischen Institut der Universität München.)

Eine Kritik der gegenwärtigen theoretischen Ansichten über die Gärung wird immer auf Pasteur zurückgehen müssen, schon deshalb, weil wir diesem Forscher erst die gesicherte biologische Grundlage verdanken, welche die wissenschaftliche Erforschung des Problems ermöglichte, aufserdem auch, weil den theoretischen Vorstellungen Pasteur's trotz aller Mängel gewisse Grundzüge innewohnen, die sich als dauernd haltbar erwiesen haben.

Man hat sich nämlich nicht immer genügend klar gemacht, dafs Pasteur's Theorie aus zwei getrennten, von einander unabhängigen Teilen besteht, einem biologischen und einem chemischen. Während der erstere die allgemeinen Bedingungen der Gärtätigkeit der Hefe präzisiert, so bezieht sich der chemische Teil der Theorie lediglich auf die Frage, durch welchem chemischen Anstofs eigentlich das Zuckermolekül zum Zerfallen in Alkohol und Kohlensäure gebracht wird. Pasteur glaubte, dafs dies durch Entziehung von Sauerstoff geschehe, den die Hefe zu ihren Lebensfunktionen benötige. Merkwürdigerweise ist nun gerade dieser chemische Teil der Theorie eines so bedeutenden Chemikers längst als unhaltbar erkannt und

[1]) Zeitschrift f. Biologie 37, S. 82 (1898).

durch die Entdeckung der Zymasegärung durch E. Buchner wohl endgültig widerlegt, während der biologische Teil der Theorie zunächst in seinem Hauptpunkte, der Lehre vom ursächlichen Zusammenhang zwischen Lebenstätigkeit der Hefezellen und Gärungsvorgang, vollkommen feststeht, aber auch im übrigen für das biologische Verständnis des ganzen Vorgangs sich durchaus wertvoll erweist. Demgemäſs soll im folgenden ausschlieſslich die biologische Seite der Pasteurschen Theorie näher berücksichtigt werden, während die Frage, durch welchen chemischen Anstoſs der Zerfall des Zuckermoleküls eigentlich bedingt sei, nach unserer Überzeugung, wie erwähnt, durch die Zymaseentdeckung bereits ihre Erledigung gefunden hat. Trotzdem, und obwohl von dieser letzteren Tatsache hier zunächst ganz abgesehen werden soll, bleibt doch der biologische Teil des Phänomens, welcher die allgemeinen Bedingungen der Gärtätigkeit der Hefezelle und namentlich die Beziehungen des Sauerstoffs zu derselben umfaſst, nach wie vor zu erörtern und klar zu stellen.

Über die biologische Seite seiner Theorie hatte sich Pasteur bereits 1861 ausgesprochen und die nach seiner Ansicht grundlegenden Versuche über den Sauerstoffeinfluſs auf die Gärung veröffentlicht[1]), hat aber dann 1876 in seinen »Etudes sur la bière«, unter Hinzufügung weiteren Versuchsmaterials seine Auffassung nochmals eingehend und endgültig niedergelegt.

Pasteur hatte richtig erkannt, daſs das biologische Verhalten der Hefezellen beurteilt werden müsse in Analogie zum Verhalten derjenigen Mycelpilze, welche, wie z. B. gewisse Mucorineen, an freier Luft eine absolut aërobische Existenz ohne jede Gärtätigkeit zeigen, untergetaucht in zuckerhaltige Flüssigkeit aber, bei beschränktem O-Zutritt, die bekannten Sproſsformen bilden und alkoholische Gärung bewirken. Nachdem wir die Saccharomyceten unter allen Umständen in phylogenetischem

---

[1]) Compt. rend. de l'Académie des Sciences T. 52, 1861, p. 1260. Ferner namentlich: »Influence de l'oxygène sur le développement de la levûre et sur la fermentation alcoolique. Bulletin de la Société chimique de Paris. 28. juin 1861.

Zusammenhang mit bestimmten Mycelpilzen (dem Zeugnis von de Bary zufolge am ehesten mit den Ascomyceten) uns denken müssen, so erscheint eine solche Vorstellungsweise biologisch nicht nur erlaubt, sondern geboten.[1])

Aus dieser biologischen Grundauffassung ergibt sich aber folgendes weitere. Wenn nämlich die Hefe eigentlich von Hause aus ein aërobischer Organismus ist, der nur unter dem Zwange äufserer abnormaler Bedingungen, nämlich der beschränkten O-Zufuhr, seine durch Anpassung erworbene Befähigung zur Gärleistung entfaltet, so müssen die eigentlichen Hauptlebensäufserungen dieses Organismus doch immer bei vollem O-Zutritt am besten vonstatten gehen. Diese vitalen Hauptfunktionen sind aber Wachstum und Zellvermehrung, und damit: Bildung zahlreicher jugendlich kräftiger, protoplasmareicher Zellen. Von diesen nahm aber Pasteur folgerichtig an — und dies ist ein wichtiger, von den Späteren vielfach übersehener Punkt — dafs sie nicht nur für weitere Betätigung der Hauptlebensfunktionen, nämlich Wachstum und weitere Zellvermehrung, sondern aufserdem auch für die Anpassungsfunktion der Gärtätigkeit am besten geeignet sein müfsten.[2]) Um das Verhältnis genau zu präzisieren, würden

[1]) »Welch deutlicherer Beweis«, sagt Pasteur (Etudes s. l. b. p. 252), liefse sich für diese Theorie anführen, als die früher auseinandergesetzte Tatsache, »dafs gewöhnliche Schimmelpilze den Fermentcharakter annehmen, wenn man sie ohne Luft oder mit zu wenig Luft leben läfst, als dafs ihre Organe insoweit davon umgeben wären, wie es zum Leben für aërobische Pflanzen erfordert wird. Die Fermente besitzen also nur in besonderem Grade eine, vielen, wenn nicht allen gewöhnlichen Schimmelpilzen zugehörige Eigenschaft, welche wahrscheinlich mehr oder weniger alle lebenden Zellen besitzen, zugleich Aërobien oder Anaërobien zu sein, je nach den Bedingungen, unter die man sie versetzt.«

[2]) »On peut conclure en toute rigueur«, sagt Pasteur (E. s. l. b. p. 247), »de l'ensemble des faits que j'ai observés, que la levûre qui vit en présence de l'oxygène, qui peut en assimiler autant que cela est nécéssaire à sa complète nutrition, cesse d'être ferment d'une manière absolue. Toutefois, la levûre formée dans ces conditions, mise en présence du sucre, *à l'abri de l'air*, en décomposerait plus, *dans un temps donné*, qu'à un autre quelconque de ses états. C'est que la levûre qui a été formée à l'air, avec le maximum du gaz oxygène libre qu'elle peut assimiler, a plus de jeunesse ou d'activité vitale que si elle a été formée sans air ou avec insuffisance d'air.«

wir jetzt etwa sagen: Pasteur betrachtete den durch volle Sauerstoffernährung bedingten reichlichen Gehalt der Hefezellen an Plasma als die potentielle Ursache der Gärleistung (d. h. als die Vorbedingung einer überhaupt reichlichen Zymasebildung); dagegen erkannte er als das auslösende Moment für die Gärtätigkeit (d. h. für tatsächliche Zymasebildung) umgekehrt die Beschränkung bezw. den Mangel an Sauerstoff. Der hierin scheinbar liegende Widerspruch wird durch die oben dargelegte Grundansicht Pasteur's erklärt und beseitigt. Anderseits erwächst aber aus der Kompliziertheit dieses Verhältnisses, da der Sauerstoff im gewissen Sinne fördernd, in anderem aber umgekehrt hemmend auf die Gärleistung einwirken soll, eine unverkennbare Schwierigkeit für die Deutung von Versuchsergebnissen, wenn es sich darum handelt, zu entscheiden, ob dieselben Pasteur's Theorie widerlegen oder mit derselben vereinbar sein sollen. Und diese Schwierigkeit wächst noch, da Pasteur als auslösendes Moment für Gärungserregung keineswegs den absoluten O-Mangel verlangte. Es genügt nach ihm, »dafs das Leben sich vollzieht, ohne freien Sauerstoff oder mit Mengen dieses Gases, ungenügend für alle Vorgänge der Ernährung und Assimilation.« (E. s. l. b. pag. 252.)

Behält man dies im Auge, dann verlieren eine Menge von Versuchen Späterer, die angeblich Pasteur's Theorie widerlegten, ihre Beweiskraft. Denn es ist schwer zu beurteilen, bei welchem Punkte für die Zelle eines aërobischen Organismus der relative O-Mangel beginnen soll. Vielleicht ist dies schon der Fall, wenn die Zelle überhaupt in Flüssigkeit untergetaucht, also nicht mehr ganz an der freien Oberfläche einer Flüssigkeit oder eines festen Substrats sich befindet, selbst für den Fall, dafs die Flüssigkeit mit Sauerstoff ad maximum gesättigt sei. Wenn sich dies wirklich so verhielte, dann würden vielleicht sämtliche Gärungsversuche mit Hefe, die je angestellt wurden, auch diejenigen mit möglichst gesteigerter O- resp. Luftzufuhr unter die Kategorie derjenigen fallen, bei denen relativer O-Mangel als auslösendes Moment für Gärungserregung in Betracht kommen könnte.

Die biologischen Vorstellungen Pasteurs's sind also ziemlich dehnbarer Art, erlauben einen ziemlichen Spielraum und es ist jedenfalls nicht ganz leicht, Versuchsbedingungen herzustellen, welche eine präzise Entscheidung entweder für oder gegen die Theorie ermöglichen. Alle bisherigen Versuche erscheinen deshalb nicht als genügend. Der Vollständigkeit halber seien aber die wichtigsten Untersuchungen über die Beziehungen des Sauerstoffs zum Gärungsvorgang hier kurz zusammengestellt.

I. Kritik der früheren Versuche.

Pasteur selbst beschränkte sich auf den Versuch, nachzuweisen, dafs die Intensität der Gärleistung bei O-Zutritt geringer sei als bei O-Mangel, ein Nachweis, der ihm jedoch keineswegs gelungen ist. Allerdings zeigte er, dafs Zuckerlösung mit einer Spur Hefe versetzt bei der Vergärung sehr verschiedene Resultate ergeben kann, je nachdem die Gärung in einem geschlossenen luftbefreiten Kolben erfolgt, oder in einem weiten ganz flachen Glasgefäfs bei ungehindertem Luftzutritt. Während bei Luftabschlufs das Trockengewicht der schliefslich vorhandenen Hefe zu jenem des vergorenen Zuckers sich verhielt wie 1 : 89, so betrug dieses Verhältnis in dem flachen offenen Glasgefäfs 1 : 8 und in einem späteren Versuche sogar nur 1 : 4. Nach Pasteur war dadurch bewiesen, dafs in letzterem Falle in Anbetracht des reichlichen O-Zutritts das auslösende Moment für Gärtätigkeit fehlte, und dafs deshalb die einzelne Hefezelle eine wesentlich geringere Gärleistung entfaltet habe.

Das mag vielleicht zutreffen, aber sicher läfst sich dieser Schlufs aus den Versuchen nicht ziehen. Wir sehen dabei zunächst ab von Naegeli's kritischer Berechnung, welche von der Annahme ausging, als ob in Pasteur's Versuchen jedesmal aller Zucker vergoren wäre, was nach Pasteur's eigenen Angaben (Etudes sur la bière pag. 244) nicht ganz zutrifft. Immerhin hatte Naegeli den wunden Punkt der Pasteur'schen Aufstellungen vollständig richtig erkannt, der in der Nichtberücksichtigung des zeitlichen Moments gelegen ist, wie das übrigens schon Schützenberger in seinem 1875 erschienenen Werke über die Gärung zutreffend auseinandergesetzt hatte. Man könne, heifst es da, die Stärke der Gärleistung nicht, wie Pasteur will, einfach aus der Beziehung zwischen zerlegter Zuckermenge und Gewicht der gebildeten Hefe errechnen, sondern die »Energie des Ferments« sei gegeben durch die von einer bestimmten, als Einheit angenommenen Hefemenge in der Zeiteinheit zerlegte Zuckermenge. Von dieser Grundlage ausgehend hatte schon Schützenberger, wie später Naegeli, aus Pasteur's Versuchen genau das Entgegengesetzte gefolgert von demjenigen, was Pasteur selbst geschlossen hatte.

Bei Pasteur's Versuchen mit Luftabschlufs war nämlich die Gärung langsam verlaufen, während anderseits seine Versuche mit reichlichem Luftzutritt in dem flachen Gefäfs relativ frühzeitig, z. B. nach 48 Stunden, unterbrochen wurden. Diese Verschiedenheit der Zeitdauer glaubte Pasteur als gleichgültig aufser Betracht lassen zu können. »Ob die chemische Arbeitsleistung der Zuckerzerlegung«, sagt er (Etudes sur la bière pag. 246), »sich in einem Tag oder einem Monat oder Jahr vollzieht, ändert nichts an ihrem Wert, so wenig, als die mechanische Arbeitsleistung der Förderung einer Tonne von Material vom Boden bis auf den Giebel eines Hauses durch den Umstand sich ändert, ob diese Arbeit in 12 Stunden oder in einer einzigen geleistet wird. Das Zeitmoment gehört nicht zur Definition der Arbeitsleistung.« Und ferner: Schützenberger habe nicht bemerkt, »dafs er durch Berücksichtigung des zeitlichen Moments bei der Definition der Fermentenergie die vitale Aktivität der Zellen mit hereinzieht, welche von ihrem Charakter als Ferment unabhängig ist.«. Letzteres zeigt allerdings, wie scharf Pasteur zwischen der Lebenstätigkeit der Zelle an sich und ihrer Gärtätigkeit zu trennen bestrebt war. Man versteht seinen Gedankengang, ohne ihn jedoch billigen zu können. Denn es ist unmöglich, die Gärleistung von der Lebenstätigkeit der Hefe in dieser Weise unabhängig zu denken, und Pasteur gerät hier mit der biologischen Grundlage seiner eigenen Theorie in vollen Widerspruch. Mag man sich über die Natur des chemischen Anstofses, welcher zum Zerfall des Zuckermoleküls führt, irgend eine beliebige Vorstellung machen, würde man selbst die Sauerstoffentziehungshypothese Pasteur's gelten lassen, so müſste doch auch diese letztere Wirkung in innigster Abhängigkeit von den vitalen Vorgängen in der Zelle gedacht werden. Und eben dies gilt, wenn man das lebende Plasma der Hefezelle als direkte Ursache der Gärung auffaſst, wie es Naegeli wollte, oder wenn man nach den neuesten Ergebnissen die von der Hefezelle gebildete Zymase als Trägerin der Kontaktwirkung anerkennt.

Die Gärleistung kann also unmöglich von der Lebenstätigkeit der Zelle unabhängig gedacht werden, und eben deshalb muſs, wenn es sich um die Intensität der Gärleistung handelt, die Zeitdauer unbedingt in Rechnung gezogen werden, ebenso wie bei jeder anderen, von einer lebendigen Zelle oder einem lebenden Organismus ausgeübten Funktion. Das Irrtümliche bei Pasteur's Nichtberücksichtigung des zeitlichen Moments tritt übrigens ganz klar schon in folgendem zu Tage: Pasteur hatte zwei Versuche miteinander verglichen, den einen mit Luftausschluſs, den anderen in flachen, offenen Gefäſsen mit ungehemmtem Luftzutritt. Beim ersteren Versuch, bei dem die Gärung in einem luftleer gemachten Kolben erfolgt, kommt alles darauf an, wie lang man den Versuch dauern läſst. Bei der, unter diesen Umständen sehr langsamen Hefenvermehrung wird das Verhältnis $\frac{\text{Hefengewicht}}{\text{vergorene Zuckermenge}}$ immer kleiner werden, je später wir den Versuch unterbrechen, vorausgesetzt, daſs immer noch vergärbarer Zucker vorhanden ist. Für die zu beweisende These hat es aber in diesem Falle nur Wert, wenn jenes Verhältnis möglichst klein wird, und muſs man deshalb den Versuch, wie es auch Pasteur tat, möglichst lange, d. h. bis zum völligen Verbrauch des Zuckers fortsetzen.

Ganz anders steht es bei der zweiten Versuchsanordnung. Da hier die Hefe unter dem O-Einfluſs rasch sich vermehrt, so ist von vorneherein ganz unentschieden, ob das Verhältnis $\frac{\text{Hefengewicht}}{\text{vergorene Zuckermenge}}$ mit der Dauer des Versuches sich allmählich ändern wird oder nicht. Aus Pasteur's Darstellung geht aber hervor, dafs es sich tatsächlich ändert, da er bei Unterbrechung nach 48 Stunden das Verhältnis $\frac{1}{8,1}$, wenn er aber bereits nach 24 Stunden den Versuch beendete, das Verhältnis $\frac{1}{4}$ erhielt. Der Zeitpunkt der Unterbrechung des Versuches und damit auch die Gröfse der zu gewinnenden Verhältniszahl liegen also im Belieben des Experimentators, womit solche Feststellungen ihren Wert verlieren.

Es bleibt demnach bei Naegeli's Konstatierung, wonach in solchen Versuchen, wie jenen Pasteur's, die mit einer kleinen Menge sich stetig vermehrender Hefe ausgeführt werden, »die Leistung der einzelnen Zelle nur aus der Summation der ganzen betreffenden Reihe berechnet werden kann; sie hat ihr genaues Mafs in der Menge des zerlegten Zuckers, geteilt durch die Summe der Produkte aus den wirksam gewesenen Hefemengen und ihren Zeiten«[1]. Da nun aber die Progression in der Zunahme der Hefezellen unbekannt ist, so kann die erforderliche Summation nicht ausgeführt werden, und diese Schwierigkeit erhebt sich in allen derartigen Versuchen. Man hat deshalb gestrebt, die Vermehrung der Hefezellen auszuschalten, indem man die Gärung in reiner Zuckerlösung ablaufen liefs, und Naegeli hat selbst derartige Versuche angestellt, die aber an dem Fehler übermäfsig grofser Aussaatmengen von Hefe leiden wodurch zweifellos Vermehrung der Hefezellen ermöglicht wurde. Indem nämlich viele Hefezellen, die schwächeren und älteren unter ihnen, in Involution geraten und ihre plasmatischen Inhaltsstoffe ausscheiden, so können sich andere jugendliche Zellen dieser Nahrungsstoffe bemächtigen und auf Grund dessen Wachstum und Vermehrung zeigen, wie dies Naegeli gelegentlich selbst auseinandergesetzt hat.

Dieser Fall läfst sich nur vermeiden durch Anwendung kleiner Aussaatmengen von Hefe in reiner Zuckerlösung, und solche Versuche sind denn auch in neuester Zeit aus dem

---

[1]) Theorie der Gärung 1879, S. 19.

botanischen Institut der Universität Leipzig von Chudiakow publiziert worden[1]).

Diese Untersuchungen haben nun aber ein durchaus unerwartetes, mit allen bisherigen Erfahrungen in unvereinbarem Widerspruch stehendes Resultat ergeben, wie unten sogleich näher ausgeführt werden wird. Dieser Widerspruch mit den bisherigen Erfahrungen erscheint um so merkwürdiger, als die Versuche Chudiakow's sehr zahlreich sind und in chemischer Hinsicht nach einer exakten Methode angestellt wurden. Da überdies Pfeffer in seiner neuen Pflanzenphysiologie dieselben in Schutz nimmt und Chudiakow's Resultate vertritt[2]), so war eine eingehende experimentale Nachprüfung, so zeitraubend und mühselig dieselbe auch sein mochte, unbedingt geboten, wenn man nicht darauf verzichten wollte, in die Beziehungen des Sauerstoffs zur Gärtätigkeit der Hefe überhaupt jemals Klarheit gebracht zu sehen. Diese Nachprüfung ist ausgeführt und soll im folgenden, da sie zu einer vollständigen Widerlegung der Angaben Chudiakow's geführt hat, ausführlich mitgeteilt werden. Vorerst aber sei historisch noch folgendes bemerkt:

Die Frage der O-Einwirkung auf den Gärungsvorgang wurde schon vielfach studiert. Ausser A. Mayer[3]), dessen Untersuchungen über den Einfluſs des Sauerstoffs auf die Gärung dartaten, daſs Gärung bei vollem O-Zutritt — wenn beispielsweise die Hefe auf Flieſspapier ausgebreitet wurde — möglich sei, hatten auch andere im Prinzip ähnliche Resultate erhalten.[4])

So zeigte N. J. Brown[5]), daſs in Dextrosehefewasser unter Bedingungen, welche nach seiner Ansicht Hefevermehrung ausschlossen, bei Luftdurchleitung immer etwas höhere Kohlensäuremengen durch Gärung erhalten wurden, als bei H-Durchleitung.

---

[1]) Untersuchungen über die alkoholische Gärung. Von Dr. N. v. Chudiakow, Assistent am botanischen Institut Leipzig. Preuss. landw. Jahrb., herausgegeben von Dr. H. Thiel, 23. Bd. Berlin. P. Parey, 1894, S. 391 bis S. 534. Mit 5 Tafeln.

[2]) W. Pfeffer, Pflanzenphysiologie, 1. Bd. Leipzig 1897. S. 566.

[3]) Lehrbuch der Gärungschemie. IV. Aufl. S. 158.

[4]) Z. B. Pedersen, Hansen, Meddelelser 1878, 1879.

[5]) Koch's Jahresbericht 1892, S. 101.

Den gleichen fördernden Einfluſs des Sauerstoffs für »Gärung ohne Sprossung«, d. h. bei gehemmter Vermehrung, erhielt van Laer[1]) während Iwanowsky[2]) nachwies, daſs der gröſsere oder geringere Zutritt von Sauerstoff keinen Einfluſs auf die Zerlegung des Zuckers durch Hefe ausübt, sowie daſs auch bei Züchtung der Hefepilze an der Luft, also bei vollstem Luftgenuſs, noch Gärung stattfindet. Schlieſslich sei erwähnt, daſs E. Buchner[3]) bei einer Spaltpilzgärung durch Bac. Fitz. den Einfluſs der Sauerstoffzufuhr auf die Vergärung des Glycerins prüfte und bei Sauerstoffzufuhr eine stärkere Vergärung des Glycerins erhielt, wenn auch allerdings bei Berechnung der Gärleistung auf die einzelne Pilzzelle sich bei Anwesenheit von Sauerstoff eine geringere Gröſse ergab.

Als allgemeines Resultat dieser Versuche kann man betrachten, daſs jedenfalls Pasteur's theoretische Formulierung wesentlich eingeschränkt, wenn nicht ganz aufgegeben werden müsse. Es lieſs sich eben nicht nachweisen, daſs zur Gärungserregung ein höherer Grad von O-Mangel Voraussetzung sei, oder umgekehrt: ein hemmender Einfluſs des Sauerstoffs auf den Gärungsvorgang in irgend erheblichem Grade konnte absolut nicht konstatiert werden.

Es war der erwähnten Arbeit von Chudiakow vorbehalten, diesen Nachweis scheinbar zu erbringen und damit alle unsere bisherige Einsicht in den Gärungsvorgang zu anullieren. Wir müssen uns daher mit dieser Arbeit eingehend beschäftigen.[4])

II. Untersuchungen von Chudiakow.

Von diesen, im botanischen Institut der Universität Leipzig ausgeführten Untersuchungen[5]) interessiert uns hier nur derjenige

[1]) Koch's Jahresbericht 1893, S. 137.

[2]) Koch's Jahresbericht 1894, S. 116.

[3]) Zeitschr. f. physiol. Chemie 9, S. 380 (1885).

[4]) Die Arbeit von Chudiakow wurde schon bald nach ihrem Erscheinen von Wortmann in einem Referat (Botanische Zeitung 1894, Nr. 17) eingehend kritisiert und als experimentell unzulänglich nachgewiesen.

[5]) a. a. O.

Teil, welcher sich auf die Gärung in reinem Zuckerwasser bei Luft- und anderseits bei Wasserstoff-Durchleitung bezieht, und zwar mit Hefeaussaaten, deren Kleinheit die Vermehrung jugendlicher Zellen, wie oben erwähnt, ausschlofs. In dieser Weise werden im ganzen 87 Versuche mit allen einzelnen Zahlenergebnissen mitgeteilt, aus denen hervorgeht, dafs bei Luftdurchleitung die anfangs ca. 20—60 mg CO_2 betragende Gasproduktion, d. h. Gärung, sich schon nach wenig Stunden auffällig verminderte und nahezu auf Null zurückging, während bei Wasserstoffdurchleitung die CO_2-Produktion lange Zeit hindurch konstant blieb, um erst viel später abzusinken. Ein Beispiel mag dies veranschaulichen, nämlich derjenige Versuch, den Chudiakow selbst S. 439 als Beispiel im Texte anführt.

Versuch 11.

	Gärung A bei Luftzutritt	Gärung B bei Luftabschlufs.
1. Stunde	24,2 mg CO_2	22,8 mg CO_2
2. »	20,2 » »	23,6 » »
3. »	12,8 » »	24,4 » »
4. »	9,2 » »	20,8 » »
5. »	6,4 » »	21,2 » »
6. »	4,8 » »	20,4 » »
7. »	3,6 » »	19,8 » »
8. »	4,2 » »	20,8 » »
9. »	2,5 » »	21,2 » »

Nach Beendigung dieses Versuches betrug die Gesamtmenge der produzierten CO_2

bei Luftzutritt 119,2 mg CO_2

bei Luftabschlufs 442,2 » »

Die Alkoholbestimmungen ferner ergaben entsprechende Werte; im Versuche bei Luftzutritt wurden nur 0,084 g gebildet, während bei dem korrespondierenden Versuch das Gewicht des produzierten Alkohols 0,398 g betrug.

Folglich war, so schliefst Chudiakow, das Gesamtresultat der Gärung bei Abschlufs von Luft ungefähr 3,5 mal günstiger als bei Sauerstoffzutritt. »Der Sauerstoff begünstigt die Gärung also unter diesen Bedingungen nicht, wie Naegeli beweisen wollte, sondern macht im Gegenteil sie durchaus unmöglich.« Chudiakow spricht dann von »der Tatsache der Hemmung der Gärtätigkeit in reinem Zuckerwasser, welche durch die mitgeteilten Versuche aufser allen Zweifel gestellt ist«; und allerdings ergab sich bei allen seinen zahlreichen Versuchen mit Luftdurchleitung immer dieselbe merkwürdige Erscheinung, nämlich in der Regel schon in der 4.—5. Stunde eine ganz aufserordentliche und dauernde Herabminderung der CO_2-Produktion.

Über die Ursachen dieser ganz unerwarteten, allen bisherigen Erfahrungen widersprechenden Erscheinung ist sich nun aber Chudiakow offenbar nicht klar geworden. Er sagt zwar resumierend (S. 428) darüber: »Bei Anwendung kleiner Quantitäten Hefe tritt in reinem Zuckerwasser allmählich ein Absterben der Hefezellen ein, welches schliefslich dazu führt, dafs die Gärung nach Verlauf von einer bestimmten Zeit nicht wieder hervorgerufen werden kann, selbst wenn man normale Bedingungen für das Wachstum herstellt.« Daraus wäre also zu schliefsen, dafs der Sauerstoff nach Chudiakow nicht auf den Gärungsvorgang als solchen hemmend und schädigend wirkt, sondern auf die Lebenstätigkeit der Hefezellen. Und das scheint auch Chudiakow's Meinung zu sein, nachdem derselbe S. 450 selbst einen, unter sonst gleichen Bedingungen, wie die früheren, aber anstatt mit blofser Zuckerlösung diesmal mit Bierwürze unternommenen Versuch anführt, in welchem trotz Luftdurchleitung keine Hemmung der Gärtätigkeit, sondern im Gegenteil eine bedeutende Steigerung der stündlichen CO_2-Produktion (entsprechend der Hefenvermehrung) erfolgte. Chudiakow schliefst aus diesem Versuch (S. 451) wohl ganz richtig, dafs »der Sauerstoff hier gar keine Wirkung auf die Gärung« — d. h. auf den Gärungsvorgang an sich — »weder eine begünstigende, noch eine hemmende ausübt«.

Wie erklärt sich dann aber die Hemmung der Gärtätigkeit bei den Versuchen mit Luftdurchleitung durch Zuckerlösung? Es bleibt nur das erwähnte »Absterben der Hefezellen«, und da ist es denn sehr merkwürdig, dafs Chudiakow dieses von ihm selbst zuerst (S. 428) als Resultat seiner Versuche konstatierte Absterben später wiederum als Ursache der Hemmung direkt bestreitet. »Dieses Zurückgehen der CO_2-Produktion konnte nicht durch Absterben der Hefe erklärt werden«, heifst es auf S. 436, und nun wird, im direkten Widerspruch mit dem oben zitierten, auf S. 450 angeführten Versuch mit Bierwürze, erklärt, es liege am nächsten anzunehmen, dafs die Hemmung des Gärungsvorgangs direkt durch den Sauerstoff bedingt sei. Hieraus geht überzeugend hervor, dafs Chudiakow der von ihm übernommenen Aufgabe in logisch-kritischer Beziehung nicht gewachsen war.

Noch viel merkwürdiger als diese Widersprüche in der fundamentalsten Frage der ganzen Untersuchung ist der Umstand, dafs Chudiakow das »Absterben der Hefezellen«, das von ihm S. 428 als Resultat konstatiert worden war, gar nicht direkt durch Probekulturen geprüft hat! Überhaupt fehlen in der ganzen Arbeit alle und jede Angaben über mikroskopische Untersuchung der verwendeten Hefen! Im Zeitalter der Reinkultur hat Chudiakow nicht mit reinkultivierter Hefe, sondern mit »sogenannter Unterhefe aus der Uhlrich'schen Brauerei in Leipzig« seine Versuche durchgeführt, die er von Biertrebern und Hopfenresten erst durch Waschen mit Wasser befreien mufste.

Trotz dieser gewaltigen Mängel würden die nach guten, chemischen Methoden erhaltenen Resultate Chudiakow's ihre Bedeutung behalten, wenn es sich dabei wirklich um eine neue Tatsache über den Einflufs des Sauerstoffs auf die Gärleistung der Hefe handeln sollte. Allerdings würde man diese Tatsache, so wie sie von Chudiakow formuliert ist, nämlich die hemmende Wirkung des Sauerstoffs auf gärende, in Zuckerlösung befindliche Hefezellen, mit unseren bisherigen Kenntnissen absolut nicht vereinbaren können. Denn Zuckerlösungen sind für Hefezellen vollkommen unschädlich, eignen sich sogar nach Erfahrung kompetentester Fachmänner (z. B. Duclaux) ganz besonders gut zur jahrelangen Konservierung von Hefe. Und ebenso ist vom Sauerstoff durch alle bisherigen Forschungen ein schädlicher Einflufs auf Hefezellen niemals erwiesen worden, ja gerade nach

Pasteur's theoretischer Ansicht, welche hierin unzweifelhaft ganz das Richtige trifft, ist es der Sauerstoff, der nicht nur überhaupt die Vermehrung der Hefe begünstigt, sondern besonders die Bildung jugendlicher und kräftiger Zellen befördert. Zwei an und für sich günstige Einflüsse, Zuckerlösung und Sauerstoff würden also in Kombination mit einemmal eine schädigende Bedeutung gewinnen und entweder »Absterben der Hefezellen« oder überhaupt Hemmung der Gärtätigkeit bewirken sollen. Dieses Ergebnis würde jedenfalls ganz und gar für sich bestehen, es wäre mit keiner der vorhandenen Theorien irgendwie vereinbar, und man hätte daher erwarten sollen, dafs Chudiakow eine eigene theoretische Vorstellung an dasselbe anknüpfen werde.

III. Nachprüfung der Versuche Chudiakow's.

Allgemeines.

Trotz der grofsen inneren Unwahrscheinlichkeit, welche von vorneherein gegen die Richtigkeit der Ergebnisse von Chudiakow vorlag, schien es uns bei der gegenseitigen Übereinstimmung aller von ihm mitgeteilten zahlreichen Versuchsprotokolle, welche einen gröberen Irrtum absolut ausschlofs, erforderlich, die Versuche Chudiakow's zu wiederholen.

Dabei wurde derselbe Apparat und im wesentlichen dieselbe Anordnung benutzt, wie sie von Chudiakow ausführlich geschildert und abgebildet sind. Das Gärgefäfs von Chudiakow erscheint sehr glücklich gewählt — ein umgekehrter Erlenmeyer-Kolben, an dessen ausgezogenem Halse schwanenhalsförmig eine Röhre (mit Kugel) angeblasen, an dessen Boden aber eine Halsöffnung angeschmolzen ist. Wir benutzten die gleiche Einrichtung, welche bewirkt, dafs das eingeleitete Gas die ganze Flüssigkeitssäule passieren mufs, so dafs die Hefe nie zum Absitzen kommen kann und sämtliche Teilchen im Kolben fast ständig in Bewegung sich befanden.

Durch ein solches, mit entsprechender Nährlösung gefülltes Gärgefäfs wurde bei Chudiakow gut gereinigter Wasserstoff geleitet, durch ein zweites, analoges Gärgefäfs dagegen von

CO_2 etc. befreite Luft mittels der Wasserstrahlluftpumpe gesaugt. An das Gärgefäſs reihte sich zunächst ein Kondensationsgefäſs für Alkohol, ein Waschgefäſs mit Schwefelsäure, dann zwei Chlorcalciumröhren; die Absorption der Kohlensäure erfolgte mittels Natronkalkröhren in der Weise, daſs durch Einschaltung eines Dreiweghahnes jede Stunde ohne Zeitverlust rechts oder links die Röhre entfernt und gewogen werden konnte.

Zur Nachprüfung bedienten wir uns derselben Versuchsanordnung; nur blieb das Kondensationsgefäſs für Alkohol hierbei weg, da von einer Alkoholbestimmung mit Ausnahme von zwei Versuchen, wegen der im vorliegenden Falle kaum zu vermeidenden Ungenauigkeit derselben Abstand genommen wurde. Bei der Ausführung der Versuche hat Chudiakow ferner einige wesentliche Punkte zu wenig beachtet, so vor allem die genaue Bestimmung der durch die Gärflüssigkeiten durchgeleiteten Gasmengen. Um letztere zu ermöglichen, haben wir anstatt der von Chudiakow angewendeten Durchsaugung das Pressionsverfahren zur Anwendung gebracht. Diese Methode einzuschlagen, war schon deshalb ratsam, weil man zunächst besser den Apparat auf das Dichtsein prüfen, und zweitens weil auf diese Weise die durchgeleiteten Mengen Luft resp. Wasserstoff genau gemessen werden können. Diese Messung geschieht mittels zweier $2^1/_2$ Liter-Flaschen, welche am Schlusse des ganzen Apparates eingeschaltet wurden. Durch eine solche Anordnung nur war es möglich, zu jeder Zeit zu beobachten, ob bei Gärung A und B die Durchleitung gleichmäſsig verläuft oder nicht.

Natürlich wurde diese Meſsmethode nur während der üblichen Arbeitsstunden ausgeführt, und es galt, für die Zeit der Abwesenheit, besonders während der Nachtstunden einen entsprechenden Ersatz zu finden, so daſs der Versuch auch zu dieser Zeit möglichst gleichmäſsig verlaufen muſste. Zu diesem Zwecke wurden 2 gleichgroſse Pettenkofer'sche Absorptionsröhren an Stelle der Meſsflaschen aufgestellt. Hierbei war nur ein geringer Druck zu überwinden, und auſserdem konnten die Gasblasen nach Gröſse und Zahl genau reguliert werden.

Leider waren wir gezwungen, während der Nachtstunden geringere Mengen Gas durch die Gärgefäfse zu leiten, weil der zur Verfügung stehende Gasometer keine so bedeutenden Mengen Luft fafste. Die Folge war, dafs am Morgen dann bei Rückkehr zur obigen Mefsmethode in der ersten Stunde öfters höhere CO_2-Zahlen wegen Anhäufung dieses Gases erhalten wurden.

Als sehr notwendig ergab sich eine weitere, sogenannte Sammel-Natronkalkröhre und daran reihend ein Chlorcalciumrohr hinter den übrigen Absorptionsröhren einzuschalten; im übrigen stimmte unsere Anordnung genau mit der von Chudiakow überein.

Hefe. Zur Aussaat wurde von Chudiakow Brauereihefe verwendet, die er, wie es scheint, nie mikroskopisch auf ihre Reinheit untersucht hat.[1])

Wir verdanken die von uns verwendeten Reinkulturen Herrn Professor L. Aubry (Direktor der wissenschaftlichen Station für Brauerei in München). Herr Prof. Dr. H. Will, Abteilungsvorstand an der wissenschaftlichen Station für Brauerei, teilt uns über dieselben mit:

»Die beiden Hefenstämme 7 und 24 sind untergärige Bierhefen. Stamm 7 (von Staltach stammend) ist eine typisch träge und niedrig vergärende Hefe. Die Vermehrung ist eine verhältnismäfsig langsame. Ausgezeichnet ist dieselbe von vielen anderen Hefen durch sog. Riesenzellen im Hefenabsatze. Die Sporenbildung geht unter den Bedingungen, unter welchen sich

[1]) Wir lassen seine Angaben der Wichtigkeit halber wörtlich folgen: »Die Hefe (die ich zu meinen Versuchen benutzte war sogenannte Unterhefe aus der Uhlrich'schen Brauerei in Leipzig; von der Isolierung und Reinkultivierung einer besonderen Species der Hefe wurde Abstand genommen, weil für die Entscheidung so allgemeiner Fragen, wie sie uns hier beschäftigen, es nicht von Bedeutung schien) wurde in destilliertem Wasser fein verteilt und nachdem zu der Hefe mechanisch beigemengte Biertreber- und Hopfenreste sich abgesetzt hatten, die darüber stehende Flüssigkeit mit den darin fein verteilten Hefezellen abgegossen. Diese Hefe wurde nochmals fünf- bis sechsmal mit Wasser übergossen und dekantiert. Hiervon ward eine kleine Portion zu 75 ccm Nährlösung und davon wieder nach 10 Minuten Stehenlassen 25 ccm zu 200 ccm Nährlösung genommen, und erst dann gelangten je 60 ccm hiervon zu dem Versuche.«

dieselbe bei anderen Hefen leicht vollzieht, sehr schwer von statten. Soweit ich bis jetzt darüber unterrichtet bin, zeichnet sich die Hefe auch durch gröfseres Luftbedürfnis aus und entwickelt dementsprechend sehr rasch die Kahmhautgeneration. Die Verflüssigung von Gelatine tritt in Stichkulturen sehr spät ein.

Die Wachstumsform der Hefe auf Gelatine in Einzelkulturen ist eine charakteristische und von den meisten untergärigen Bierhefen abweichende, indem dieselbe derjenigen vieler wilder Hefen ähnlich ist; die Riesenkolonien stellen einen eigenen Typus dar. Eine Reihe von Beobachtungen über diese eigentümliche Hefe wird erst im Laufe der nächsten Monate mitgeteilt werden[1]).«

»Vom Hefestamm 24 sind mir zur Zeit wesentlich nur die technisch wichtigsten Eigenschaften bekannt. Derselbe stammt aus Danzig und repräsentiert einen eigenartigen Typus, wie er von einzelnen norddeutschen Brauereien gewünscht wird. Soweit mir die Hefe in morphologischer Beziehung bekannt ist, bietet sie keine von der Mehrzahl der untergärigen Bierhefen abweichende Eigenschaften dar. Die Vermehrung der Hefe ist eine verhältnismäfsig langsame.«

»Die Hefe 25 stammt aus einer berühmten Kelheimer Weifsbierbrauerei (Weizenbier) und stellt den Typus einer obergärigen Bierhefe dar. Es handelt sich hier jedenfalls um eine sehr alte Heferasse, nachdem, wie der Besitzer der Brauerei mitgeteilt hat, der betreffende »Zeug« schon seit »undenklichen« Zeiten in der Brauerei geführt wird. Die Sporenbildung vollzieht sich bei dieser Hefe leicht.«

In den ersten 4 Versuchen wurde mit unseren Hefereinkulturen genau nach den obigen Angaben von Chudiakow verfahren. Unsere in klarer Bierwürze gezüchteten Hefen bedurften keiner Reinigung von Biertrebern, Hopfenresten etc. und besafsen nicht die flockige Beschaffenheit, wie solche gewöhnlich den aus Brauereien bezogenen Hefen eigen ist. Für die weiteren Versuche genügte nach Abgiefsen der Gärflüssigkeit ein zweimaliges

---

[1]) Näheres über Hefenstamm 7 in der Zeitschrift für das gesamte Brauwesen 1895.

Auswaschen mit sterilem Wasser. Eine stärkere Aufschwemmung hiervon wurde zu einer gröfseren Quantität 10 proz. Zuckerlösung gegeben. Nach kurzem Stehenlassen wurde die obere Portion abgegossen und diese nach kräftigem Schütteln in die Gärgefäfse gebracht. Es ist verständlich, dafs es nicht leicht war, jedesmal gerade genau die Menge Hefe zu treffen, welche erforderlich war, um die gewünschte Anzahl mg. CO_2 pro. Stunde zu erhalten. Im grofsen und ganzen ist uns dies aber durchaus gelungen. Jedenfalls haben wir in einer Anzahl von Versuchen geringere Anfangs-Kohlensäuremengen erhalten, als Chudiakow in denjenigen seiner Versuche, welche maximale Anfangsmengen von CO_2 zeigen, so dafs nicht etwa das Bedenken erhoben werden kann, wir hätten stets mit gröfseren Hefeaussaaten gearbeitet und deshalb von vornherein nicht die gleichen Resultate erhalten können, wie Chudiakow, der die Bedeutung der kleinen Hefe-Aussaatmengen für das Gelingen seiner Versuche ja wiederholt hervorhebt. Beispielsweise in den Versuchen VIII, XII, XIII, XIV und XIX seiner ersten Reihe hatte Chudiakow für die erste Stunde CO_2-Mengen von 49,8—84,0 mg erhalten, während wir in vielen Versuchen mit einer wesentlich geringeren CO_2-Produktion, also einer kleineren Hefeaussaat begonnen haben.

Als Nährlösung resp. Gärflüssigkeit benutzten auch wir zunächst wie Chudiakow je 60 ccm Zuckerlösung für jedes Gärgefäfs; später aber gingen wir aus verschiedenen, namentlich praktischen Gründen zu je 100 ccm Flüssigkeit über. Ebenso wurde anfangs der durch die Gärung zersetzte Zucker nach jeder Stunde wieder ersetzt, da nach Chudiakow's Meinung dadurch erreicht wird, dafs die bei der Gärung eintretenden Veränderungen auf ein Minimum reduziert würden. In der Tat aber wird erstens nur der Zucker ersetzt, an welchem bei der schwachen Gärung kein Mangel ist, zweitens wird, wenn auch unbedeutend, die Lösung verdünnt. Zu Gunsten der Hauptsache jedoch, für die Entfernung der bei der Gärung auftretenden Spaltungs- und Zersetzungsprodukte wurde durch diese Einrichtung nur sehr wenig erreicht. Diese Ergänzung von Zucker wurde daher nur in den 4 ersten Versuchen ausgeführt; dann wurde, da sich keine

Unterschiede ergaben, ganz hiervon Abstand genommen, zumal später ohnehin viele Zuckerbestimmungen (Tabelle X) gemacht worden sind, und zwar um einen Vergleich zwischen dem verschwundenen Zucker und der produzierten Kohlensäure ziehen zu können. Der Zucker ward hierbei stets gewichtsanalytisch nach Allihn bestimmt.

Um über die Anzahl der vorhandenen Hefezellen einen Aufschlufs zu bekommen, wurden Zählungen mittels Bierwürzegelatineplatten ausgeführt. Die hierzu nötige Gärflüssigkeit wurde nach Bedarf mittels Kapillarrohr, das in einer Bohrung des Stopfens eingeführt war, aufgesaugt, mit sterilem Wasser verdünnt, und hiervon wurden Platten angefertigt. Da wir aber keine befriedigenden Resultate erhielten, bevorzugten wir die Wägung der Hefe, vor und nach dem Versuche (Tabelle XI). Die Filtration, Trocknung und Wägung geschah in sog. Gooch'schen Tiegeln in welchen durch die Asbestschichte die Filtration schnell vor sich ging. Gegen dieses Verfahren könnten gewisse Einwände erhoben werden; infolgedessen wurde im Versuch XIII nebenher eine Hefezählung mittels der Zählkammer (Hämatometer) nach bekannten Angaben ausgeführt. Es soll hier ganz besonders bemerkt werden, dafs in unseren Versuchen möglichst steril gearbeitet und sehr häufig mikroskopische Prüfungen auf die Reinheit der Hefe und die Sprossungen etc. derselben gemacht wurden. Auch Bestimmungen der Säurezahl sind gelegentlich angestellt worden.

IV. Ergebnisse unserer Versuche.

Um es kurz zu sagen, waren die Ergebnisse unserer Versuche vollständig denjenigen von Chudiakow entgegengesetzt. Während dieser Autor bei Luftdurchleitung in Zuckerlösung stets ein rasches, schon nach wenig Stunden bemerkbares Herabsinken der Gärleistung konstatierte, so war in allen unseren Versuchen von einer derartigen raschen Hemmung der Gärtätigkeit nichts zu konstatieren. Der Verlauf der Gärung gestaltete sich vielmehr bei Luftdurchleitung wesentlich ebenso wie bei Wasserstoffdurchleitung.

Namentlich auch die ersten Versuche (Versuch Ia mit Hefestamm Nr. 7, Versuche Ib, II., III. mit Hefestamm Nr. 24, Tabelle I), bei denen möglichst genau nach Angabe von Chudiakow mit Zuckerersatz gearbeitet wurde, ergaben, dafs die CO_2-Mengen bei Gärung A und B ganz gleichwertig sind, dafs also eine Abnahme bei Durchlüftung, wie sie Chudiakow beobachtet hat, nicht stattfindet. Die CO_2-Mengen in der ersten Stunde waren hier 45—52 mg, stiegen noch während der zweiten Stunde etwas, um dann wieder abzunehmen und nach 7—8 Stunden ziemlich konstant zu bleiben. Z. B.:

Versuch III.

	Wasserstoff-	Luftdurchleitung	
In der 1. Stunde	49,0 mg CO_2	50,0 mg CO_2	1. Tag
von der 1. bis zur 5. Stunde je	45,8 » »	48,4 » »	
in der 6. Stunde	38,0 » »	56,0 » »	
» » 24. »	13,0 » »	14,0 » »	2. Tag
» » 25. »	14,0 » »	14,0 » »	
von der 33. bis zu 46½. St. je	13,0 » »	14,0 » »	3. Tag

Die Gärungen wurden auf 9, 24, 47 und 50 Stunden ausgedehnt, ohne dafs wir jemals innerhalb dieser Zeit eine hemmende Beeinflussung von seiten des Sauerstoffs der Luft beobachten konnten, wie sie Chudiakow gefunden. Vergleicht man die Zahlen der Gesamt-Kohlensäure-Produktion nach Abschlufs eines jeden Versuches, so sind zwar die Zahlen bei Luftzutritt stets höher. Aber es wäre unbegründet, diese höheren Zahlen einer Begünstigung des Gärungsvorgangs durch den Sauerstoff zuzuschreiben, sondern wir möchten gleich hier bemerken, dafs dies ausschliefslich als Folge der Zellvermehrung bei Luftzutritt betrachtet werden mufs. Denn die Vermehrung der Hefezellen resp. des Hefegewichts in reinen Zuckerlösungen steigt bei Luftzutritt je nach der Dauer der Versuche nach unseren Beobachtungen bis zu 30% des ursprünglichen Gewichtes an, während bei Wasserstoffdurchleitung keine oder nur geringe Vermehrung bei den vorliegenden Versuchsbedingungen festzustellen war. Dasselbe Resultat ergibt sich sehr eklatant im Versuch XIII, in der noch später zu besprechenden sog. Normalgärung, wobei neben dem

Hefegewicht auch noch eine Zählung von Hefezellen mittels Hämatometer vorgenommen wurde.

Obwohl durch diese Ergebnisse die Tatsache, dafs Chudiakow einem Irrtum zum Opfer gefallen ist, für uns bereits feststand, schien es zur Beseitigung aller Zweifel doch geboten, noch weitere analoge Versuche anzustellen. Es wurden deshalb die Versuche IV und V mit Hefestamm Nr. 7, die Versuche VI und VII mit Hefestamm Nr. 24 und die Versuche VIII und IX mit Hefestamm Nr. 25 (Tabelle II) ausgeführt. Um über den Gesamtverlauf der Gärung einen Überblick zu erhalten, wurden diese Versuche bis auf die Zeitdauer von 78, 70, 110, 135, 113 und 94 Stunden ausgedehnt, so dafs fast sämtlicher Zucker zur Vergärung gelangte. Das Resultat aller dieser Versuche blieb aber stets das nämliche, die CO_2-Mengen zeigten sich gleich oder etwas höher bei Luftzutritt, und nur gegen Ende der Gärung trat naturgemäfs eine Verminderung derselben ein, wenn der Zucker bereits gröfstenteils verschwunden war und statt dessen die Zersetzungsprodukte sich anhäuften. Die etwas höheren CO_2-Mengen bei Luftdurchleitung mufsten, wie erwähnt, auf Vermehrung der Hefezellen bezogen werden. Als Beispiel sei ein Versuch angeführt.

Versuch V.

	Wasserstoff-	Luftdurchleitung	
In der 1. Stunde	32,0 mg CO_2	32,0 mg CO_2	1. Tag
» » 7. »	47,5 » »	42,0 » »	
» » 24. »	32,0 » »	31,5 » »	2. »
» » 30. »	27,0 » »	30,0 » »	
» » 49. »	25,5 » »	27,0 » »	3. »
» » 54. »	32,0 » »	38,0 » »	
Nach 70 Stunden	2,8115 g »	2,5935 g »	

Um weitere Beweise der Unschädlichkeit von Luft bei der Gärung zu erbringen, wurde bei Versuch X die Gärung bis zu 140 Stunden ausgedehnt, wobei in Gärung B (Luft) die CO_2-Mengen sehr stark herabgingen, während Gärung A noch nicht zu Ende gekommen war. In diesem Zeitpunkt erfolgte nun ein neuer Zuckerzusatz und zwar 25 cm einer 10proz. Lösung unter besonderen Vorsichtsmafsregeln. Hier, wo bereits eine gröfsere Anhäufung der Zersetzungsprodukte vorhanden war, möglicherweise auch andere ungünstige Momente bei Gärung B sich geltend machen konnten, mufste es sich deutlich zeigen, ob der Sauerstoff überhaupt eine Schädigung bedingen kann oder nicht. Aber auch hier zeigten sich vom Moment des Zuckerzusatzes bis zur 21. Stunde bei Luftzutritt stets höhere CO_2-Zahlen.

Um den Einflufs der beiden Gase auf die Hefezellen näher zu charakterisieren, wurden noch folgende zwei Versuche angestellt: Es wurde nach 9 Stunden in Versuch XI und nach 23 Stunden in Versuch XII (Tabelle III) eine Umschaltung ausgeführt, indem dort, wo zuerst H durchgeleitet wurde, jetzt Luft, und umgekehrt, wo zuerst Luft die Gärflüssigkeit passiert hatte, nunmehr H durchgetrieben wurde. Die verschiedene Zeit der Umschaltung in beiden Versuchen wurde absichtlich gewählt

Es zeigte sich, dafs im Versuch XII, wobei nach 23 Stunden die Umschaltung ausgeführt wurde, die Gärung B genau so verlief, als wenn kein Wasserstoff durchgeleitet worden wäre; bei Gärung A scheint der Sauerstoff noch nachträglich günstig auf die Vermehrung eingewirkt zu haben.

Bei Versuch XI, wobei nach 9 Stunden die Umschaltung erfolgte, ist bei Gärung A ganz deutlich die Vermehrung und als Folge hiervon die höheren CO_2-Zahlen zu erkennen. Bei Gärung B dürfte die O-Zufuhr zu früh unterbrochen worden sein; deshalb hier keine Vermehrung und keine höheren CO_2-Zahlen.

Nicht unwichtig erschien es, einen Versuch mit ganz reinen Materialien anzustellen. Hierzu wurde nach Soxhlet's Angabe Rohrzucker aus Methylalkohol umkrystallisiert und ferner möglichst von organischer Substanz freies Wasser hergestellt, so dafs zum Versuch nur von organischen Substanzen befreites Wasser, chemisch reiner Zucker und eine Reinkultur von Hefe in von organischen Substanzen befreiten Gefäfsen zur Anwendung gelangten (Versuch XIII).

Es ergab sich, dafs in den ersten 18 Stunden die Gärungen A und B ganz gleichmäfsig verliefen; nach dieser Zeit sind die

Zahlen infolge Hefenvermehrung immer bei Luftzutritt höher als ohne denselben. Die Hefenvermehrung wurde aufser durch die Erhöhung des Hefegewichtes auch durch Zählung im Hämatometer nachgewiesen. Auch mit reinem Sauerstoff wurde ein Versuch — Nr. XIV unternommen. Der Gasometer wurde statt mit Luft mit reinem Sauerstoff gefüllt, und es wurden pro Stunde 2,5 l O durch das Gärgefäfs geleitet. Das Ergebnis war, wie vorauszusehen, das nämliche: keine Schädigung durch den Sauerstoff. Die Zahlen sind:

Versuch XIV.

	Wasserstoff-	Sauerstoff-Durchleitung
In der 1. Stunde	38,0 mg CO_2	47,0 mg CO_2
» » 3. »	34,0 » »	28,0 » »
» » 8. »	8,5 » »	10,0 » »

Endlich wurden aufser diesen Versuchen mit reinen Zuckerlösungen auch einige solche mit verschiedenen Nährlösungen angestellt. Chudiakow hatte zwar sein irriges Resultat vom störenden Einflufs des Sauerstoffs auf die Gärung zunächst nur bei Versuchen mit reiner Zuckerlösung erhalten, während in guter Nährlösung, z. B. Bierwürze, auch bei ihm keine Abnahme, sondern starke Zunahme der Gärleistung und beträchtliches Anwachsen der CO_2-Zahlen eintrat. Aufser diesen Versuchen mit reiner Zuckerlösung und solchen mit Bierwürze hatte aber Chudiakow aufserdem auch Versuche mit künstlich zusammengesetzten Nährlösungen angestellt, bei denen sich vielfach ein schädigender Einflufs des Sauerstoffs, wie in blofser Zuckerlösung, herausstellte. Letzteres ist der Grund, weshalb wir Veranlassung nahmen, ebenfalls einige solche Versuche anzustellen.

Es kamen hierbei 5 verschiedene Nährlösungen zur Anwendung (Versuche XV, XVI, XVII, XVIII, XIX) und zwar die nämlichen, welche unter anderen auch Chudiakow verwendet hatte, dessen Zahlen deshalb zum Vergleiche in unseren Tabellen mitaufgeführt werden konnten.

Unsere Versuche mit diesen Nährlösungen bestätigen lediglich die Tatsache, dafs unter dem Einflufs einer vollständigen Ernährung jede gute Hefe sich vermehrt und infolgedessen auch kräftiger gärt, und zwar beides in noch höherem Mafse, wenn ihr Sauerstoff zur Verfügung steht. Chudiakow erhielt demgegenüber selbst bei diesen Nährlösungen keine Zunahme der Gärleistung, wenn in denselben der N-Bedarf durch Ammoniaksalze gedeckt war. Nur dann, wenn Pepton als N-Quelle zur Anwendung kam (Chudiakow's Versuch 43), trat auch bei ihm während des Versuchs Steigerung der Gärleistung, also vermutlich Vermehrung der Hefe ein. In den Nährlösungen von Nägeli, Ad. Mayer, Laurent u. s. w. dagegen zeigte sich bei Chudiakow auch im Wasserstoff kein Ansteigen der Gärtätigkeit, woraus geschlossen werden mufs, dafs Chudiakow zu seinen Versuchen Hefen verwendet hat, denen die normale Wachstums- und Vermehrungsfähigkeit in den genannten Nährlösungen abging.

Nach allen diesen, untereinander vollkommen übereinstimmenden Ergebnissen war nicht mehr zu bezweifeln, dafs Chudiakow's Resultate auf einem Versuchsfehler beruhen, und dafs dem Sauerstoff, auch unter den von Chudiakow gewählten besonderen Bedingungen, weder ein schädigender Einflufs auf die Hefezellen noch auf den Gärungsvorgang an sich zuerkannt werden kann. Es erübrigte jetzt lediglich, den Grund der Irrtümer Chudiakow's wenn möglich ausfindig zu machen, wozu die obige Konstatierung bereits einen Anhaltspunkt bot. Die volle Erledigung dieser Aufgabe gestaltete sich indes nicht leicht und weit schwieriger und zeitraubender, als es die einfache Konstatierung des richtigen Sachverhalts gewesen war.

Da Chudiakow nicht mit Reinkulturen gearbeitet hatte, so war zunächst die Möglichkeit ins Auge zu fassen, ob nicht beigemengte aërobische Spaltpilze, z. B. Milchsäurebakterien, in seinen Kulturen bei Luftdurchleitung die Oberhand über die Hefezellen gewonnen und diese dadurch schliefslich an ihrer Gärtätigkeit verhindert haben konnten. Eine Reihe dahin zielender Versuche mit Beimengungen verschiedenartiger aërobischer Spaltpilze (Milchsäure-, Essigbakterien, Proteus-,

Sarcine-Arten) zur Hefe hatte jedoch nicht den gewünschten Erfolg. Immer gewannen in kurzer Zeit die Hefezellen die Oberhand, was ja schliefslich in einer reinen Zuckerlösung auch nicht schwer zu begreifen ist.

Wir dachten nun, ob nicht die Anwesenheit wilder Hefearten in Chudiakow's Versuchen die Ursache der Störungen gewesen sein könne? Aus hefetrübem Bier wurden verschiedene Sorten isoliert und zu Versuchen mit gemischter Aussaat verwendet; aufserdem wurde auch der Kahmpilz (Mycoderma cerev.) in Anbetracht seiner aërobischen Befähigung in den Bereich der Untersuchung gezogen. Aber auch hier ergab sich bei Luftdurchleitung keine Überwucherung der Bierhefe und keine Hemmung der Gärtätigkeit, wie die Versuche XX—XXV (Tabelle IV) erkennen lassen.

Nach dem Mifserfolg dieser Bemühungen sahen wir uns genötigt, unseren Verdacht auf die Versuchsanordnung von Chudiakow zu lenken. Wie schon eingangs erwähnt, hat Chudiakow in Bezug auf die Durchleitung der Gase nicht so genau verfahren, wie es eigentlich erforderlich gewesen wäre. Es lag nahe, einen Versuch in der Weise anzustellen, dafs mehr Gas durch die Gärflüssigkeit hindurchgeleitet wurde, als dies gewöhnlich der Fall war, und als es nach den Angaben Chudiakow's eigentlich hätte sein sollen. Anstatt der gewöhnlichen 2,5 l Luft wurden jetzt 4—5 l hindurchgetrieben, während die übrigen Versuchsbedingungen ungeändert blieben.

Der Erfolg dieser scheinbar geringfügigen Änderung in der Versuchsanordnung war ein höchst überraschender: Wir erhielten in Versuch XXVI zum erstenmal ein Ergebnis, welches mit den Resultaten von Chudiakow, wenigstens für Luftdurchleitung, übereinstimmte.

Versuch XXVI.

	Wasserstoff-	Luftdurchleitung
In der 1. Stunde	50,0 mg CO_2	67,0 mg CO_2
» » 2. »	70,0 » »	100,0 » »
» » 3. »	31,0 » »	25,0 » »
» » 8. »	2,5 » »	11,0 » »
» » 9. »	0,0 » »	8,0 » »

Dasselbe Resultat ergab Versuch XXVII. Noch deutlicher trat die Hemmung der Gärwirkung hervor in Versuch XXVIII (Tabelle V), in welchem nur die Hälfte des Hefengewichts gegenüber Versuch XXVII zur Anwendung kam, aber dieselbe Menge Gas (4 l) durchgeleitet wurde.[1]) Hier ist nach 2 Stunden bereits bei Luftdurchleitung die CO_2-Produktion bis auf Null reduziert.

Das Auffallendste aber bei diesen Resultaten, wodurch dieselben zugleich von den Ergebnissen Chudiakow's sich wesentlich unterscheiden, ist der Umstand, dafs auch die gesteigerte Wasserstoff-Durchleitung eine Hemmung der Gärtätigkeit mit sich brachte. Dadurch war bewiesen, dafs die mit der stärkeren Gasdurchleitung verbundene stärkere Bewegung als das entscheidende Moment bei der Schädigung der Gärtätigkeit anzusehen ist. War dies richtig, so mufste ein Unterschied auch schon bei einem Vergleich einer Gärung ohne Bewegung — also bei völliger Ruhe — und mit Bewegung, selbst wenn dieselbe von schwächerer Art war, nachzuweisen sein. Ein solcher Vergleich ist in den Versuchen XXIX, XXX und XXXI (Tabelle VI) durchgeführt, und obwohl in den Gärflüssigkeiten mit Bewegung nur je 2—2½ l per Stunde Wasserstoff resp. Luft durchgeleitet wurden, so ist doch überall ein zwar geringer, aber deutlich schädigender Einflufs der Bewegung zu konstatieren. Diese Versuche wurden übrigens in der Weise beendet, dafs am Schlusse das Wasserbad, welches die Gärgefäfse umgab, auf 50—60° C. erwärmt und dann Luft durch die Gärgefäfse geleitet wurde.

Konnte es nach diesen Ergebnissen nicht mehr zweifelhaft sein, dafs der mechanische Effekt stärkerer Erschütterung schädigend auf die Gärtätigkeit der Hefe einzuwirken vermöge, so wurde dieser Schlufs noch weiter durch Versuche bestätigt, bei denen überhaupt kein Gas durch die Gärgefäfse geleitet, sondern die Erschütterung der Gärgefäfse durch einen Schüttelapparat bewirkt wurde. Solches geschah in den Versuchen

[1]) Die Natronkalkröhren waren selbstverständlich auf ihre Absorptionsfähigkeit beim Durchleiten solcher Gasmengen geprüft worden.

XXXII und XXXIII (Tabelle VII). Wir bedienten uns eines Gasmotors, der in der Minute 200—250 Touren machte. Nach $2^1/_2$—$3^1/_2$ Stunden langem Schütteln gelangte die Gärflüssigkeit in die Gärgefäfse zurück, und wurde nun wieder Luft resp. Wasserstoff (per Stunde $2^1/_2$ l) durchgeleitet. In Versuch XXXII, bei dem eine geringe Hefequantität zur Aussaat kam, sank die CO_2-Produktion infolge dieser Behandlung der Hefe alsbald nahezu auf Null herab. In Versuch XXXIII dagegen, in welchem eine gröfsere Hefenmenge verwendet wurde, war der schädigende Effekt des Schüttelns weitaus geringer, obschon im Vergleich zur Kontrollprobe des Versuches XXXII deutlich wahrnehmbar.

Das letzterwähnte Versuchsresultat deutete schon darauf hin, was in der Folge durch weitere Versuche sich bestätigte, dafs die hier angewendeten Bewegungsintensitäten im allgemeinen keineswegs eine völlige Vernichtung der Lebensfähigkeit der Hefezellen, sondern nur eine vorübergehende mehr oder weniger anhaltende Hemmung ihrer Gärleistung bewirken können. Und zwar scheint dieser Erfolg durch mangelhafte Ernährungsbedingungen, wie sie in reiner Zuckerlösung bei kleiner Hefenaussaat gegeben sind, wesentlich verstärkt zu werden. So fanden wir in weiteren Versuchen, bei welchen anfangs 2,5 l Gas, dann bedeutend gröfsere Mengen (per Stunde 10 l) und schliefslich wieder 2,5 l durchgeleitet wurden, nicht nur einen deutlichen Einflufs des starken Schüttelns, sondern auch der Hefemengen. Je geringer diese waren und je früher mit stärkerer Luftdurchleitung begonnen wurde, um so schneller und ausgiebiger erfolgte das Zurückgehen der CO_2-Produktion.

Und ferner liefs sich in weiteren Versuchen, die einerseits mit 10 proz. Rohrzuckerlösung, anderseits mit Bierwürze angestellt wurden, der mafsgebende Einflufs der angewendeten Ernährungsbedingungen sehr deutlich konstatieren (Versuche XXXIV—XXXVII (Tabelle VIII). Es ergab sich, dafs die gleiche mechanische Mifshandlung der Hefezellen — gleichviel, ob dieselbe durch Schütteln in einem

Apparat oder durch starke Luftdurchleitung durch die Gärflüssigkeit erzielt war — auf die in blofser Zuckerlösung befindlichen Hefezellen schädigend einwirkte, auf die in Bierwürze befindlichen aber ohne jede nachweisbare nachteilige Wirkung blieb. Dieses Ergebnis erinnert ganz auffallend an die Resultate Chudiakow's, wonach nur in Zuckerlösung, überhaupt nur unter ungünstigen Ernährungsbedingungen die Luftdurchleitung den Gärungsvorgang hemmte und unterdrückte, während unter günstigen Ernährungsbedingungen, speziell in Bierwürze, nichts von einem solchen Erfolge zu verspüren gewesen war. Zugleich ist damit aber die Bedingung W. Pfeffer's erfüllt, unter welcher derselbe den Einspruch des einen von uns (Rapp) gegen Chudiakow als begründet erklärte, wenn nämlich gezeigt werden könnte, dafs »die Empfindlichkeit der Hefe gegen Erschütterungen mit der Zusammensetzung der Kulturflüssigkeit sich ändert«[1]).

Wir müssen nach alledem unsere Überzeugung dahin aussprechen, dafs hier der Hauptgrund der Täuschungen gefunden ist, denen Chudiakow zum Opfer fiel. Nicht der Sauerstoff war es und nicht die übrigen Bedingungen, die Zuckerlösung und die kleinen Hefeaussaaten an und für sich, welche die Hemmung der Gärtätigkeit in seinen Versuchen bewirkten, sondern der Grund lag in der nachteiligen Einwirkung der Schüttelbewegung bei seinen Versuchen mit Luftdurchleitung. Es mufs angenommen werden, dafs Chudiakow, der sich bei seinen Versuchen der weniger genauen Aspirationsmethode und nicht, wie wir, der genaueren Pressionsmethode bediente, stets unabsichtlich bei Luftdurchleitung etwas mehr Gas zum Durchstreichen brachte als in den Versuchen mit Durchleitung von Wasserstoff. Da die von ihm durchgeleiteten Gasmengen von 2,5—3 l per Stunde bereits nahe der Grenze lagen, wo die mechanische Schädigung der Hefezellen beginnt, so konnte eine geringe Überschreitung der anzuwendenden Luftmenge bereits Unterschiede hervorrufen.

---

[1]) a. a. O. S. 566.

Letzteres war um so mehr naheliegend, als Chudiakow offenbar keine genügend lebenskräftige Hefe verwendet hat. Dies ist ein zweiter, ungemein wichtiger Punkt. Nach dem, was weiter oben darüber mitgeteilt wurde, müssen wir schliefsen, dafs Chudiakow bei seinen Versuchen eine Hefe von ungenügender Wachstums- und Vermehrungsfähigkeit benutzt hat, die vielleicht als Spezialtypus gelten konnte, aber nicht geeignet war, um aus ihrem Verhalten allgemeine Schlufsfolgerungen abzuleiten.

Welche von beiden Fehlerquellen bei Chudiakow's Versuchen im einzelnen überwog, können wir nicht unterscheiden. Meist aber dürften beide gemeinsam gewirkt haben, woraus sich denn die auffallenden Resultate ohne besondere Schwierigkeit erklären lassen.

V. Übersicht der bisherigen Resultate.

Das Vorstehende läfst sich in folgender Weise zusammenfassen:

1. Durchleitung von Luft durch gärende Zuckerlösung bei kleiner Hefenaussaat verursacht keine Hemmung der Gärtätigkeit, solange die mechanische Bewegung dabei ein gewisses Mafs nicht überschreitet. Die entgegenstehenden Angaben Chudiakow's beruhen auf Versuchsfehlern.

2. Die Durchleitung von Luft durch gärende Zuckerlösung gibt im Vergleich zur Durchleitung von Wasserstoff nur insofern ein anderes Resultat, als bei Luftzutritt stets eine geringe Vermehrung der Hefe stattfindet. Infolgedessen sind auch bei Luftdurchleitung die produzierten CO_2-Mengen stets etwas gröfser als bei Durchleitung von Wasserstoff.

3. Auf den Gärungsvorgang selbst — also vermutlich auf die Zymasebildung — äufserte der Sauerstoff unter den angewendeten Versuchsbedingungen ebenso wenig einen Einflufs wie Wasserstoff oder Stickstoff. Und zwar war dies der Fall bei zwei typischen untergärigen Hefen (Stamm 7 und 24) und einer obergärigen Hefe (Stamm Nr. 25).

4. Mechanische Erschütterung der Gärflüssigkeit, wenn dieselbe einen gewissen Grad überschreitet — gleichviel ob durch starke Gasdurchleitung oder einen Schüttelapparat — ist für die Gärtätigkeit der Hefezellen von schädlichem Einfluſs, was besonders unter mangelhaften Ernährungsbedingungen sehr deutlich hervortritt.[1])

VI. Neue Versuche mit Oberflächenkultur der Hefepilze.

Die vorstehend mitgeteilten Untersuchungen hatten auſser der Widerlegung Chudiakow's wenigstens das Ergebnis zu Tage gefördert, daſs auch unter solchen Bedingungen, welche im allgemeinen für Lebens- und Gärtätigkeit der Hefezellen nicht als günstig erachtet werden können, welche die Vermehrung der Hefe möglichst beschränken, wie es der Aufenthalt in reiner Zuckerlösung bei kleiner Hefenaussaat tatsächlich tut, daſs auch dann die Zufuhr reichlicher Luft- resp. Sauerstoffmengen nicht imstande ist, im Vergleich mit einem indifferenten Gas, wie Wasserstoff, die Gärtätigkeit der Hefe irgendwie zu beeinträchtigen.

Die Grundvorstellung Pasteur's muſs also jedenfalls — das beweist auch dieses neue Ergebnis — wesentlich eingeschränkt werden. Wenn auch die Annahme im Prinzip ganz richtig sein mag, daſs wir es beim Hefepilz mit einem ursprünglich aërobischen Organismus zu tun haben, der aber mit der Zeit die Funktion der Gärungserregung als vikariierenden Ersatz für den Respirationsprozeſs bei sich entwickelt hat, so müssen wir doch jetzt zugeben, daſs er es in dem Ausüben und Festhalten dieser Funktion schon auf eine recht anerkennenswerte Höhe gebracht hat. Oder, um mehr im Sinne Pasteur's zu sprechen, wir müssen konstatieren, daſs jedenfalls schon ein

[1]) Als ein gelegentliches weiteres Resultat der obigen Untersuchungen sei erwähnt, daſs in den Versuchen mit Luftdurchleitung stets die vorgelegte Schwefelsäure eine viel raschere und stärkere Dunkelfärbung zeigte als bei Wasserstoffdurchleitung. Bei genauerer Untersuchung stellte sich heraus, daſs die Erscheinung nur durch stärkere Esterbildung bei Luftzutritt hervorgerufen wird.

äufserst geringgradiger Mangel an Sauerstoff, wie ihn das blofse Untergetauchtsein in einer (sauerstoffgesättigten) Flüssigkeit — gegenüber dem direkten Wachstum an der freien Luft — immerhin mit sich bringen mag, dafs diese Beschränkung des Sauerstoffs schon genügt, um die Gärtätigkeit beim Hefepilz auszulösen.

Man könnte vielleicht bezweifeln, ob in den vorangehend mitgeteilten Untersuchungen bei den Gärungen mit Luftdurchleitung die erhaltenen CO_2-Mengen immer auf Gärung zu beziehen seien, ob nicht auch ein Teil der CO_2 aus einfacher Oxydation des Zuckers resultiere. Die auf Tabelle IX mitgeteilten Alkoholbestimmungen sowie die Bestimmungen der vergorenen Zuckermengen im Verhältnis zur gebildeten CO_2-Menge zeigen jedoch, dafs dies nicht der Fall war.

Nachdem nun so weit Einblick gewonnen war, erschien es offenbar als das Wichtigste für Klarstellung der biologischen Seite des Gärungsproblems, den Zustand zu ermitteln, wo der Hefepilz noch als aërobischer Organismus, d. h. oxydierend und respirierend funktioniert, und gleichzeitig denjenigen Punkt, wo er im Begriffe steht, in seinen gärtätigen Zustand, der ihn eventuell zur Anaërobiose befähigt, überzugehen.

Gibt es überhaupt bei derjenigen Varietät des echten Bierhefepilzes, welche in unseren Brauereien praktisch zur Anwendung kommt, einen rein aërobischen Zustand, bei welchem trotz Vorhandensein gärfähigen Zuckers keine Gärtätigkeit, sondern ausschliefslich Oxydation durch die Zelle geübt wird? Diese Frage ist offenbar entscheidend für die ganze biologische Erfassung des Gärungsproblems.

Die Methodik solcher Versuche ist klar: es kann sich nur um Oberflächenkulturen von Hefe auf einem festweichen Substrat, am besten auf zuckerhaltiger Nährgelatine, handeln, weil hier der ungehemmteste Zutritt von Sauerstoff und gleichzeitig die Aufnahme von Zucker zum Zweck der Gärung oder Oxydation in die Zellen erfolgen kann.

Bevor auf die Versuchsanordnung näher eingegangen wird sei noch historisch bemerkt, dafs die Möglichkeit der Gärung bei vollstem Sauerstoffzutritt durch frühere Autoren bereits nachgewiesen ist. Hierher gehören namentlich Ad. Mayer's Versuche mit dem Nöbel'schen Schlämmtrichter bei fortwährender Luftdurchleitung, ferner ähnliche Versuche von E. Ch. Hansen, endlich neuere Versuche von Iwanowsky[1]) mit Züchtung von Hefe auf Tonplatten, welche bis zur Hälfte ihrer Dicke in Nährlösungen tauchten, und auf denen die Hefe trotz dieser reichlichen Lüftung Alkohol und CO_2 aus Zucker bildete. Die Möglichkeit einer Gärung bei vollstem Luftzutritt ist also längst erwiesen. Allein es handelt sich darum, durch genaue messende Versuche festzustellen, inwieweit bei ungehemmtem Luftzutritt die Gärleistung der Hefezellen durch deren oxydierende Funktion ersetzt und zurückgedrängt werden kann? Dafs überhaupt eine Änderung der Zersetzung durch Hefepilze im Sinne stärkerer Oxydation, geringerer Gärung stattfinden könne, hatten neuere Untersuchungen von Giltay und Aberson[2]) erwiesen, in denen bei starker Lüftung nur etwa $^3/_4$ des vorhandenen Zuckers nach dem Verhältnis der alkoholischen Gärung sich gespalten hatte, während bei Ausschlufs von Luft gewöhnlich mehr als 90% des Zuckers auf diese Weise sich zersetzten. Wir beabsichtigten, die gleiche Frage mit Oberflächenkulturen, also unter den eigentlichen Bedingungen vollster Aërobiose zu untersuchen.

Versuchsanordnung.

Die Versuche wurden gleichzeitig in zwei parallelen Reihen zu gegenseitiger Kontrolle durchgeführt:

Die eine Reihe — Schema A — mit möglichstem Luftzutritt, Oberflächenkultur; die andere Reihe — Schema B — mit Luftbeschränkung.

---

[1]) Arbeiten des bot. Laboratoriums der Akad. St. Petersburg 1893, Nr. 4. S. Koch's Jahresber. 1894, S. 116.

[2]) Pringsheim, Jahrbücher f. wissensch. Botanik 26, S. 543.

1. Zu den Versuchen nach Schema A, Oberflächenkultur, dienten grofse zylindrische Flaschen von 5 l Inhalt mit möglichst regelmäfsigen zylindrisch-parallelen Seitenwandungen. Dieselben wurden sterilisiert und mit sterilisierter Bierwürzegelatine (mit Zusatz von 10% Traubenzucker) in der Weise beschickt, dafs die Gelatine als dünner Überzug die senkrechten Teile der Innenwandung der Flaschen überzog, ähnlich wie bei den Esmarch'schen Rollkulturen. Diese Gelatine-Rollkulturen grofsen Stiles wurden dann mit je 12 ccm einer nicht zu starken Aufschwemmung von rein gezüchteter Hefe (Hefenstamm Nr. 24 einer typischen untergärigen Hefe) infiziert, indem man diese Aussaat durch Hin- und Herbewegen gleichmäfsig über die Innenwandung ausbreitete und den Rest von 2—4 ccm schliefslich abgofs. In den Hals der Flasche gelangte jetzt statt des Wattepfropfens ein ausgekochter, doppelt durchbohrter Gummistopfen, durch dessen Bohrungen eine längere und eine kürzere rechtwinklig gebogene Glasröhre hindurchgeführt ward. Die Flaschen wurden dann im Thermostaten bei 24° C. aufgestellt, und es wurde Luft, die von CO_2 befreit und mit Wasser wieder gesättigt war, mittels eines Gasometers beständig hindurchgeleitet, bis jedesmal nach fünf Tagen der Versuch unterbrochen wurde.

Die Absorption der Kohlensäure erfolgte bei den sich in ganz bedeutender Gröfse entwickelnden Gasmengen in einem Erlenmeyer-Kolben, der je nachdem mit 50—100 ccm 30 proz. Kalilauge gefüllt wurde, und der an der Gasausströmungsöffnung eine Schwefelsäurevorlage hatte. Die Gase wurden natürlich vor der Absorption getrocknet, und es wurde aufser obiger Kalilauge noch eine mit Natronhydrat beschickte U-Röhre vorgelegt.

Behufs Alkoholbestimmung wurde eine zweite, genau so behandelte Flasche nach der CO_2-Absorption mit der ersten verbunden, und die austretenden Luftmengen wurden durch zwei Wasservorlagen geleitet, um die eventuell mitgeführten Alkoholmengen dort zurückzuhalten. In manchen Fällen wurde in ein und derselben Flasche CO_2 und Alkohol zugleich bestimmt, und dann war diese Wasservorlage zwischen Kulturflasche und Trockenvorlagen eingeschaltet. Nach dem Versuche wurden die vorsichtig verflüssigten Kulturen in eine geräumige Retorte gebracht und der Alkohol mit Wasserdampf auf dem Sandbade überdestilliert. Das Destillat wurde neutralisiert und wieder destilliert und hernach aus dem spez. Gewichte nach der Tabelle nach Windisch der Alkoholgehalt in Gewichtsprozenten ermittelt. In einigen Fällen wurde der Alkohol mittels Lösen von Pottasche ausgesalzen.

Hefegewichtsbestimmung: Die Flasche, die zur CO_2-Bestimmung diente, wurde meistens auch zur Hefegewichtsermittelung benutzt. Die Hefe konnte durch Schütteln mit Wasser oder mit einer Federfahne von den Wandungen abgespült werden. Die noch anhaftenden Mengen wurden nach dem Verflüssigen der Gelatine durch Zentrifugieren oder Absitzenlassen bei 35° C. innerhalb einiger Stunden gewonnen. In einigen Fällen wurde nach dem Abfiltrieren und Nachwaschen der Hefe in der restierenden Flüssigkeit wie oben der Alkohol bestimmt. Das Verhältnis von Hefe zu vergorenem Zucker wurde berechnet aus dem Trockengewichte der Hefe und dem doppelten Gewichte des erhaltenen Alkohols (letzteres an Stelle der vergorenen Zuckermenge).

2. Mit den gleichen Hefepilzen und Gärmaterialien wurden, wie erwähnt, Kontrollversuche mit Luftbeschränkung durchgeführt (Schema B). Hierzu dienten Erlenmeyerkolben, in denen dieselbe Quantität Bierwürze (mit 10% Traubenzucker) mit derselben Menge Hefenaufschwemmung zur Vergärung kam, wie sie in den grofsen Flaschen bei Schema A zum Infizieren gedient hatte (12 ccm abzüglich des abgegossenen Restes, also hier 8—10 ccm). Zu den Bestimmungen wählten wir bei diesen Vergleichsversuchen die bequeme Meifsl'sche Methode. Im Gegensatz zu den obigen Versuchen mit Oberflächenwachstum handelte es sich also hier in den wenig geräumigen Erlenmeyerkolben um Gärung bei beschränktem Luftzutritt. Nach Unterbrechung der Versuche nach Ablauf von je 5 Tagen wurde die CO_2 durch trockene Luft verdrängt und gewogen.

Ergebnisse: Wenn wir die Zahlenreihe der Versuche in Tabelle XII überblicken, so mufs es zunächst überraschen, dafs bei Oberflächenwachstum (Schema A) auf Traubenzucker-Bierwürze-Gelatine so grofse Mengen Alkohol (10—15 g Alkohol bei 200—250 g Vergärungsmaterial) auftraten. Bisher wurde die Gärung fast immer in Flüssigkeiten studiert, wobei die Hefe ganz von Flüssigkeit umgeben ist; in unserem Falle liegen die Hefezellen resp. die entstehenden Kolonien dem Vergärungsmaterial nur oberflächlich auf, und trotzdem sehen wir eine fast ebenso starke Zuckerspaltung wie bei Schema B, wo der Zucker doch in viel innigeren Kontakt mit der Hefezelle gelangte. Das bedarf zunächst einer gewissen Erläuterung, die um so nötiger erscheint, als bisher Nährgelatine wohl noch nicht zu analytischen Arbeiten gröfseren Stiles über die Gärung Verwendung gefunden hat.

Will man die Verhältnisse bei Hefekulturen auf Nährgelatine richtig auffassen, so müssen wir uns die Bierwürze-Gelatine als ein zartes Netzwerk vorstellen, dessen Zwischenräume mit Flüssigkeit ausgefüllt sind. In einem solchen Netzwerk mufs sicherlich, wenn für genügende Feuchtigkeit gesorgt ist, wenn dasselbe nicht eintrocknen kann, eine gewisse Diffusion vor sich gehen, wie es folgender Versuch auch dartut: Bringt man in einer Petrischale Traubenzuckergelatine zum Erstarren, darüber eine zweite, ebenso dicke Schichte zuckerfreier Gelatine, und legt nun darauf ein befeuchtetes Filtrierpapier oder zunächst eine tierische Membran und darüber erst Filtrierpapier, so nimmt das Filtrierpapier in nicht zu langer Zeit eine nicht unbeträchtliche Menge von Traubenzucker auf, der leicht nachzuweisen ist. Es findet also unzweifelhaft eine Wanderung der Zuckermoleküle in der feuchten Gelatine statt, was auch Versuch c in Tabelle XIII eklatant ergibt. Hier wurde versucht, über eine Rollschichte von Traubenzucker-Bierwürze (200 g) nach dem völligen Erstarren und längerem Stehen an einem kühlen Platze eine zweite Schicht zuckerfreier Hefenextrakt-Gelatine von 100 g darüber zu schichten. Nach dem Erkalten endlich wurde eine dritte Schicht von 100 g solcher zuckerfreier Gelatine über den bereits vorhandenen Schichten angebracht, so dafs also nach der Aussaat von Hefenaufschwemmung auf der Oberfläche der letzten Schichte die Hefe sicherlich nicht mit der zuckerhaltigen Schichte in direkten Kontakt kommen konnte. Trotzdem erhalten wir als Resultat 11—12 g Alkohol, demnach dieselbe Gärungsintensität wie bei direktem Kontakte der Hefe mit Traubenzuckergelatine (mit 11,0—12,0 g Alkohol). Es ist also ein ausgiebiges Diffundieren des Zuckers nach der Oberfläche in der Gelatine möglich und findet in der Tat statt.

Was nun die übrigen Verhältnisse bei den Oberflächenkulturen (Schema A) betrifft, so war vorauszusehen, dafs infolge des schnellen und reichlichen Wachstums der Hefe an der Oberfläche die Gärung hier viel schneller verlaufen werde als bei beschränktem Luftzutritt (Schema B). Diese Vermutung wird in Tabelle XIV bestätigt. Hierzu wurden 5 ganz gleich grofse und gleich geformte Flaschen auf dieselbe Weise, wie oben angegeben, behandelt. Vom 2. Tage an wurde jeden Tag ein solche Flasche hinweggenommen und sofort der Alkohol bestimmt. Die Kurve bei Tabelle XIV gibt uns ein deutliches Bild der Gesamtgärleistung und zeigt, dafs am 3. Tage be Gärung A das Maximum fast erreicht wurde.

Bezüglich des Verhältnisses von Hefegewicht zum vergorenen Zucker finden wir unter sich gut übereinstimmende Zahlen (Tabelle XII), nämlich für Gärung nach Schema B (Bierwürze mit 10% Traubenzucker) das Verhältnis 1:35,6—48,4, dagegen bei Gärung nach Schema A (Bierwürze-Gelatine mit 10% Traubenzucker, Oberfläche) das Verhältnis 1:14,3—18,8. Es war von vornherein klar, dafs an der Oberfläche unter so günstigen Bedingungen eine bedeutend gröfsere Menge Hefe sich bilden mufste als in derselben Quantität flüssiger Bierwürze. Dafs aber nicht diese ganze Hefemenge bei der Gärung in Aktion treten kann, ist ebenso verständlich, wenn wir berücksichtigen, dafs sich auf dem festen Substrat Kolonien bilden, von denen nur die unteren Partien, vielleicht auch noch die mittleren sich an dem Gärungsprozefs beteiligen können. Ferner ist stets zu berücksichtigen, dafs die Bedingungen bei dieser Oberflächengärung für die Zuckerzufuhr zur Hefe trotz aller Diffusion bedeutend ungünstiger sich gestalten müssen als in einer Flüssigkeit, wo freie Wanderung der Zuckermoleküle einerseits, Ortsveränderung der Hefezellen anderseits stattfindet. Wie leicht die Zahlen unter diesen Bedingungen verschoben werden, zeigt der Versuch in Tabelle XV, bei welchem verschiedene Quantitäten (50, 100, 200 g) von Vergärungsmaterial bei gleicher Versuchsanordnung zur Vergärung gelangten. Die Kurve (Tabelle XV) zeigt deutlich die Tendenz der Annäherung bei zunehmender Menge des Vergärungsmaterials oder mit anderen Worten: bei steigenden Mengen von Vergärungsmaterial würde schliefslich bei beiden Gärungsarten das nämliche Verhältnis von Hefengewicht zu vergorenem Zucker sich einstellen müssen; mit zunehmender Dicke der Gelatineschicht verliert die Oberflächenkultur immer mehr von den sie auszeichnenden Eigentümlichkeiten.

Wir kommen nun zur Hauptfrage, nach dem Verhältnis von CO_2 und Alkohol, von Gärung und Oxydation. Hinsichtlich dieser Frage sei besonders auf die Versuche VIII, IX und X (Tabelle XII) hingewiesen. Diese, wie übrigens auch die anderen Versuche ergaben stets bei den Oberflächenkulturen (Gärung A) ein nicht unbeträchtliches Plus an CO_2 (4,067—6,70 g), das nicht aus dem stattgefundenen Gärungsprozefs abgeleitet werden konnte, das folglich auf Respiration der Hefe bezogen werden mufste. Während bei den Gärungen mit beschränktem Luftzutritt (Gärung B) die gefundenen Mengen von CO_2 und Alkohol annähernd dem von Pasteur ermittelten Verhältnis 48,3 CO_2:46,4 Alkohol sich fügen, ist dies bei den Oberflächenkulturen (Schema A) durchaus nicht der Fall. Und wenn wir auf Grund der nachgewiesenen Alkoholmengen und des eben angeführten Verhältnisses die CO_2-Mengen berechnen, welche demgemäfs durch alkoholische Gärung entstanden sein konnten, so ergibt sich eben das erwähnte Plus von CO_2, welches auf reine Oxydation, auf verbrannten Zucker bezogen werden mufs. Leider war eine direkte Bestimmung des

Zuckers nicht ausführbar. Dieselbe wäre unter den gegebenen Bedingungen zu ungenau ausgefalllen und mufste deshalb unterlassen werden.

Statt dessen können wir aber einen indirekten Beweis führen, indem wir die Atmung ausschalten und die Gärung allein einsetzen lassen. Das geschieht, indem wir einfach H statt Luft durch den Gärkolben leiten, was in einem Versuch (Tab. XVI) ausgeführt ward. Wir nähern uns hier dem Verhältnisse von Alkohol zu CO_2, das theoretisch aus dem Zucker entstehen sollte. Natürlich wurde in diesem Falle, da eine Vermehrung der Hefe nicht stattfinden konnte, schon im voraus eine genügende Menge von Hefe-Emulsion aufgeschichtet. Der Versuch wurde in zwei grofsen Erlenmeyer-Kolben mit ganz flachem Boden ausgeführt. Ein ähnliches Verhältnis treffen wir in Versuch B (Tabelle XIX), wobei die Hefeaufschwemmung dieses Mal entgegen dem gewöhnlichen Verfahren mit der Traubenzuckergelatine (200 g) bei 28° C gemischt und mit dieser bereits infizierten Mischung dann eine Rollkultur angefertigt wurde. Nach dem Erstarren wurden als Überzug weitere 50 g Gelatine angebracht. Wir hatten es also hier mit einem Wachstum zu tun, wobei der Zutritt von Luft mehr in den Hintergrund trat, aber nicht völlig gehemmt wurde. Das Ergebnis war, dafs der Alkohol wieder das Übergewicht erlangte, also jede Oxydation unterblieb.

Wir haben also unsere Absicht, der Hefe zu aërobischer Existenz zu verhelfen, dieselbe trotz Anwesenheit von Gärmaterial von der Gärtätigkeit abzulenken und ihre vitale Tätigkeit auf den Prozefs der Respiration zu konzentrieren, zwar im Prinzip erreicht. Aber der erzielte Erfolg ist verhältnismäfsig ein staunenswert geringer. Trotz vollen Oberflächenwachstums, und obwohl der zur Gärung gelangende Zucker erst durch Diffusion zu den Hefezellen herangeschafft werden mufste, wurde durchschnittlich in unseren Versuchen kaum etwa $^1/_7$ des überhaupt verbrauchten Zuckers durch Oxydation zerstört, mehr als $^6/_7$ dagegen fielen dem Gärungsvorgang anheim. Die Kulturhefe unserer Brauereien hält demnach mit aufserordentlicher Zähigkeit an ihrer Gärtätigkeit fest. Diese Anpassungsfunktion ist so sehr im Organismus des heutigen Bierhefepilzes festgewurzelt, dafs es nicht möglich ist, selbst unter absolut aërobischen Existenzbedingungen, unter denen scheinbar die Gärtätigkeit ganz überflüssig wird, diesen Pilz bei Zuckeranwesenheit ohne starke Gärtätigkeit zu kultivieren.

Zu ähnlichen Ergebnissen scheint in neuerer Zeit bereits Iwanowsky[1]) gelangt zu sein, doch dürften seine Versuche kaum einen so genauen Einblick in die Frage erlauben, wie die unserigen.

Wir dachten noch an die Möglichkeit, ob nicht vielleicht durch länger dauernde Züchtung unter aërobischen Existenzbedingungen die Bierhefe dennoch eine gröfsere Befähigung zur respiratorischen, eine geringere zur Gärungsfunktion gewinnen könnte. Zu diesem Behufe wurde eine seit 18 Monaten im Laboratorium auf der Oberfläche von Bierwürze-Agar (schief erstarrt) mit monatlicher Übertragung fortgezüchtete Bierhefe zur Anstellung eines Versuches mit Oberflächengärung benutzt. Der Versuch ergab aber auch für diese Bierhefe in Bezug auf die Gärleistung und Respiration ganz die nämlichen Verhältnisse wie die übrigen Versuche (Tabelle XVII).

In Pasteur's theoretischen Vorstellungen (s. oben) spielt auch die Ansicht eine Rolle, dafs Hefe, die bei viel Luftzutritt rasch gewachsen ist und somit vorwiegend aus jugendlichen Zellen besteht, in Bezug auf Gärtätigkeit leistungsfähiger sein müsse als Hefe, die bei beschränktem Sauerstoffzutritt sich langsam vermehrt hat. Da wir nun in unseren Oberflächenkulturen solche junge, rasch gewachsene Hefe reichlich zur Verfügung hatten und anderseits solche von den Gärungen nach Schema B, so wurden zwei diesbezügliche Versuche (Tabelle XVIII) angestellt. Es handelte sich darum, die Hefe aus diesen Versuchen, welche je 5 Tage gedauert hatten, möglichst aseptisch zu gewinnen. Zu diesem Zwecke wurde die Oberflächenkultur verflüssigt, in einen sterilen Zylinder gegossen, mit sterilem Wasser

[1]) a. a. O.

verdünnt und ebenso wie die aus Gärung nach Schema A gewonnene Hefe zentrifugiert. Die oberen Flüssigkeiten wurden dann in beiden Fällen abgegossen, es wurde wieder mit sterilem Wasser gemischt und nochmals zentrifugiert. Die so erhaltenen breiförmigen Hefensedimente wurden in sterile Gärgefäfse verteilt, so dafs in jedem derselben das gleiche Hefegewicht (bezogen auf Trockensubstanz nach gutem Mischen der breiförmigen Hefe) sich befand. Nachdem eine sterile Traubenzuckerlösung zugesetzt war, wurde eine Gärkraftbestimmung nach Meifsl ausgeführt. Nach 48 Stunden ergaben sich aber bei beiden, in so verschiedener Weise herangezüchteten Hefen fast die gleichen Kohlensäurezahlen. (Tabelle XVIII.)

Es mufs demnach, wie übrigens bereits von anderer Seite konstatiert wurde, Pasteur's theoretische Vorstellung auch in dieser Beziehung beschränkt werden, und können wesentliche Unterschiede in Bezug auf die Gärkraft wohl nur bei wirklich älteren, schlecht ernährten Hefezellen oder überhaupt bei minder gärtüchtigen Rassen und Stämmen erwartet werden.

VII. Gesamtresultate.

1. Pasteur's Ansicht über die Gärung ist in ihrer biologischen Grundlage insofern berechtigt, als wir annehmen müssen, dafs der Hefepilz die Gärwirkung als eine Anpassungsfunktion, zum Ersatz der respiratorischen Lebenstätigkeit für gewisse Fälle, ursprünglich erworben hat.
2. Hierfür spricht, dafs reichliche Sauerstoffzufuhr keinen erweislich günstigen Einflufs auf die Gärtätigkeit als solche ausübt, sondern nur auf die Vermehrung der Hefezellen.
3. Reichliche Sauerstoffzufuhr erweist sich, um es genau zu sagen, meistenteils indifferent für den Gärungsvorgang als solchen — also vermutlich für die Zymasebildung —, ebenso wie Wasserstoff und Stickstoff.

4. Anderseits ergibt sich aber, dafs die ursprünglich phylogenetisch erworbene Anpassung der Gärtätigkeit beim heutigen Bierhefepilz zu einer ungemein festhaftenden Eigentümlichkeit geworden ist. Selbst bei vollkommen aërobischen Existenzbedingungen, unter denen die Gärung für die Hefezelle wertlos und überflüssig zu sein scheint, wird mit grofser Zähigkeit an derselben festgehalten.
5. Nur bei reiner Oberflächenkultur (auf erstarrter Zuckergelatine) findet eine stärkere respiratorische Zuckerzerlegung durch Hefezellen neben der quantitativ weit überwiegenden Gärtätigkeit (Verhältnis 1 : 6) statt.
6. Pasteur's biologische Vorstellungen über den Gärungsvorgang bedürfen nach alledem einer gewaltigen Einschränkung, da keineswegs, wie er wollte, der Sauerstoffmangel als auslösendes Moment für die Gärtätigkeit betrachtet werden kann, da vielmehr selbst bei Vollgenufs des Sauerstoffs die Gärtätigkeit gegenüber der respiratorischen wesentlich überwiegt.
7. Mechanische Erschütterung der Hefezellen, wenn dieselbe einen gewissen Grad übersteigt, ist für deren Gärtätigkeit von schädlichem Einflufs, was besonders unter mangelhaften Ernährungsbedingungen und bei weniger gärkräftigen Hefesorten sehr deutlich hervortritt. Die fehlerhaften Resultate von Chudiakow beruhen auf Verkennung dieser Tatsachen.
8. In Bezug auf die Natur des chemischen Anstofses, welcher die Spaltung des Zuckermoleküls beim Gärungsprozefs bewirkt, erscheint Pasteur's Ansicht längst widerlegt. Es kann als wirksamer Stoff hier ausschliefslich die Zymase E. Buchner's in Betracht kommen.

Tabelle I. Versuche Ia, Ib, II, III.

Gärungsversuche mit stündlichem Ersatz des vergorenen Zuckers, mit 60 ccm Gärflüssigkeit (nach Chudiakow).

Temperatur 30° C.	Versuch Ia		Versuch Ib		Versuch II		Versuch III	
	Hefenstamm 7		Hefenstamm 24		Hefenstamm 24		Hefenstamm 24	
	Durchleitung p. Std. je 3 l		Durchleitung p. Std. je 2,5 l		Durchleitung p. Std. je 2,5 l		Durchleitung p. Std. je 2,5 l	
	Wasserstoff	Luft	Wasserstoff	Luft	Wasserstoff	Luft	Wasserstoff	Luft
	mg CO_2	mg CO_2	mg CO_2	mg CO_2	mg CO_2	mg CO_2	mg CO_2	mg CO_2
In der 1. Stunde	*45,0*[1]	*46,0*	*47,5*	*49,5*	*47,0*	*52,0*	*49,0*	*50,0*
2. »	*41,5*	*42,0*	*35,0*	*36,0*	*66,0*	*82,0*		
3. »	*33,0*	*38,0*	*34,5*	*35,5*	*57,0*	*80,0*	Mittel 45,8	Mittel 48,4
4. »								
5. »	Mittel 19,0	Mittel 19,3	Mittel 18,0	Mittel 27,6	Mittel 32,8	Mittel 69,5	*38,0*	*56,0*
6. »							*34,0*	*53,5*
7. »	*11,5*	*14,0*	*10,0*	*16,5*	*26,0*	*46,0*		
8. »	*17,0*	*12,0*	*10,5*	*14,5*	*18,5*	*36,0*		
9. »	*10,5*	*10,6*	*11,0*	*11,5*	*20,5*	*36,0*	Mittel 18,3	Mittel 17,4
10. »					Mittel 16,8	Mittel 33,3		
23. »			Mittel 10,8	Mittel 10,8			*13,0*	*14,0*
24. »							*14,0*	*14,0*
25. »					*13,5*	*24,0*		
26. »					*16,0*	*29,0*		
27. »					*11,0*	*27,0*	Mittel 13,0	Mittel 13,1
28. »								
29. »					Mittel 12,5	Mittel 25,8	*10,0*	*13,0*
30. »							*14,0*	*11,5*
31. »					*16,0*	*26,5*	*12,0*	*12,0*
32. »					*15,5*	*29,5*		
33. »					*13,0*	*29,5*	Mittel 13,0	Mittel 14,0
34. »								
47. »					Mittel 13,7	Mittel 26,3		
50. »								
	215,5	220,6	365,0	407,0	940,9	1730,5	906,8	958,5

	Versuch Ib	Versuch II	Versuch III
Hefegewicht:			
Vor d. Vers.	0,1535	0,2465	0,2465
Nach » » m. H	0,1595	0,2408	0,2655
» » » » O	0,1810	0,3290	0,3035

[1]) Die CO_2-Mengen (in Kursivschrift) sind mittelst der Meßmethode direkt erhalten.

Tabelle II. Versuche IV—IX. Gärungsversuche mit den verschiedenen Hefestämmen.

Temperatur 25° C.	Versuch IV		Versuch V		Versuch VI		Versuch VII		Versuch VIII		Versuch IX	
	Hefenstamm 7				Hefenstamm 24				Hefenstamm 25			
	Durchleitung von je 2,5 l pro Std.				Durchleitung von je 2,5 l pro Std.				Durchleitung von je 2,5 l pro Std.			
	Wasserstoff	Luft	Wasserstoff	Luft	Wasserstoff	Luft	Wasserstoff	Luft	Wasserstoff	Luft	Wasserstoff	Luft
	mg CO_2	mg CO_2	mg CO_2	mg CO_2	mg CO_2	mg CO_2	mg CO_2	mg CO_2	mg CO_2	mg CO_2	mg CO_2	mg CO_2
In der 1. Stunde	*30,0*	*29,0*	*32,0*	*32,0*			*120,0*	*132,0*				
2. »	*27,0*	*32,5*					*145,0*	*170,8*				
3. »			Mittel 45,3	Mittel 41,5							Mittel 82,7	Mittel 87,0
4. »	Mittel 30,3	Mittel 32,3										
5. »			*48,0*	*35,0*	Mittel 47,7	Mittel 65,7					*120,5*	*110,0*
6. »	*57,5*	*39,5*	*47,5*	*37,5*			Mittel 46,7	Mittel 64,5	Mittel 21,6	Mittel 73,0	*75,0*	*91,0*
7. »	*37,0*	*40,0*	*47,5*	*42,0*								
8. »	*28,0*	*30,0*										
9. »												
15. »					*36,8*	*63,0*						
16. »					*33,5*	*57,0*	*20,0*	*31,5*	*47,0*	*82,0*		
17. »					*24,0*	*39,0*	*43,0*	*54,5*	?	*51,0*	Mittel 61,7	Mittel 74,3
18. »			Mittel 39,3	Mittel 40,9	*28,5*	*68,0*	*34,0*	*42,5*	*42,0*	*38,0*		
19. »	Mittel 24,5	Mittel 32,0			*29,5*	*50,0*	*32,0*	*39,0*	*47,5*	*48,0*		
20. »					*34,5*	*36,5*	*33,0*	*40,0*				
21. »					*33,0*	*45,0*	*36,0*	*50,0*				
22. »					*29,0*	*45,0*	*34,0*	*41,0*	Mittel 45,7	Mittel 44,0		
23. »	*23,0*	*24,5*	*45,0*	*43,0*	*34,0*	*37,5*	*30,5*	*36,5*			*66,0*	*59,0*
24. »	*19,0*	*27,0*	*32,0*	*31,5*	*40,0*	*44,0*	*46,5*	*45,5*	*46,0*	*56,0*	*52,0*	*49,0*
25. »			*30,0*	*36,0*			*27,5*	*46,0*	*51,0*	*42,5*	*37,0*	*46,0*
26. »							*28,5*	*41,5*				
27. »	Mittel 20,7	Mittel 30,5	Mittel 34,5	Mittel 36,5							Mittel 33,0	Mittel 49,1
28. »												
29. »			*27,5*	*30,0*	Mittel 22,6	Mittel 40,8					*48,0*	*53,0*
30. »	*23,0*	*29,5*	*27,0*	*30,0*							*54,0*	*52,5*
31. »	*18,5*	*23,5*							Mittel 41,0	Mittel 45,6		
32. »	*16,0*	*30,5*					Mittel 29,2	Mittel 41,7				
33. »												
39. »					*30,0*	*42,5*						
40. »					*26,0*	*35,0*			*40,0*	*38,0*		
41. »					*33,0*	*43,0*			*42,5*	*44,5*	Mittel 35,0	Mittel 53,2
42. »			Mittel 30,5	Mittel 37,0	*24,5*	*42,0*			*37,0*	*38,0*		
43. »	Mittel 17,7	Mittel 27,4					*15,0*	*45,0*				
44. »					Mittel 29,2	Mittel 39,0	*19,0*	*31,5*	Mittel 32,5	Mittel 44,3		
45. »					*29,0*	*39,0*	*23,0*	*35,0*				

51.	»			Mittel 26,9	Mittel 33,0							Mittel 18,6	Mittel 39,7
52.	»	Mittel 22,5	Mittel 29,5										
53.	»			*32,0*	*41,0*					Mittel 24,3	Mittel 18,6		
54.	»	*17,0*	*23,0*	*32,0*	*38,0*			Mittel 23,4	Mittel 33,4			*31,0*	*47,5*
55.	»	*12,0*	*22,0*									*21,0*	*48,0*
56.	»	*18,0*	*22,0*			Mittel 21,9	Mittel 20,6						
57.	»												
64.	»									*26,5*	*33,0*		
65.	»							*49,0*	*26,0*	*27,5*	*40,0*		
66.	»			Mittel 28,5	Mittel 37,8			*25,5*	*25,0*	?	?		
67.	»							*20,0*	*18,5*			Mittel 19,1	Mittel 28,5
68.	»							*28,0*	*21,5*	Mittel 18,8	Mittel 40,0		
69.	»					*30,5*	*28,0*						
70.	»					*28,5*	*22,0*	Mittel 24,3	Mittel 23,1	*17,0*	*32,0*		
71.	»	Mittel 17,7	Mittel 22,6	2311,5	2593,5	*17,5*	*15,0*			*21,5*	*34,0*		
72.	»							*28,5*	*19,0*	*17,5*	*31,0*	*22,0*	*7,0*
73.	»							*25,0*	*23,5*			*13,0*	?
74.	»												
75.	»												
76.	»									Mittel 20,0	Mittel 21,7		
77.	»							Mittel 21,5	Mittel 20,8				
78.	»												
87.	»	1656,0	2135,5										
88.	»					Mittel 19,2	Mittel 13,1					Mittel 16,8	Mittel 2,0
89.	»							*28,0*	*19,5*	*23,5*	*8,0*		
90.	»							*27,5*	*13,5*	16,5	1,5		
91.	»												
92.	»												
93.	»							Mittel 21,5	Mittel 14,5	Mittel 16,9	Mittel 2,4		
94.	»												
95.	»					*30,0*	*11,0*	*27,0*	*15,0*	*22,5*	*2,5*	2999,9	3852,0
96.	»					*28,5*	*10,0*	*19,5*	*18,0*	*18,5*	*3,5*	41,0[1])	116,0[1])
110.	»					M. 14,4	M. 4,2					3040,9	3968,0
113.	»					2810,8	3187,0			Mittel 3,0	Mittel 2,7		
118.	»							Mittel 19,5	Mittel 13,4	2688,5	3649,5		
119.	»									22,0[1])	320,0[1])		
134.	»							*20,0*	*22,0*	2710,5	3969,5		
135.	»							M. 18,7	M. 5,9				
								8,0	*3,5*				
								3713,5	4053,8				
									164,0[1])				
									4217,8				

[1]) Sammelabsorptionsrohr am Schlusse.

Versuch X (IV—IX s. in Tab. II nebenan).
Nach beendigter Gärung erneuter Zusatz von Zucker.

Temperatur 25 ° C.	Versuch X — Hefenstamm 24 — Durchleitung von je $2^1/_2$ l per Stunde	
	Wasserstoff	Luft
	mg CO_2	mg CO_2
In der 1. Stunde	110,0	101,0
» » 2. »	*67,5*	?
bis zur 17. »	Mittel 49,6	Mittel 66,4
in der 18. »	*52,0*	?
» » 19. »	*36,5*	*45,0*
» » 20. »	*31,0*	?
» » 21. »	*26,5*	*33,0*
bis zur 23. »	Mittel 40,2	Mittel ?
in der 24. »	*34,0*	*70,0*
» » 25. »	*39,0*	*51,5*
» » 26. »	*36,0*	*41,0*
bis zur 41. »	Mittel 29,5	Mittel 40,6
in der 42. »	***44,0***[1])	*53,0*
» » 43. »	*23,0*	*38,0*
» » 44. »	*23,0*	*29,5*
» » 45. »	*23,0*	*29,0*
bis zur 47. »	Mittel 26,5	Mittel 33,3
in der 48. »	*27,0*	*61,0*
» » 49. »	*25,5*	*31,0*
» » 50. »	*21,0*	*26,0*
bis zur 65. »	Mittel 21,5	Mittel 14,8
in der 66. »	***31,0***[1])	***37,0***[1])
» » 67. »	*20,5*	*16,5*
» » 68. »	*15,0*	*17,0*
bis zur 72. »	Mittel 19,8	Mittel 24,0
in der 73. »	*16,0*	*17,7*
» » 74. »	*18,0*	*29,5*
» » 75. »	*17,0*	18,0?
bis zur 90. »	Mittel 19,8	Mittel 24,8
in der 91. »	*16,0*	*15,5*
» » 92. »	*18,0*	*17,0*
bis zur 96. »	Mittel 18,7	Mittel 14,7
in der 97. »	***42,5***[1])	***50,5***[1])
» » 98. »	*17,0*	*21,5*
» » 99. »	*23,0*	*12,0*
bis zur 117. »	Mittel 19,0	Mittel 15,0
» » 138. »	» 10,5	» 3,2
in der 139. »	*15,0*	*4,5*
» » 140. »	*7,5*	*3,3*

Jetzt erfolgte ein neuer Zusatz von je 25 ccm einer 10 proz. Zuckerlösung.

bis zur 3. Stunde	Mittel 17,7	Mittel 20,9
in der 4. »	21,5	***32,2***[1])
» » 5. »	*12,5*	*18,5*
» » 6. »	*12,0*	*24,0*
bis zur 21. »	Mittel 19,2	Mittel 25,0

1) CO_2-Anhäufung aus den vorhergehenden Stunden. Siehe S. 365.

Tabelle III. Versuch XI und XII.

Versuche mit abwechselnder Durchleitung von Wasserstoff und Luft.

Temperatur 30° C.	Versuch XI, Hefenstamm 25, Durchleitung von je 2,5 l per Stunde: Wasserstoff	Luft	Versuch XII, Hefenstamm 24, Durchleitung von je 2,5 l per Stunde: Wasserstoff	Luft
	mg CO_2 A	mg CO_2 B	mg CO_2 A	mg CO_2 B
In der 1. Stunde	*109,0*	*127,0*		
» » 2. »	*99,0*	*103,0*	Mittel 86,3	Mittel 90,0
» » 3. »	*103,0*	*118,0*		
» » 4. »	Mittel 78,0	Mittel 73,0	*122,0*	*105,0*
» » 5. »			*97,0*	*111,0*
» » 6. »	*76,5*	*134,0 ?*	*62,5*	*87,0*
» » 7. »	*57,0*	*75,0*		
» » 8. »	*46,0*	*62,0*		
» » 9. »	*49,0*	*57,0*	Mittel 64,6	Mittel 80,5
	Umschaltung Durchleitung von Luft	Wasserstoff		
» » 20. »				
» » 21. »			*65,5*	*59,0*
» » 22. »	Mittel 48,8	Mittel 42,7	*32,5*	*52,5*
» » 23. »			*49,0*	*52,0*
» » 24. »			Umschaltung Durchleitung von Luft	Wasserstoff
» » 25. »	*35,0*	*51,0*	Mittel 25,2	Mittel 37,0
» » 26. »	*37,0*	*50,5*		
» » 27. »	*37,5*	*59,0*	*40,0*	*67,0*
» » 28. »			*34,0*	*50,0*
» » 29. »	Mittel 44,0	Mittel 30,8	*27,0*	*51,0*
» » 30. »			*33,0*	*54,0*
» » 31. »	*60,0 ?*	*31,5*	*32,0*	*60,0*
» » 32. »	*47,0*	*27,0*		
» » 33. »	*48,0*	*27,0*	Mittel 32,8	Mittel 52,2
bis zur 43. »	1,8290 g	1,8005 g		
in der 44. »			*46,0* [1]	*67,5* [1]
» » 45. »	Hefegewicht:		*25,5*	*43,0*
» » 46. »			*28,0*	*41,5*
bis zur 66. »	Vor d. Vers.	= 0,4990	Mittel 28,4	Mittel 31,8
in der 67. »	Nach » » m. H	= 0,6080	*21,0*	*4,0*
» » 68. »	» » » » O	= 0,5900	*21,5*	0
» » 69. »			*21,0*	
» » 70. »			*23,0*	
bis zur 74. »			Mittel 22,8	
in der 75. »			*17,5*	
» » 76. »			*22,0*	
bis zur 89. »			Mittel 22,4	
in der 90. »			*20,0*	
» » 91. »			*21,0*	
» » 92. »			*19,0*	
bis zur 96. »			Mittel 18,0	
in der 97. »			*25,0*	
» » 98. »			*21,0*	
bis zur 115. »			Mittel 12,8	
			3,9195 g	3,8005 g
	Sammelabsorpt.-Rohr		90	260
			3,9285 g	3,8265 g

1) CO_2-Anhäufung aus den vorhergehenden Stunden. Siehe S. 365.

Versuch XIII.

Gärungsversuch mit chemisch reinem Rohrzucker und von organischer Substanz freiem Wasser.

Temperatur 30° C.	Versuch XIII Hefenstamm 7 Durchleitung von je 2,5 l per Stunde	
	Wasserstoff	Luft
	mg CO_2	mg CO_2
In der 1. Stunde	*47,0*	*41,0*
» » 2. »	*69,0*	*70,0*
» » 3. »	*48,0*	*52,0*
» » 4. »	*36,0*	*44,0*
bis zur 18. »	Mittel 20,4	Mittel 24,2
in der 19. »	*11,0*	*27,0*
» » 20. »	*13,0*	*19,0*
» » 21. »	*11,0*	*19,0*
bis zur 23. »	Mittel 15,0	Mittel 23,7
in der 24. »	*16,0*	*27,0*
» » 25. »	*12,5*	*26,5*
» » 26. »	*12,0*	*23,0*
bis zur 32. »	Mittel 14,2	Mittel 29,8
in der 33. »	*10,0*	*40,0*
» » 34. »	*13,0*	*31,0*
bis zur 38. »	Mittel 12,7	Mittel 27,7
in der 39. »	*14,0*	*32,0*
» » 40. »	*13,0*	*30,0*
» » 41. »	*18,0*	*23,5*
bis zur 56. »	Mittel 13,3	Mittel 31,3
in der 57. »	*14,0*	*29,5*
» » 58. »	*12,5*	*26,5*
» » 59. »	*10,0*	*22,0*
bis zur 62. »	Mittel 14,8	Mittel 26,4
in der 63. »	*10,0*	*29,5*
Sammelabsorptionsrohr	22,0	
	1,230 g	2,0965 g

Hefegewicht vorher = 0,2738 Zucker vorher = 9,6805 %
» nach H = 0,2695 » nach H = 6,7003 »
» » O = 0,3720 » » O = 4,7768 »

Hefezahl vorher = 3085 per Volumeinheit
» nach H = 2945 » »
» » O = 3255 » »
je 200 Felder gezählt.

Versuch XIV.

Gärungsversuch mit reinem Sauerstoff.

Temperatur 30° C.	Versuch XIV — Hefenstamm 7 — Durchleitung von je 2,5 l per Stunde	
	Wasserstoff	Sauerstoff
	mg CO_2	mg CO_2
In der 1. Stunde	*38,0*	*47,0*
» » 2. »	*53,5*	*53,0*
» » 3. »	*34,0*	*28,0*
bis zur 5. »	Mittel 26,7	Mittel 25,0
in der 6. »	*27,5*	*17,0*
» » 7. »	*15,5*	*16,5*
» » 8. »	*8,5*	*10,0*
» » 9. »	*7,5*	*12,5*

Versuch XV.

Gärversuch mit Nährlösung nach Nägeli:

Rohrzucker 10 %, weinsaures Ammoniak 1 %, KH_2PO_4 0,2 % $MgSO_4$ 0,04 %, $CaCl_2$ 0,02 %.

Temperatur 30° C.	Versuch XV — Hefenstamm 24 — Durchleitung von je 2,5 l per Stunde		Chudiakows Versuch 36	
	Wasserstoff	Luft	Wasserstoff	Luft
	mg CO_2	mg CO_2	mg CO_2	ma CO_2
In der 1. Stunde	30,3	31,0	49,4	47,6
» » 2. »	48,0	54,0	54,6	52,3
bis zur 7. » durchschnittlich	48,2	55,2	50,2	52,2
In der 8. Stunde	86,0	98,5	51,2	49,5
» » 9. »	87,0	120,0	509,9	277,4
» » 10. »	77,0	121,0		
bis zur 23. »	—	—		
in der 24. »	168,5	194,5	52,1	10,4

Versuch XVI.

Gärversuch mit Nährlösung von folgender Zusammensetzung:
Rohrzucker 10 %, Pepton 1 %, Nägeli's Nährsalze.

Temperatur 30° C.	Versuch XVI, Hefenstamm 24, Durchleitung von je 2,5 l per Stunde		Chudiakow's Versuch 43	
	Wasserstoff	Luft	Wasserstoff	Luft
	mg CO_2	mg CO_2	mg CO_2	mg CO_2
In der 1. Stunde	13,5	15,5	61,7	64,5
» » 2. »	26,5	27,5	61,7	64,5
bis zur 7. » durchschnittlich	51,2	51,2	104,4	110,4
in der 8. Stunde	117,5	161,5	152,5	165,5

Versuch XVII.

Gärversuch mit Nährlösung von folgender Zusammensetzung:
Rohrzucker 10 %, Ammoniumtartrat 0,75 %, KH_2PO_4 0,08 %, $MgSO_4$ 0,07 %, $Ca(NO_3)_2$ 0,28 %, KNO_3 0,07 %.

Temperatur 30° C.	Versuch XVII, Hefenstamm 24, Durchleitung von je 2,5 l per Stunde		Chudiakow's Versuch 28	
	Wasserstoff	Luft	Wasserstoff	Luft
	mg CO_2	mg CO_2	mg CO_2	mg CO_2
In der 1. Stunde	27,0	25,0	35,2	34,3
» » 2. »	31,5	37,5	34,2	32,8
bis zur 6. » durchschnittlich	44,0	55,5	37,1	29,7
in der 7. Stunde	58,5	101,5	33,6	26,4
» » 8. »	60,5	79,0	35,2	22,2
bis zur 23. » durchschnittlich	52,3	73,4	20,5	8,9
in der 24. Stunde	62,5	71,0	30,2	4,5

Versuch XVIII.

Gärversuch mit der Mayer'schen Nährlösung.

Rohrzucker 10 %, NH_4NO_3 0,75 %, KH_2PO_4 0,5 %, $MgSO_4$ 0,5 %, $Ca_3P_2O_8$ 0,05 %.

Temperatur 30° C.	Versuch XVIII Hefenstamm 24 Durchleitung von je 2,5 l per Stunde		Chudiakow's Versuch 31 und 33	
	Wasserstoff	Luft	Wasserstoff	Luft
	mg CO_2	mg CO_2	mg CO_2	mg CO_2
In der 1. Stunde	35,5	36,0	17,8	29,4
» » 2. »	37,5	36,0	23,8	30,2
bis zur 6. » durchschnittlich	44,4	51,0	22,9	27,0
in der 7. Stunde	80,0	92,0	30,6	26,5
» » 8. »	66,0	96,0	32,4	27,3
» » 27. »	—	—	27,6	7,6

Versuch XIX.

Gärversuch mit der Laurent'schen Nährlösung.

Rohrzucker 10 %, $(NH_4)_3PO_4$ 0,47 %, $MgSO_4$ 0,01 %, KH_2PO_4 0,075 %.

Temperatur 29—30° C.	Versuch XIX Hefenstamm 24 Durchleitung von Luft 2,5 l per Stunde		Chudiakow's Versuch 34	
	Wasserstoff	Luft	Wasserstoff	Luft
	mg CO_2	mg CO_2	mg CO_2	mg CO_2
In der 1. Stunde	10,0	8,0	43,3	43,2
» » 2. »	14,0	20,0	44,2	42,3
bis zur 6. » durchschnittlich	27,3	20,0	48,9	41,5
in der 7. Stunde	52,0	69,0	48,4	39,2
» » 8. »	47,0	49,0	42,4	37,2
bis zur 23. » durchschnittlich	52,8	57,4	31,0	13,9
in der 24. Stunde	83,5	177,0	42,4	3,2
» » 25. »	77,5	77,0	39,2	4,8
Sammelabsorptionsrohr am Schlusse	67,5	181,0		
Summa	1162,5	1523,0		

Tabelle IV. Versuch XX—XXV.

Versuche mit Mischungen von Hefenstamm 25 und wilden Hefen.

	Versuch XX		Versuch XXI		Versuch XXII		Versuch XXIII		Versuch XXIV		Versuch XXV	
Hefenst. 25	u. Bact. Aceti		u. Bact. Aceti		und Mycoderma cerevisiae		und Mycoderma cerevisiae		Hefenstamm 25 und wilde Hefe aus hefetrübem Bier			
Temperatur 30° C.	Durchleitung v. je 2,5 l pro Stde.		Durchleitung v. je 2,5 l pro Stde.		Durchleitung v. je 2,5 l pro Stde.		Durchleitung v. je 2,5 l pro Stde.		Durchleitung v. je 2,5 l pro Stde.		Durchleitung v. je 2,5 l pro Stde.	
	Wasserstoff	Luft	Wasserstoff	Luft	Wasserstoff	Luft	Wasserstoff	Luft	Wasserstoff	Luft	Wasserstoff	Luft
	mg CO_2	mg CO_2	mg CO_2	mg CO_2	mg CO_2	mg CO_2	mg CO_2	mg CO_2	mg CO_2	mg CO_2	mg CO_2	mg CO_2
In der 1. St.	30,5	35,0	41,5	59,0	43,0	29,0	26,5	26,0	28,5	31,5	5,0	13,5
» » 2. »	39,0	40,0	71,5	53,0	43,0	24,0	25,0	20,0	Mittel 14,0	Mittel 17,3	8,5	12,0
» » 3. »	Mittel 26,0	Mittel 35,2	69,5	55,0	Mittel 39,7	Mittel 20,0	Mittel 9,5	Mittel 10,0			10,0	11,5
» » 4. »			Mittel 56,2	Mittel 47,2							Mittel 19,0	Mittel 23,6
» » 5. »	28,0	35,5							Mittel 22,0	Mittel 21,0		
» » 6. »	28,0	27,0	62,0	60,0			3,5	9,0				
» » 7. »	28,0	25,5	38,0	31,0	39,0	22,0			8,0	14,0		
» » 8. »	27,5	28,0	14,5	24,0	36,5	17,5					49,0	45,0
» » 9. »		Mittel 19,5		Mittel 20,5	Mittel 26,2	Mittel 16,0					58,0	54,0
bis zur 22. »												

Tabelle V. Versuch XXVI—XXVIII.

Versuche mit Durchleitung von gröfseren Gasmengen.

Temperatur 30° C.	Versuch XXVI, Hefenstamm 7, Durchleitung von je 4 l per Stunde		Versuch XXVII, Hefenstamm 24, Durchleitung von je 4 l per Stunde		Versuch XXVIII, Hefenstamm 24, Durchleitung von je 4 l per Stunde	
	Wasserstoff	Luft	Wasserstoff	Luft	Wasserstoff	Luft
	mg CO_2	mg CO_2	mg CO_2	mg CO_2	mg CO_2	mg CO_2
In der 1. Std.	*50,0*	*67,0*	*57,0*	*54,0*		
» » 2. »	*70,0*	*100,0*	*65,0*	*51,0*	*18,5*	*12,0*
» » 3. »	*31,0*	*25,0*	Mittel	Mittel		
» » 4. »			58,5	54,0	*10,0*	0
» » 5. »	Mittel	Mittel	*30,0*	*39,0*	Hefegewicht:	
» » 6. »	19,9	17,0	*33,0*	*26,0*	0,1635 g	
» » 7. »	*36,0*	*18,0*	*19,0*	*21,0*		
» » 8. »	*2,5*	*11,0*	*6,5*	*19,0*		
» » 9. »	*0,0*	*8,0*				
	Hefegewicht: 0,2738 g		Hefegewicht: 0,3250 g			

Tabelle VI. Versuch XXIX—XXXI.

Gärversuche mit und ohne Gasdurchleitung.

Temperatur 30° C.	Versuch XXIX, Reinkultur v. Hefe aus einer Brauerei, Durchleitung von		Versuch XXX, Reinkultur v. Hefe aus einer Brauerei, Durchleitung von		Versuch XXXI, Hefenstamm 7, Durchleitung von	
	Wasserstoff 2 l p. Std.	ohne	Luft 2 l p. Std.	ohne	Luft $2\frac{1}{2}$ l p. Std.	ohne
	mg CO_2	mg CO_2	mg CO_2	mg CO_2	mg CO_2	mg CO_2
Nach $6\frac{1}{2}$ Std.	770,5	822,0	—	—	—	—
» 7 »	—	—	1,1170	1,4200	0,6165	0,6880

Die Gärung wurde in der Weise unterbrochen, dafs das Wasserbad auf 50—60° C. erwärmt und zugleich Luft durchgeleitet wurde.

Tabelle VII. Versuch XXXII und XXXIII.

Schüttelversuche.

Temperatur 30° C.	Versuch XXXII Hefenstamm 7 Durchleitung von		Versuch XXXIII Hefenstamm 7 Durchleitung von	
	Kontrolle	Luft	Wasserstoff	Luft
	mg CO_2	mg CO_2	mg CO_2	mg CO_2
In der 1. Stunde	*26,0*	*31,5*	*41,5*	*58,1*
» » 2. »	*34,0*	*31,0*	*57,0*	*55,0*
		[1])	wie im Versuch XXXII 3 $^1/_2$ Std. behandelt	
bis zur 5. »	Mittel 18,0			
in der 6. »	*17,5*	*1,5*	Mittel 29,4	—
» » 7. »	*10,0*	*1,0*	*21,5*	*20,0*
» » 8. »	—	—	*19,0*	*14,0*

Tabelle VIII. Versuche XXXIV—XXXVII.

Schüttelversuche mit Nährlösungen im Schüttelapparat.

Temperatur 29—30° C.	Versuch XXXIV Hefenstamm 24 Luftdurchleitung von je 2,5 l per Stunde		Versuch XXXV Hefenstamm 24 Luftdurchleitung von je 2,5 l per Stunde	
	Mit Rohrzuckerlösung 10%	Mit Bierwürze	Mit Rohrzuckerlösung 10%	Mit Bierwürze
	mg CO_2	mg CO_2	mg CO_2	mg CO_2
In der 1. Std.	31,0	24,3	17,0	23,0
» » 2. »	32,0	32,5	31,0	35,2
	[2])		[3])	
» » 1. »	22,0	148,5	24,5	103,0
» » 2. »	23,0	167,5	30,0	112,0
» » 3. »	27,5	237,5	—	—

[1]) Nach der 2. Stunde wurde die Flüssigkeit 2 $^1/_2$ Stunden in einem Schüttelapparat geschüttelt (per Minute 200 Touren), hernach wieder in das Gärgefäſs gebracht und 2 $^1/_2$ l Luft per Stunde durchgeleitet.

[2]) Nach der 2. Stunde wurde jede der beiden Flüssigkeiten während 3 Stunden in einem Schüttelapparat (per Minute 400 Touren) geschüttelt; hierauf zurück in die Gärgefäſse gebracht, dann je 2,5 l Luft per Stunde mit CO_2-Absorption durchgeleitet.

[3]) Wie im Versuch XXXIV.

Schüttelversuche mit Nährlösung durch starkes Luftdurchleiten.

Temperatur 29—30° C.	Versuch XXXVI		Versuch XXXVII	
	Hefenstamm 24		Hefenstamm 24	
	Luftdurchleitung von je 2,5 l per Stunde		Luftdurchleitung von je 2,5 l per Stunde	
	Mit Rohrzuckerlösung 10%	Mit Bierwürze	Mit Rohrzuckerlösung 10%	Mit Bierwürze
	mg CO_2	mg CO_2	mg CO_2	mg CO_2
In der 1. Std.	44,0	48,8	36,0	44,5
» » 2. »	35,0	57,4	36,5	58,5
	1)		2)	
» » 1. »	17,5	73,5	27,0	92,0
» » 2. »	14,0	128,0	10,0	148,0
» » 3. »	8,5	159,5	—	—

Tabelle IX.

Zusammenstellung der ausgeführten Alkoholbestimmungen.

Temperatur:	30° C.			
Dauer des Versuches:	6 Tage		4 Tage 2 Stunden	
Hefe:	gut gewaschene Brauereihefe			
	bei Durchleitung von je ca. 2,5 l per Stunde			
	Wasserstoff	Luft	Wasserstoff	Luft
Gesamtmenge CO_2 . . .	1,7685 g	2,8675 g	2,3472 g	2,4395 g
Menge Alkohol	1,939 »	2,96 »	2,23 »	2,23 »
In der 1. St. Menge CO_2	—	—	50 mg	52 mg

1) Nach der 2. Stunde wurden durch die Flüssigkeit in den Gärgefäßen bei Zimmertemperatur 270 l Luft (innerhalb 3 Stunden) durchgeleitet. Hierauf wurden wieder bei 30° C. 2,5 l Luft per Stunde mit CO_2-Absorption durchgedrückt.

2) Ebenso wie in Versuch XXXVI (390 l Luft innerhalb 3 Std.)

Tabelle X.

Zusammenstellung der ausgeführten Zuckerbestimmungen (n. Allihn) vor und nach dem Versuche.

	Hefenstamm 7				Hefenstamm 24				Hefenst. 25		Hefenst. 25		Hefenst. 7	
	bei Durchleitung von				bei Durchleitung von				bei Durchleitung von		bei Durchleitung von		bei Durchleitung von	
	H	Luft	H	Luft	H	Luft	H	Luft	H	Luft	H	Luft	H	Luft
Zuckermenge vor dem Versuche	8,417		8,8350		9,177		ca. 9,0%		ca. 9,0%		8,6830		9,6805	
Stunden der Gärung	70	70	78	78	134	134	110	110	113	113	115	68	63	63
Zuckermenge nach dem Versuche	2,9754	2,4054	4,2408	3,6556	0,1714	Spur	1,8335	1,6378	Spur	Spur	0,0249	Spur	6,7003	4,7768
Gefund. Gesamtkohlensäure	2,3115	2,5935	1,6560	2,1365	3,7135	4,2178	2,8108	3,1870	2,7105	3,9695	3,9285	3,8265	1,2300	2,0965
Theoret. berechnete Menge CO_2 100 Zuck. = 46,6 CO_2	2,5379	2,8014	2,1408	2,4136	4,1966	4,2406	—	—	—	—	4,0346	4,0462	1,3887	2,2851
Differenz	−0,2264	−0,2079	−0,4848	−0,2771	−0,4831	−0,0228	—	—	—	—	−0,1061	−0,2197	−0,1587	−0,1886
											aus Versuch XII		aus Versuch XIII	

Tabelle XI.

Zusammenstellung der ausgeführten Hefegewichtsbestimmungen (bei 95 bis 100° C.) vor und nach dem Versuche.

Hefenstamm	Beendigung der Gärung nach	Vor dem Versuche	Nach dem Versuche bei Durchleitung von H	Nach dem Versuche bei Durchleitung von Luft
7	63 Stunden	0,2738	0,2695	0,3730
24	24 »	0,1535	0,1595	0,1810
24	47 »	0,2465	0,2655	0,3035
24	50 »	0,2465	0,2408	0,3290
24	33 »	0,4990	0,6080	0,5900

Tabelle XIII.

Diffusion von Zucker in Bierwürze-Gelatine mit 10% Traubenzucker. Nach 5 Tagen bei 24° C.

	Versuch a	Versuch b	Versuch c
	250 g erstarrte Bierwürze-Gelatine mit 10% Traubenzucker. Infizierung an der Oberfläche.	Auf 250 g erstarrte Bierwürze-Gelatine mit 10% Traubenzucker aufgerollt: 50 g Hefeabkochung-Gelatine. Dann Infizierung an der Oberfläche.	Auf 200 g erstarrte Bierwürze-Gelatine' mit 10% Traubenzucker aufgerollt: a) 100 g Hefeabkochung-Gelatine. Nach dem Erstarren weitere b) 100 g Hefeabkochung-Gelatine aufgerollt. Schliefslich Infizierung an der Oberfläche.
CO_2 . .	18,207	14,645	16,665
Alkohol	13,6	14,55	11,12

Tabelle XIV.

Alkoholbestimmungen bei Oberflächenwachstum und bei beschr. Luftzufuhr ausgeführt am 2., 3., 4. und 5 Tage der Gärung. Temperatur 24° C.

Gärung A	Auf Bierwürze-Gelatine mit 10% Traubenzucker		Versuch a je 200 g	Versuch b 200 g
Oberflächen-Wachstum	Nach 2 Tagen	CO_2	—	1,940
		Alkohol	3,12	2,49
	» 3 »	CO_2	—	12,21
		Alkohol	12,65	11,42
	» 4 »	CO_2	—	14,297
		Alkohol	11,27	11,8
	» 5 »	CO_2	—	15,493
		Alkohol	11,27	12,42
	Hefegewicht		1,28	—
	Verhältnis von H : Z		1 : 17,6	—

(Schlufs auf Seite 404.)

(Schlufs von Tab. XIV.)

Gärung B	Auf Bierwürze mit 10 % Traubenzucker		Versuch a je 200 g	Versuch b 200 g
Wenig Luft	Nach 2 Tagen	CO_2	—	—
		Alkohol	3,99	—
	» 3 »	CO_2	—	—
		Alkohol	4,89	—
	» 4 »	CO_2	—	—
		Alkohol	11,65	—
	» 5 »	CO_2	11,88	—
		Alkohol	11,65	—
	Hefegewicht		0,4812	—
	Verhältnis von H : Z		1 : 48,4	—

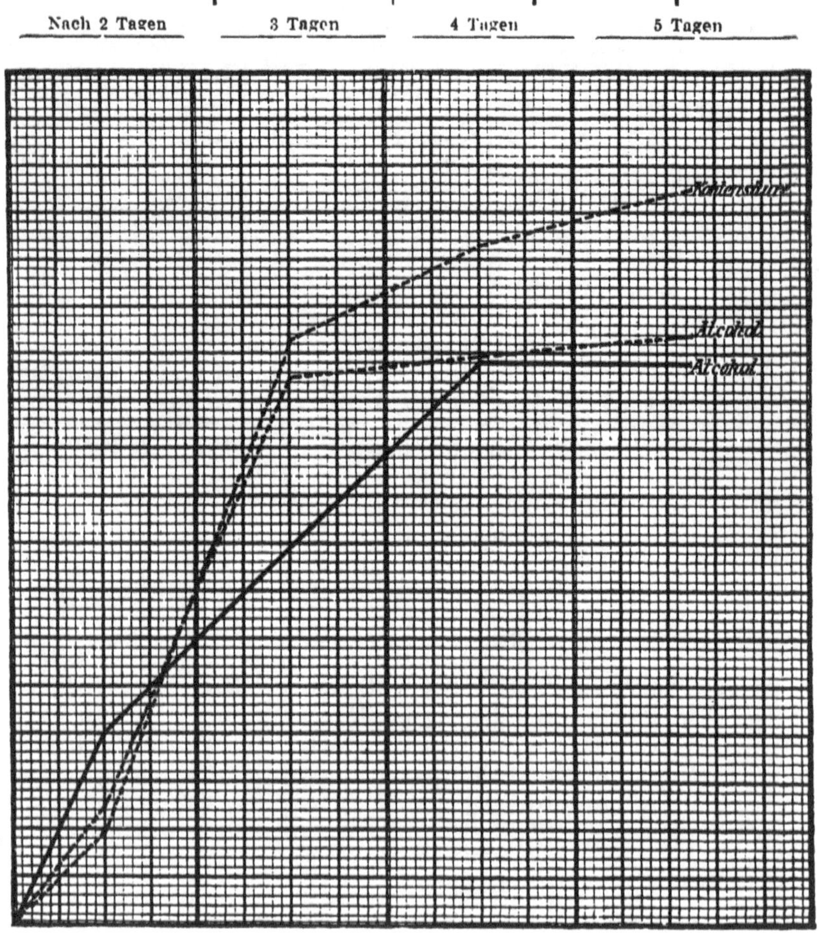

Schema A. - - - - - - - - bei Oberflächenwachstum.
Schema B. ———————— bei wenig Luftzutritt.

Tabelle XII.
Zusammenstellung der Versuche mit Oberflächenwachstum.

Gärung bei 24 ° C. nach 5 Tagen		I.	II.	III.	IV.	V.	VI.	VII.	VIII.	IX.	X.
		Versuch									
Gärung A Oberflächenwachstum	Angewendete Bierwürzegelatine mit 10% Traubenzucker in g	250,0	250,0	250,0	200,0	200,0	200,0	200,0	200,0	200,0	250,0
	CO_2	19,23	20,94	22,46	16,906	17,431	16,493	15,305	17,27	16,197	18,207
	Alkohol	12,77	14,25	15,14	10,02	11,90	10,89	10,36	11,27	11,27	13,6
	Hefegewicht	1,683	1,5916	2,0984	1,4019	1,374	1,3525	1,1777	1,1945	1,28	1,515
	Verhältnis von Hefe zu vergorenem Zucker	1 : 15,1	1 : 17,9	1 : 14,4	1 : 14,3	1 : 17,3	1 : 16,1	1 : 17,5	1 : 18,8	1 : 17,6	1 : 17,9
	Nach Pasteur würden treffen auf	12,77 Alkoh.	14,25	15,14	10,02	11,90	10,89	10,36	11,27	11,27	13,6
	(48,3 CO_2 : 46,4 Alkohol)	13,29 CO_2	14,83	15,76	10,43	12,38	11,33	10,78	11,73	11,73	14,14
	Demnach Überschufs an CO_2	5,94	6,11	6,70	6,476	5,051	5,163	4,525	5,54	5,467	4,067
	Dieser Überschufs an CO_2 entspricht oxydiertem Traubenzucker in g	4,45	4,58	5,025	4,85	3,78	3,87	3,39	4,15	4,10	3,05
Gärung B wenig Luft	Bierwürze mit 10% Traubenzucker in Erlenmeyerkolben nach Meifsl	250,0	250,0	250,0	200,0	200,0	200,0	200,0	200,0	200,0	
	CO_2	17,09 g	18,35	15,15	14,367	13,398	11,434	12,564	15,110	10,85	
	Alkohol	23,35 »	19,39	16,45	12,86	11,50	11,08	12,54	14,73	11,65	
	Hefegewicht	1,033	0,9151	0,8232	0,7492	0,7515	0,5986	0,5576	0,64	0,481	
	Verhältnis von Hefe zu vergorenem Zucker	1 : 45,2	1 : 42,3	1 : 39,9	1 : 38,5	1 : 35,6	1 : 38,2	1 : 44,8	1 : 46,0	1 : 48,4	

Tabelle XV.

Gärung mit verschiedenen Mengen Vergärungsmaterial.

Versuche nach 5 Tagen beendet. Temperatur 24° C.

Gärung A	Auf Bierwürze-Gelatine mit 10% Traubenzucker	200 g	100 g	50 g
Oberflächenwachstum	CO_2	16,906	7,828	4,919
	Alkohol	10,02	4,35	2,00
	Hefegewicht	1,4019	0,8653	0,6050
	Verhältnis von Hefe zu vergorenem Zucker .	1 : 14,3	1 : 10,0	1 : 6,6

Gärung B	Bierwürze mit 10% Traubenzucker	200 g	100 g	50 g
Wenig Luft	CO_2	14,367	7,722	3,867
	Alkohol	12,42	6,73	3,67
	Hefegewicht	0,7492	0,316	0,0911
	Verhältnis von Hefe zu vergorenem Zucker .	1 : 38,5	1 : 42,6	1 : 80

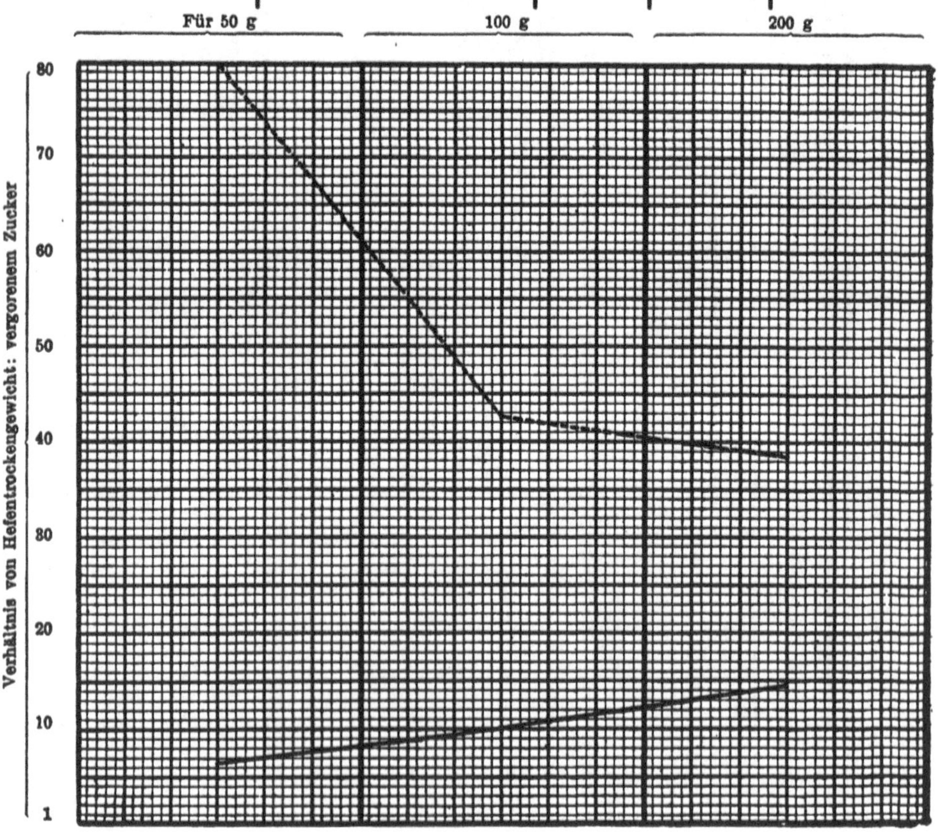

Schema A ———— bei Oberflächenwachstum. Schema B - - - - - - - bei wenig Luftzutritt.

Tabelle XVI.

Oberflächenkultur von Hefe auf Bierwürze-Gelatine mit 10 % Traubenzucker.
Mit H-Durchleitung in 2 Erlenmeyerkolben mit ganz flachem Boden.
Temp. 24° C. Versuch nach 4 Tagen beendet.

Bierwürze-Gelatine mit 10 % Traubenzucker	100 g
CO_2	5,188
Alkohol	6,3
Hefegewicht	0,581

Tabelle XVII.

Gärversuch mit einer seit 18 Monaten auf Bierwürze-Agar im Laboratorium gezüchteten Hefe.

Temp. 24° C. Versuch nach 5 Tagen beendet.

Gärung A	Auf erstarrter Bierwürze-Gelatine mit 10 % Traubenzucker Infizierung an der Oberfläche	Versuch a	Versuch b
		200 g	200 g
Oberflächen-wachstum	CO_2	16,493	15,305
	Alkohol	10,89	10,36
	Hefegewicht	1,3525	1,1777
	Verhältnis von Hefe zu vergorenem Zucker	1 : 16,1	1 : 17,5

Gärung B	In Bierwürze mit 10 % Traubenzucker	200 g	200 g
Wenig Luft	CO_2	11,434	12,564
	Alkohol	11,08	12,54
	Hefegewicht	0,5986	0,5576
	Verhältnis von Hefe zu vergorenem Zucker	1 : 38,2	1 : 44,8

Tab. XVIII. Gärkraft von rein gewonnener Hefe aus Versuch I u. III (Tab. XII).
Näheres im Text.

		Aus Vers. I	Aus Vers. III
Bei Oberflächenwachstum gewonnene Hefe	Hefegewicht gewonnen aus 250 g 10proz. Traubenzucker-Bierwürze-Gelatine. Rollkultur .	1,683	2,0984
	Verhältnis von Hefe zu vergorenem Zucker war . . .	1 : 15,1	1 : 14,4
	Hiervon Hefe verwendet entsprechend Trockensubstanz in g	0,3058	0,2304
	10 prozent. Traubenzuckerlösung steril, angewendet in ccm .	100	50
	Gewonnene CO_2 in 48 Stunden bei 22° C.	2,1	2,170
	Hefezählung . . . pro 1 ccm	7,7 Mille	—
	Hefegewicht nach dem Versuch	—	0,2580
	Mikroskopische Untersuchung .	wenig Sprossungen	viele Sprossungen
Bei wenig Luftzutritt gewonnene Hefe	Hefegewicht gewonnen aus 250 g 10proz. Traubenzucker-Bierwürze	1,033	0,8232
	Verhältnis von Hefe zu vergorenem Zucker war . . .	1 : 45,2	1 : 39,9
	Hiervon Hefe verwendet entsprechend Trockensubstanz in g	0,3058	0,2304
	10 prozent. Traubenzuckerlösung steril, angewendet in ccm .	100	50
	Gewonnene CO_2 in 48 Stunden bei 22° C.	1,57 g	2,083
	Hefezählung . . . pro 1 ccm	6,6 Mille	—
	Hefegewicht nach dem Versuch	—	0,2567
	Mikroskopische Untersuchung .	viele Sproßverbände	viele Sprossungen

Tabelle XIX.

Gärversuch: a) an der Oberfläche und
b) in der Tiefe von Bierwürze-Traubenzucker-Gelatine.
Temp. 24° C. Gärung nach 5 Tagen.

	A) Auf 250 g erstarrter Bierwürze-Gelatine mit 10 % Traubenzucker Infizierung mit Hefe an der Oberfläche	B) In 200 g Gelatine dieselbe Hefenmenge verteilt, erstarrt und Überzug von weiteren 50 g Traubenzucker-Bierwürze-Gelatine
CO_2	18,207	16,31
Alkohol	13,60	18,05
Hefegewicht	1,515	—
Verhältn. v. Hefe zu verg. Zuck.	1 : 17,9	—

Autoren-Register.

Sach-Register.

Nachträge.

S. 1 Anm. Eine Geschichte der Gärungstheorien ist neuestens von F. B. Ahrens unter dem Namen: Das Gärungsproblem, Stuttgart 1902, erschienen.

S. 45 Z. 16 v. o. Es sei noch auf die schöne Untersuchung über fermentative Fettspaltung von W. Connstein, E. Hoyer und H. Wartenberg, Berichte d. d. chem. Ges. 35, 3988 (1902) hingewiesen.

S. 51 Z. 9 v. o. sind zwei Mitteilungen zuzufügen:

Hans Buchner, Gewinnung von plasmatischen Zellsäften niederer Pilze, Münch. medic. Wochenschr. 1897, Nr. 48.

Martin Hahn, Immunisierungs- und Heilversuche mit den plasmatischen Zellsäften von Bakterien, Münch. medic. Wochenschr. 1897 Nr. 48.

S. 54 Z. 1 v. u. Eine Synthese der Isolactose wurde neuestens mittels Einwirkung von Kefir-Lactase auf Hexosen von Emil Fischer und E. F. Armstrong (Berichte d. d. chem. Ges. 35, 3144 [1902] ausgeführt.

www.ingramcontent.com/pod-product-compliance
Lightning Source LLC
LaVergne TN
LVHW092152300926
849161LV00002B/254
9783486733860